JN269317

建築環境工学用教材
環境編

2011 改

日本建築学会

表紙・カバーデザイン　　佐々木貴子

ご案内
本書の著作権・出版権は㈳日本建築学会にあります．本書より著書・論文等への引用・転載にあたっては必ず本会の許諾を得てください．
R〈学術著作権協会委託出版物・特別扱い〉
本書の無断複写は，著作権法上での例外を除き禁じられています．本書は，学術著作権協会への特別委託出版物ですので，包括許諾の対象となっていません．本書を複写される場合は，学術著作権協会（03-3475-5618）を通してその都度本会の許諾を得てください．
　　　　　　　　　　　　　　　　　　　社団法人　日本建築学会

序

　これまで環境工学委員会では，建築環境工学系の講座が全国の大学の建築系学科に普及したことを踏まえ，「建築環境工学実験用教材Ⅰ・環境測定演習編」「建築環境工学実験用教材Ⅱ・建築設備計測演習編」「建築環境工学用教材・環境編」「建築環境工学用教材・設備編」の4冊を刊行してまいりました。

　これらの教材は，大学における建築環境工学ならびに建築設備工学の講義用教材としてはもとより，工業高校，専修学校，専門学校においても教材として広く採用され，今日に至っております。

　建築環境工学用教材・環境編は，前回改訂から16年が経過したことから，内容の吟味，掲載図表の最新版への更新のための改訂作業に取り掛かり，このたび，「建築環境工学用教材・環境編」改訂版を刊行するに至りました。

　建築環境教育の現場はもちろんのこと，その他の研究機関における研修等にも広く活用されることを願っております。

　2011年3月

　　　　　　　　　　　　　　　　　　　　　　　　　社団法人　日　本　建　築　学　会

作成・編集の方針

「建築環境工学用教材」の改訂に先立ち，教材に関するアンケートを実施し，現行の教材に関しての意見を調査した。要望として，内容の充実，図表データの最新版への更新等が挙がった。これらの要望を踏まえ，改訂版の作成・編集にあたっては，概ね次のような方針の下に取り纏められた。

1. 大学のほか，工業高校，専修学校，専門学校の教材としても採用できるものとする
2. 図表主体の表現を原則とするが，若干の補足説明を許容する
3. 最新の技術を積極的に盛り込む
4. 掲載資料は，教育課程を勘案し教材として必要最小限のものを精選する。また，図表の重複を極力さける

なお，内容目次および図表の配列順序は便宜的なものであって，必ずしも講義の流れを示すものではない。

また，講義にあたっては，それぞれの教育現場の教育方針や地域性などに基づいた考慮が払われるものと考えられるので，必要に応じて教材の内容を取捨選択ならびに補足のうえ使用されたい。

最後にお願いであるが，本書の性格上，掲載されている図表は，各種論文，研究書，学術誌等から引用させていただいているものが多い。講義，勉学以外の目的でこれらを使用する際には，学会の許諾に加え，必ず原著者にも確認のうえ使用されたい。

2011年3月

建築環境工学用教材（環境編・設備編）改訂小委員会

建築環境工学用教材作成関係委員
──── 五十音順／敬称略 ────

教材委員会
委員長　石 川 孝 重
委　員　　　　略

環境工学用教材改訂小委員会
主　査　石 川 孝 重
幹　事　稲 留 康 一
委　員　飯 野 秋 成　　井 上 容 子　　小 瀬 博 之　　坂 本 慎 一　　長 田 耕 治
　　　　永 田 明 寛　　羽 山 広 文　　濱 本 卓 司　　松 本　　博　　宗 方　　淳
　　　　渡 邉 浩 文

──────── **執筆委員一覧** ────────

1章　心理生理（主査：宗　方　　淳）
　　　大 野 隆 造　　1, 2
　　　讃 井 純一郎　　4
　　　高 橋 正 樹　　4
　　　松 原 斎 樹　　3
　　　宗 方　　淳　　1
　　　山 中 俊 夫　　3

2章　地球環境
　　　秋 元 孝 之　　9〜11
　　　岩 田 利 枝　　7
　　　神 谷　　博　　8
　　　小 瀬 博 之　　8
　　　松 本　　博　　5, 6

3章　都市環境（主査：渡　邉　浩　文）
　　　足 永 靖 信　　14, 15
　　　渡 邉 浩 文　　12, 13

4章　環境設計（主査：飯　野　秋　成）
　　　岩 田 三千子　　17, 18
　　　福 田 展 淳　　16

5章　音環境（主査：坂　本　慎　一）
　　　井 上 勝 夫　　29, 30
　　　川 井 敬 二　　20
　　　坂 本 慎 一　　19, 21〜26
　　　佐 藤 史 明　　32〜34
　　　冨 田 隆 太　　29, 30
　　　濱 田 幸 雄　　27, 28, 31

6章　環境振動（主査：濱　本　卓　司）
　　　伊 積 康 彦　　36
　　　内 田 季 延　　36
　　　志 村 正 幸　　39
　　　新 藤　　智　　38
　　　鈴 木 雅 晴　　36
　　　野 田 千津子　　38
　　　濱 本 卓 司　　35, 38
　　　松 本 泰 尚　　38, 40
　　　横 島 潤 紀　　36
　　　横 山　　裕　　36, 38

7章　電磁環境（主査：長　田　耕　治）
　　　三 枝 健 二　　45
　　　新 納 敏 文　　42〜45
　　　長 田 耕 治　　41, 42
　　　平 井 淳 一　　45
　　　宮 崎 弘 志　　43, 44
　　　山 本　　恭　　46, 47
　　　吉 野 涼 二　　43, 44

8章　光環境（主査：井　上　容　子）
　　　井 川 憲 男　　53
　　　岩 田 利 枝　　48〜51
　　　上 谷 芳 昭　　60〜62
　　　大 井 尚 行　　52
　　　佐 藤 仁 人　　63〜70
　　　原　　直 也　　54〜59

9章	熱環境（主査：永田明寛）			
	宇野 朋子	79, 80, 83～85		
	斉藤 孝一郎	77		
	須永 修通	79, 80, 83～85		
	高田 暁	86～89		
	田辺 新一	90～93		
	長井 達夫	74～76		
	永田 明寛	81, 82		
	西岡 真稔	71～73		
	二宮 秀與	78		
	長谷川 兼一	84, 85		
	深澤 たまき	80, 83, 84		

10章	空気環境（主査：松本 博）	
	池田 耕一	95～97, 99, 102, 117
	岩本 靜男	105～108, 110, 111
	大場 正昭	109, 112～116
	小林 信行	94, 98, 100, 103, 104
	松本 博	101
11章	水環境（主査：小瀬博之）	
	王 祥武	126, 127
	小瀬 博之	118, 120
	野知 啓子	122～125
	村川 三郎	119, 121

1995年版（第三版）作成関係委員

教材委員会
委員長　斎藤公男／渡辺史夫
幹事　　稲葉武司
委員　　略

環境工学用教材改訂小委員会
主査　宮野秋彦
幹事　板本守正
委員　石福　昭　　市川裕通　　井上勝夫　　鎌田元康　　木村　宏
　　　紀谷文樹　　小林信行　　酒井寛二　　橘　秀樹　　南野　脩
　　　安岡正人　　吉田　燦

編集委員一覧

1章　都市環境
主査　木村　宏
委員　垂水弘夫　　藤井修二
　　　梅干野　晃

2章　音環境
主査　橘　秀樹
委員　板本守正　　関口克明

3章　環境振動
主査　井上勝夫

4章　電磁環境
主査　安岡正人

5章　光環境
主査　市川裕通
委員　稲垣卓造　　比嘉俊太郎

6章　熱環境
主査　宮野秋彦
委員　宇田川光弘　　大澤徹夫
　　　梶井宏修　　小林定教
　　　南野　脩

7章　空気環境
主査　小林信行
委員　岩本靜男　　大場正昭

8章　水環境
主査　紀谷文樹
委員　岡田誠之　　飯尾昭彦

9章　地球環境
主査　安岡正人
委員　小林昌弘

建築環境工学用教材－環境編

目　　次

1章　心理生理
1　環境と人間
2　人間・環境系の捉え方・モデル
3　感覚・知覚
4　心理的な環境評価方法

2章　地球環境
5　用途別エネルギー消費，CO_2排出量の変遷，CO_2濃度の変動および将来予測
6　大気汚染物質の発生分布・濃度分布・濃度変動，オゾンホール
7　太陽放射，紫外線
8　水環境と地球環境
9　省エネルギー施策－CASBEE，性能表示など(1)
10　省エネルギー施策－CASBEE，性能表示など(2)
11　省エネルギー施策－CASBEE，性能表示など(3)

3章　都市環境
12　都市環境概要(1)
13　都市環境概要(2)
14　都市気候(1)
15　都市気候(2)

4章　環境設計
16　集合住宅の熱容量と省エネルギー
17　環境設計事例(1)
18　環境設計事例(2)

5章　音環境
19　音の基礎
20　聴覚・騒音評価
21　吸音機構
22　吸音材料・構造
23　遮音機構
24　遮音材料・構造
25　音の伝搬と減衰
26　建物における音の伝搬
27　騒音防止設計(1)
28　騒音防止設計(2)
29　床衝撃音(1)
30　床衝撃音(2)
31　ダクト系の騒音
32　室内音響計画
33　残響設計
34　オーディトリウムの例

6章　環境振動
35　概要
36　加振源
37　伝搬系
38　評価
39　対策
40　規格・基準

7章　電磁環境
41　概論(1)
42　概論(2)
43　制御技術
44　電磁，磁気材料
45　計測評価技術
46　基準(1)
47　基準(2)

8章　光環境
48　太陽位置図・天空射影図
49　日影曲線
50　日ざし曲線・日照の検討
51　直射日光とその遮蔽の検討
52　日影規制と採光規定
53　昼光光源
54　人工照明
55　視覚と視覚特性
56　視覚特性と採光量
57　視環境評価

- 58 視環境評価と光環境
- 59 光環境と計算例
- 60 照度の計算(1)
- 61 照度の計算(2)
- 62 昼光率・立体角投射率
- 63 表色(1) 顕色系
- 64 表色(2) 混色系
- 65 物体の色と光源の演色
- 66 色彩心理(1) 色の見え
- 67 色彩心理(2) 色彩イメージ・安全色
- 68 色彩設計(1) プロセス
- 69 色彩設計(2) 技法
- 70 色彩設計(3) 材料色・使用色

9章　熱環境

- 71 伝熱基礎(1)熱移動の基礎
- 72 伝熱基礎(2)主要建築材料の熱定数
- 73 伝熱基礎(3)対流熱移動と放射熱移動
- 74 伝熱基礎(4)空気層の熱抵抗・表面熱伝達
- 75 伝熱基礎(5)総合熱伝達率と環境温度・熱貫流率と日射侵入率
- 76 伝熱応用　壁体の熱特性
- 77 窓開口部の熱特性
- 78 建物の熱損失係数・日射取得係数
- 79 パッシブデザイン(1)考え方・パッシブヒーティング
- 80 パッシブデザイン(2)パッシブクーリング・評価手法
- 81 熱容量・非定常熱伝導
- 82 2, 3次元熱伝導(熱橋・土間床・地下室)
- 83 世界の気候
- 84 日本の気候(1)（気温・日射量・風向風速）
- 85 日本の気候(2)（省エネ基準）
- 86 湿度の基礎
- 87 材料の湿気特性
- 88 結露とその防止
- 89 調湿
- 90 人体放熱と温熱環境
- 91 温熱環境と室内での熱および湿気発生
- 92 温熱環境要素・新有効温度・PMW
- 93 温熱環境設計基準

10章　空気環境

- 94 空気環境の概要
- 95 空気質と人体影響(1)
- 96 空気質と人体影響(2)／空気質の評価法
- 97 空気環境の基準
- 98 室内汚染濃度と換気システム
- 99 汚染発生
- 100 必要換気量
- 101 換気効率
- 102 臭いの評価と制御
- 103 空気浄化
- 104 燃焼機器の給排気
- 105 空気の流れと圧力損失
- 106 開口部特性と換気
- 107 風圧係数と圧力差の発生
- 108 単室の換気量
- 109 自然換気・通風
- 110 吹出し気流
- 111 室内空気分布
- 112 自然風
- 113 市街地気流
- 114 建物周辺気流
- 115 建物近傍汚染
- 116 空気分布の予測法
- 117 空気質の測定法

11章　水環境

- 118 水環境の要素
- 119 河川と水源
- 120 水の害
- 121 生理・心理面からみた水
- 122 水環境の基準
- 123 水質汚染の現状
- 124 水質汚染対策
- 125 水環境保全
- 126 水処理と汚水処理
- 127 目的別の処理方法

- 128 湿り空気 $h-x$ 線図

建築環境工学用教材－設備編　目次

1章　建築と設備
都市環境概説(1)
都市環境概説(2)
都市エネルギーと都市設備(1)
都市エネルギーと都市設備(2)
建築と気候
日本の気候(1)
日本の気候(2)
設計用気象条件
日本のエネルギー事情(1)
日本のエネルギー事情(2)
都市化と建築設備(1)
都市化と建築設備(2)
昔の設備
設備の歴史(1)
設備の歴史(2)
建築・建築設備の計画(1)
建築・建築設備の計画(2)
植栽と環境
建築的手法と環境

2章　建築設備のいろいろ
1. 空調設備
空調設備総論
断熱・遮熱・気密
構造計画と設備
設備所要スペース
建築設備のライフサイクル
冷暖房負荷(1)
冷暖房負荷(2)
空気の性質
空調方式
ビルマルチ
熱源方式
ボイラー
冷凍機
冷却塔・空調機
水搬送システム
空気搬送システム(1)
空気搬送システム(2)
換気システム
省エネルギー
自動制御設備・中央監視システム

2. 衛生設備
衛生設備概論
水の物性と流れ
負荷パターン，水使用
給排水衛生システムと設備計画(1)
給排水衛生システムと設備計画(2)
給排水衛生システムと設備計画(3)
給排水衛生システムと設備計画(4)
衛生器具など
給水設備
給湯設備・水槽類
ポンプ
排水通気設備(1)
排水通気設備(2)
排水再利用と雨水利用
浄化槽設備
ガス設備
ごみ処理設備
特殊設備

3. 電気設備
電気設備概論
受変電設備(1)
受変電設備(2)
非常電源設備
常用発電設備(分散型)
配線方式・避雷設備
照明器具と光源
照明器具と方式
照明器具の保守・取付け
特殊照明
情報通信(1)
情報通信(2)
音声・画像情報(TV会議・電話等)設備
情報設備の配線
防災システム・警報設備(1)
警報設備(2)・消火設備(1)
消火設備(2)・排煙設備
防犯設備
誘導設備
エレベーター (1)
エレベーター (2)
エスカレーター等
物品搬送設備
音響設備(1)
音響設備(2)
音響設備(3)

3章　設備の応用
窓
住宅とエネルギー・環境
住宅の省エネルギー基準
住宅の暖房・給湯システム
住宅の通風口・換気システム
住宅の情報システム
住宅の照明システム
オフィスビルとエネルギー・環境
オフィスビルの省エネルギー基準・環境基準
最新の省エネルギーオフィスビルの事例(1)
最新の省エネルギーオフィスビルの事例(2)
ショッピングセンター・食堂街の設備(1)
ショッピングセンター・食堂街の設備(2)
美術館・博物館の設備
騒音振動と設備
スタジオ・コンサートホールの設備
病院の設備計画上の留意点
病室の設備
手術室の設備
ホテルの設備計画上の留意点と事例
大空間と設備
恒温恒湿環境と設備
空気清浄度と設備
排水と設備
交通関連施設

建築環境工学実験用教材　目次

1 音環境分野
　1.1 騒音の測定(基礎1＋応用1)
　1.2 室内音響特性の測定(基礎1＋応用1)
　1.3 遮音の測定(基礎1＋応用1)

2 環境振動分野
　2.1 振動の測定(基礎2)

3 光環境分野
　3.1 照度・輝度・紫外線強度の測定(基礎1)
　3.2 昼光の測定(基礎1)
　3.3 色の測定(基礎1)
　3.4 光環境の予測(応用1)
　3.5 視環境の評価(応用3)

4 熱環境分野
　4.1 外界気象要素の測定(基礎2)
　4.2 室内気候の測定(基礎2)

5 空気環境分野
　5.1 建物周辺気流の測定(基礎1)
　5.2 室内気流分布の測定(基礎1)
　5.3 換気量の測定(基礎1)
　5.4 換気回路網(応用1)
　5.5 数値計算(CFD)(応用1)
　5.6 空気汚染の測定(基礎1)

6 水環境分野
　6.1 水質の測定(基礎1)
　6.2 給水管路における流体基礎実験(応用1)
　6.3 一般廃棄物の排出量調査(応用2)

7 建築設備分野
　7.1 冷凍機の性能評価(応用1)
　7.2 ボイラ，給湯器の性能評価(応用1)
　7.3 空調システムシミュレーション(応用1)
　7.4 電気設備に関する測定・性能評価(応用1)
　7.5 照明設備に関する測定・性能評価(応用1)

8 都市環境・都市設備分野
　8.1 地表面の放射収支・熱収支の測定(応用1)
　8.2 地域エネルギー需給の解析演習(応用1)

9 環境心理生理分野
　9.1 感覚量の測定＋心理生理測定のための基礎事項(基礎1)
　9.2 生理量の測定(基礎1)
　9.3 印象の測定(応用1)
　9.4 評価構造の測定(応用1)

10 環境設計分野
　10.1 CASBEE及び住宅の性能表示制度に関する演習(応用1)

11 電磁環境分野
　11.1 電磁環境の測定(基礎1)
　11.2 磁気環境の測定(基礎1)

環境と人間　心理生理

1　世界保健機関（WHO）における居住環境や健康の定義

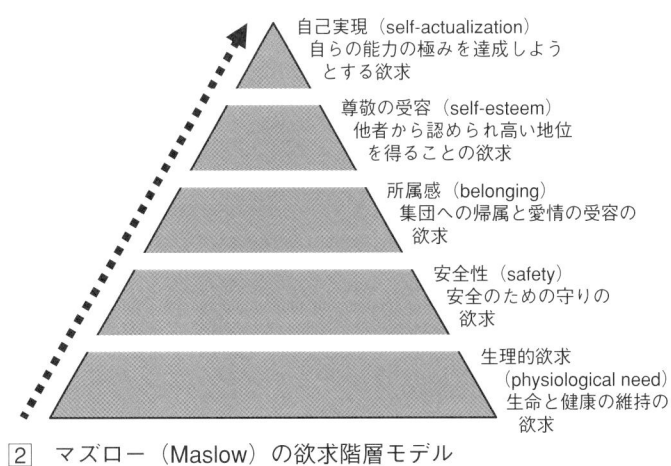

居住環境の4つの理念とその解釈	安全性 Safely	生命財産が災害から守られていること
	保健性 Healthy	肉体的・精神的健康が守られていること
	利便性 Efficiency	生活の利便性が経済的に守られていること
	快適性 Comfortability	美しさ・レクリエーション等が十分に確保されていること．この中には教育・福祉などの文化性を含んでいるものと解される
健康の定義		Health is a state of complete physical, mental and social well-being and not merely the absence of disease or infirmity. 完全な肉体的，精神的及び社会福祉の状態であり，単に疾病又は病弱の存在しないことではない

参考：WHO 住居衛生委員会第一回報告書「健康な居住環境の基礎」(1961), 笠井(1977)

2　マズロー（Maslow）の欲求階層モデル

- 自己実現（self-actualization）自らの能力の極みを達成しようとする欲求
- 尊敬の受容（self-esteem）他者から認められ高い地位を得ることの欲求
- 所属感（belonging）集団への帰属と愛情の受容の欲求
- 安全性（safety）安全のための守りの欲求
- 生理的欲求（physiological need）生命と健康の維持の欲求

人間の行動を動機付ける欲求は，基本的なものから高度なものまで階層をなしており，下位の欲求が満たされてはじめて次の欲求に移行する．ある欲求段階が満足されると，それはもはや行動を動機付ける働きはなくなる．

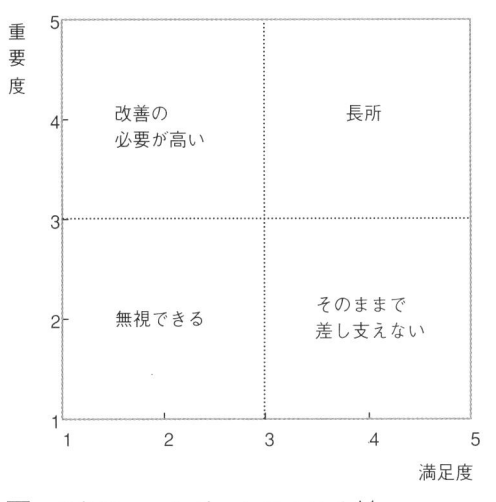

3　ベネフィットポートフォリオ[*1]

環境評価項目について，満足度と重要度をそれぞれ居住者に回答させて，それらを両軸にしてプロットしたもの．
満足度・重要度双方が高い評価のものはその環境の大きな長所であり，満足度が低いにもかかわらず重要度の高いものは改善の優先度が高い項目として把握される．図の例は満足度・重要度をそれぞれ5段階で評価した場合．

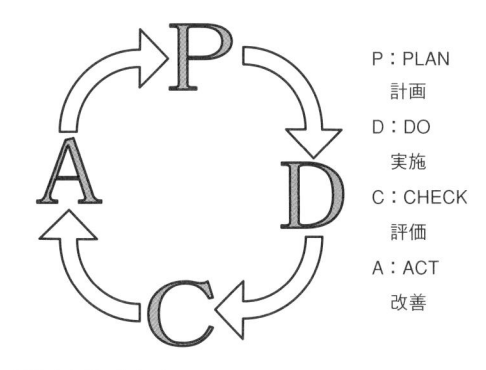

（重要度5-4：改善の必要が高い／長所，2-1：無視できる／そのままで差し支えない　満足度）

4　PDCAサイクル

- P：PLAN　計画
- D：DO　実施
- C：CHECK　評価
- A：ACT　改善

PDCAサイクルとは品質管理に由来する概念であり，プロジェクトの計画，計画の実施，実施内容の確認のための評価，評価に基づいた改善のサイクルが継続する．

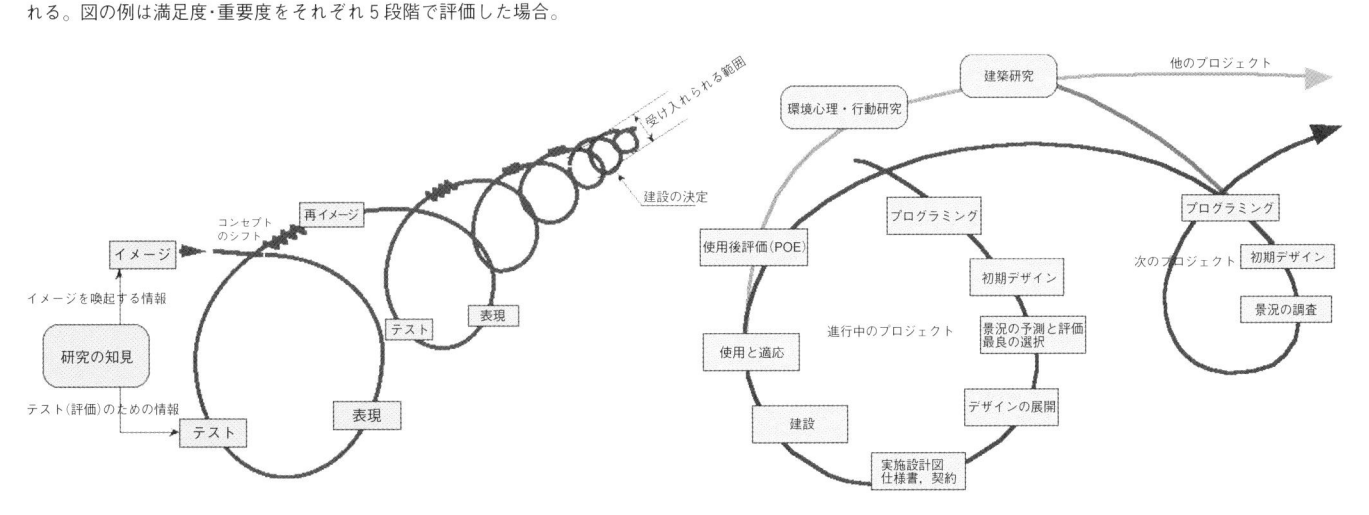

5　デザイン展開の過程において研究的知見が提供する2種の情報

一般に，建設プロジェクトは1回限りということはないので，1つのプロジェクトが終了して，次のプロジェクトに移るとき，前の経験を活かしたい．そのためには，前のプロジェクトで完成した建物の使用後評価（POE）が重要である．その結果は直接に同様のプロジェクトのプログラミングに活かされる（内側の）ループだけでなく，研究による整理と一般化を通して異なるタイプのプロジェクトにも反映させる（外側の）ループが可能となる．

6　建設プロジェクトと研究との協同サイクル

1) 創造的な初期イメージを喚起する情報
2) 提案されたデザインをテスト（評価）のための情報

J．ザイセルは，デザインの展開を初期イメージから出発して，表現，テストそしてコンセプトのシフトを繰り返しながら収束して決定に至るスパイラル状過程として示し，その過程の2つの局面で研究的知見が関与し得るとした．

[*1] 宇治川正人ほか：居住環境評価による地下オフィスの問題点と改善効果の把握　地下オフィスの環境改善に関する実証的研究　その1，日本建築学会計画系論文集第457号，pp.77～86，1994.3.

2 心理生理　　人間環境系の捉え方・モデル

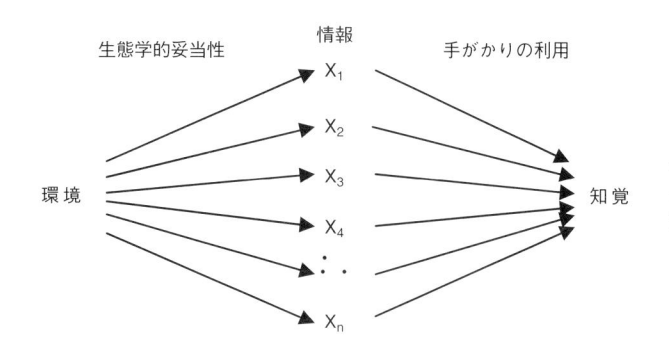

1 ブランズウィックのレンズモデル

ブランズウィックは、人が環境の様々な特性に関する情報（外観）から、環境の状況（内容）を推し測ることができるのは、環境の状況とその特性が確率的に結び付いている（生態学的妥当性がある）ためであるとし、環境からの情報を人が手がかりとして利用して読み取り、それらが焦点を結ぶように統合されて知覚されるとした。

2 環境の膨大な視覚情報を処理するための並行処理システム

人間の視覚系では、注視された狭い部分から得られる情報と、周辺を含む広い視野から得られる情報が異なる神経経路を通って眼から脳に伝達されている。その1つは、注視した対象物を注意深く吟味して、見ている主体にとっての意味を判断する知的な働きをする焦点視である。もう1つは、環境視と呼ばれ、広い環境の状況を即座に把握して、自身の姿勢を保ったり空間を移動したりするために必要な情報をもたらす。環境視が場所の雰囲気の変化を察知すると、より鮮明な焦点視によってその原因を探索するといった具合に両者の働きが相互に協力して環境からの膨大な情報を効率よく処理している。

3 アフォーダンス

心理学者ギブソンによる造語であるアフォーダンスは、環境やその中の事物が動物の特定の行動を可能にするために備えている特性である。例えばドアのノブは、それを操作することでドアを開けることをアフォードするが、その形状によってドアを開けるために必要な行動が異なる。丸い握り玉は、回して開けるのに一定の握力がいるが、レバーハンドルは握力が弱くても、場合によっては手でなく肘でも開けることができ、アフォーダンスが異なるといえる。われわれは物の形状によってそのアフォーダンスを読み取って行動するが、形状が示唆するアフォーダンスがわかりにくいと戸惑うことになる。

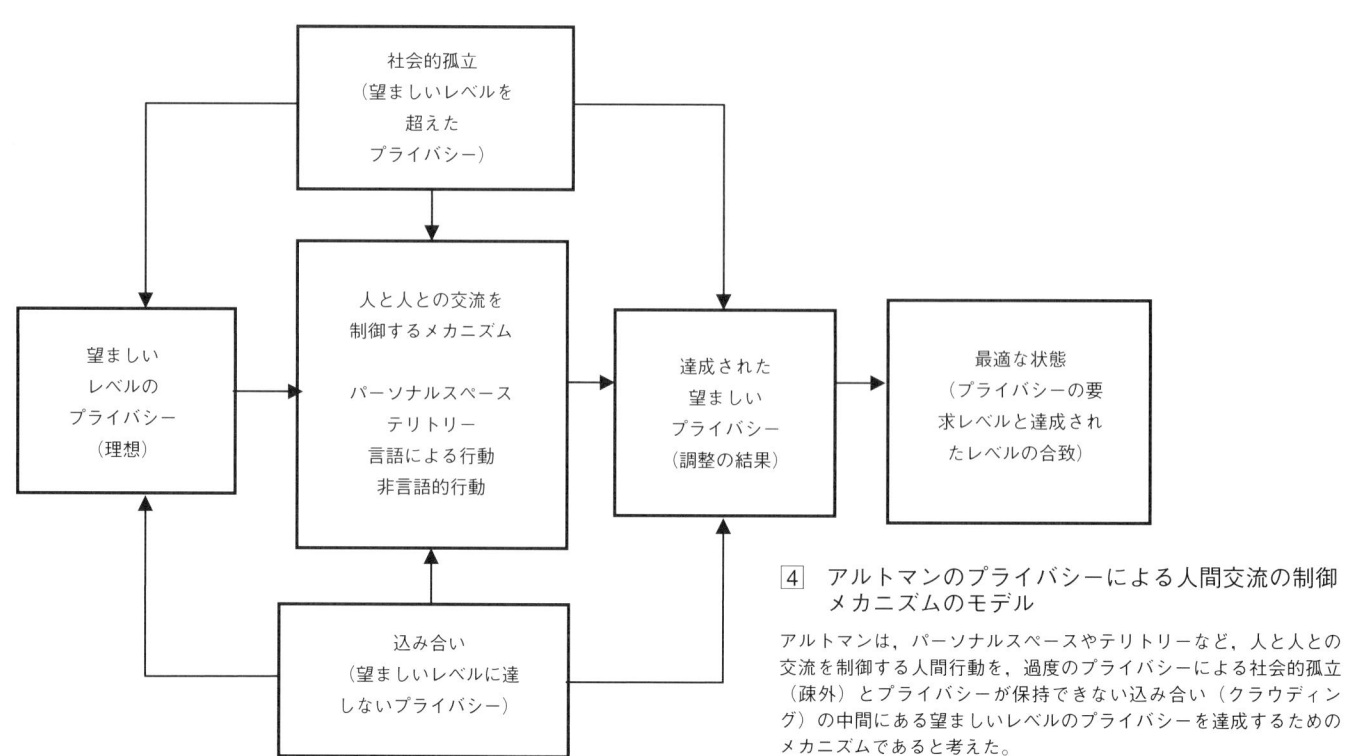

4 アルトマンのプライバシーによる人間交流の制御メカニズムのモデル

アルトマンは、パーソナルスペースやテリトリーなど、人と人との交流を制御する人間行動を、過度のプライバシーによる社会的孤立（疎外）とプライバシーが保持できない込み合い（クラウディング）の中間にある望ましいレベルのプライバシーを達成するためのメカニズムであると考えた。

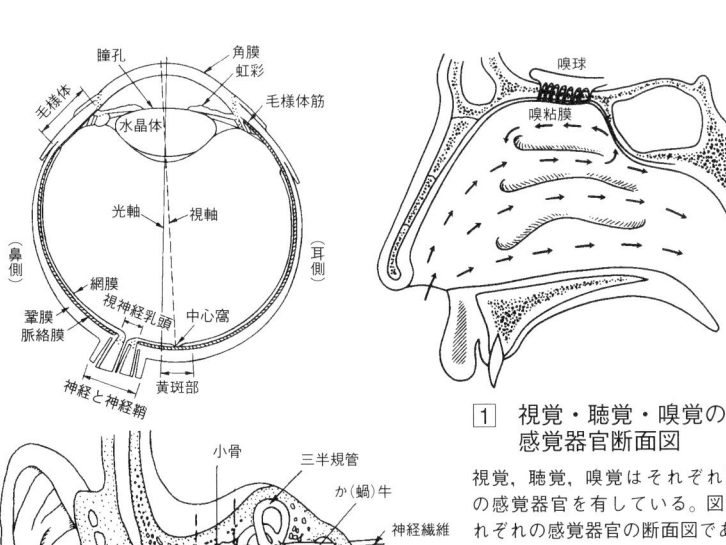

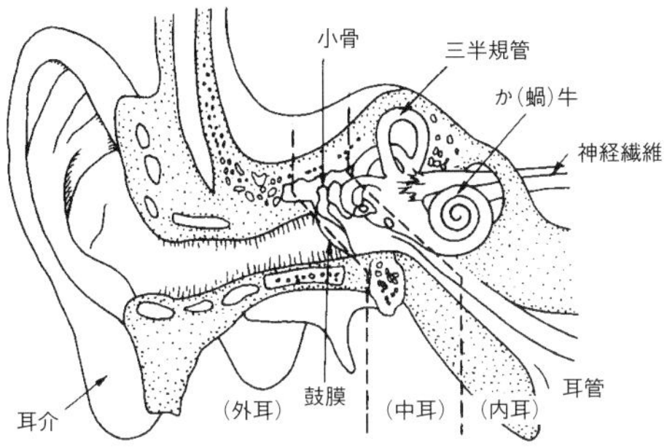

感覚・知覚　心理生理

1 視覚・聴覚・嗅覚の感覚器官断面図

視覚、聴覚、嗅覚はそれぞれ固有の感覚器官を有している。図はそれぞれの感覚器官の断面図である。各感覚器官にはそれぞれ視細胞、嗅細胞、聴細胞が多数存在し、可視光、臭気物質の分子、音波などの物理刺激を感覚信号に変換する。
（左上）眼球（右眼）の水平断面
（右上）鼻の鉛直断面[*1]
（左）耳の構造（右耳）

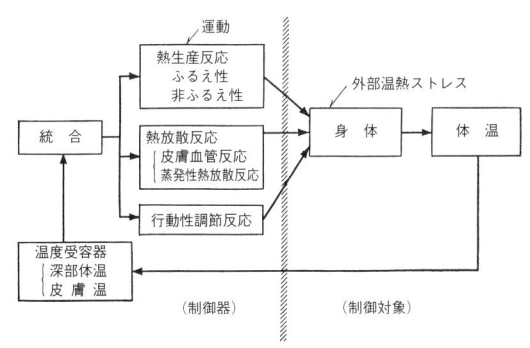

2 温度受容器と体温調節系[*2]

温熱感覚は特定の感覚器官を持っていないが、温度受容器として、皮膚および深部体温が体温調節系の中に位置付けられる。深部体温の温度受容器は、視束前野・前視床下部、中脳、延髄、脊髄、腹部内臓に存在する。

3 各感覚器官の特性と知覚特性

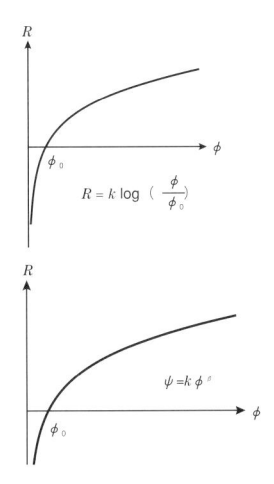

	感覚器官	刺激	内的要因	順応時間	個人能力	空間伝播特性	方向定位
視覚	目	可視線（380～780nm）	順応	数10秒～30分	視力、輝度差弁別閾値	数10cmから宇宙空間まで	正確
聴覚	耳	音波（20～20 000Hz）	疲労		聴力（最小可聴音圧）	数mmから数10kmまで	比較的正確
嗅覚	鼻	臭気物質の分子	順応（疲労）	5分程度	嗅覚閾値	数mmから数kmまで	なし
温熱感覚	温度受容器※（多重的）	熱エネルギー（顕熱、潜熱）	貯熱、順応、順化	数時間	暑がり・寒がり	接触から宇宙空間まで	不正確

※皮膚、深部（視束前野・前視床下部・中脳・延髄・脊髄・腹部内臓など）

4 Weber-Fechner則とStevens則

Weber-Fechnerの法則は、刺激の差の弁別閾値が刺激の大きさに比例するというWeberの法則を基にしてFechnerが導いた。一方、Stevensは感覚量をME法で測定し、Stevensの法則を導いた。

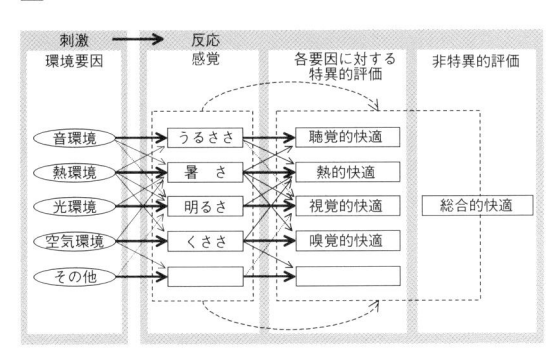

$$R = k \log \left(\frac{\phi}{\phi_0} \right)$$

$$\psi = k \phi^n$$

5 感覚・知覚に基づく環境評価のしくみ[*4]

（左図）長野による複合環境評価の視点からの人間の心理反応のモデル図。熱、音などの環境要因がそれぞれの感覚を引き起こし、それらの情報が統合ないし取捨選択されて総合化される。

6 Stevens則における各感覚のべき指数[*3]

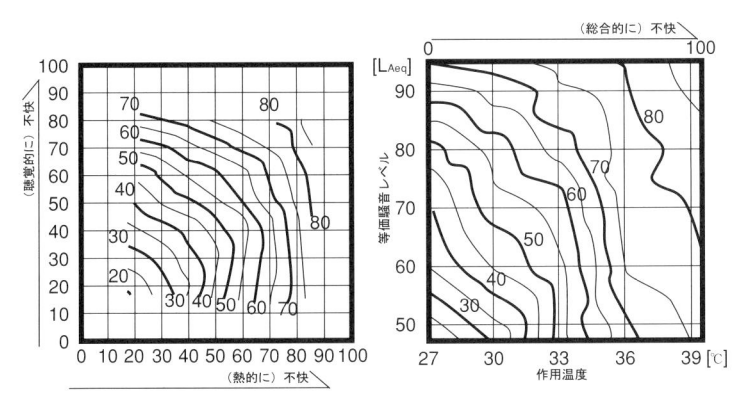

感覚の種類	べき指数	刺激条件	感覚の種類	べき指数	刺激条件
音の大きさ	0.33	3kHz純音の音の強さ	暖かさ	1.3	皮膚の狭い領域への照射
振動	0.95	指先の60Hzの振動	暖かさ	0.7	皮膚の広い領域への照射
振動	0.6	指先の250Hzの振動	不快感（冷たさ）	1.7	全身への照射
明るさ	0.33	暗やみで視角5°	不快感（熱さ）	0.7	全身への照射
明るさ	0.5	点光源	熱による痛み	1.0	皮膚への放射
明るさ	0.5	短いフラッシュ	粗さ（触覚）	1.5	布やすりでこする
明るさ	1.0	短く点滅する点光源	硬さ（触覚）	0.8	ゴムの圧搾
明度	1.2	灰色紙の反射率	指先間の隔り	1.3	木片の厚さ
長さ	1.0	投影した線分	手のひらへの圧力	1.1	皮膚上の静的加圧
面積	0.7	投影した正方形	握力	1.7	静的収縮
飽和度	1.7	赤と灰色の混合	重さ	1.45	挙錘
味	1.3	しょ糖	粘性	0.42	シリコン液
味	1.4	塩	電気ショック	3.5	指先に加えられた電流
味	0.8	サッカリン	発声努力	1.1	音声の音圧
匂（におい）	0.6	ヘプタン	角加速度	1.4	5秒の回転
冷たさ	1.0	腕上へ接触させた金属片	持続時間	1.1	白色雑音
温かさ	1.6	腕上へ接触させた金属片			

（S. S. Stevensより再構成）

7 複合環境評価チャート[*5]

長野と堀越による作用温度、等価騒音レベルを軸とした等不快線図、等快適線図。これらは、熱と音の複合影響を量的に表現しており、熱と音の主効果だけではなく、熱と音との相互作用を示している。

8 感覚の種類と代表的生理量との関連性

	脳波	心拍数・心電図	血流量	皮膚温・直腸温（舌下温）	発汗量	瞳孔径	まばたき	呼吸数	体動数	フリッカー数
視覚	◎	○				◎	◎			◎
聴覚	◎	○								
嗅覚	◎	○								
温熱感覚※	○	○	◎	◎	◎			○	○	

◎：関連性が高い　○：関連がある　※体温調節機能に関連するものを含む

[*1] 大山 正ほか：新編 感覚・知覚心理学ハンドブック、誠信書房、2007.9.
[*2] 中山昭雄ほか：温熱生理学、理工学社、1981.1.
[*3] 日本音響学会編／難波精一郎・桑野園子共著：音の評価のための心理学的測定法、コロナ社、1998.6.
[*4] Nagano K. and Horikoshi T.: New comfort index during combined conditions of moderate low ambient temperature and traffic noise, Energy and Buildings, 37(3), pp.287～294, 2005.3.
[*5] 長野和雄・堀越哲美：暑熱および交通騒音が心理反応に及ぼす複合影響の定量的表現、日本建築学会計画系論文集、No.524, pp.69～75, 1999.1.

4 心理生理　　心理的な環境評価方法

1 環境評価の心理的メカニズムのモデル化（環境評価構造）[*1]

人間の環境に対する評価判断をより良い環境形成に役立てるためには、「良い―悪い」といった総合的判断だけではなく、「明るい」「広い」けれど「くつろげない」といった部分評価、さらには「くつろげる」ためには具体的にどのようなしつらえが必要かというように、階層的に把握する必要がある。この評価判断の階層構造を評価構造という。

評価構造は多様である。利用者にとって魅力的な環境を計画するためには、当事者の評価構造を謙虚な気持ちで測定することが必要である。本図は、「評価グリッド法」と呼ばれる個別面接調査手法を用いて測定された個人の住宅居間の評価構造を、全回答者について重ね合わせたものである。本図の太枠、太線の部分が広く共有された項目であり関連付けであることがわかる。通常、この中の主要評価項目からなる質問紙を作成し、定量的な調査・分析につなげていくことになる。

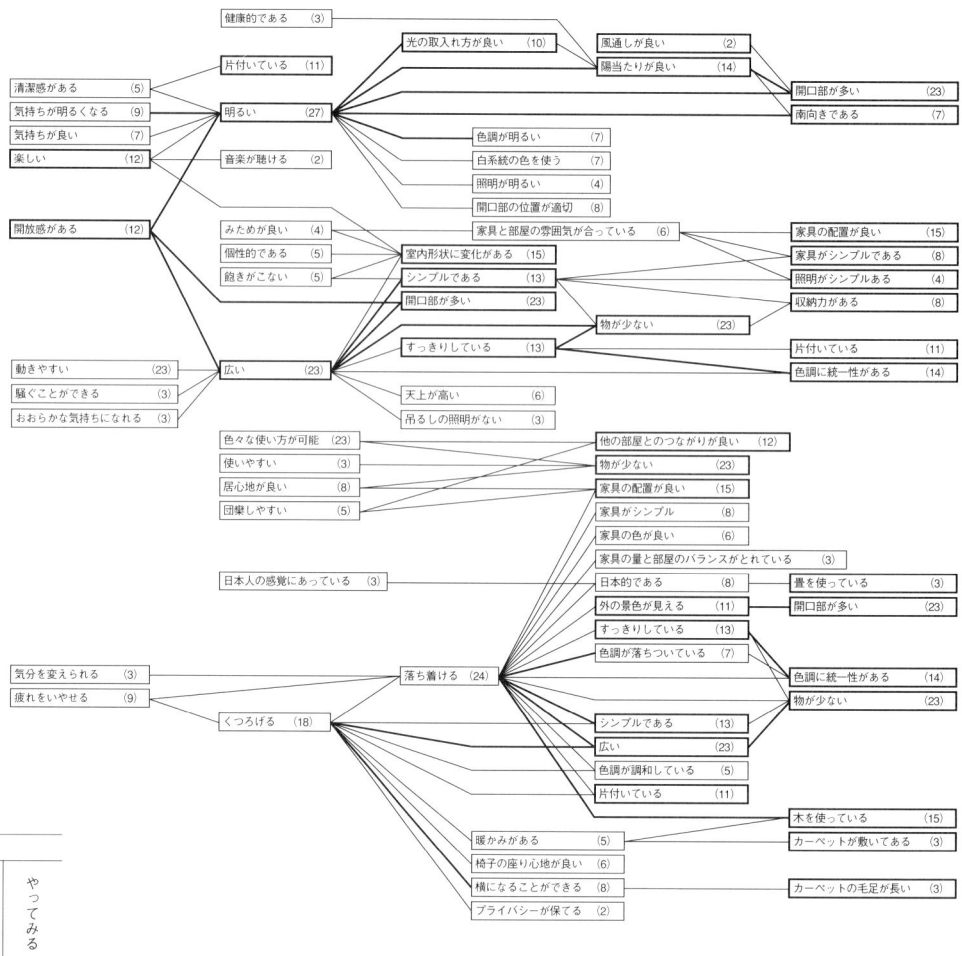

2 目的に応じた環境評価調査方法

		調査の方法			
		見る（観察）	尋ねる（インタビュー）	書いてもらう（アンケート）	やってみる（実験）
調査の目的	問題を知る	○	◎	○	―
	設計解を得る	―	○	○	◎
	解の妥当性検討	○	◎	○	―

環境評価調査には大きく分けて3つの目的がある。調査を行うに際しては、何のために調査を行うのかをしっかり考え、それに適した調査方法を採用する必要がある。

ここに示した調査方法の4分類は、左にあるものほどありのままの状態を測定できるが、同時に調査結果は定性的で分析が難しい。一方右にあるものほど明快な結果が手に入るが、変数が限定される、測定精度の維持に細心の注意が必要といった難しさを伴う。

3 POEシステム（POEM-H）の評価項目と評価指標の一覧[*2]

環境要素	評価項目	評価指標	指標の意味
音環境	屋外の騒音	静寂時暗騒音	その地域の静寂時の静けさ
		環境騒音レベル	連続的に騒音がある地域のうるささ
		特定騒音レベル	特に気になる騒音を発する音源のうるささ
	室内の静けさ	室内の騒音レベル	評価対象である室内の静けさ
		屋内発生騒音	共用部分や自宅内で発生する騒音のうるささ
		外周壁の遮音性能	屋外の騒音をどの程度遮断できるか
		2住戸間の界壁・界床の遮音性能	住戸間の空気伝播音をどの程度遮断できるか
		自宅内の2室間の遮音性能	自宅内の室同士の音をどの程度遮断できるか
		床衝撃音の遮断性能	上階の床衝撃音を下階へどの程度遮断できるか
	室内の音の響き	残響時間	音楽などが良い音で聞こえるかどうか
		平均吸音率	音が不必要に響かないかどうか
熱環境	防寒	昇温効果	明け方の室温が外気温に対してどれだけ高いか
		最低室温	明け方の室温がどれだけ低いか
		上下温度差係数（防暑にも適用可）	暖房時の上下温度差の程度
		熱損失係数（防暑にも適用可）	住宅の断熱性がどの程度か
		相当隙間面積	住宅の気密性がどの程度か
		冬期日射取得係数	冬期にどの程度日射熱を室内に取り入れているか
	防暑	昼間降温効果	昼間の室温をどの程度低く保てるか
		夜間降温効果	夜間の室温をどの程度低く保てるか
		最高室温	昼間の室温がどれだけ高いか
		夏期日射取得係数	夏期にどの程度日射熱を室内に取り入れているか
	調湿	過剰絶対湿度積算値	壁や窓表面の飽和絶対湿度を超えた部屋の湿度
		空気乾燥度	空気の乾燥の程度
光環境	日当たり	庭の日照時間	庭の日当たりが何時間あるか
		ベランダの日照時間	ベランダの日当たりが何時間あるか
		特定部屋の日照時間	特定の部屋の日当たりが何時間あるか
		窓の日照調節性	日照調節の設備が窓にあるかどうか
	採光	昼光率：公室	窓から自然光を採り入れる割合
		平均窓面天空率：公室	窓の位置から天空の見える割合
		開口率	居室の床面積に対する窓面積の割合
		窓の採光調節性	採光調節の設備が窓にあるかどうか
	照明の機能性	作業空間照度	作業する位置の明るさの程度
		演色性：視作業位置	照明光によるものの色の見えやすさ
		グレア・反射：視作業位置	作業位置でのまぶしさ
		TV・PC画面照度	画面に入る光の明るさ
		TV・PC画面映り込み	画面への光の映り込みの有無
		照明器具の保守性	照明器具の保守の程度と保守しやすさ
	照明の雰囲気	照度分布：公室	室内の明るさのむら
		主内装反射率：公室	室内の内装の反射率
		照明調節性	照明の明るさが調節できるかどうか
		色温度	照明光の色の程度
		演色性	照明光によるものの色の見やすさ
空気環境	空気質	開放型燃焼器具の有無	二酸化炭素の排出源となる器具の有無
		二酸化炭素濃度	空気が総合的にどの程度汚れているか
		その他特定の空気汚染物質濃度	特定の汚染物質により空気がどの程度汚れているか
		換気性能	新鮮な外気をどの程度取り入れているか
空間環境	広さ	住宅全体の広さ	室内全体の広さ
		公室の広さ	台所・居間・食堂の広さ
		私室の広さ	就寝可能な部屋の広さ
		ユーティリティ・サニタリーの面積	浴室・脱衣所・洗面所・便所の広さ
		収納空間の広さ	部屋の押入れや納戸など収納キャパシティ
		天井の高さ	居間・主寝室の開放感
		テーブル横の通路の広さ	リビングダイニングでの移動のしやすさ
		出入口・廊下の広さ	部屋の出入口や廊下の歩きやすさ
		階段の昇降しやすさ	階段の昇降のしやすさ
		部屋数	個室選択のキャパシティ
	使い勝手	椅子の高さ	ダイニングテーブルなどの椅子の高さが合っているか
		机の高さ	書斎や子ども部屋での学習机の高さが合っているか
		トイレの便座の高さ	トイレの便座の高さが合っているか
		食卓テーブルの広さ	食卓テーブルの広さが充分か
		ベッドの広さ	ベッドの広さが適当か
		浴槽の広さ	浴槽の広さが適当か
		洗面所の使いやすさ	洗面所の高さが適当か
		キッチンの使いやすさ	キッチンのワークトップの高さが適当か
		ウォールキャビネットの位置	キッチンのキャビネットの高さが適当か
		スイッチの位置	スイッチの高さが適当か
負荷環境	省エネルギー	年間総エネルギー消費	年間でどの程度エネルギーを消費しているか

POEとはPost Occupancy Evaluationの略で入居後評価、居住後評価などと訳されている。POEの目的は、計画された居住環境の居住者（個人、集団、組織）に対する動的な効果（機能的、心理的）の検証を行うことである。つまり評価を適切にフィードバックすることでさらに環境の質を高めようとするものである。

[*1] 日本建築学会編：環境心理調査手法入門，技報堂出版，p.61，2000．
[*2] 高橋正樹：住宅の室内環境評価法-POEM-H-，日本生理人類学会誌Vol.6 No.3, pp.25～30, 2001.

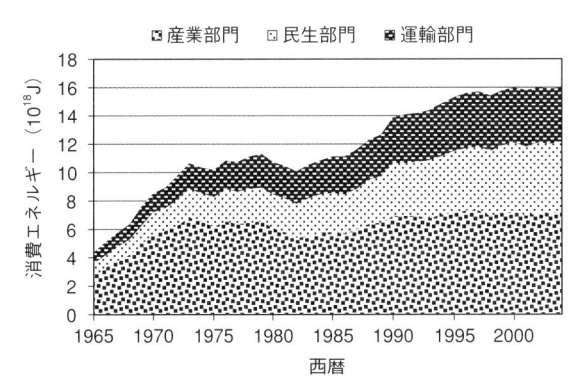

用途別エネルギー消費，CO_2排出量の変遷，CO_2濃度の変動および将来予測　　地球環境

1　最終エネルギー消費の推移[*1]

（注）1．1MJ＝0.0258×10^{-3}原油換算kl
　　　2．「総合エネルギー統計」は1990年度以降の数値について算出方法が変更されている

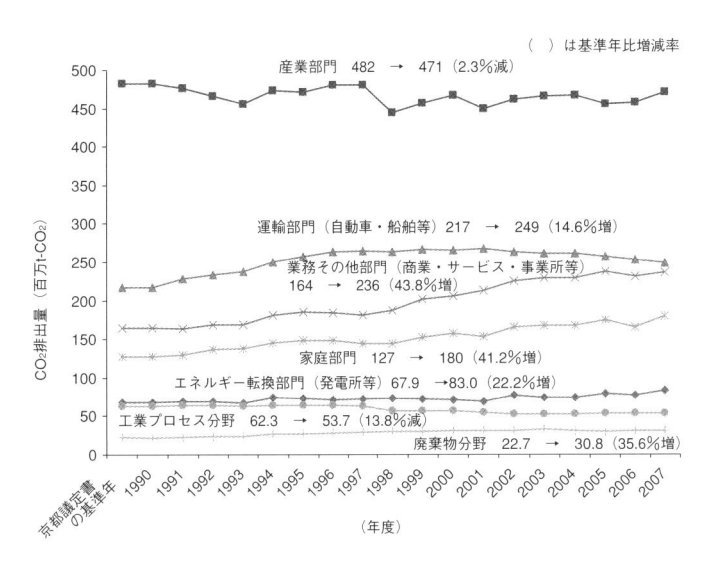

2　日本の部門別二酸化炭素排出量の推移[*2]
（独立行政法人　国立環境研究所）

（　）は基準年比増減率

産業部門　　　　　　　　　　　482　→　471（2.3％減）
運輸部門（自動車・船舶等）　　217　→　249（14.6％増）
業務その他部門（商業・サービス・事業所等）　164　→　236（43.8％増）
家庭部門　　　　　　　　　　　127　→　180（41.2％増）
エネルギー転換部門（発電所等）67.9　→　83.0（22.2％増）
工業プロセス分野　　　　　　　62.3　→　53.7（13.8％減）
廃棄物分野　　　　　　　　　　22.7　→　30.8（35.6％増）

Scenarios for GHG emissions form 2000 to 2100 （in the absence of additional climate policies）and projections of surface temperatures

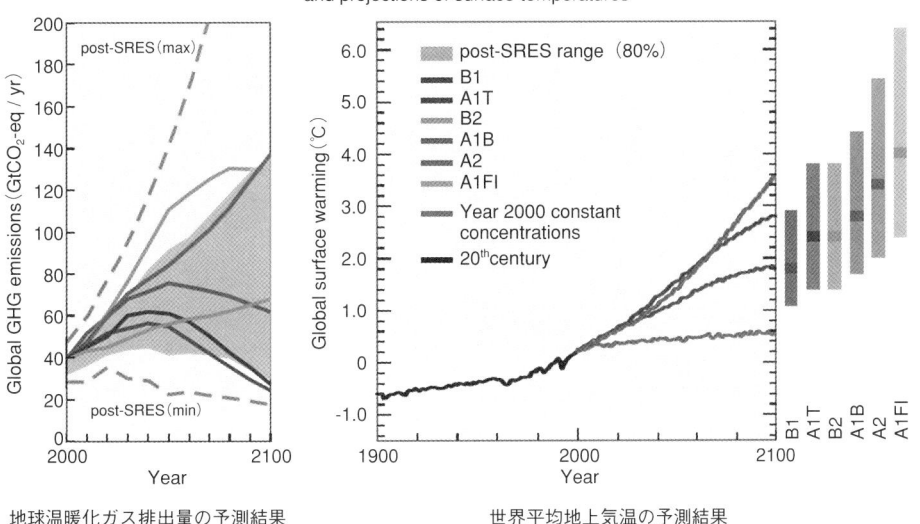

地球温暖化ガス排出量の予測結果　　　　世界平均地上気温の予測結果

A1「高成長型社会シナリオ」
・世界中がさらに経済成長し，教育，技術などに大きな革新が生じる
A1FI：化石エネルギー源を重視
A1T：非化石エネルギー源を重視
　　　（新エネルギーの大幅な技術革新）
A1B：各エネルギー源のバランスを重視

A2「多元化社会シナリオ」
・世界経済や政治がブロック化され，貿易や人・技術の移動が制限
・経済成長は低く，環境への関心も相対的に低い
B1「持続的発展型社会シナリオ」
・環境の保全と，経済の発展を地球規模で両立する
B2「地域共存型社会シナリオ」
・地域的な問題解決や世界の公平性を重視し，経済成長はやや低い
・環境問題などは，各地域で解決が図られる

3　地球温暖化ガス排出量および平均地上気温の予測（IPCC AR4 SPM）[*3]
予測シナリオの範囲では，今後20年間に，10年あたり約0.2℃の割合で気温が上昇することが予測される。予測シナリオ別に21世紀末の世界平均地上気温を予測した各研究結果を基に気温上昇の最良の予測値と可能性の高い予測幅を定めている。環境の保全と経済の発展を地球規模で両立する社会においては，最良の予測値は1.8℃（可能性の高い予測幅は1.1〜2.9℃），化石エネルギーを重視しつつ高い経済成長を実現する社会では4.0℃（同2.4〜6.4℃）と予測される。

[*1]　資源エネルギー庁「総合エネルギー統計」，内閣府「国民経済計算年報」
[*2]　独立行政法人　国立環境研究所：日本の温室効果ガス排出量データ（1990〜2007年度）確定値，2009.4.30.
[*3]　環境省 IPCC 第4次評価報告書，第1作業部会報告書概要，2007．

6　地球環境　　大気汚染物質の発生分布・濃度分布・濃度変動，オゾンホール

1 大気汚染に係る環境基準（環境庁告示）

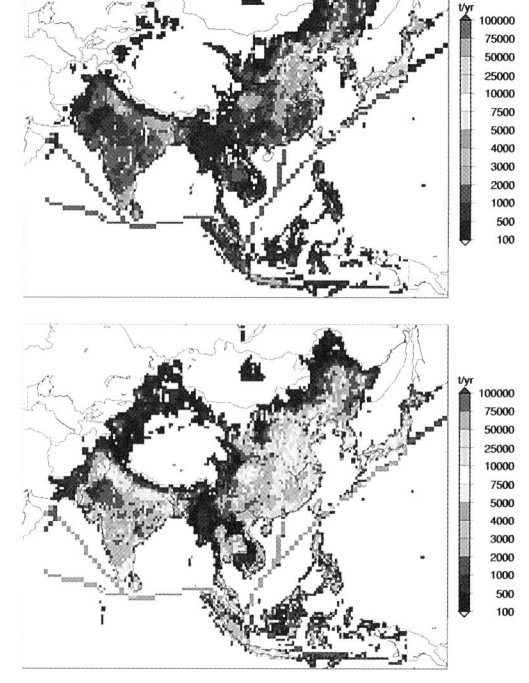

物質	環境上の条件（設定年月日等）	測定方法	備考
二酸化硫黄（SO_2）	1時間値の1日平均値が0.04ppm以下であり，かつ，1時間値が0.1ppm以下であること（S48.5.16告示）	溶液導電率法又は紫外線蛍光法	1．環境基準は，工業専用地域，車道その他一般公衆が通常生活していない地域または場所については，適用しない 2．浮遊粒子状物質とは大気中に浮遊する粒子状物質であってその粒径が10μm以下のものをいう 3．二酸化窒素について，1時間値の1日平均値が0.04ppmから0.06ppmまでのゾーン内にある地域にあっては，原則としてこのゾーン内において現状程度の水準を維持し，又はこれを大きく上回ることとならないよう努めるものとする 4．光化学オキシダントとは，オゾン，パーオキシアセチルナイトレートその他の光化学反応により生成される酸化性物質（中性ヨウ化カリウム溶液からヨウ素を遊離するものに限り，二酸化窒素を除く）をいう
一酸化炭素（CO）	1時間値の1日平均値が10ppm以下であり，かつ，1時間値の8時間平均値が20ppm以下であること（S48.5.8告示）	非分散型赤外分析計を用いる方法	
浮遊粒子状物質（SPM）	1時間値の1日平均値が0.10mg/m³以下であり，かつ，1時間値が0.20mg/m³以下であること（S48.5.8告示）	濾過捕集による重量濃度測定方法又はこの方法によって測定された重量濃度と直線的な関係を有する量が得られる光散乱法，圧電天びん法若しくはベータ線吸収法	
二酸化窒素（NO_2）	1時間値の1日平均値が0.04ppmから0.06ppmまでのゾーン内又はそれ以下であること（S53.7.11告示）	ザルツマン試薬を用いる吸光光度法又はオゾンを用いる化学発光法	
光化学オキシダント（OX）	1時間値が0.06ppm以下であること（S48.5.8告示）	中性ヨウ化カリウム溶液を用いる吸光光度法若しくは電量法，紫外線吸収法又はエチレンを用いる化学発光法	
ベンゼン	1年平均値が0.003mg/m³以下であること（H9.2.4告示）	キャニスター又は捕集管により採取した試料をガスクロマトグラフ質量分析計により測定する方法を標準法とする。また，当該物質に関し，標準法と同等以上の性能を有するものも使用可能とする	1．環境基準は，工業専用地域，車道その他一般公衆が通常生活していない地域又は場所については，適用しない 2．ベンゼン等による大気の汚染に係る環境基準は，継続的に摂取される場合には人の健康を損なうおそれがある物質に係るものであることにかんがみ，将来にわたって人の健康に係る被害が未然に防止されるようにすることを旨として，その維持又は早期達成に努めるものとする
トリクロロエチレン	1年平均値が0.2mg/m³以下であること（H9.2.4告示）		
テトラクロロエチレン	1年平均値が0.2mg/m³以下であること（H9.2.4告示）		
ジクロロメタン	1年平均値が0.15mg/m³以下であること（H13.4.20告示）		
ダイオキシン類	1年平均値が0.6pg-TEQ/m³以下であること（H11.12.27告示）	ポリウレタンフォームを装着した採取筒を装着後適切に取り付けたエアサンプラーにより採取した試料を高分解能ガスクロマトグラフ質量分析計により測定する方法	1．環境基準は，工業専用地域，車道その他一般公衆が通常生活していない地域又は場所については，適用しない 2．基準値は，2,3,7,8-四塩化ジベンゾーパラージオキシンの毒性に換算した値とする

*公害対策基本法（昭和42年法律第132号）第9条の規定に基づく大気の汚染に係る環境基準
「浮遊粒子状物質に係る環境基準について」（昭和47年1月環境庁告示第1号）は廃止

2 アジアにおける窒素酸化物の年間排出量の変化（上図：1980年，下図：2003年）*1

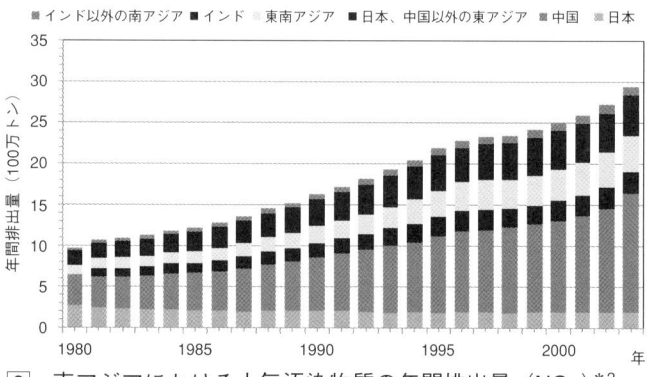

2003年における日本の窒素酸化物（NOx）の年間排出量は，1980年に比べて約27％減少しているが，インドおよび中国では1980年から2003年の間にそれぞれ2.8倍および3.8倍も増えており，2カ国で東アジア全体の総排出量の約2/3を占めている。このように日本を除くアジア諸国のNOxの年間排出量は増加傾向にあり，大気汚染の悪化を裏付ける結果となっている。

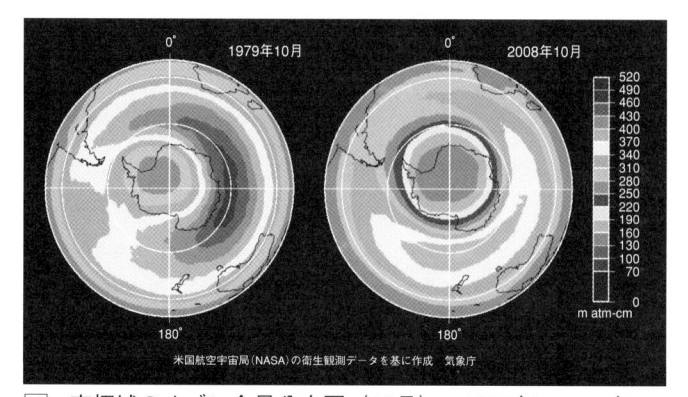

3 東アジアにおける大気汚染物質の年間排出量（NOx）*2

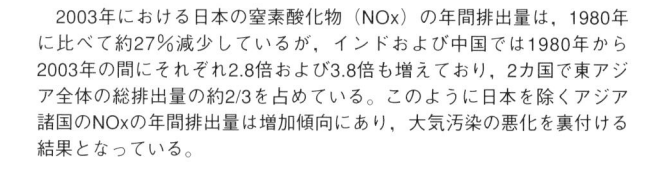

4 南極域のオゾン全量分布図（10月）　1979年～2008年

南極域のオゾンホールが現れる前の1979年と2008年それぞれの10月の平均オゾン全量の南半球分布。220m atm-cm以下の領域がオゾンホール。米国航空宇宙局（NASA）提供の衛星データをもとに気象庁が作成。

オゾン層破壊による有害紫外線（UV-B）の増加は皮膚がんや白内障など，人の健康への影響とともに気候への影響が懸念されている。南極オゾンホールの規模の変化を長期的に見ると，左図に示すように1979年10月の南極上空のオゾンホールはほとんど見られないが，2008年の南極域上空のオゾンホールは，面積，オゾン欠損量（破壊量）ともに，最近10年間（1999年以降）の平均を上回る規模となり，9月12日に2008年の最大の面積である2650万km²にまで発達した。

*1　http://www-gis5.nies.go.jp/eastasia/AerialPollMap1.php
*2　国立環境研究所　環境GISのデータを基に作成．

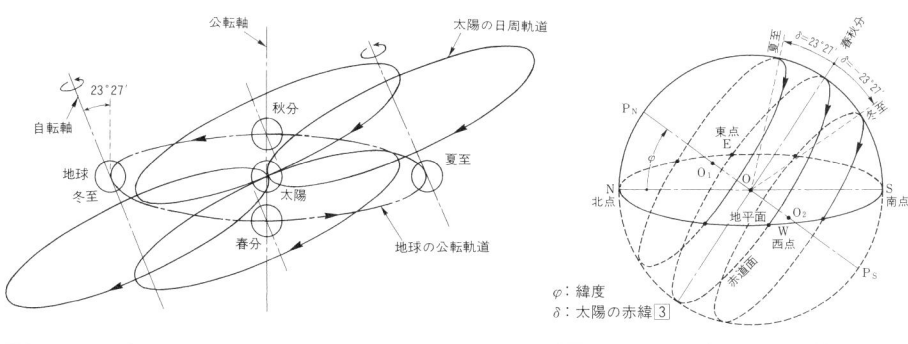

太陽放射, 紫外線　　地球環境

1 地球と太陽の動き

2 天球上の太陽の日周軌道
φ：緯度
δ：太陽の赤緯

地球と太陽の動き
地上から見た太陽の1日間の見かけの運動を太陽の日周運動という。地球は太陽の周囲の円形に近いだ円軌道を1年周期で公転しながら、地球自体も1日周期で自転している。地球は公転面の法線と約23°27′の傾きを保っている。

天球上の太陽の日周軌道
各季日における太陽の日周軌道を天球面上に描けば、②図のようになり、太陽は夏至の日は点O_1を、冬至の日は点O_2を中心として運行し、春分・秋分の両日は点Oを中心として運行する太陽は回転運動の中心を連続的に変化させながら、日周運動を行う。

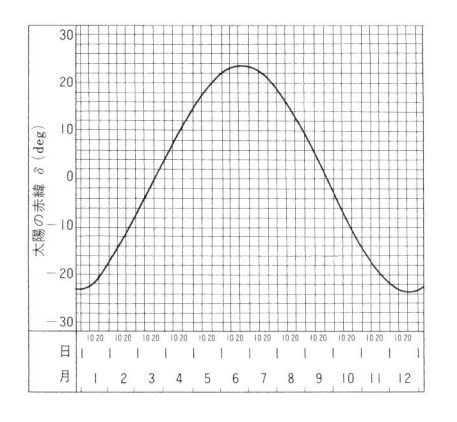

太陽の赤緯（日赤緯）
太陽の日周運動の1年間の変化は、天球の赤道面を基準として表すことができる。赤道面からの太陽の高度を太陽の赤緯または日赤緯という。太陽が年周軌道を運行するに従い、太陽の赤緯は変化する。

赤緯δの近似式
δ≒0.3622133
−23.24763 cos（W+0.1532310）
−0.3368908 cos（2W−0.2070988）
−0.1852646 cos（3W−0.6201293）
ここでW=2π Y/365
Yは1月1日からの通算日

3 太陽の赤緯の年変化

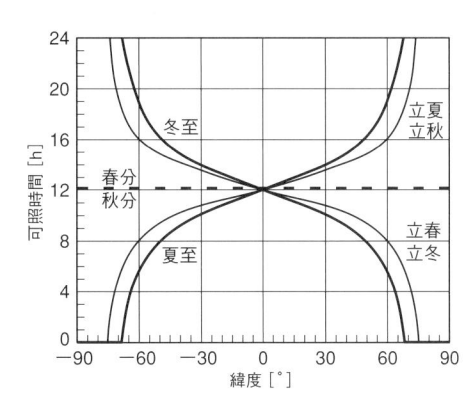

4 緯度と可照時間

緯度と可照時間
高緯度地域では赤緯の変化に伴う昼夜の長さの差が大きい。

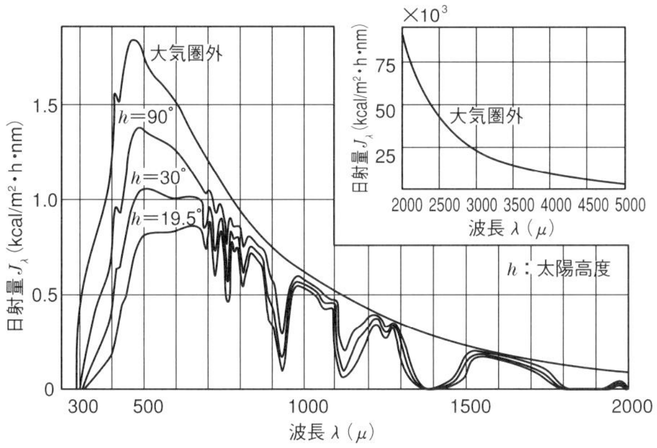

UVインデックス
UVインデックスとは、皮膚に日焼けを起こす紫外線量の指標をいう。1〜2は「弱い」、3〜5は「中程度」、6〜7は「強い」、8〜10は「非常に強い」、11以上は「極端に強い」と表す。3以上になると日陰に入ることが望ましい。長時間屋外にいるときは日除けが必要である。

5 日射の波長分布

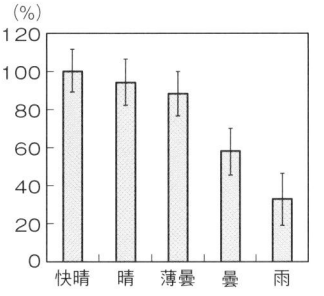

6 天候とUV INDEX（晴天時を1）

ISO/CIE紅斑作用スペクトル
紫外線の皮膚に対する作用効果を表すスペクトルで、国際標準化機構/国際照明委員会によって定められている。300nmまでが1で、波長が長くなると急激に減少する。

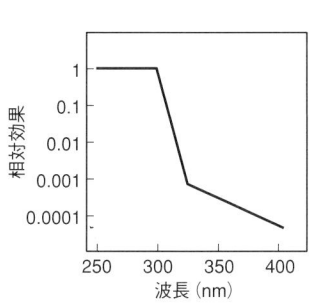

7 ISO/CIE紅斑作用スペクトル

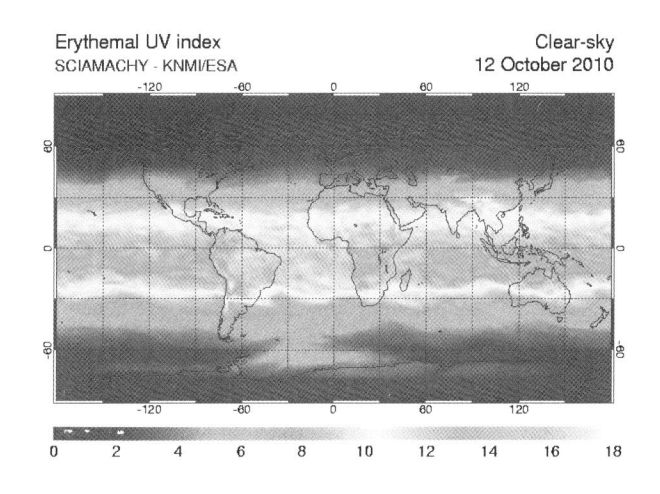

8 世界の紫外線防御指数 UV INDEX

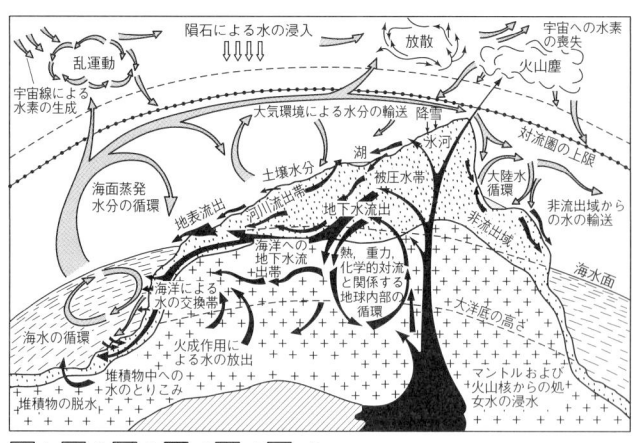

8　地球環境　　水循環と地球環境

1　自然界における水循環（Abramovによる）*1

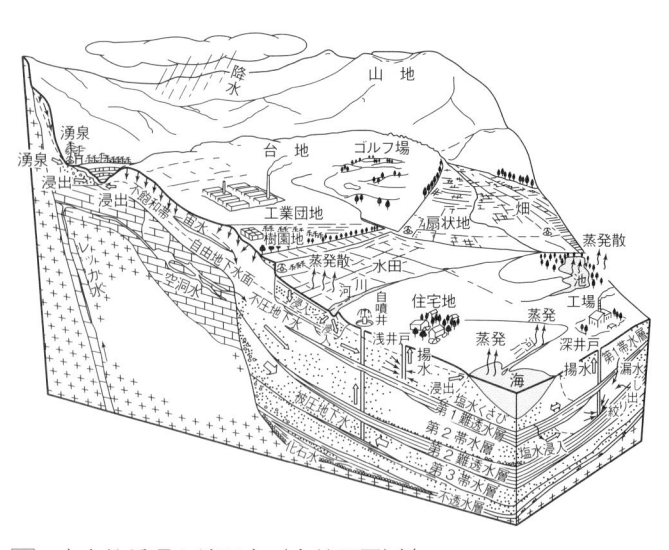

1 海水　2 堆積岩　3 地殻の結晶留岩　4 マグマ溜　5 マントル　6 大量の水交換の生じる範囲の境界

2　水文的循環と地下水（小前原図）*1

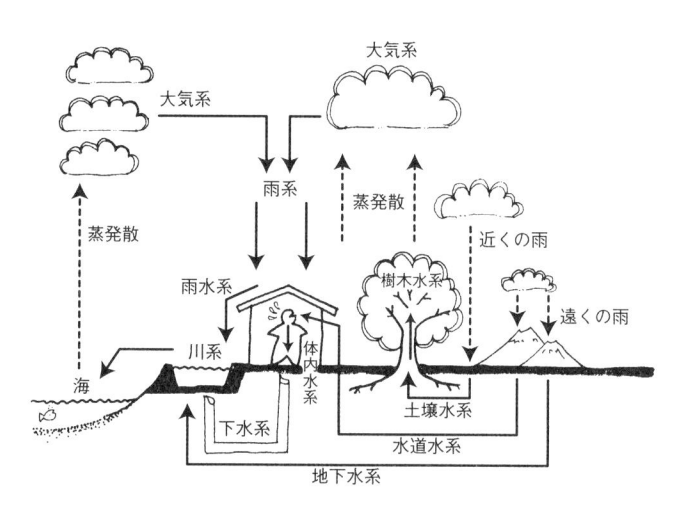

3　建築を中心とした雨水循環系*2

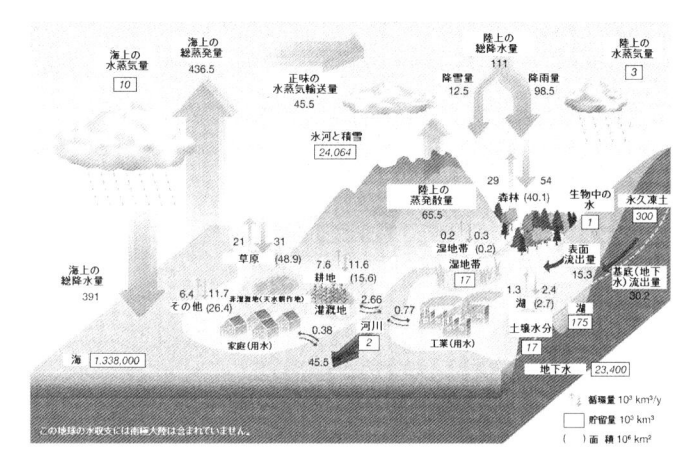

4　地球上の水文循環量と貯留量*3

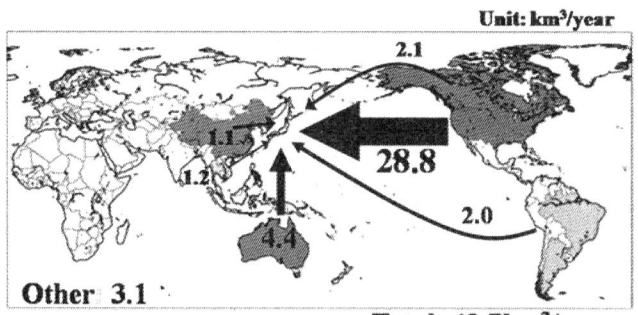

5　日本のウォーターフットプリント*4

ウォーターフットプリントは、日本が輸入している食料の生産に、どこの国・地域のどういう水源（雨水、自然の河川流量、ダムからの放流水、中規模貯水池からの放流水、非循環型の地下水）からの水がどの程度利用されているかを示す値である。2000年当時で約42.7km³/年と算定され、このうち約7.3km³/年（約17％）が灌漑用水、約2.9km³/年（約7％）が非循環地下水起源であると推計されている。日本国内における実際の総水資源使用量83.4km³のおよそ1/2の量にあたる水が日本が輸入している食料のために海外で利用されている。

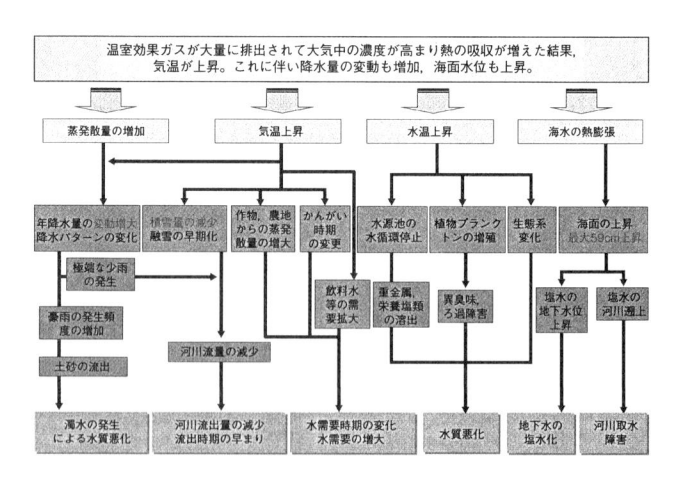

6　気候変動の影響（温暖化が水資源に与える脅威）*5

*1 水収支研究グループ編：地下水資源・環境論－その理論と実践－，共立出版，1993.
*2 日本建築学会編：雨の建築学，北斗出版，2000.
*3 沖　大幹・鼎信次郎：地球規模の水循環と世界の水資源，http://hydro.iis.u-tokyo.ac.jp/Info/Press200608/，2006.8.
*4 沖　大幹・鼎信次郎・花崎直太：日本のウォーターフットプリントの7％は非持続的な水源？，http://hydro.iis.u-tokyo.ac.jp/Info/Press200802/，2008.2.
*5 国土交通省：平成20年度版日本の水資源，2008.

1. 地球温暖化対策に向けた国内外の動き

日本政府は、地球温暖化防止対策を定めたCOP3の目標を達成するため、エネルギー使用の合理化に関する法律（省エネ法）を強化し、工業用、運輸用などとともにビルや住宅の省エネルギー化の基準を定め、省エネルギー化の目標達成を目指している。欧米、豪州、韓国、中国等においても、建築基準法などの建築規制や省エネ法などの省エネ規制の枠組みにおいて、建築物の規制が行われている。EU加盟国においては、2004年1月に施行された「建築物のエネルギー性能に関する指令（Energy Performance of Buildings Directive, EPBD）」がある。

1990年代後半以降、環境に配慮した建築物に対する関心は高まり、建築物の環境性能評価が世界各国で注目されている。イギリスでは、建築研究所により開発された、BREEAM（the Building Research Establishment Environmental Assessment Method）、アメリカでは、グリーンビルディング協会により開発されたLEED（Leadership in Energy and Environmental Design）、またカナダ天然資源省が主唱し世界19カ国が参加し、共同で開発されたGB Tool（Green Building Tool）等がある。また日本においても、「建築物環境総合性能評価システム CASBEE（Comprehensive Assessment System for Built Environment Efficiency）」がある。これらの評価手法はその評価手法独自の評価結果によって建物の性能が表示される。

名称	BREEAM (Building Research Establishment Environmental Assessment Method)	BEPAC (Building Environment Performance Assessment Criteria)	LEED (Leadership in Energy and Environmental Design)	GBTool (Green Building Tool)
国名	イギリス	カナダ	アメリカ	国際的取組み
開発者	建築研究所	ブリティッシュコロンビア大学（Ray Cole教授ら）	米国グリーンビルディング協議会	カナダ天然資源省（Nils Larrson氏ら）
開発年	1990年（初版）	1993年（初版）	1997年（初版）	1998年（初版）
評価項目	1. マネジメント 2. 健康と快適性 3. エネルギー 4. 交通 5. 水 6. 材料 7. 土地利用 8. 敷地の生態系 9. 汚染	1. オゾン層の破壊 2. エネルギーの消費による環境負荷 3. 室内環境 　3.1 室内空気質 　3.2 室内光環境 　3.3 室内音環境 4. 資源保護 5. 立地と交通	1. 敷地計画 2. 水消費の効率化 3. エネルギーと大気 4. 材料と資源の保護 5. 室内環境 6. 革新性および設計・建築のプロセス	1. 資源消費 2. 環境負荷 3. 室内環境 4. サービス品質 5. 経済性 6. 運用以前の管理 7. 近隣環境

1　代表的な建築物の環境性能評価手法[*1]

PAL	= ペリメータゾーンの年間熱負荷（MJ/年） / ペリメータゾーンの床面積（㎡）
CEC/AC	= 年間空調消費エネルギー量 / 年間仮想空調負荷
CEC/V	= 年間換気消費エネルギー量 / 年間仮想換気消費エネルギー量
CEC/L	= 年間照明消費エネルギー量 / 年間仮想照明消費エネルギー量
CEC/HW	= 年間給湯消費エネルギー量 / 年間仮想給湯消費負荷
CEC/EV	= 年間エレベーター消費エネルギー量 / 年間仮想エレベーター消費エネルギー量

2　性能規定における省エネ性能指標の定義式

2. エネルギー使用の合理化に関する法律（省エネ法）

これまで2 000㎡以上の建築物の新築、増築、修繕等を行う場合に、省エネ措置の所管行政庁への届出が義務付けられていたが、2010年4月より、床面積の合計が300㎡以上2 000㎡未満の建築物も対象となった。省エネ法では、8種類の建物に対して、建築主が遵守すべきエネルギー消費の指標であるPAL、CECの基準値（上限）を定めている。この他、延べ面積が5 000㎡以下の建築物に適用することができる仕様として例示した「仕様基準」（ポイント法）、2 000㎡未満の建築物に使用できる「仕様基準」（簡易なポイント法）がある。

建築用途 性能指標	ホテル等	病院等	物品販売店舗等	事務所等	学校等	飲食店等	集会所等	工場等
PAL [MJ/㎡年]	420 ただし、寒冷地によっては470	340 ただし、寒冷地によっては370	380	300	320	550	550	—
CEC/AC	2.5	2.5	1.7	1.5	1.5	2.2	2.2	—
CEC/V	1.0	1.0	0.9	1.0	0.8	1.5	1.0	—
CEC/L	1.0	1.0	1.0	1.0	1.0	1.0	1.0	1.0
CEC/HW	配管長／給油量の値に応じて、1.5～1.9の間で定める。							
CEC/EV	1.0			1.0				

3　性能指標（PALとCEC）の判断基準値

	定義の概要	備考
周囲空間年間熱負荷 PAL (perimeter annual load)	主として建物構造の断熱性。日射に対する遮熱性の良し悪しを表すもので、建物の外壁から5m以内の屋内周囲空間（ペリメーターゾーン）の、床面積あたりの年間熱負荷（冷暖房負荷）[MJ/㎡年]を表し、数値が小さいほど省エネルギー的である。	「省エネルギー法」については2009年改正「省エネルギー法」（財）省エネルギーセンター、PAL、CECの詳細な計算法については「建築物の省エネルギー基準と計算の手引」（財）建築環境・省エネルギー機構を参照（エネルギー利用効率化技術：太陽光発電システム、コージェネレーションシステム等）。最近ではBEST（省エネルギー計画書作成支援ツール）というパソコン用のシミュレーションプログラムが用意されており、上記機構で頒布される。
空気調和設備 CEC/AC (coefficient of energy consumption)	建物に採用した空気調和（冷暖房）設備などの効率の良否を示すもので、建物で発生する実際の年間空調熱負荷を処理するのに必要な一次エネルギーの消費量[MJ/年]を仮想空気調和負荷（ペリメーターゾーンの年間空調負荷にインテリアゾーンの年間内部発生熱を加算した熱量）で除した数値[-]を表し、数値が小さいほど省エネルギー的である。	
換気設備 CEC/V	空気調和設備以外の電気室や厨房などの換気設備で、建物に採用した換気設備が実際に消費する年間換気消費エネルギー量を換気量であらかじめ定められた年間仮想換気消費エネルギー量で除した数値を表し、数値が小さいほど省エネルギー的である。	仮想換気消費エネルギー量 E [kWh] $E = Q \times T \times 3.676 \times 10^{-4}$ Q：設計換気量 [㎥/h] T：年間運転時間 [h]
照明設備 CEC/L	実際の照明消費エネルギー量を建物の用途に応じて定められた標準的な照度、機器を用い、特別な省エネルギー対策をとらないときの建物の仮想照明消費エネルギー量で除した数値を表し、数値が小さいほど省エネルギー的である。	仮想照明消費エネルギー量 E_s [kWh] $E_s = W_s \times A \times T \times Q_1 \times Q_2 / 1\,000$ W_s：標準照明消費電力量 [W/㎡] A：床面積 [㎡] T：年間照明点灯時間 [h] Q_1：照明設備の種類に応じた係数 Q_2：用途別照明の照度に応じた係数
給湯設備 CEC/HW	実際の年間の給湯消費エネルギー量を地域別給水温の水から熱損失なしで製造するのに必要な仮想給湯負荷で除した数値を表し、数値が小さいほど省エネルギー的である。	仮想給湯負荷 L [kJ] $L = 4.2V(T_1 - T_2)$ V：使用湯量 [ℓ]　T_1：使用湯温 [℃] T_2：地域別給水温 [℃]
昇降機 CEC/EV	採用したエレベーターが実際に消費するエネルギー量を標準的なエレベーターを仮想したときの仮想エレベーター消費エネルギー量で除した数値を表す。	仮想エレベーター消費電力量 E_s [kWh] $E_s = L \times V \times F_s \times T / 860$ L：積載荷重 V：定格速度 [m/min] F_s：速度制御方式による係数 T：年間運転時間 [h]

4　PAL－CECなどの定義

[*1] 日本建築学会：シリーズ地球環境建築・専門編3　建築環境マネジメント，彰国社，2004.1.
[*2] （財）建築環境・省エネルギー機構HP

10 地球環境　省エネルギー施策― CASBEE，性能表示など（2）

住宅の場合は，日本を気候区分に応じてI～VI地域に区分し，年間暖冷房負荷や熱損失係数などの基準値を定めている。年間暖冷房負荷はコンピュータによる非定常計算または拡張デグリー法による簡易計算で求めることができるが，より簡易に熱損失係数法および日射取得係数法による方法も規定されている。さらに設計及び施工の指針によって，上記の規定を満足する具体的な断熱材厚さ，断熱工法なども示されている。

また，一定規模以上の事業者にはトップランナー方式で省エネ促進を義務付ける「特定住宅に必要とされる性能の向上に関する住宅事業建築主の判断の基準（住宅事業建築主の判断の基準）」が2009年4月に施行されている。さらに省エネの達成率の表示制度である「住宅省エネラベル」も同年6月よりスタートした。

地域の区分	都　道　府　県
I地域	北海道
II地域	青森県，岩手県，秋田県
III地域	宮城，山形，福島，栃木，長野，新潟
IV地域	茨城，群馬，山梨，富山，石川，福井，岐阜，滋賀，埼玉，千葉，東京，神奈川，静岡，愛知，三重，京都，大阪，和歌山，兵庫，奈良，岡山，広島，山口，島根，鳥取，香川，愛媛，徳島，高知，福岡，佐賀，長崎，大分，熊本
V地域	宮崎県，鹿児島県
VI地域	沖縄県

5　次世代省エネルギー基準の地域区分 *2

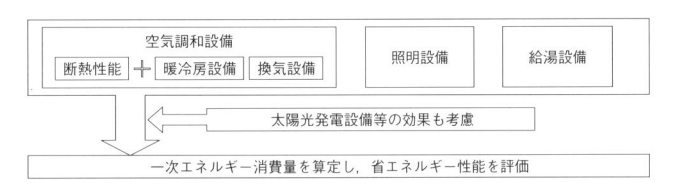

6　住宅事業建築主の判断の基準（1）
　一次エネルギー消費量の算定の対象 *3

$$\text{評価対象住宅の基準達成率} = \frac{\text{基準一次エネルギー消費量(GJ/年・戸)}}{\text{評価対象住宅の一次エネルギー消費量(GJ/年・戸)}} \times 100\%$$

7　住宅事業建築主の判断の基準（2）
　評価対象住宅の基準達成率 *3

また，「住宅省エネラベル」は，「住宅事業建築主の判断の基準」における省エネ基準をクリアする住宅に対して表示できるラベルのことである。ラベルには，青色と緑色の2種類あり，青色は自己評価に基づくラベルで，緑色は登録建築物調査機関による第三者評価に基づくラベルである。

自己評価に基づくラベル（青色）　　登録建築物調査機関の評価に基づくラベル（緑色）

8　住宅省エネラベル *4

3. 日本住宅性能表示基準

日本住宅性能表示基準（表示基準）は，2000年4月に施行された「住宅の品質確保の促進等に関する法律（品確法）」の住宅性能表示制度に基づき，住宅の性能に関する表示の適正化を図るための共通ルールを定めたものである。表示基準では，表示する住宅の性能に関して34事項を定めており（新築住宅については32），それらは次の10分野に区分されており，性能の優劣を等級や数値などで表し，等級の数値が大きいほど性能が優れていることを示す。

①構造の安定に関すること
②火災時の安全に関すること
③劣化の軽減に関すること
④維持管理・更新への配慮に関すること
⑤温熱環境に関すること
⑥空気環境に関すること
⑦光・視環境に関すること
⑧音環境に関すること
⑨高齢者等への配慮に関すること
⑩防犯に関すること

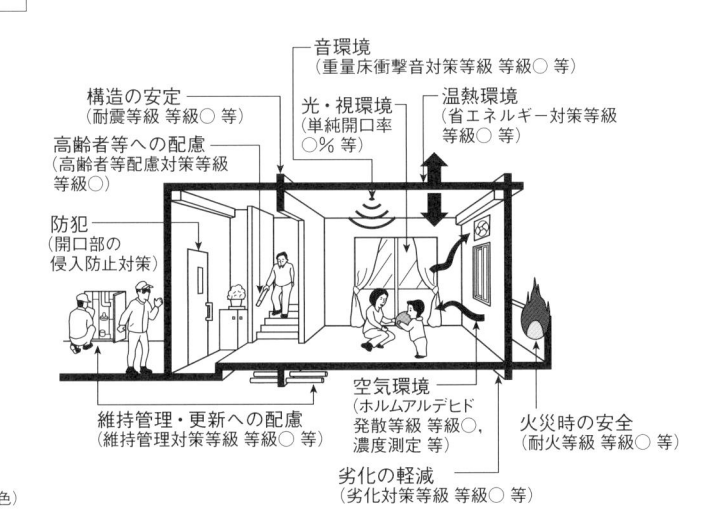

9　住宅性能表示のイメージ *5

---

*3　日本サステナブル・ビルディング・コンソーシアム：住宅事業建築主の判断の基準ガイドブック，p.7, 14, 2009.7.
*4　国土交通省ホームページ
*5　住まいの情報局ホームページ

省エネルギー施策 − CASBEE，性能表示など（3）　地球環境

4. 建築物環境総合性能評価システム　CASBEE

CASBEEは「環境」「経済」「社会」の三者の共存を目指し、特に地球環境問題に視点を当てた評価システムであり、「エネルギー消費」「資源循環」「地球環境」「室内環境」等の建築物の環境性能に着目し、その総合的な評価を行うためのツールである。しかし、建築物にかかわるすべての性能や質を評価することが目的ではないため、「審美性」「コスト・収益性」「耐震性」「防火性」等は評価の対象外となっている。CASBEEでは仮想閉空間領域を設定し、その領域の中の建築物の環境品質・性能をQとし、その領域から外への環境負荷をLとして区別し、この建築物の環境品質・性能を、建築物の環境負荷で除した値を、建築物の環境効率（BEE：Built Environment Efficiency）として環境性能の評価を行い、SランクからCランクの5段階の格付けが与えられる。CASBEEの評価対象は、（1）エネルギー消費、（2）資源循環、（3）地域環境、（4）室内環境の4分野である。この4分野の評価項目の中身を整理して、QとLに再構成したQ1：室内環境, Q2：サービス性能, Q3：室外環境（敷地内）、L1：エネルギー, L2：資源・マテリアル, L3：敷地外環境の計6項目によって評価を行う。この評価結果を基にして、$LCCO_2$を簡易に推定する標準計算機能も備えている。

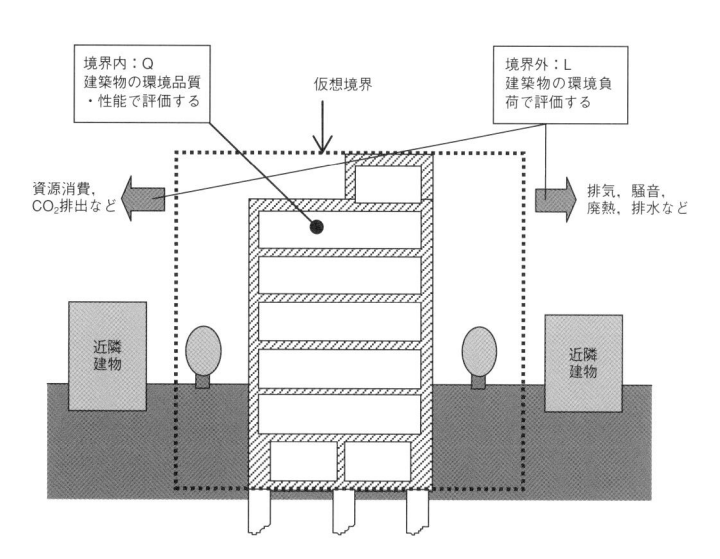

10　仮想閉空間の概念に基づくQとLの評価分野の区分 *6

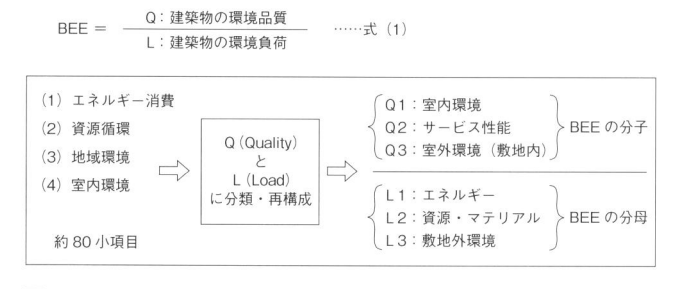

$$BEE = \frac{Q：建築物の環境品質}{L：建築物の環境負荷} \quad \cdots\cdots 式（1）$$

11　QとLによる評価項目の分類・再構成 *6

ランク	評価		BEE値ほか	ランク表示
S	Excellent	素晴らしい	BEE＝3.0以上, Q＝50以上	★★★★★
A	Very Good	大変良い	BEE＝1.5以上 3.0未満	★★★★
B+	Good	良い	BEE＝1.0以上 1.5未満	★★★
B−	Fairly Poor	やや劣る	BEE＝0.5以上 1.0未満	★★
C	Poor	劣る	BEE＝0.5未満	★

12　BEE値によるランクと評価の対応 *6

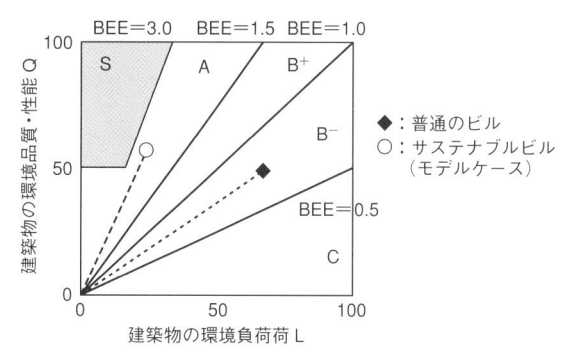

13　BEEに基づく環境ラベリング *6

*6 建築環境総合性能評価システム CASBEE-新築 評価マニュアル（2008年版）,財団法人建築環境・省エネルギー機構, p.11, pp.231〜232

12　都市環境　　都市環境概要（1）

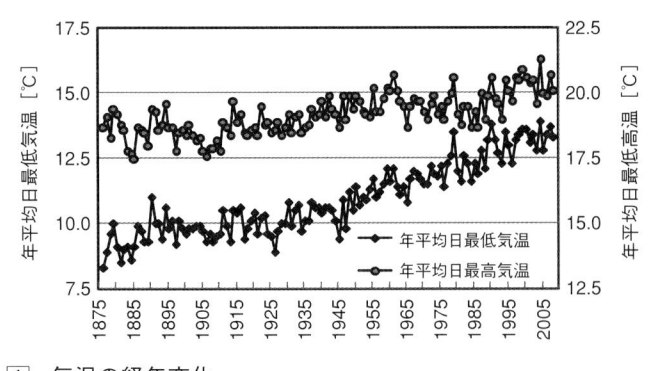

1 気温の経年変化
（東京管区気象台：気象庁資料より作成）

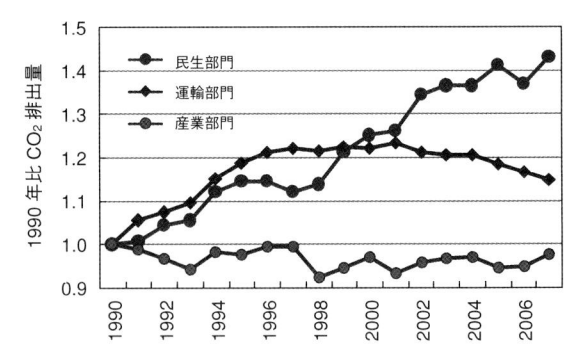

2 日本の部門別CO_2排出量経年変化
（1990年比：環境省資料より作成）

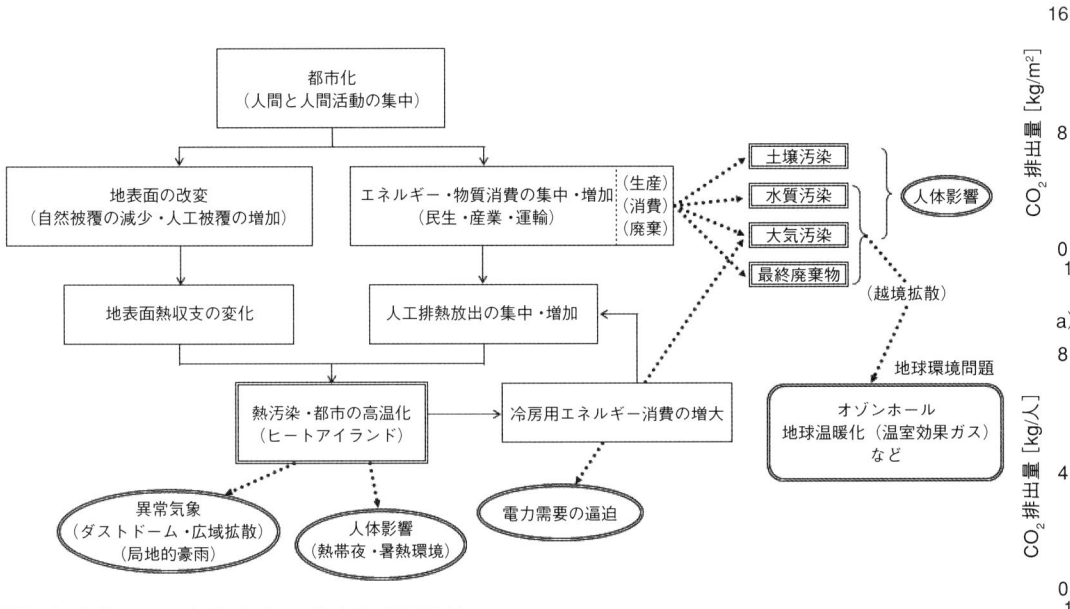

3 都市化による気候変化と地球環境問題[*1]

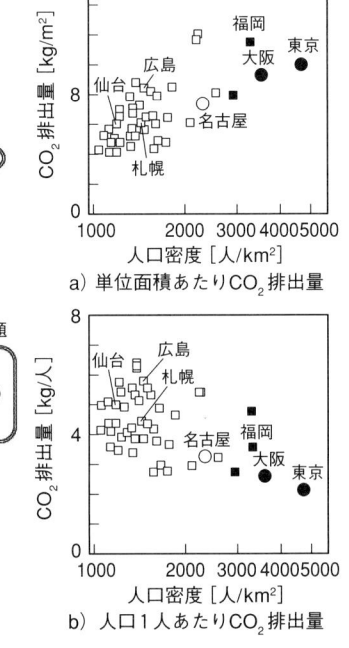

a) 単位面積あたりCO_2排出量

b) 人口1人あたりCO_2排出量

4 都市のCO_2排出量[*2]
（面積あたり・1人あたり）

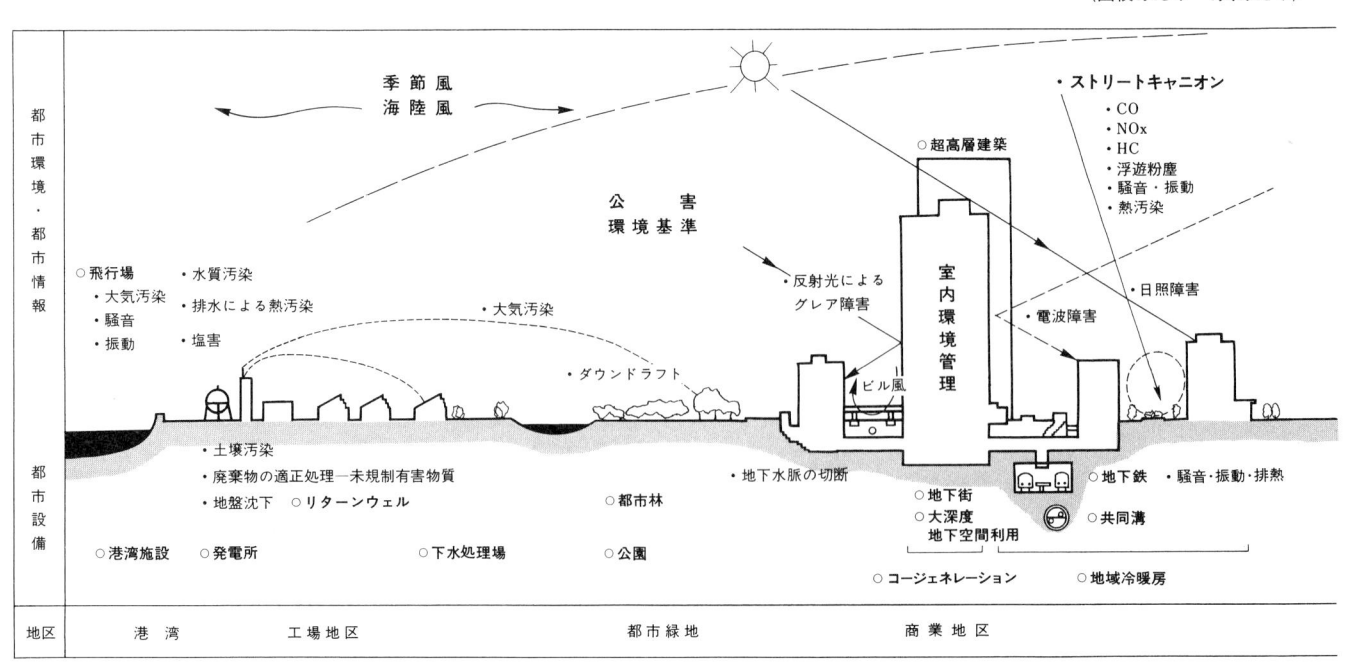

5 都市環境総観（○印は施設，・は現象を表す）

[*1] 日本建築学会編：シリーズ地球環境建築；専門編1 地域環境デザインと継承，p.52，彰国社，2004.
[*2] 都市環境学教材編集委員会編：都市環境学，p.19，森北出版，2003.

都市環境概要（2）　都市設備

都市設備システムの名称	主目的	エネルギー源	利用しうるエネルギー	環境影響要素・現象		都市設備システムの名称	主目的	エネルギー源	利用しうるエネルギー	環境影響要素・現象
火力発電所	電力供給，熱供給	ガス，石油，石炭，ごみ	電力，熱	燃焼ガス，媒煙，燃渣，温排水	給水システム	浄水プラント	飲料水供給	水，電力	上水	汚泥
変電所	電圧調整		熱			工業用水プラント	工業用水供給	水，電力	工業用水	
ガス供給または貯蔵プラント	ガス供給・貯蔵・気化	ガス，石油，石炭，熱	各種のガス低温水	燃焼ガス，冷水		排水再利用プラント	排水の再利用	水，電力	工業用水，雑用水	汚泥，臭気
地域冷暖房設備	広域の冷暖房用熱エネルギー供給	ガス，石油，石炭，ごみ，電力	温水，蒸気	燃焼ガス，媒煙		海水淡水化プラント	海水の淡水化	ガス，石油，電力，太陽エネルギー	上水	
温度差利用熱供給システム	河川水熱・地下鉄排熱などの利用		温水，冷水	冷却および加熱水など	廃棄物処理システム	下水処理プラント	し尿および雑排水の処理	電力，熱	工業用水，メタンガス，熱	汚泥，メタンガス，臭気
熱・電力供給システム	都市型分散電源	電力・熱の併給	ガス，石油	電力，熱	燃焼ガス		ごみ焼却プラント	ごみ焼却処理	電力，補助燃料	熱（温水・蒸気），電力，回収物質	燃焼ガス，媒煙，燃渣，洗煙水
	太陽エネルギー利用プラント	熱および電力供給	太陽エネルギー	電力，温水			廃棄物再利用プラント	廃棄物からの資源・エネルギー回収	電力，石油，ガス	回収物質，各種エネルギー	燃焼ガス，媒煙，臭気，燃渣，洗煙水
	風力発電所	電力供給	風	電力	騒音	エネルギー回路	共同溝	上下水道管，温水・蒸気配管，冷水配管，ガス管，送油管，送電線，通信線，ごみ輸送管などの集約		
	原子力発電所	熱および電力供給	原子核燃料	電力，熱→温水・蒸気	放射性廃棄物，温排水		上中下水道管	上中下水道輸送	電力	
	水力発電所	電力供給	水	電力			ガス管	ガス輸送	電力	
	海水利用発電所	電力供給	温度差，波力，潮力	電力			送電線	送電		ジュール熱（地中埋設）
	地熱発電所	熱および電力供給	地熱	電力，温水，蒸気	イオウ酸化物，臭気，騒音		地域冷暖房配管	熱媒輸送	電力	
特殊処理プラント	火葬場	遺体焼却	石油，ガス，電力		燃焼ガス，媒煙，臭気		ごみ輸送管路	ごみ輸送	電力	騒音
	と（屠）場	畜殺・食肉供給	石油，ガス，電力		血液その他，臭気					

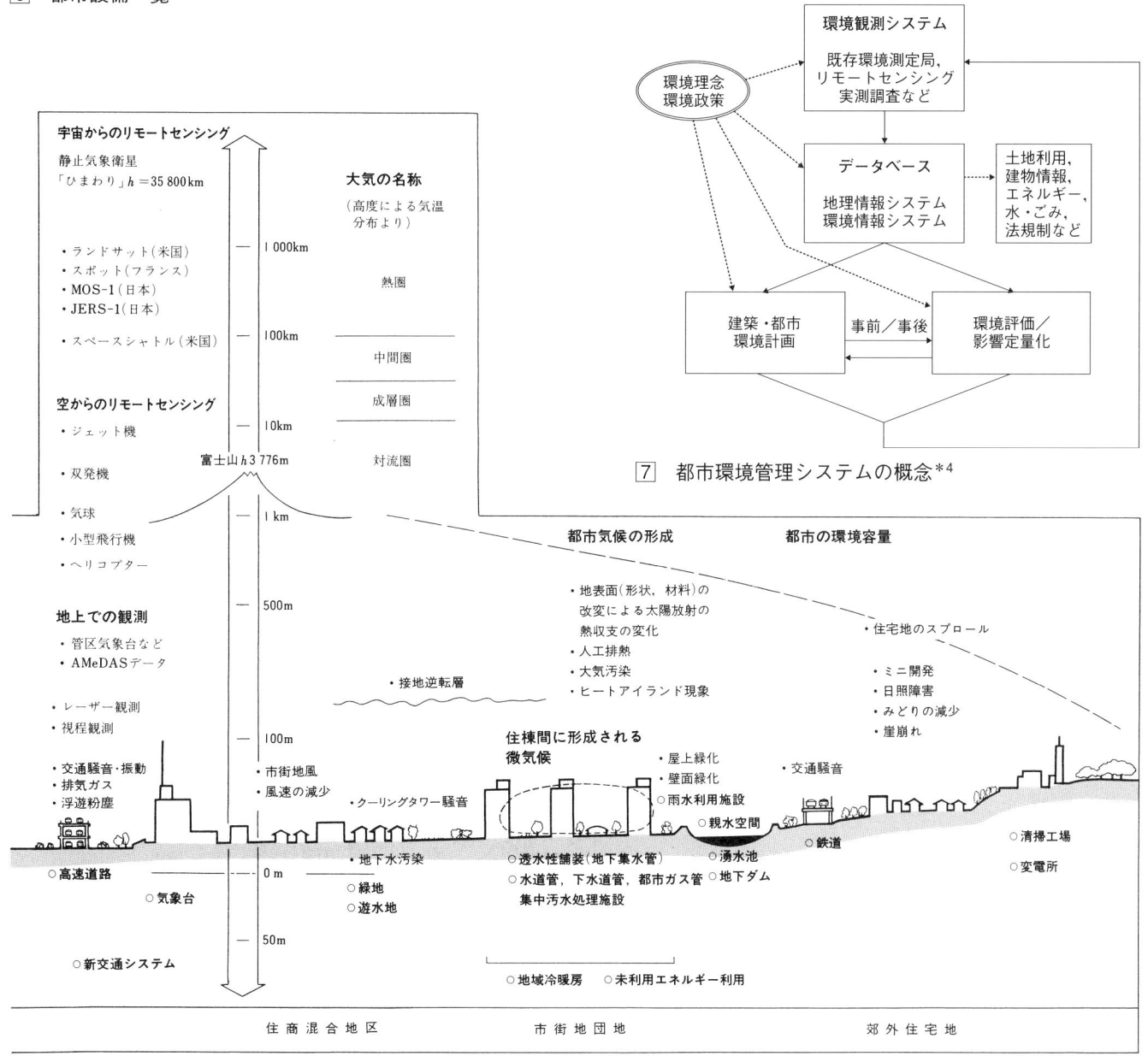

[6] 都市設備一覧*3

[7] 都市環境管理システムの概念*4

*3 木村　宏：環境エネルギー年鑑1983,「環境エネルギー論」刊行会, pp.1～37より作成.
*4 都市環境学教材編集委員会編著：都市環境学, p.185, 森北出版, 2003.

14　都市環境　都市気候（1）

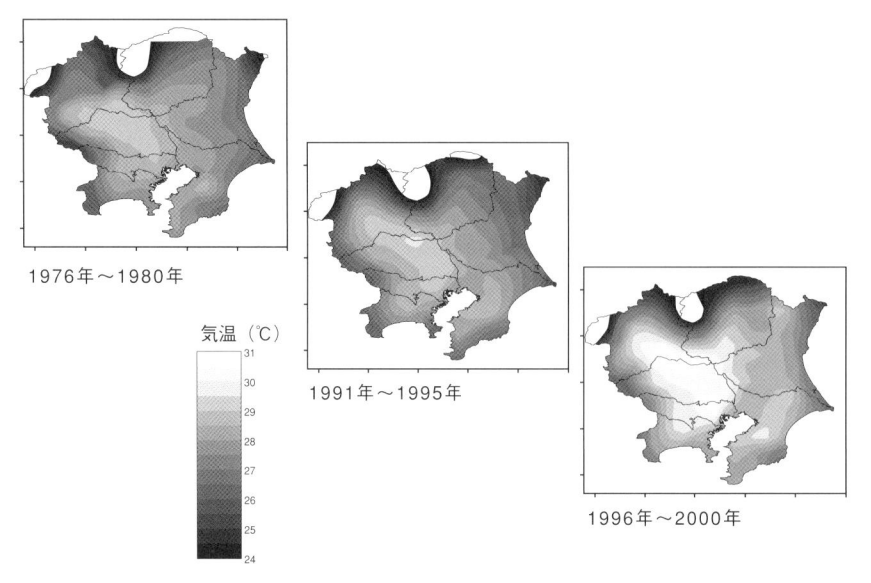

□1　東京のヒートアイランド状況（夏季日中の気温分布）*1
　1976年～1980年
　1991年～1995年
　1996年～2000年
　気温（℃）

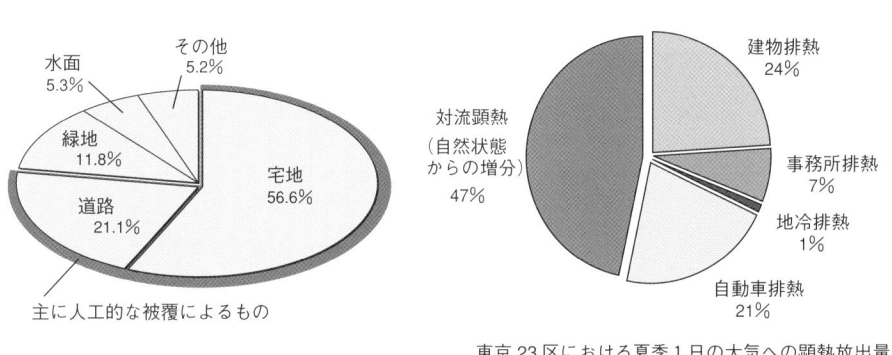

□2　東京23区の土地利用
　宅地　56.6％
　道路　21.1％
　緑地　11.8％
　水面　5.3％
　その他　5.2％
　主に人工的な被覆によるもの

□3　顕熱放出割合（環境省）
　対流顕熱（自然状態からの増分）47％
　建物排熱　24％
　事務所排熱　7％
　地冷排熱　1％
　自動車排熱　21％
　東京23区における夏季1日の大気への顕熱放出量

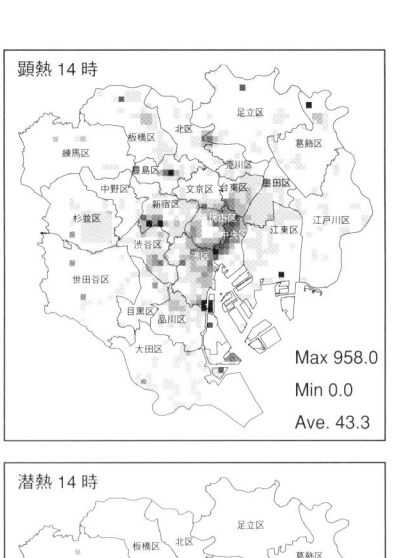

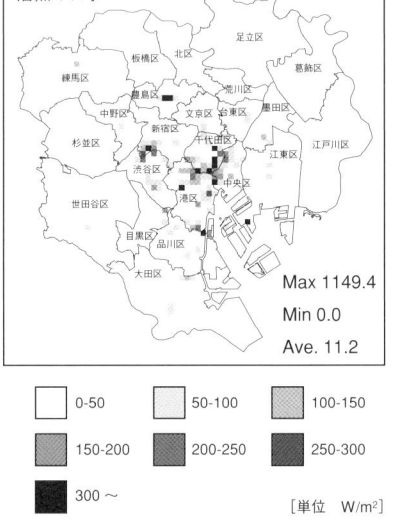

□4　東京23区の人工排熱（夏季日中の顕熱と潜熱）*2
　顕熱 14時　Max 958.0　Min 0.0　Ave. 43.3
　潜熱 14時　Max 1149.4　Min 0.0　Ave. 11.2
　0-50／50-100／100-150／150-200／200-250／250-300／300～　[単位　W/m²]

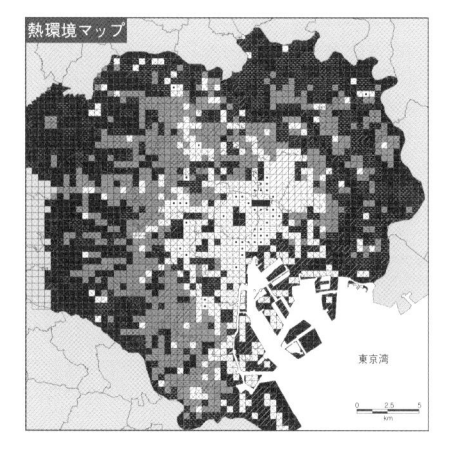

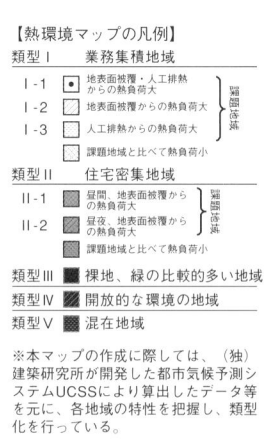

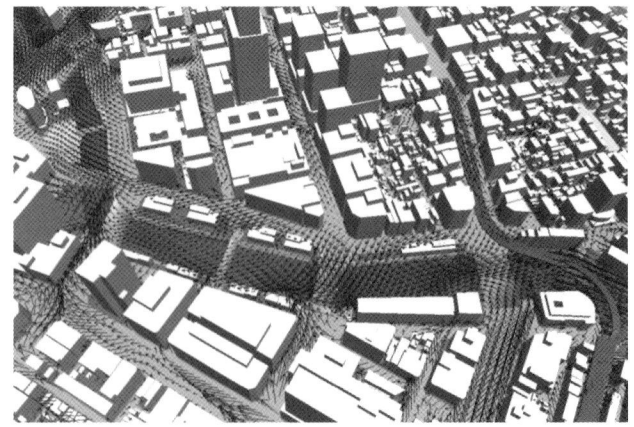

□5　熱環境マップ（東京都）
【熱環境マップの凡例】
　類型Ⅰ　業務集積地域
　　Ⅰ-1　地表面被覆・人工排熱からの熱負荷大
　　Ⅰ-2　地表面被覆からの熱負荷大
　　Ⅰ-3　人工排熱からの熱負荷大
　　　　　課題地域と比べて熱負荷小
　類型Ⅱ　住宅密集地域
　　Ⅱ-1　昼間、地表面被覆からの熱負荷大
　　Ⅱ-2　昼夜、地表面被覆からの熱負荷大
　　　　　課題地域と比べて熱負荷小
　類型Ⅲ　裸地、緑の比較的多い地域
　類型Ⅳ　開放的な環境の地域
　類型Ⅴ　混在地域

※本マップの作成に際しては、（独）建築研究所が開発した都市気候予測システムUCSSにより算出したデータ等を元に、各地域の特性を把握し、類型化を行っている。

□6　都心の水辺空間における風の流れ*3

*1　三上岳彦：都市型集中豪雨はなぜ起こる？，技術評論社
*2　足永靖信・李　海峰・尹　聖院：顕熱潜熱の違いを考慮した東京23区における人工排熱の排出特性に関する研究，空気調和・衛生工学会論文集，No.92, pp.121～130, 2004.1.
*3　日本橋・大丸有地区周辺におけるヒートアイランド対策検討委員会

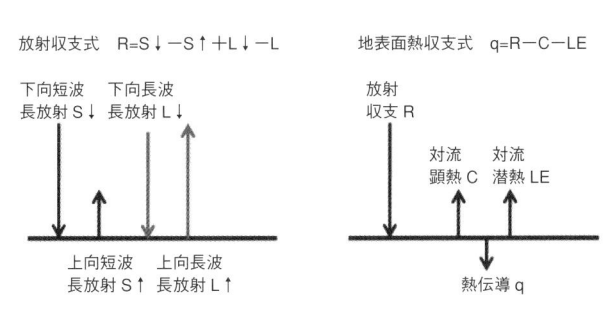

都市気候（2） 都市設備

放射収支式 $R = S\downarrow - S\uparrow + L\downarrow - L\uparrow$　　地表面熱収支式 $q = R - C - LE$

下向短波　下向長波
長放射 $S\downarrow$　長放射 $L\downarrow$

上向短波　上向長波
長放射 $S\uparrow$　長放射 $L\uparrow$

放射収支 R

対流顕熱 C　対流潜熱 LE

熱伝導 q

7　地表面放射収支・熱収支概念図

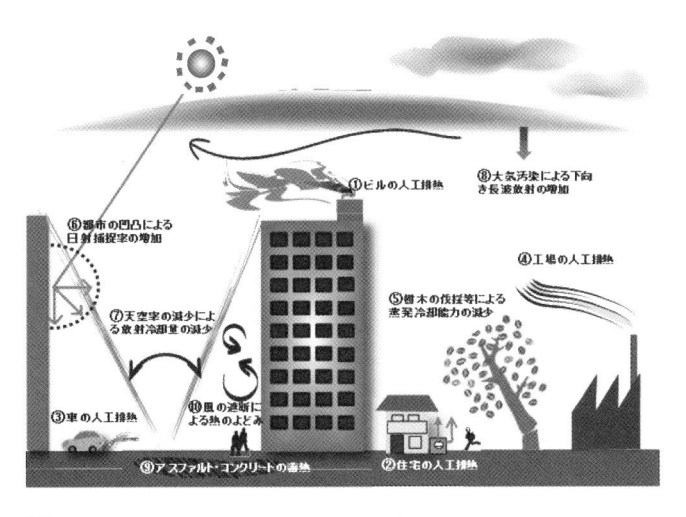

8　都市における気温上昇の要因[*4]

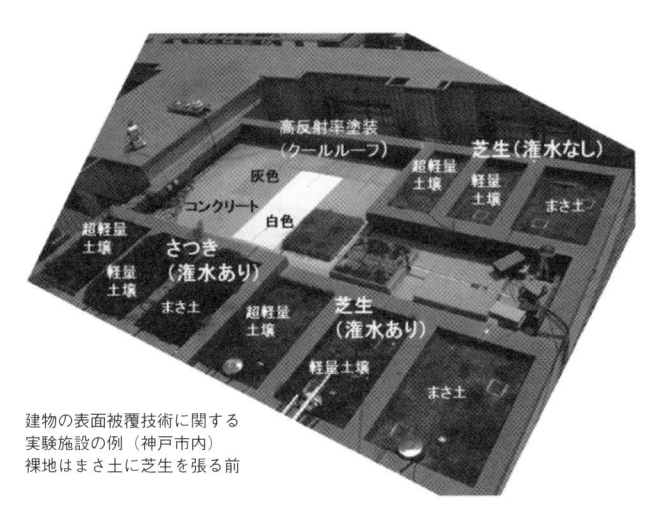

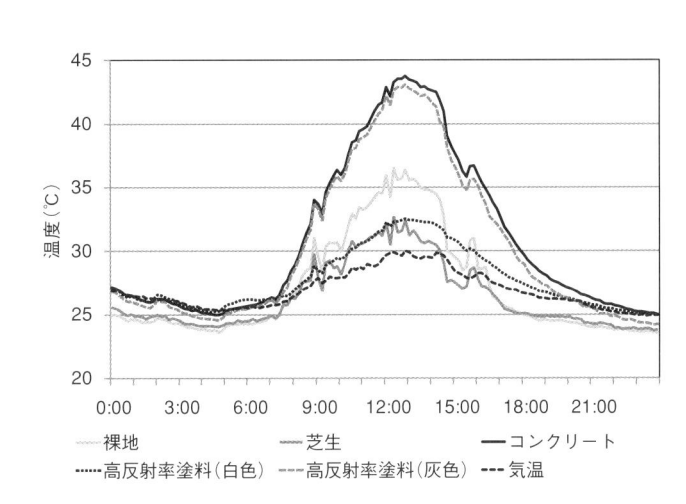

建物の表面被覆技術に関する
実験施設の例（神戸市内）
裸地はまさ土に芝生を張る前

9　屋上面における表面温度の夏季計測事例[*5]

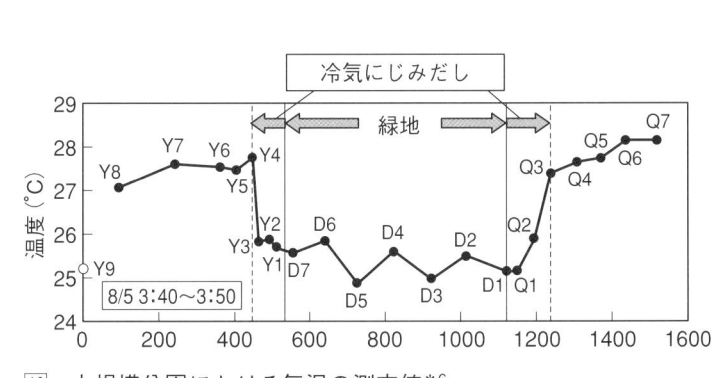

10　大規模公園における気温の測定値[*6]

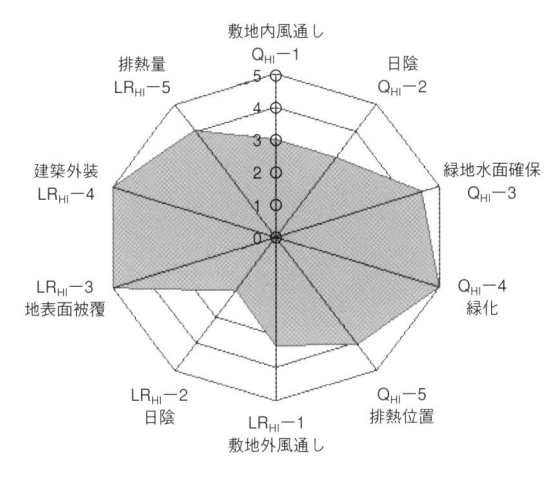

11　CASBEE-HI による建築物のヒートアイランド対策の評価事例（国土交通省）[*7]

[*4]　日本建築学会：ヒートアイランドと建築・都市－対策のビジョンと課題－，丸善，2007.8.
[*5]　森山正和編：ヒートアイランドの対策と技術，学芸出版社
[*6]　成田健一・三上岳彦・菅原広史・本條　毅・木村圭司・桑田直也：新宿御苑におけるクールアイランドと冷気のにじみ出し現象，地理学評論，Vol.77, No.6, pp.403～420, 2004.5.
[*7]　建築環境・省エネルギー機構：建築物総合環境性能評価システム CASBEE-HI（ヒートアイランド）評価マニュアル2006年度版，2006.7.

16　環境設計　　集合住宅の熱容量と省エネルギー

集合住宅の外断熱と内断熱

近年，RC造の集合住宅では外断熱が選択される傾向が高まっているが，これは，省エネルギーの観点からは，必ずしも有効とはいえない要素を含んでいる。

外断熱が大きく取り上げられた理由の1つは，北海道等の寒冷地域で，内断熱の集合住宅では，冬季に外壁の内側，コンクリートの表面と断熱材との間で壁体内結露が発生したケースが報告されたためである。ただし，東京などの温暖地だけでなく，旭川でも，一般的な仕様では，冬期の室内の相対湿度が60％でも，内断熱で壁体内結露は起こらないとしたシミュレーション結果が発表されている（1）。

確かに，外断熱では，南面に大きな開口を設け，冬季に南面日射を住戸内に取り込み躯体に熱を貯めることが可能な設計であれば，日中の熱が蓄熱され，熱需要が高まる夜間に放熱させることで，省エネルギーに寄与する。また，高齢者や1日中，居住者が在室し，暖房しているような住宅であれば，空調機を止めても，暖まった躯体の影響で，すぐには，室内の温度は下がらず，温度変化が小さいといったメリットがある。ただし，省エネルギーの観点では，躯体に奪われるエネルギーへの影響を考慮する必要がある。

北海道を除くと，暖房も冷房も，間欠空調が多いことが，日本建築学会が行った調査（「日本の住宅におけるエネルギー消費」）で明らかになっている。間欠各室空調では，熱容量の高いコンクリートが室内側にあれば，空調の都度，空気とともに，熱容量の高いコンクリートを冷やしたり，暖めたりすることにエネルギーが使われてしまいエネルギー負荷の高い建物となる。

集合住宅の外壁の冷暖房負荷への影響
（間口6m×奥行き10m×天井高2.5mの住戸の場合）
- 空気だけを10℃上昇させるのに必要な熱量：
  1 800kJ（1.2kJ/m³・K×150m³×10℃）
- 外壁のコンクリート4m³を10℃上昇させるための熱量：
  86 400kJ（2 160kJ/m³・K×4m³×10℃）
外断熱の場合は，温度を10℃上昇させるために，外壁のコンクリートに住戸内の空気の約50倍のエネルギーが必要となる。

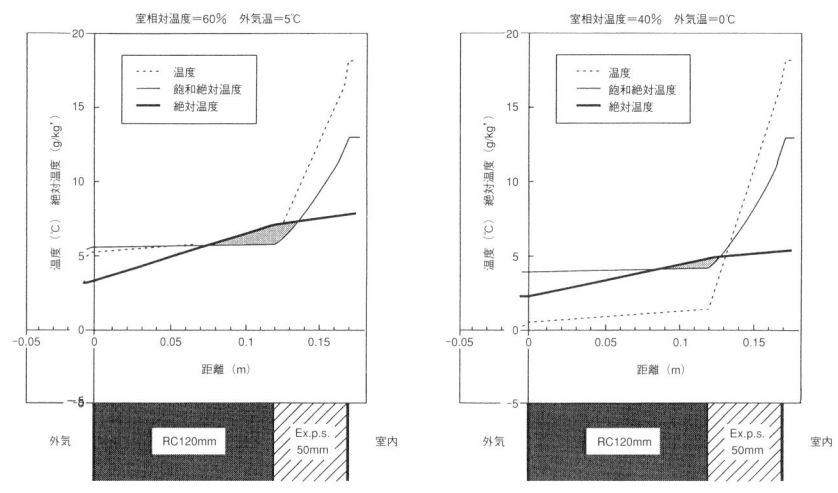

定常計算による断面温湿度分布（網目の部分が結露と判定される領域）

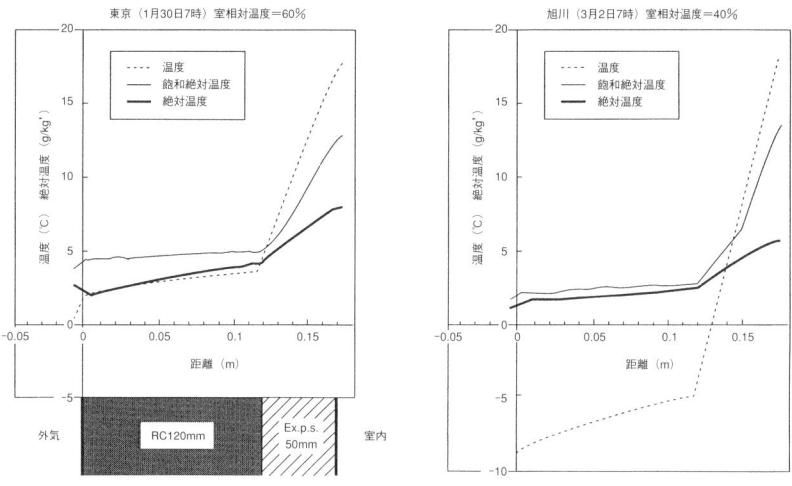

非定常計算による断面温湿度分布（結露と判定される領域は存在しない）

1　非定常計算による断面温湿度分布*1

2　躯体断熱，住戸内断熱

集合住宅には，外壁だけでなく，床や隔壁にもコンクリートが使われている。このコンクリートに空調時，奪われるエネルギーは，上記の6m×10m×2.5mの住戸で考えると，空気の300倍となる。（2 160kJ/m³・K×25m³×10℃=540 000kJ）

そこで，より高い省エネルギー性を求める場合には，外壁だけでなく，内壁，床，柱，梁などのコンクリートに断熱材を施す「躯体断熱」や「六面断熱（住戸内断熱）」も考えられる。写真は，アメリカの集合住宅で，床に断熱材を敷き詰めている事例である。遮音の目的も兼ねている。

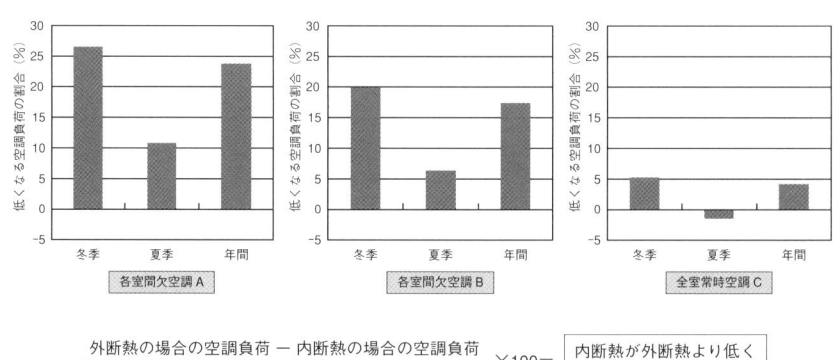

3　RC造集合住宅における内断熱と外断熱の空調比較
　（動的熱負荷シミュレーション）

$$\frac{外断熱の場合の空調負荷 - 内断熱の場合の空調負荷}{外断熱の場合の空調負荷} \times 100 = 内断熱が外断熱より低くなる空調負荷の割合（％）$$

Ⅳ地域である福岡県で，一般的な3階建ての集合住宅に外断熱を施した場合と内断熱を施した場合のエネルギー負荷のシミュレーション結果を比較したものである。縦軸は，RC集合住宅において内断熱が外断熱より低くなるエネルギー負荷の割合を示している。

各室間欠空調Aは，夫婦共働きの場合で，朝と夕方から夜にかけて空調を行う場合，各室間欠空調Bは，専業主婦が昼間，居間等で空調する場合，全室常時空調は，睡眠時間以外は，すべて，全部屋を空調する場合である。

このシミュレーションでは，間欠空調Aにおいて，内断熱と外断熱を比べた場合は，内断熱が，年間で23％の省エネルギーとなる（全体のエネルギー負荷は，全室常時空調，間欠空調B，間欠各室空調Aの順で小さくなる）。

---

*1 坂本雄三：RC造内断熱は結露するのか（史上最大の「濡れ衣」），pp.150〜153，建築技術2001年10月号，建築技術，2001．

環境設計事例（1）　　**環境設計**　　17

1　昼光を利用した美術館のエントランス
天窓から拡散光に変えて採り入れられた昼光は、高い反射率の室内仕上げによって空間全体の明るさを均一に高め、やわらかな雰囲気を演出する（フィンランド）。

2　建物外観を構成する日射遮蔽装置
北欧などの緯度の高い地方では太陽高度が低いために縦型の日よけルーバーを設置することが多い。建物外部に設置されたこのようなルーバーは外観を構成する重要な要素となる（フィンランド）。

3　天窓による昼光利用と温室効果
（左）天窓に白い拡散布を組み合わせることで昼光の積極的利用を行い、人工照明よりも明るく開放的な雰囲気を演出する。（右）日本など緯度の低い地方のガラス建築では冷房負荷が大きく温室効果が生じ、当初の空調計画の誤算により竣工後に空調機器を増やすケースも少なくない（兵庫）。

4　安全な誘導を考慮した照明装置
地下鉄駅のホームの天井照明は、ホームの形状（カーブ）に合わせて配置することで床とラインとの対比を見えやすくするとともに、弱視者にとっての誘導用ライン照明としての効果もある（ドイツ）。

5　コンバージョンによる環境計画
ミュージアムにコンバージョンされた古い城郭建築では、エントランス部分にルーバーを装備したガラスの塔で構成し光を多く取り入れる工夫がされている。内部では荘厳な城郭のイメージの音場が再現されている（デンマーク）。

18　環境設計　　環境設計事例（2）

6　空間把握のための環境情報
視覚障害者施設のエントランス部分では、廊下と異なる床仕上げ、高い天井と窓の位置などの工夫によって、廊下とは異なる歩行感触、反響音、光分布などの環境要素が利用者の空間把握を助ける（デンマーク）。

7　景観を形成する都市環境計画
屋根・建物の形状、色彩の統一、そして豊かな緑、水、風などの自然を蓄えた美しいまちの景観は、都市の環境を計画的に整備することによって形成される（デンマーク）。

8　自然と融合した癒し空間
病院の待合室近くには、光、風、水、緑などの自然の要素を取り入れた中庭を配置することで、患者や家族、職員のための癒し空間となっている（兵庫）。

9　有効活用した環境配慮建築
屋上緑化により断熱性を高めて空調負荷を小さくするとともに、雨水を集めた地下貯水槽からは太陽光発電を利用したポンプで建物周囲の植物への散水、子どもの遊び空間の1つであるビオトープへの供給など、水の循環を取り入れて環境配慮を行うことができる（大阪）。

10　公共空間の音環境計画
コンクリート、石、金属などの反射率の高い仕上げ材料（左）と、ガラス局面で構成された大空間（右）では、エスカレーターの安全な使用を呼びかけるアナウンスも、行き交う人の話し声も反響し干渉しあいながら異様な大音響に変化する。不適切な音環境計画により生じる、このようなケースは少なくない（石川）。

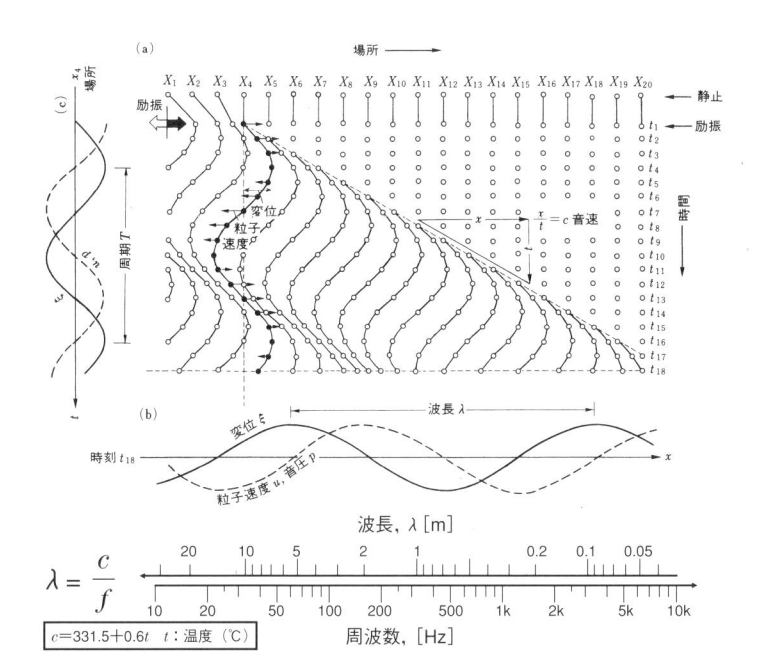

音の基礎　音環境

$$\lambda = \frac{c}{f}$$

$c = 331.5 + 0.6t$　t：温度（℃）

1 音波と粒子の動き

ある点で空気粒子が励振されると、その動きは隣接する空気に作用して変位を与えるので、空気粒子の振動は次々と伝わってゆく。音波は、粒子の動きによって圧力（音圧）の高いところと低いところができる疎密波である。1秒間における周期的な音圧変動の数が周波数であり、波長と周波数の関係は図のようになる。

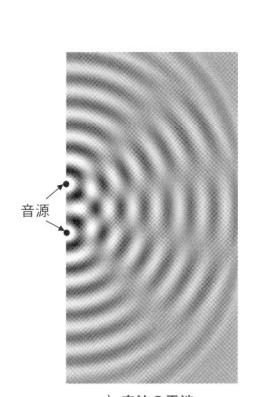

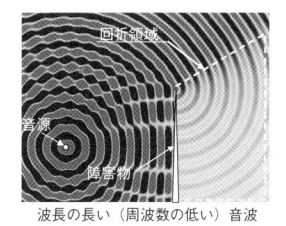

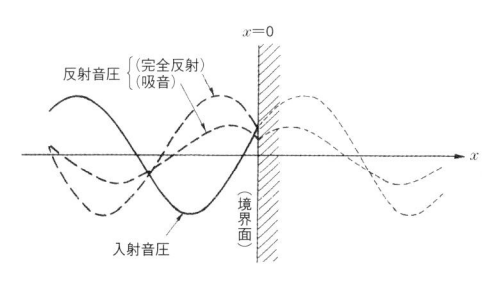

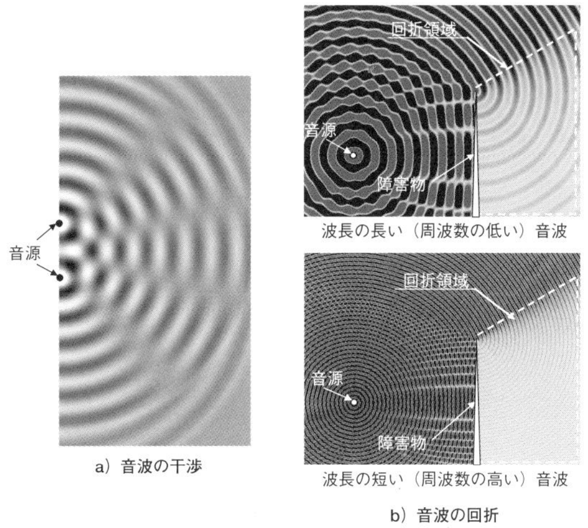

2 音波の反射

音波は壁にぶつかると反射する。反射波の強さは壁の音響特性によって決まり、観測点では入射波と反射波の合わさった音が観測される。

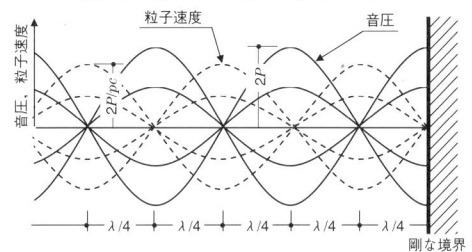

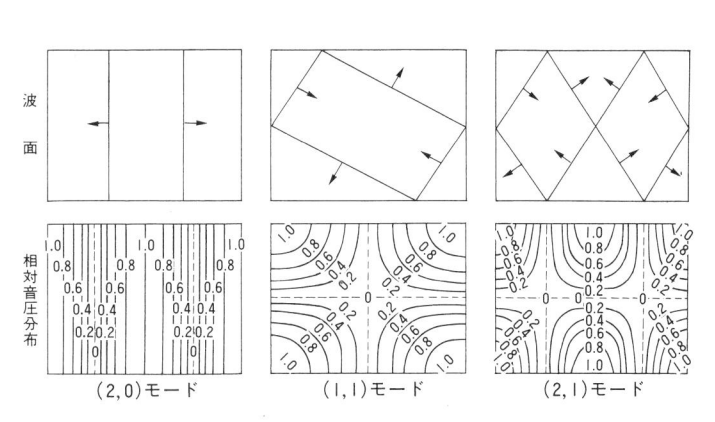

P：入射音波の振幅　ρ：空気密度、c：音速、λ：波長

3 定在波と固有モード

周波数の等しい2つの音波が互いに逆向きに進む場合、あたかも波形が止まっているような形となる。これを定在波という。2次元や3次元の室では、その寸法に応じて特有の定在波が生じる（固有モード）。

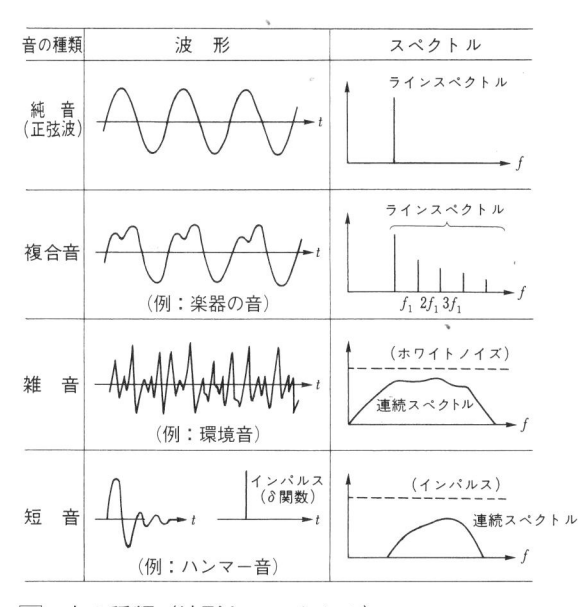

4 音波の干渉と回折

波動としての音に特有の現象として干渉と回折がある。2つの音があるとき、音圧の山と山がぶつかると強め合い、山と谷がぶつかると弱め合う（a）干渉）。音波が障害物にぶつかると、音波は障害物の裏側へ回り込む（b）回折）。回折音の強さは音の波長によって異なる。

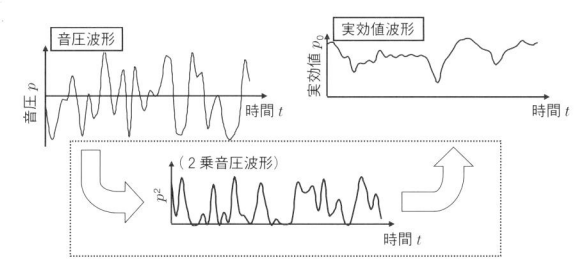

5 音圧と実効値

音圧は大気圧からの変動成分であり時間平均を取るとゼロとなる。音圧の大きさを表す量として以下のように表される実効値が用いられる。

$$p_0 = \sqrt{\frac{1}{T_0} \int_0^T p^2(t) dt} \quad [\text{Pa}]$$

6 音の種類（波形とスペクトル）

波形は時間軸で見た音波の変動特性であり、スペクトルはその音が含む周波数成分を表す。

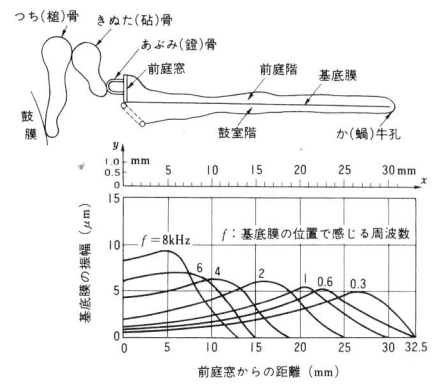

音環境　聴覚・騒音評価

1 聴覚の周波数分析機能（Bekesy）

音波は外耳道を伝わって鼓膜を振動させ，中耳・内耳を経て神経パルスとなり脳へと伝わる（p.3 1）。内耳の蝸牛には音の周波数を分析する機構が備わることが知られている。

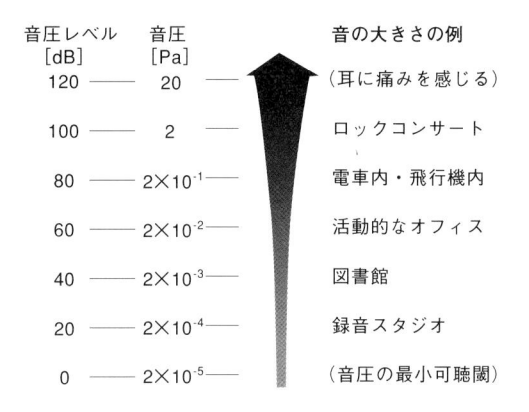

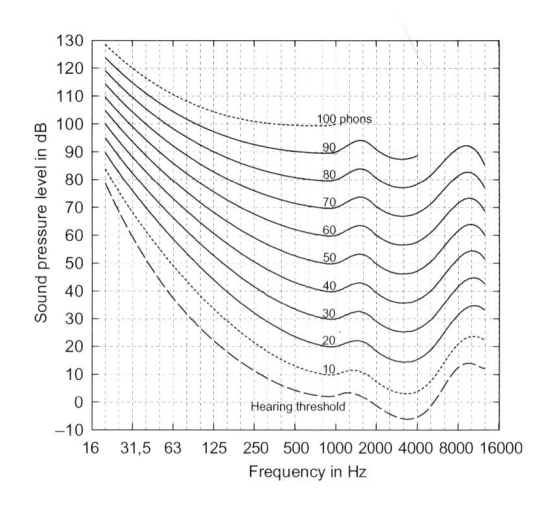

2 等ラウドネス曲線 *1

聴覚の感度は周波数により異なり一般に低音は感度が落ちる。純音に対する聴覚の周波数特性を表すのが等ラウドネス曲線である。

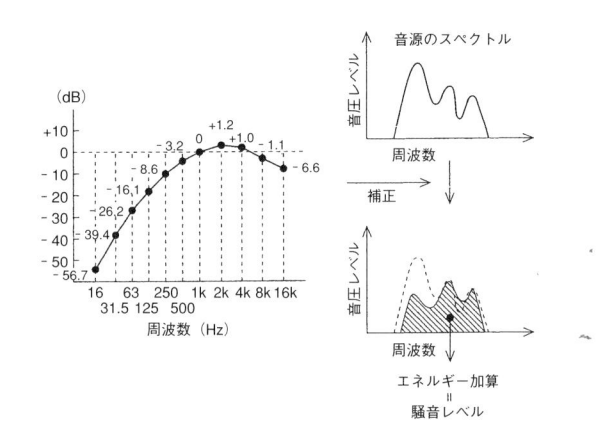

3 音圧から音圧レベルへの変換と音の大きさの例

ラウドネス（音の大きさ感）は物理的パワーの対数に比例することが知られており（ウェーバー・フェヒナーの法則），音の物理量は元の量を対数変換したデシベル（dB）を用いるのが一般的である。

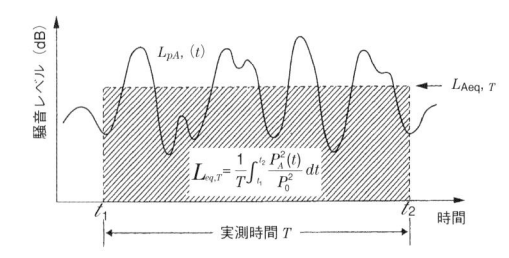

4 A特性と騒音レベル *2

騒音計の周波数特性を人間の感度に近似させるために，等ラウドネス曲線をもとに低音の感度を落とした周波数補正（A特性）が広く採用される。A特性で補正した音圧レベルを騒音レベルと呼ぶ。

5 等価騒音レベル *3

$$L_{eq,T} = \frac{1}{T}\int_{t_1}^{t_2}\frac{P_A^2(t)}{P_0^2}dt$$

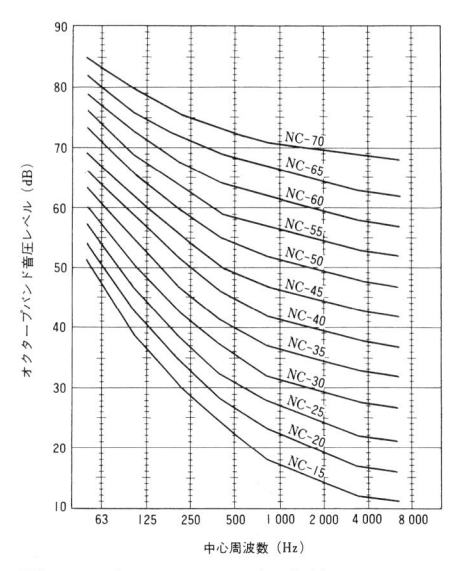

6 NC（Noise Criteria）曲線

■騒音評価の主な指標
- ●等価騒音レベル L_{Aeq}：道路交通騒音のように時間変動する騒音を評価するための量で，5 のように観測時間内における騒音レベルのエネルギー平均値に相当する。わが国の環境基準を含め国際的に広く用いられる。これに派生する指標として夜間の騒音に+10dBのペナルティを加算して平均する昼夜平均騒音レベル L_{dn} さらに夜間を夕方と深夜に分けた L_{den} がある。
- ●時間率騒音レベル L_x：変動騒音を評価するための量で，ある観測時間内における一定時間間隔（数秒以下）ごとの騒音レベルのサンプル値からパーセント値として求める。その中央値 L_{50} は等価騒音レベルに改定される以前にわが国の法令等で採用されていた。
- ●その他の環境騒音の指標：航空機騒音を評価するために飛来数や時間帯の重み付けを加味した総合的評価量としてのWECPNLの他，騒音レベルのSLOWピーク値（新幹線騒音），同FASTピーク値（工場騒音や建設工事騒音などの衝撃性あるいは間欠性の騒音）が用いられる。
- ●NC（Noise Criteria）曲線：主として室内騒音の大きさを評価する方法で，オクターブバンドごとの音圧レベルを 6 にプロットし，それらを結んだ線が下から最も接近する曲線の値（NC値）を読みとる。この方法の改良案としてPNC曲線，NCB曲線などが提案されているが，NC曲線が用いられることも多い。

---

*1　ISO226：2003.
*2　加藤信介・土田義郎・大岡龍三：図説テキスト　建築環境工学［第2版］，p.94，彰国社，2008.11.
*3　日本音響学会編／橘 秀樹・矢野博夫共著：環境騒音・建築音響の測定，p.64，コロナ社，2004.4.

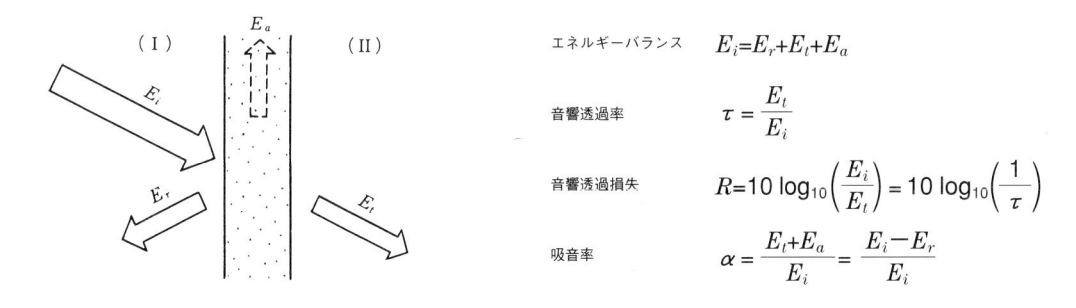

吸音機構　音環境

エネルギーバランス　　$E_i = E_r + E_t + E_a$

音響透過率　　$\tau = \dfrac{E_t}{E_i}$

音響透過損失　　$R = 10 \log_{10}\left(\dfrac{E_i}{E_t}\right) = 10 \log_{10}\left(\dfrac{1}{\tau}\right)$

吸音率　　$\alpha = \dfrac{E_t + E_a}{E_i} = \dfrac{E_i - E_r}{E_i}$

1 吸音, 遮音の定義

入射エネルギーに対する, 反射されないエネルギーの比率が, 吸音率と定義される。

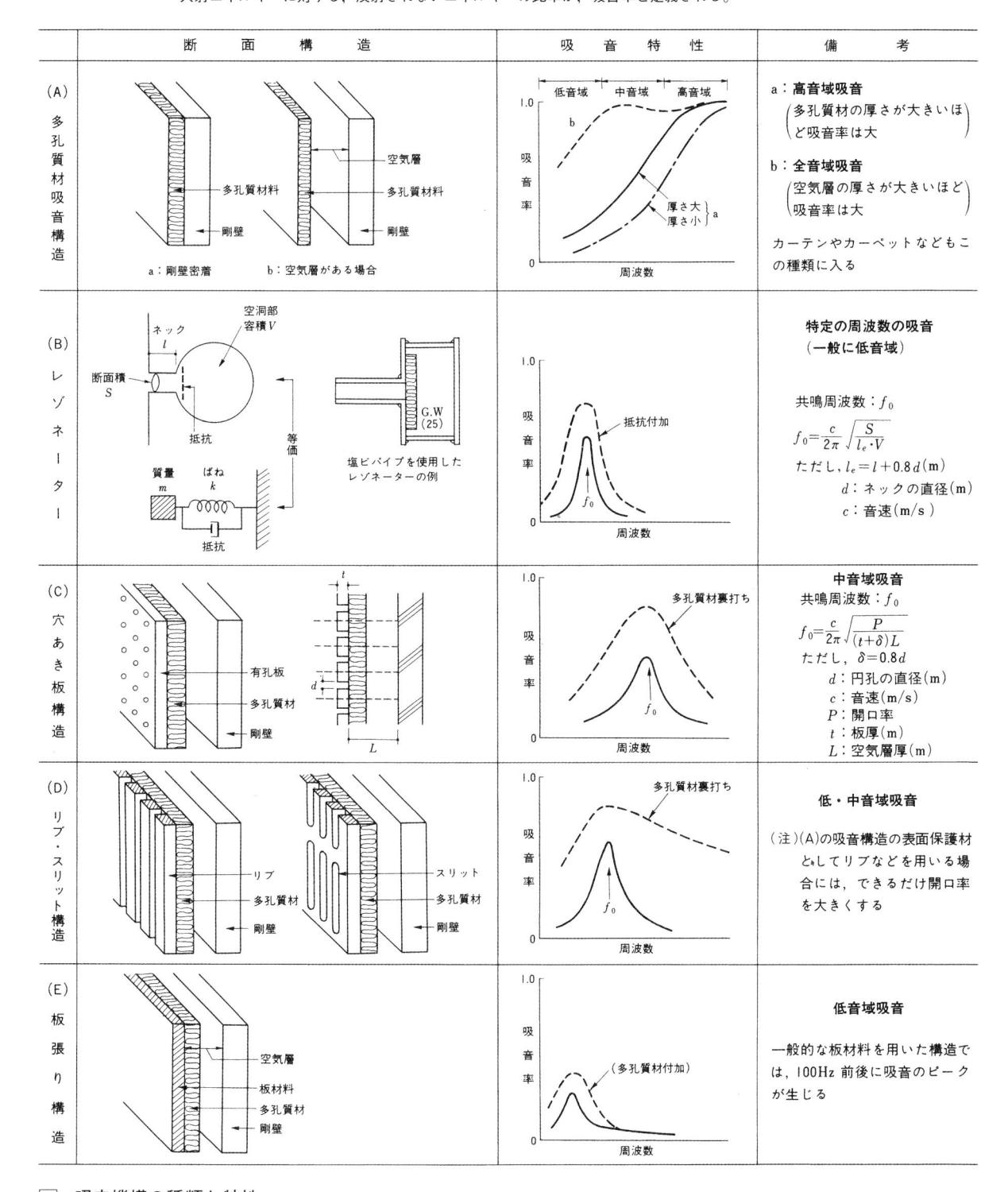

	断面構造	吸音特性	備考
(A) 多孔質材吸音構造	a: 剛壁密着 / b: 空気層がある場合（多孔質材料, 空気層, 剛壁）	低音域・中音域・高音域の吸音率特性曲線。厚さ大・厚さ小	**a: 高音域吸音**（多孔質材の厚さが大きいほど吸音率は大） **b: 全音域吸音**（空気層の厚さが大きいほど吸音率は大） カーテンやカーペットなどもこの種類に入る
(B) レゾネーター	ネック l, 断面積 S, 空洞部容積 V, 抵抗／塩ビパイプを使用したレゾネーターの例 G.W(25)／質量 m, ばね k, 抵抗（等価）	f_0 を中心とするピーク, 抵抗付加で幅広	**特定の周波数の吸音**（一般に低音域） 共鳴周波数: f_0 $f_0 = \dfrac{c}{2\pi}\sqrt{\dfrac{S}{l_e \cdot V}}$ ただし, $l_e = l + 0.8d$ (m) d: ネックの直径(m) c: 音速(m/s)
(C) 穴あき板構造	有孔板, 多孔質材, 剛壁／t, d, L	f_0 を中心とするピーク, 多孔質材裏打ちで広帯域	**中音域吸音** 共鳴周波数: f_0 $f_0 = \dfrac{c}{2\pi}\sqrt{\dfrac{P}{(t+\delta)L}}$ ただし, $\delta = 0.8d$ d: 円孔の直径(m) c: 音速(m/s) P: 開口率 t: 板厚(m) L: 空気層厚(m)
(D) リブ・スリット構造	リブ, 多孔質材, 剛壁／スリット, 多孔質材, 剛壁	f_0 を中心とするピーク, 多孔質材裏打ちで広帯域	**低・中音域吸音** （注）(A)の吸音構造の表面保護材としてリブなどを用いる場合には, できるだけ開口率を大きくする
(E) 板張り構造	空気層, 板材料, 多孔質材, 剛壁	低域にピーク（多孔質材付加で増加）	**低音域吸音** 一般的な板材料を用いた構造では, 100Hz 前後に吸音のピークが生じる

2 吸音機構の種類と特性

建築に用いられる吸音仕上げは, その吸音メカニズムの違いによって特徴的な吸音の周波数特性を持つ。実際の内装設計ではこれらの特徴をよく理解した上で適切な組み合わせを考える必要がある。

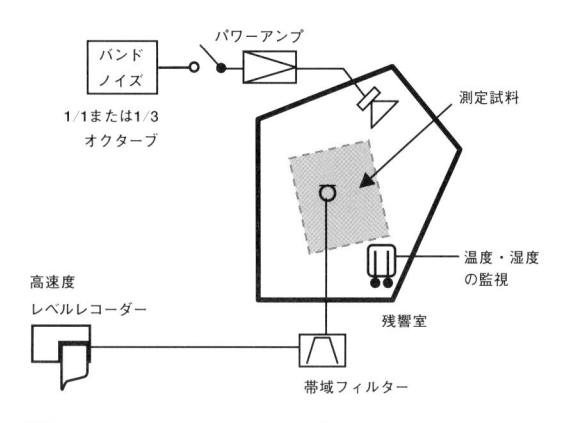

22　音環境　吸音材料・構造

1 残響室法吸音率の測定ブロック図

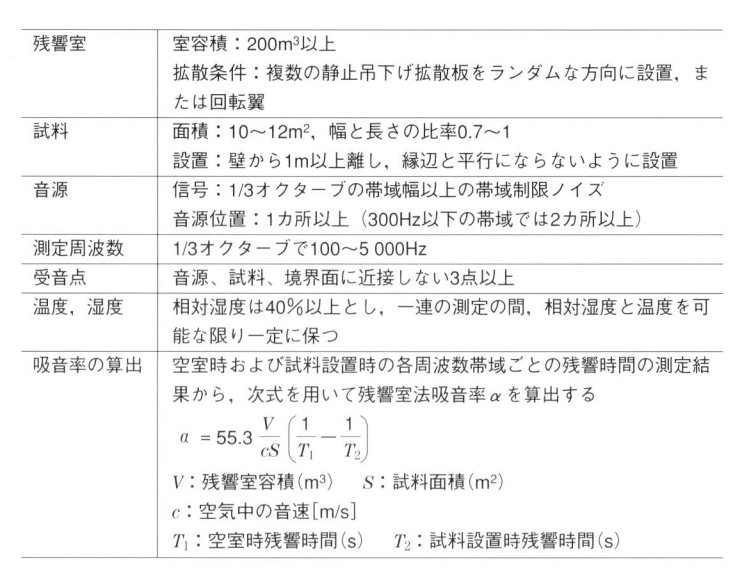

2 残響室法吸音率の測定方法（JIS A 1409:1998）

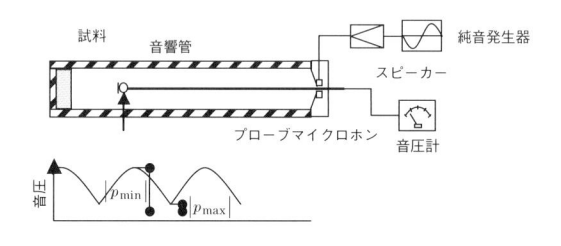

残響室	室容積：200m³以上 拡散条件：複数の静止吊下げ拡散板をランダムな方向に設置，または回転翼
試料	面積：10〜12m²，幅と長さの比率0.7〜1 設置：壁から1m以上離し，縁辺と平行にならないように設置
音源	信号：1/3オクターブの帯域幅以上の帯域制限ノイズ 音源位置：1カ所以上（300Hz以下の帯域では2カ所以上）
測定周波数	1/3オクターブで100〜5 000Hz
受音点	音源，試料，境界面に近接しない3点以上
温度，湿度	相対湿度は40％以上とし，一連の測定の間，相対湿度と温度を可能な限り一定に保つ
吸音率の算出	空室時および試料設置時の各周波数帯域ごとの残響時間の測定結果から，次式を用いて残響室法吸音率αを算出する $$a = 55.3 \frac{V}{cS}\left(\frac{1}{T_1} - \frac{1}{T_2}\right)$$ V：残響室容積(m³)　S：試料面積(m²) c：空気中の音速[m/s] T_1：空室時残響時間(s)　T_2：試料設置時残響時間(s)

3 定在波比法の測定ブロック図

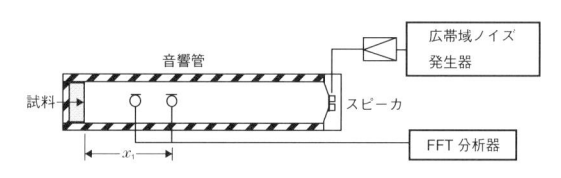

4 伝達関数法の測定ブロック図

5 垂直入射吸音率吸音率の測定方法（JIS A 1405:2007）

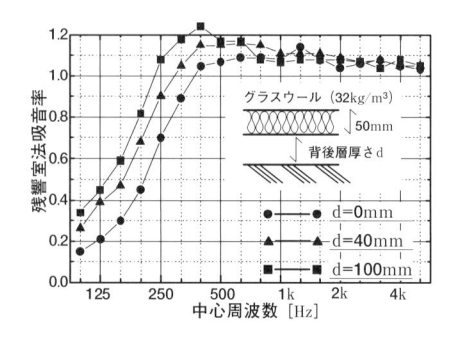

音響管	平滑な内表面を持ち気密性の高い金属製の管
測定周波数	測定可能周波数は管の内径dと音の波長λによって次のように規定される $d \leqq 0.59\lambda$ 内径75〜110mm：100〜2 000Hz 内径25〜50mm：800〜5 000Hz
垂直入射吸音率の算出 定在波比法 （JIS A 1405-1:2007）	定在波比$s = \|P_{max}\|/\|P_{min}\|$より，垂直入射吸音率$a_0$を次式により算出する $$a_0 = \frac{4}{s + 1/s + 2}$$
垂直入射吸音率の算出 伝達関数法 （JIS A 1405-1:2007）	2つのマイクロホン出力の伝達関数H_{12}により，垂直入射音圧反射率γ_pを次式により算出する $$\gamma_p = \frac{H_{12} - H_I}{H_R - H_{12}} e^{-2jkx_1}$$

6 多孔質材の吸音特性(1)[*1]
背後空気層を大きくとることで，低音域までの広い周波数帯域を吸音することができる。

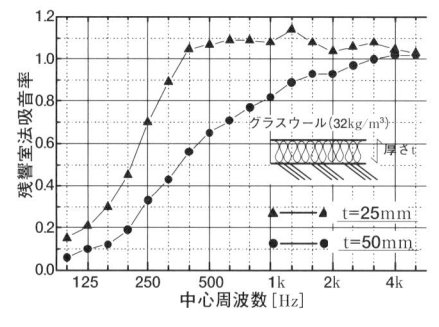

7 多孔質材の吸音特性(2)[*1]
厚さの増加に伴って中低音域での吸音性能が増大し，有効な周波数帯域が拡大する。

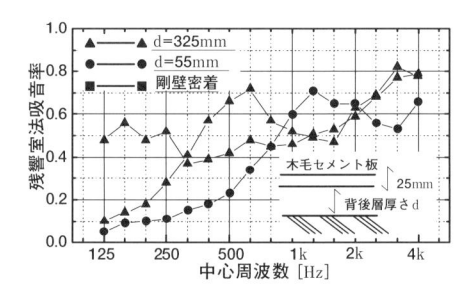

8 多孔質材の吸音特性(3)[*1]
天井材，壁材として使用される木毛セメント板は，背後空気層を大きくすると中音域の吸音性能が大きくなる

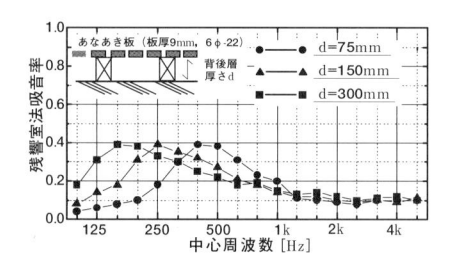

9 あなあき板の吸音特性(1)[*1]
背後空気層が大きくなるにしたがって共鳴周波数が低音域に移動する。

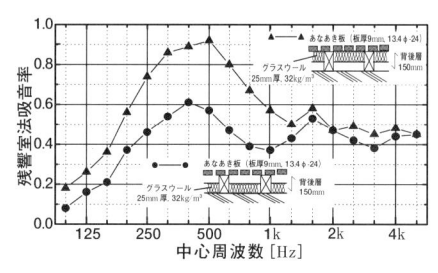

10 あなあき板の吸音特性(2)[*1]
裏打ち材の位置は，あなあき板に近い方が吸音性能は大きくなる。

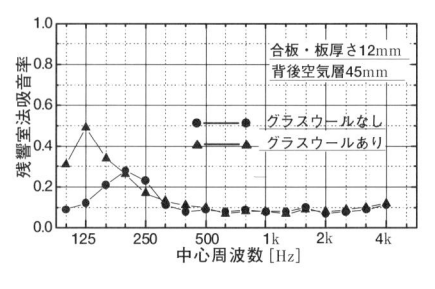

11 板張り構造の吸音特性[*1]
背後空気層に，多孔質材料を充填すると，低音域の吸音性能が大きくなる。

[*1] 日本建築学会編：建築設計資料集成，環境，p.28, 29, 丸善, 2007.

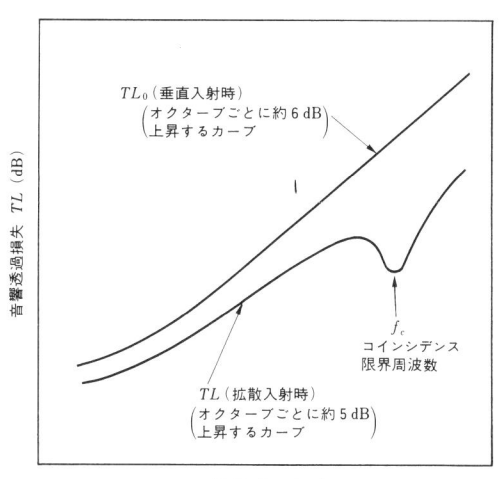

遮音機構　音環境

1　壁の音響透過損失の一般的傾向

垂直入射の場合，周波数が倍になると音響透過損失が6dB上がる（質量則）。拡散入射の場合，コインシデンス限界周波数付近で遮音性能が低下する。

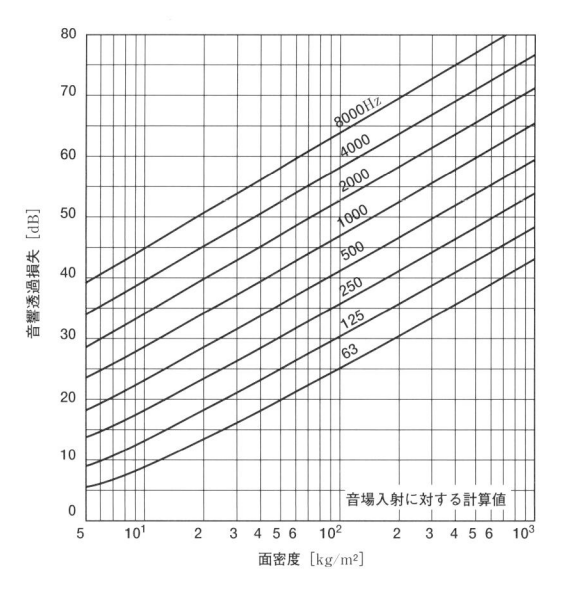

2　一重壁の質量則の計算図（拡散入射の場合）

質量則では，面密度と周波数によって音響透過損失が決まる。

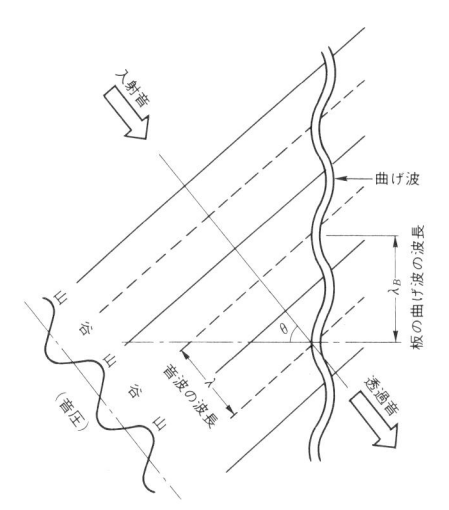

3　コインシデンス効果

壁体の振動による曲げ波の波長と入射する音の波長が一致したとき，壁が振動しやすくなって音の透過が著しく大きくなる。

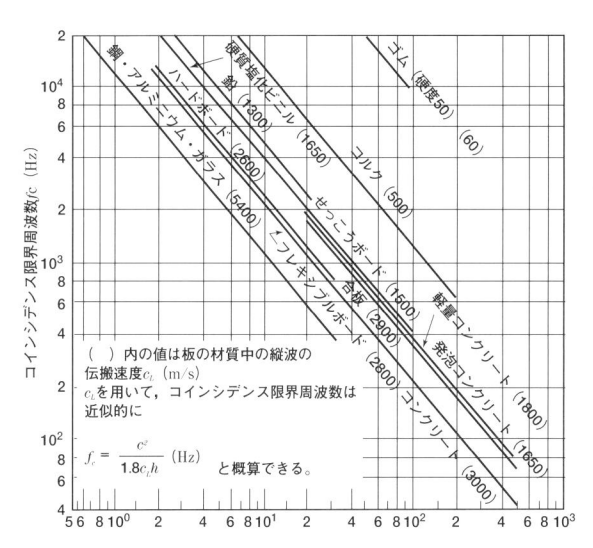

4　コインシデンス限界周波数の計算図*1

各種材料のコインシデンス限界周波数と材料厚さとの関係を示した図。

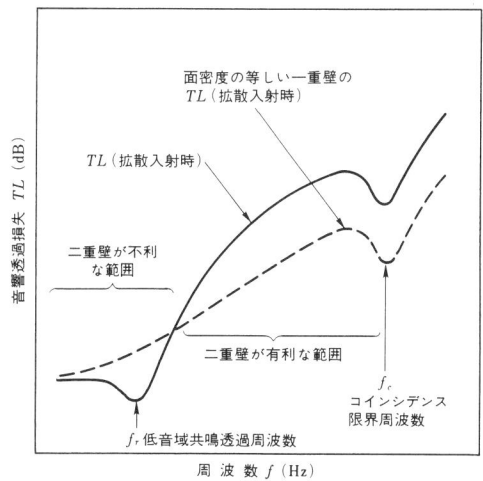

5　二重壁の音響透過損失の一般的傾向

二重壁では，共鳴透過によって低音域において一重壁よりも音響透過損失が低下する。

メカニズム	計算式	決定要因
質量則	透過損失 R $R_0 = 10 \log_{10}\left\{1 + \left(\dfrac{\omega m}{2\rho_0 C}\right)^2\right\}$ (dB) $R_0 \fallingdotseq 20 \log_{10}(f \cdot m) - 42.5$ (dB) R_0：垂直入射に対する音響透過損失 $R_f = R_0 - 5$ (dB)　（日） R_f：音場入射に対する音響透過損失	f：周波数（Hz） ω：角周波数（$=2\pi f$） m：壁の単位面積あたり質量（kg/m²）
コインシデンス効果	コインシデンス限界周波数 f_c $f_c = \dfrac{c^2}{2\pi h}\sqrt{\dfrac{12\rho(1-\sigma^2)}{E}}$ (Hz)　（月）	h：壁の厚さ（m） E：壁材料のヤング率（N/m²） ρ：壁の密度（kg/m³） σ：壁材料のポアソン比（―）
中空二重壁の低域共鳴透過	共鳴透過周波数 f_r $f_r = \dfrac{1}{2\pi}\sqrt{\dfrac{\rho_0 c^2}{d}\cdot\dfrac{m_1 + m_2}{m_1 m_2}}$ (Hz)　（火）	m_1, m_2：壁の単位面積あたり質量（kg/m²） d：中空層の厚さ（m）

ρ_0：空気密度（$\fallingdotseq 1.205$ kg/m³）　c：音速（$\fallingdotseq 340$ m/s）

6　壁体の遮音性能決定メカニズムと計算式*1

質量則，コインシデンス限界周波数，中空二重壁の低域共鳴透過周波数は上式で計算できる。

---

*1　日本建築学会編：建築設計資料集成1，環境，p.23，丸善，1978．

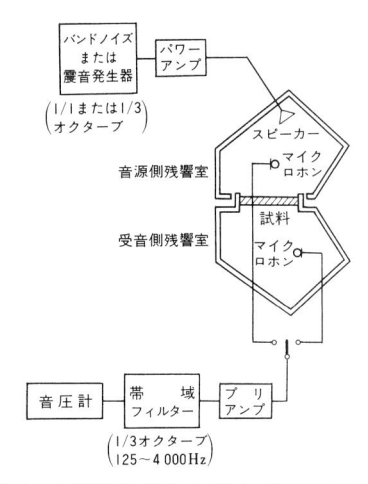

24　音環境　遮音材料・構造

① 音響透過損失の測定ブロック図

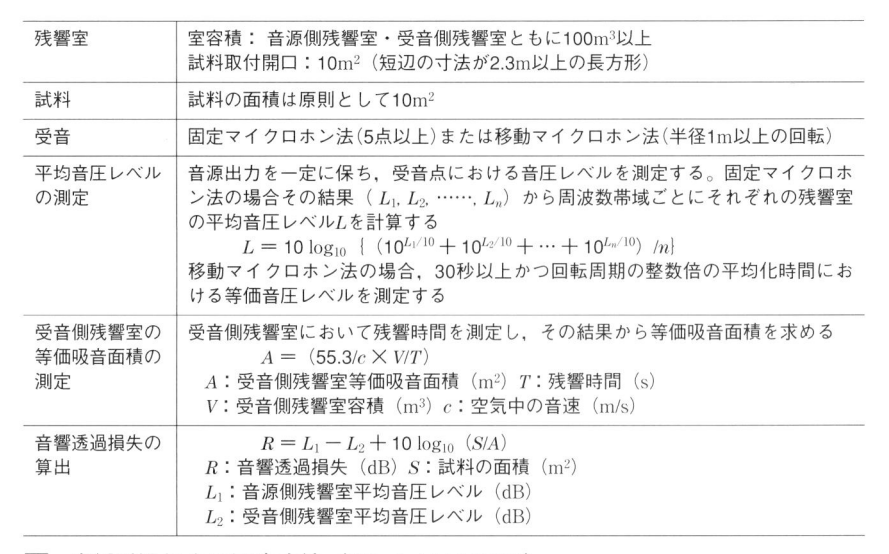

② 音響透過損失の測定方法（JIS A 1416:2000）

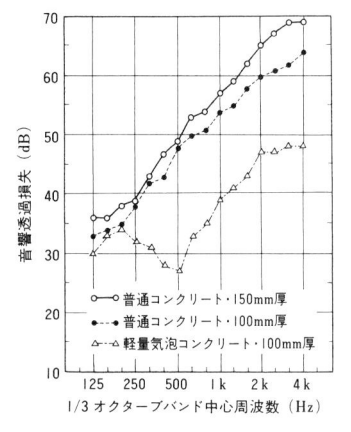

残響室	室容積：音源側残響室・受音側残響室ともに100m³以上 試料取付開口：10m²（短辺の寸法が2.3m以上の長方形）
試料	試料の面積は原則として10m²
受音	固定マイクロホン法(5点以上)または移動マイクロホン法(半径1m以上の回転)
平均音圧レベルの測定	音源出力を一定に保ち、受音点における音圧レベルを測定する。固定マイクロホン法の場合その結果（$L_1, L_2, \ldots, L_n$）から周波数帯域ごとにそれぞれの残響室の平均音圧レベルLを計算する $L = 10 \log_{10}\{(10^{L_1/10} + 10^{L_2/10} + \cdots + 10^{L_n/10})/n\}$ 移動マイクロホン法の場合、30秒以上かつ回転周期の整数倍の平均化時間における等価音圧レベルを測定する
受音側残響室の等価吸音面積の測定	受音側残響室において残響時間を測定し、その結果から等価吸音面積を求める $A = (55.3/c \times V/T)$ A：受音側残響室等価吸音面積（m²）　T：残響時間（s） V：受音側残響室容積（m³）　c：空気中の音速（m/s）
音響透過損失の算出	$R = L_1 - L_2 + 10 \log_{10}(S/A)$ R：音響透過損失（dB）　S：試料の面積（m²） L_1：音源側残響室平均音圧レベル（dB） L_2：受音側残響室平均音圧レベル（dB）

③ 各種コンクリート板の透過損失

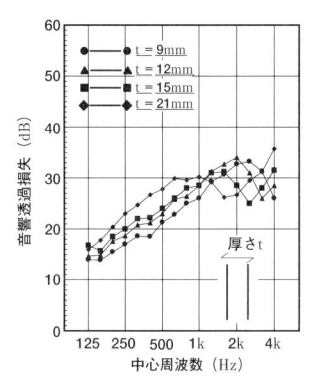

④ せっこうボード一重壁の透過損失[*1]

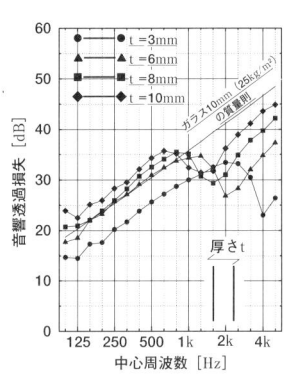

⑤ 単板フロートガラスの透過損失[*1]

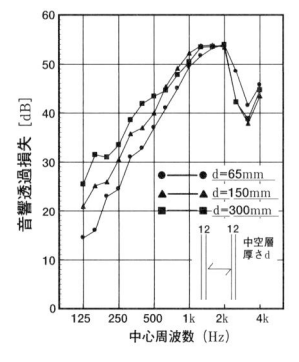

⑥ せっこうボード二重壁の透過損失（1）[*1]

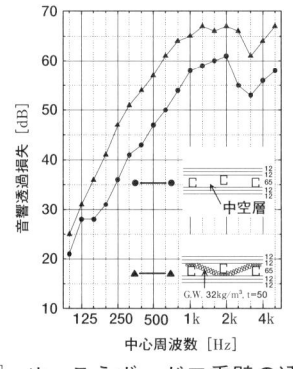

⑦ せっこうボード二重壁の透過損失（2）[*1]

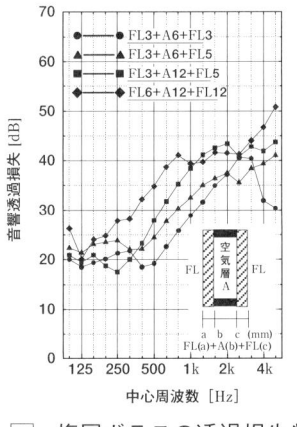

⑧ 複層ガラスの透過損失[*1]

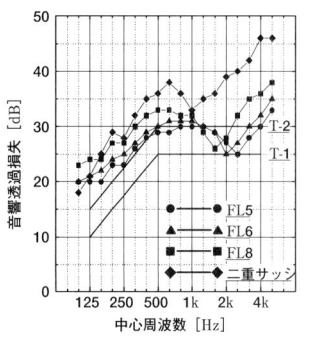

⑨ 窓サッシの透過損失[*1]

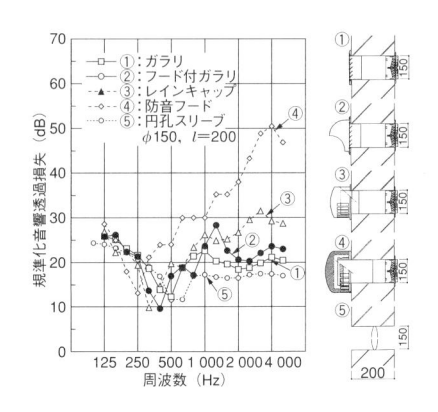

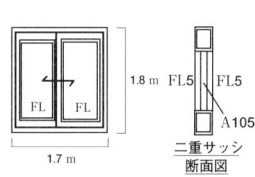

可動部に発生する隙間により、高音域（1〜2kHz）で遮音性能が低下する。

⑩ 換気口の規準化音響透過損失[*1]

[*1] 日本建築学会編：建築設計資料集成，環境，pp.24〜25，丸善，2007．

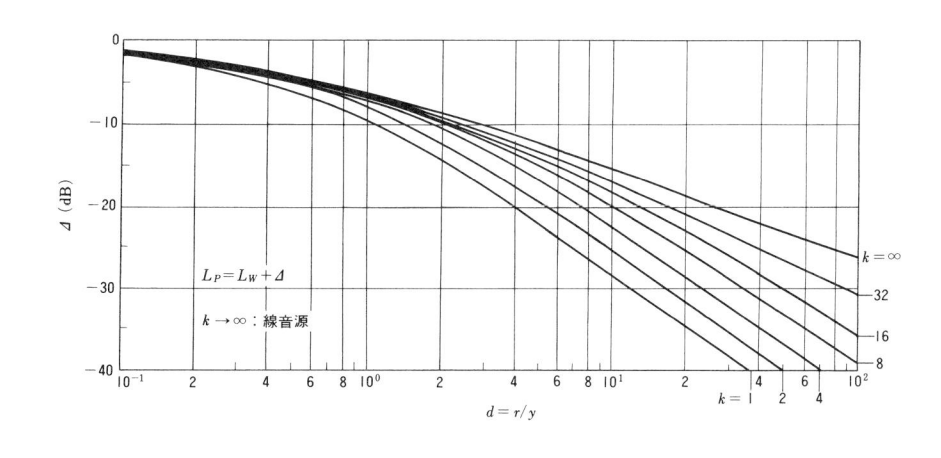

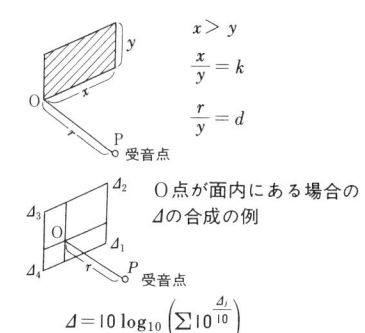

音の伝搬と減衰　音環境

$L_P = L_W + \Delta$

$k \to \infty$：線音源

$d = r/y$

$x > y$
$\dfrac{x}{y} = k$
$\dfrac{r}{y} = d$

O点が面内にある場合の Δ の合成の例

$$\Delta = 10 \log_{10}\left(\sum_j 10^{\frac{\Delta_j}{10}}\right)$$

L_P：音源より rm 離れたP点での音圧レベル（dB）
L_W：音源の単位面積（1m²）あたりのパワーレベル（dB）
Δ：減衰量（dB）

1　音源からの距離減衰

点音源からの音の伝搬は，距離が倍になるごとに6dBずつ減衰し，線音源からの音の伝搬は距離が倍になるごとに3dBずつ減衰する。このように音源の性状によって音の伝搬特性は異なる。有限の大きさを持つ面音源からの音の伝搬では，距離が離れるにしたがって減衰の傾きが大きくなり，点音源からの音の伝搬性状に近付いてゆく。

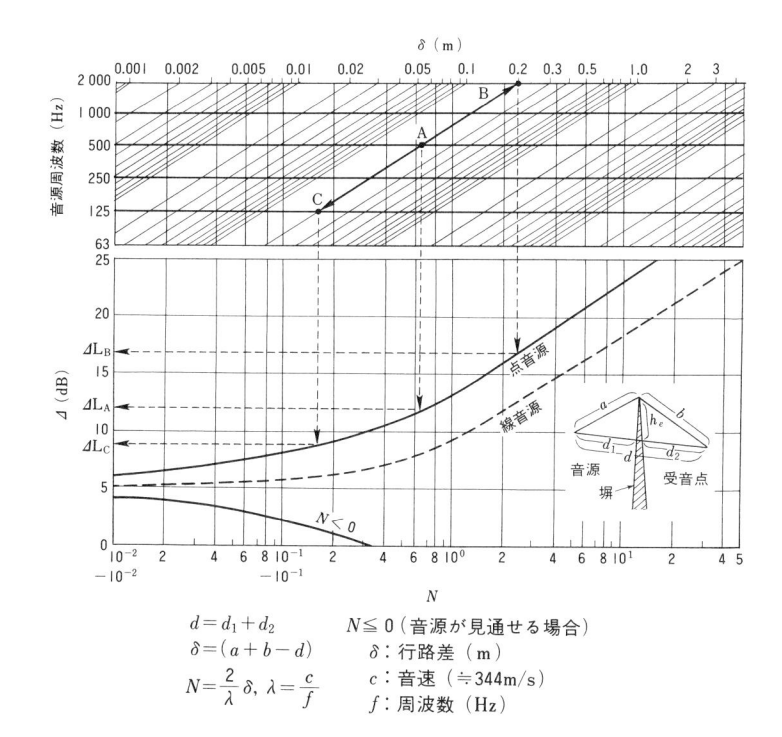

地面の反射を考慮する場合

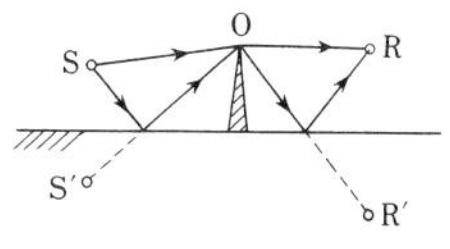

$$\Delta L = 10 \log_{10}\left(\sum_j 10^{\frac{\Delta L_j}{10}}\right)$$

ΔL_j：回折経路 j（SOR，SOR′，S′OR，S′OR′）における到達音レベル値

地面の反射が無視できないとき，音源S，受音点Rの鏡面反射点（虚像）をそれぞれS′，R′として，回折経路のすべてを加えて到達音のレベル合成値を検討する。

厚みのある障壁の近似的扱い

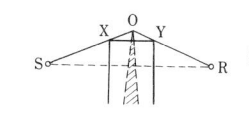

SX，RYの延長の交点（O）をナイフエッジの無限障壁に置き替える。

$d = d_1 + d_2$
$\delta = (a + b - d)$
$N = \dfrac{2}{\lambda}\delta, \lambda = \dfrac{c}{f}$

$N \leq 0$（音源が見通せる場合）
δ：行路差（m）
c：音速（≒344m/s）
f：周波数（Hz）

2　点音源と線音源に対する障壁の遮蔽効果[*1]

障壁による遮蔽効果は行路差 d と音の波長 λ によって定められるフレネルナンバー N に依存する。点音源の場合の方が線音源の場合より遮蔽効果が高い。

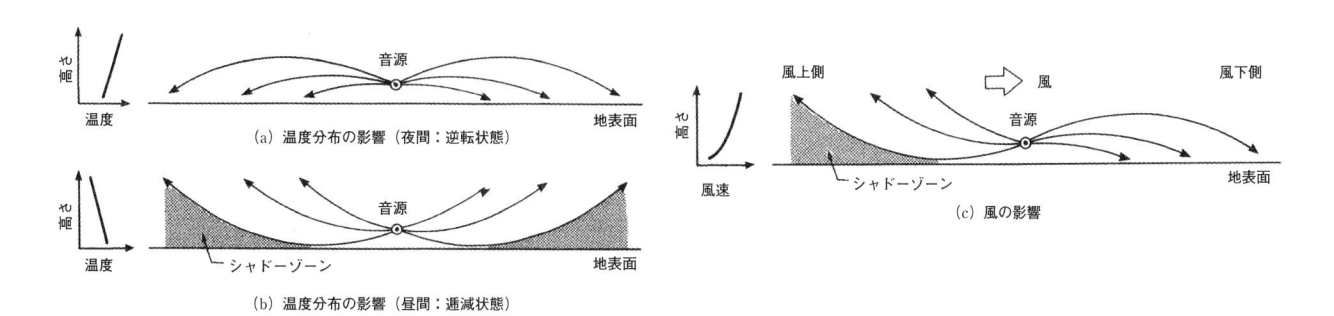

3　気象が音の伝搬に与える影響

気象条件によって音の伝搬性状が異なる。高さ方向の温度分布が生じる場合，温度の高い領域では音速が速く，低い領域では音速が遅くなるため，音線が屈折する。

(a) 温度分布の影響（夜間：逆転状態）
(b) 温度分布の影響（昼間：逓減状態）
(c) 風の影響

[*1] 日本騒音制御工学会編：騒音制御工学ハンドブック基礎編, p.89, 技報堂出版, 2001.

音環境　建物における音の伝搬

条件	必要データ	計算方法
音源パワーレベル：L_W 音源：点音源 外部：自由音場 室内：拡散音場	音源パワーレベル　L_W (dB) 外部音圧レベル　L_o (dB) 透過損失　R (dB) 透過面積　s (m²) 室内等価吸音面積　A (m²)	$L_i = L_o - R + 10 \log_{10} \dfrac{s}{A} + 6$ $L_o = L_W - 20 \log_{10} \dfrac{r}{r_0} - 11$ （ただし, $r_0 = 1$m）
①屋外から室内への伝搬の場合		
音源パワーレベル：L_W 室内：拡散音場　外部：自由音場	室内音圧レベル　L_i (dB) 透過損失　R (dB) 透過面積　s (m²) 室内等価吸音面積　A (m²) 伝搬距離　r (m)	$L_i = L_W - 10 \log_{10} A + 6$ $L_o = L_i - R + 10 \log_{10} s$ $\quad - 20 \log_{10} \dfrac{r}{r_0} - 14$
②室内から屋外への伝搬の場合		
音源パワーレベル：L_W 音源室：拡散音場　受音室：拡散音場	音源室音圧レベル　L_S (dB) 音源パワーレベル　L_W (dB) 透過損失　R (dB) 透過面積　s (m²) 音源室等価吸音面積　A_S (m²) 受音室等価吸音面積　A_R (m²)	$L_R = L_S - R + 10 \log_{10} \dfrac{s}{A_R}$ $\quad = L_W - R + 10 \log_{10} \dfrac{4s}{A_S A_R}$
③室間の伝搬の場合		

1　建物内外の騒音の伝搬経路パターン別計算方法*1

建物内外の音の伝搬には, ①外部騒音の室内への透過, ②室内騒音の外部への伝搬, ③隣室間の音の伝搬などがある. それぞれの伝搬経路に対して, 距離減衰, 遮音, 吸音の理論に基づき伝搬計算を行う.

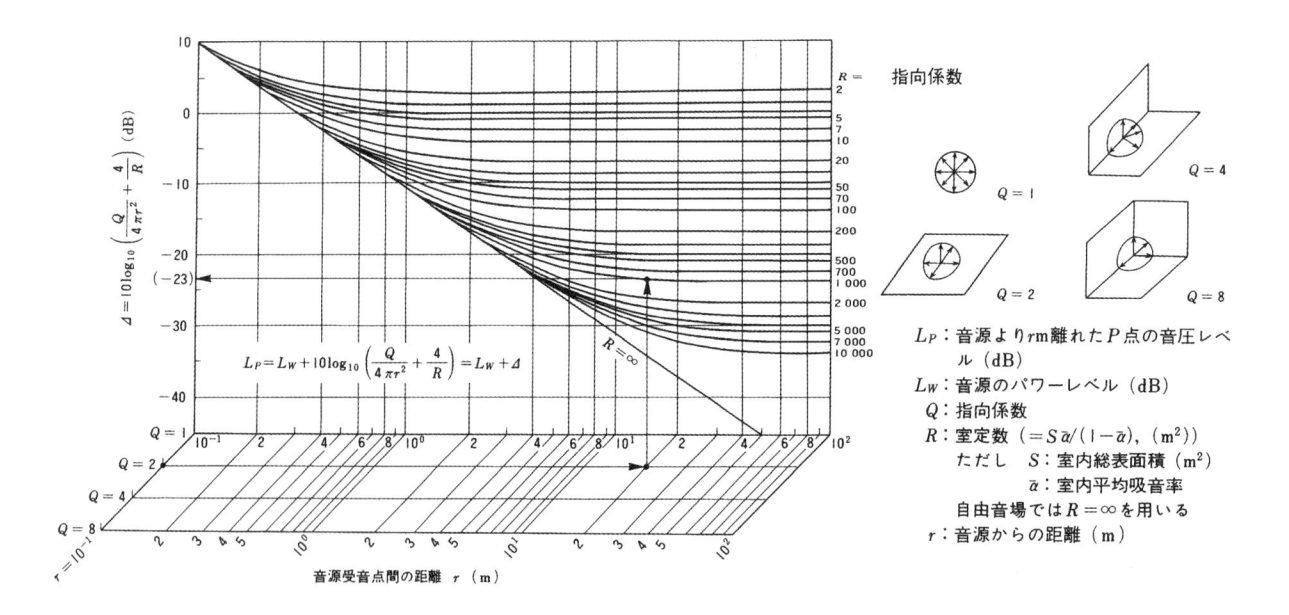

2　室内音圧レベルの計算図表

室内における音の伝搬は, 直接音の寄与と拡散音の寄与の和として与えられる.

$L_P = L_W + 10 \log_{10} \left(\dfrac{Q}{4\pi r^2} + \dfrac{4}{R} \right) = L_W + \Delta$

L_P：音源より r m離れた P 点の音圧レベル (dB)
L_W：音源のパワーレベル (dB)
Q：指向係数
R：室定数 $(= S\bar{\alpha}/(1-\bar{\alpha}),\ (\text{m}^2))$
　　ただし　S：室内総表面積 (m²)
　　　　　$\bar{\alpha}$：室内平均吸音率
　　自由音場では $R = \infty$ を用いる
r：音源からの距離 (m)

---

*1　日本建築学会編：建築設計資料集成, 環境, p.23, 丸善, 2007.

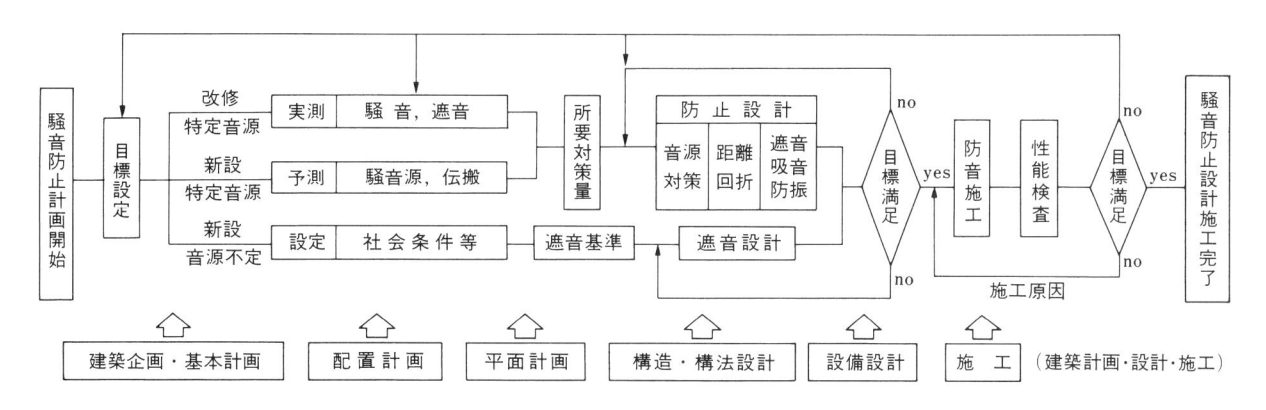

騒音防止設計（1）　音環境

1 騒音防止計画の進め方

騒音に関する環境基準

環境基本法第16条に基づいて，一般騒音や航空機騒音などの環境基準が設定されている。一般騒音に対する環境基準は，L_{Aeq}であるが，測定および表示方法は騒音の種類によって異なる。

道路に面する地域以外の地域　　　単位：dB（A）

地域の種類	基準値	
	昼間 （06:00～22:00）	夜間 （22:00～06:00）
AA	50dB以下	40dB以下
AおよびB	55dB以下	45dB以下
C	60dB以下	50dB以下

幹線交通を担う道路に近接する空間の特例

類型区分	時間の区分	
	昼間 （06:00～22:00）	夜間 （22:00～06:00）
幹線道路近接空間	70dB以下	65dB以下

（備考）騒音を受けやすい面において，主として窓を閉めた生活が営まれると認められる場合には，屋内へ透過する騒音に係る基準（昼間45dB以下，夜間40dB以下）によることができる。

道路に面する地域

類型区分	時間の区分	
	昼間 （06:00～22:00）	夜間 （22:00～06:00）
A地域で2車線以上の道路に面する地域	60dB以下	55dB以下
B地域で2車線以上の道路に面する地域およびC地域で道路に面する地域	65dB以下	60dB以下

AA：医療施設，社会福祉施設等が集合して設置される地域など特に静穏を要する地域
A　：専ら住居の用に供される地域
B　：主として住居の用に供される地域
C　：相当数の住居と併せて商業，工業等の用に供される地域

2 一般騒音環境基準

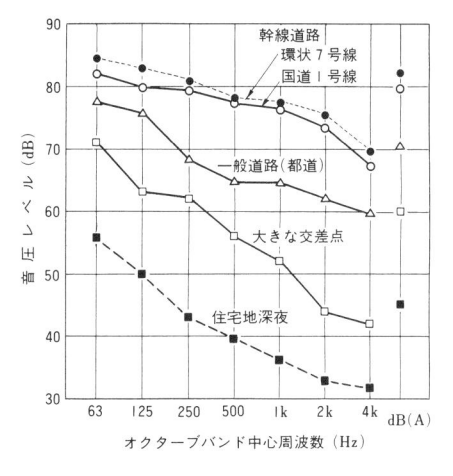

3 道路交通騒音の実例（測定：東大生研）

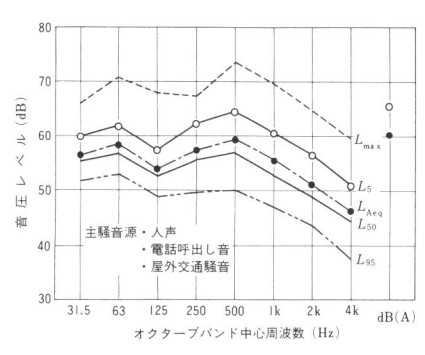

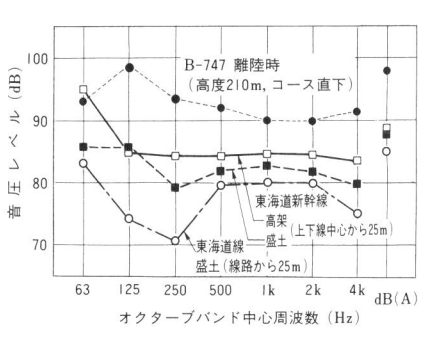

4 鉄道・航空機騒音の実例[*1]

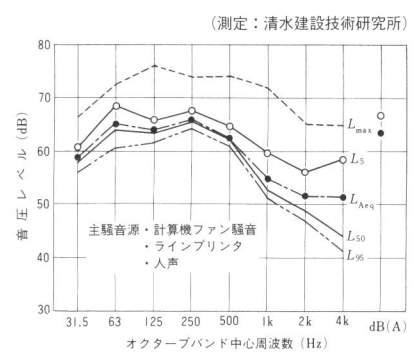

5 室内騒音の実例（1）（営業オフィス）

6 室内騒音の実例（2）（計算機室）

7 各種の建物における騒音の許容値（概略）[*2]

[*1] 日本音響材料協会編：騒音・振動対策ハンドブック，技報堂出版，1996.
[*2] 日本建築学会編：建築設計資料集成1，環境，p.13，丸善，1978.

28　音環境　騒音防止設計（2）

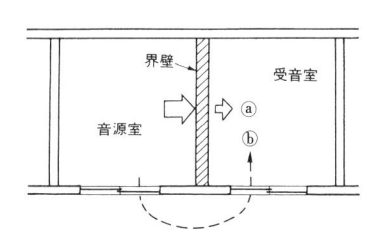

1　開口部を通しての側路伝搬

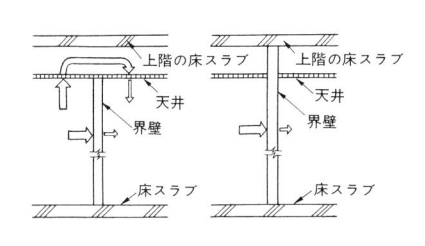

2　天井裏を通しての側路伝搬の防止

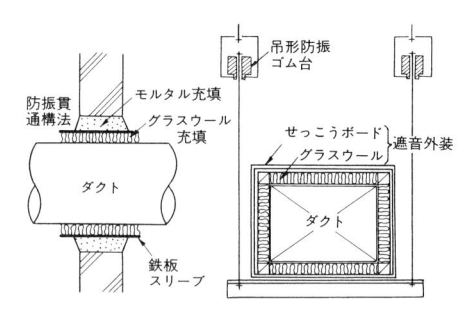

3　遮音外装・防振吊・防振貫通工法の例

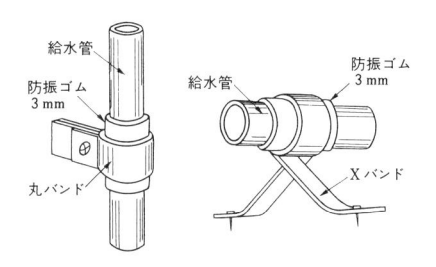

4　配管の防振支持の例

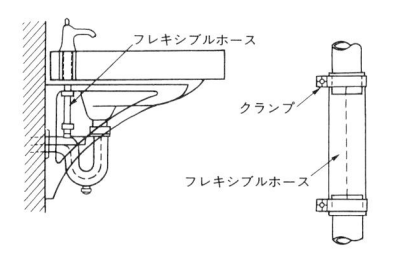

6　洗面器・給水管の防振の例

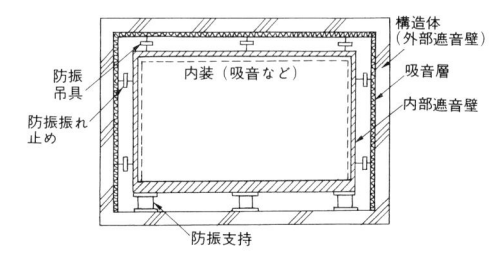

7　二重・浮き構造の原理図

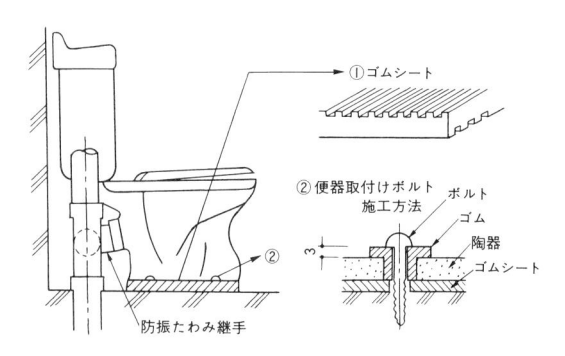

5　水洗便器と床の防振絶縁の例

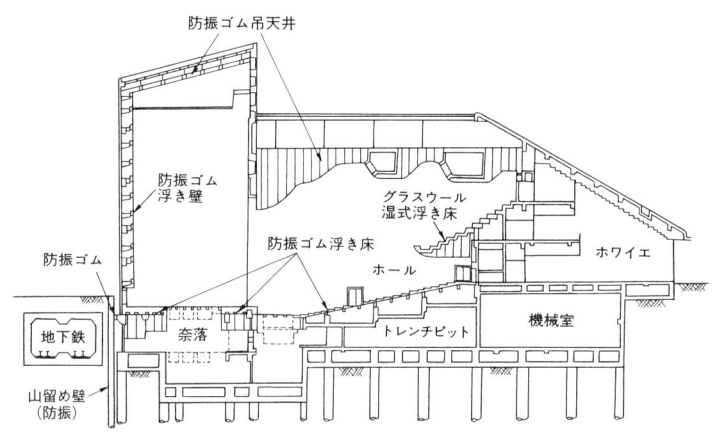

8　ホール全体を浮き構造とした例（A厚生年金会館）*1

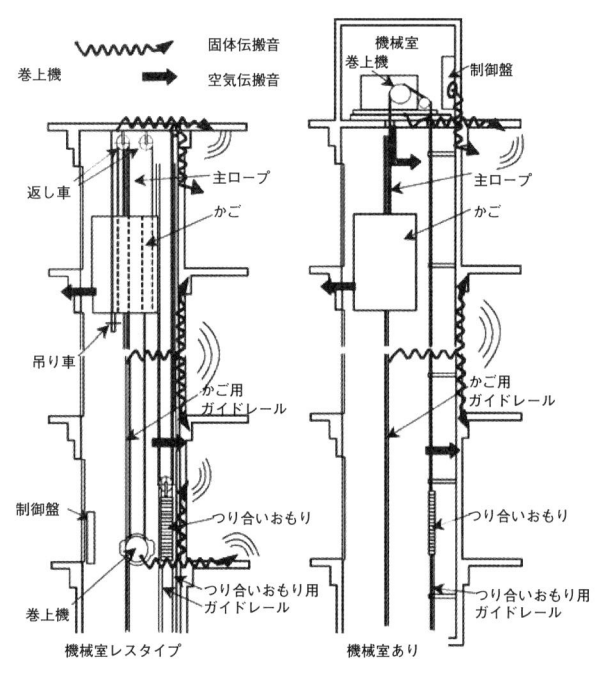

9　エレベーターからの騒音・振動の伝搬経路の概略図 *2

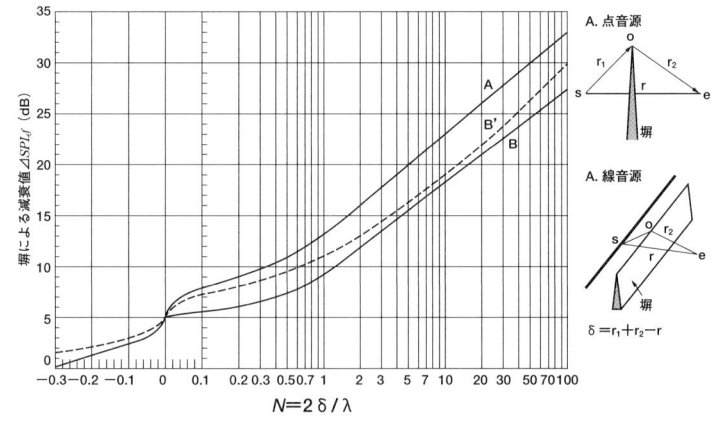

10　騒音防止計画の進め方
（NはSからeが見通せないとき正，見通せるとき負の値になる）
A：点音源に対する減衰値（前川）
B：線音源に対する減衰値（山下，子安）
B'：Aを使って計算した線音源に対する減衰値

---
*1 日本建築学会編：設計計画パンフレット4，建築の音環境設計，彰国社，1983.
*2 日本騒音制御工学会編：建物における騒音対策のための測定と評価，p.170，技報堂出版，2006.

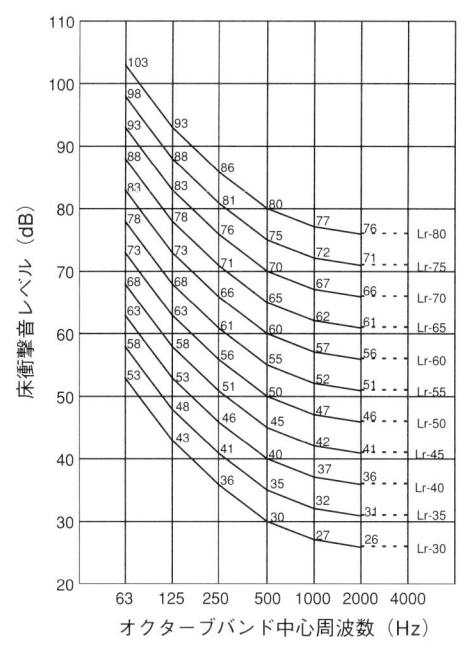

床衝撃音（1）　音環境

床衝撃音遮断性能の評価は，JIS A 1418に規定されている標準衝撃源を用いて床に衝撃を与えたときの，下階における床衝撃音レベルを測定し，①の基準曲線にあてはめ，遮音等級Lrを求めることによる。衝撃源に標準軽量衝撃源（タッピングマシン）を用いて測定された場合の床衝撃音を「軽量床衝撃音」といい，標準重量床衝撃源（タイヤ）を用いて測定された場合の床衝撃音を「重量床衝撃音」と一般的に呼んでいる。これらは，衝撃源の周波数特性が大きく異なるため，対策方法も大きく異なる。軽くて硬い軽量床衝撃音の場合には，主に床表面仕上材の弾性に大きく左右される。一方，子どもの飛び跳ねなどの重くて柔らかい重量床衝撃音の場合には，床躯体構造の質量と曲げ剛性を増加させるなど，建築躯体の振動を低減させることが重要である。

① 床衝撃音レベルに関する遮音等級の基準周波数特性

建築物	室用途	部位	衝撃源	適用等級 特級	1級	2級	3級
集合住宅	居室	隣戸間界床	重量衝撃源	Lr-45	Lr-50	Lr-55	Lr-60, Lr-65*
			軽量衝撃源	Lr-40	Lr-45	Lr-55	Lr-60
ホテル	客室	客室間界床	重量衝撃源	Lr-45	Lr-50	Lr-55	Lr-60
			軽量衝撃源	Lr-40	Lr-45	Lr-50	Lr-55
学校	普通教室	教室間界床	重量衝撃源	Lr-50	Lr-55	Lr-60	Lr-65
			軽量衝撃源				

（注）木造，軽量鉄骨造またはこれに類する構造の集合住宅に適用する

② 床衝撃音レベルに関する適用等級[*1]

遮音等級	Lr-40	Lr-45	Lr-50	Lr-55	Lr-60	Lr-65
床衝撃音・遮音 人の走り回り，飛び跳ねなど，ドンドンなど低音域の音	どこか遠くから聞こえる感じ	聞こえるが，意識することはあまりない	小さく聞こえる	聞こえるがお互い様で済む	よく聞こえる問題になる程度	発生音がかなり気になる
いすの移動音，物の落下音など，コンコンなど高音域の音	ほとんど聞こえない	小さく聞こえる	聞こえるがそれほど気にならない	発生音が気になる	発生音がかなり気になる	うるさい
生活実感，プライバシーの確保 生活行為の認知	上階で何か物音がする 気配は感じる	上階の生活が多少意識される状態	上階の生活状況が意識される	上階の生活行為がある程度わかる	歩行音などで上階の生活行為がわかる	上階の生活行為がよくわかる

（注）本表は，原則として等価騒音レベルを用い，室内の暗騒音を30dBA程度と想定してまとめたものである。暗騒音が20～25dBAの場合には，1ランク左の項になると考えた方が良い。特に，遮音等級がLr-30～45の高性能の範囲では，暗騒音の影響が大きく，静かな環境では評価が厳しくなり2ランク程度左の項になる場合もある

③ 遮音等級と生活実感の対応の例[*2]

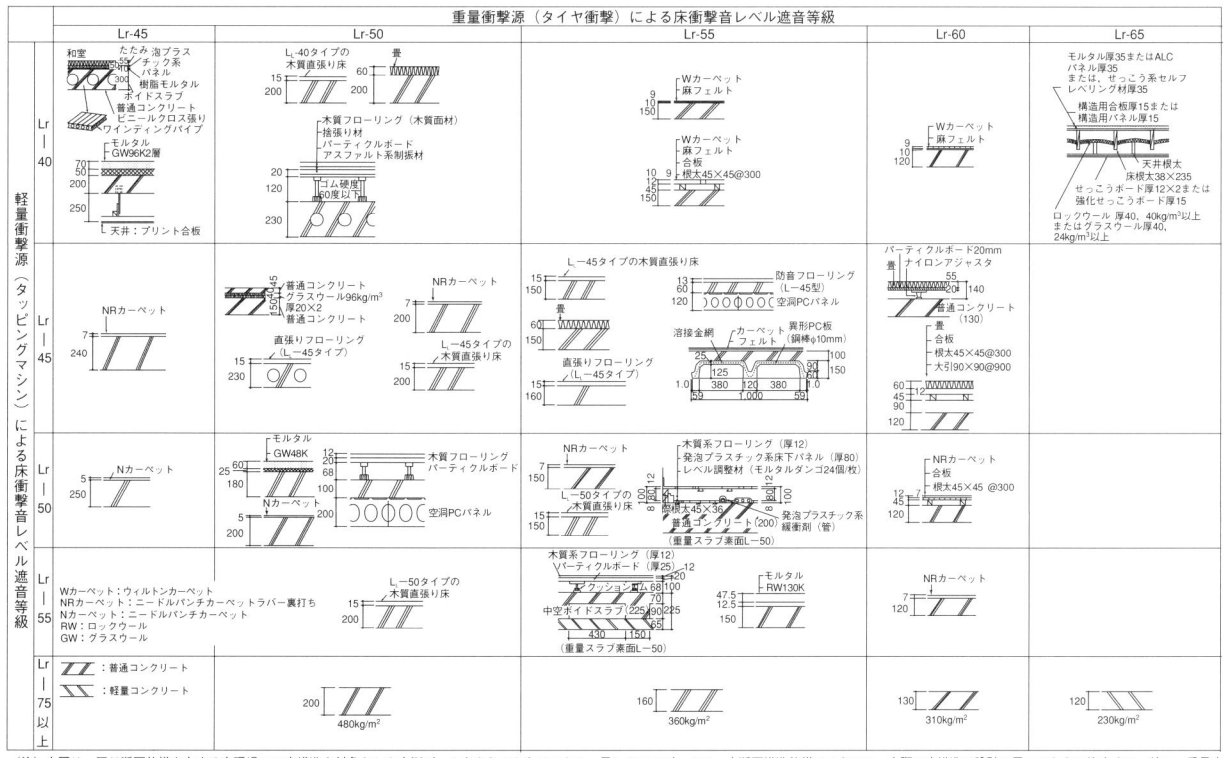

④ 軽量・重量床衝撃音の遮音等級別床断面仕様の例[*2]

（注）本図は，同じ断面仕様を有する実現場での床構造を対象とした実測データをまとめたものである。示しているデータは，床断面構造仕様のみなので，実際の床構造の設計に用いるときは注意する。特に，重量床衝撃音遮断性能の場合は，室の広さや躯体スラブの周辺端部の拘束条件（梁の有無，壁の連続性，支持方法など）などによって性能が変化する。また，床仕上げ材も同一種類のものであっても製品ごとに性能差があるので，設計時には具体的な製品を特定して性能を推定する。本図は，床衝撃音遮断性能を設計する際の基本設計資料として利用する

[*1] 日本建築学会編：建築物の遮音性能基準と設計指針　第2版，技報堂出版，p.7, 1997.
[*2] 日本建築学会編：建築設計資料集成，環境，丸善，pp.34, 37, 2007.

30　音環境　床衝撃音（2）

(a) 軽量衝撃源による実測データ
(b) 重量衝撃源による実測データ

1 床衝撃音レベルの測定例*1（コンクリート均質単版）

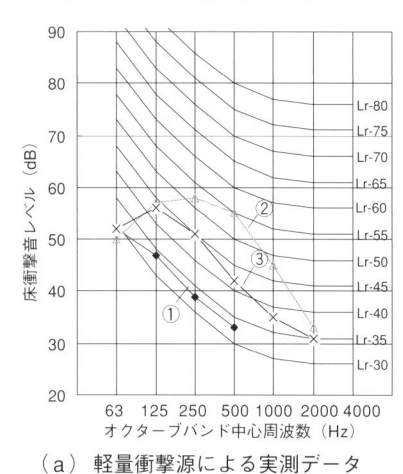

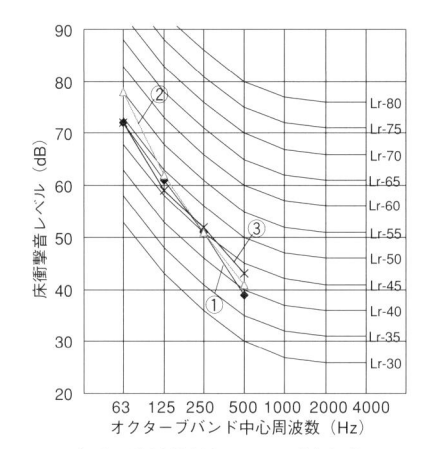

	床構造	仕上げ材	備考
①	普通コンクリート(140)	ニードルパンチカーペット	受音室15 m²，RT0.6 s (500 Hz)
②	普通コンクリート(200)	乾式二重床（フローリング12＋捨張り合板5.5＋パーティクルボード20，クッションゴム）	スラブ20 m²，受音室20 m²
③	普通コンクリート(255)	乾式二重床＋カーペット	音源室・受音室10 m²，1辺拘束，直天井

(a) 軽量衝撃源による実測データ
(b) 重量衝撃源による実測データ

2 床衝撃音レベルの測定例*1（コンクリート複合版）

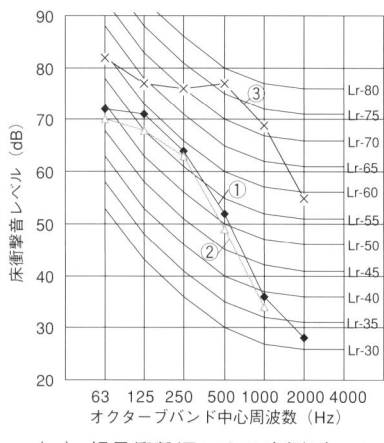

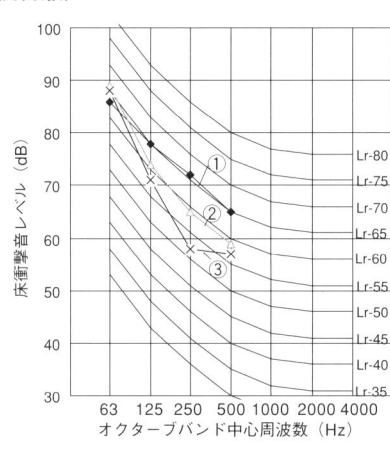

	床構造	仕上げ材	備考
①	普通コンクリート(140)＋軽量コンクリート(85)	カーペット(7)＋フェルト(8)	スラブ21 m²，室8 m²
②	ボイドスラブ(300)，ボイド部分(高150，巾430)	乾式二重床＋木質フローリング	音源室・受音室22 m²，1辺拘束，直天井
③	ボイドスラブ(290)，ボイド部分(高140，巾430)	木質フローリング(LL-45)	音源室・受音室15 m²，2辺拘束，直天井

増し打ちスラブ断面仕様例
ボイドスラブ断面仕様例
（矩形ボイド）（円形ボイド）

(a) 軽量衝撃源による実測データ
(b) 重量衝撃源による実測データ

3 床衝撃音レベルの測定例*1（鉄骨系・木造系）

	床構造	仕上げ材	備考
①	鉄骨造（梁H-320×80，根太38×45＋パーチ12＋ALC35＋捨貼合板）	クッションフロア3.5	音源室・受音室10 m²，二重天井
②	木造（梁105×240，根太45×105＋合板15＋せっこうボード12.5×2）	ループカーペット7	音源室・受音室9 m²，独立天井
③	木造（根太38×235＋構造用合板15＋せっこうSL材38）	フローリング12	音源室・受音室13 m²，二重天井

4 各種床仕上げ材のL数低減量*2

5 ⊿LからL値への換算フロー図*1

床衝撃音レベル低減量測定法を用いた床衝撃音特性の推定（左図：軽量，右図：重量）
(1) 床衝撃音レベル低減量（⊿L）
(2) 素面スラブの床衝撃音
(3) 仕上げ後の床衝撃音レベル (2) - (1)
⊿Lの測定はJIS A1440-1（軽量），JIS A1440-2（重量）による。

直張り系の床仕上げ材の場合はかなり精度よく推定できるが，乾式二重床のような複層床材については推定結果と実際の床で差が生ずる場合があるので留意する。

*1 日本建築学会編：建築設計資料集成，環境，丸善，pp.34〜36，2007.
*2 日本建築学会編：建築物の遮音性能基準と設計指針　第2版，技報堂出版，p.104，1997.

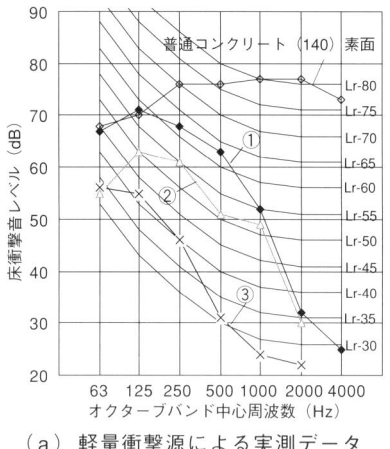

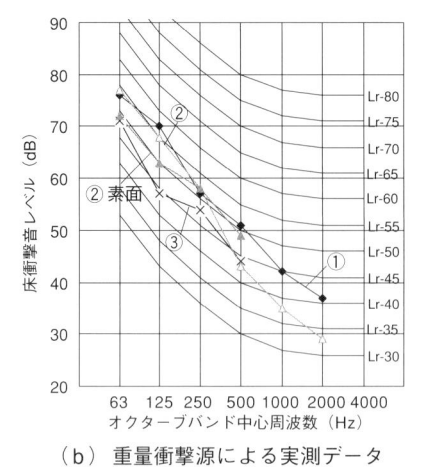

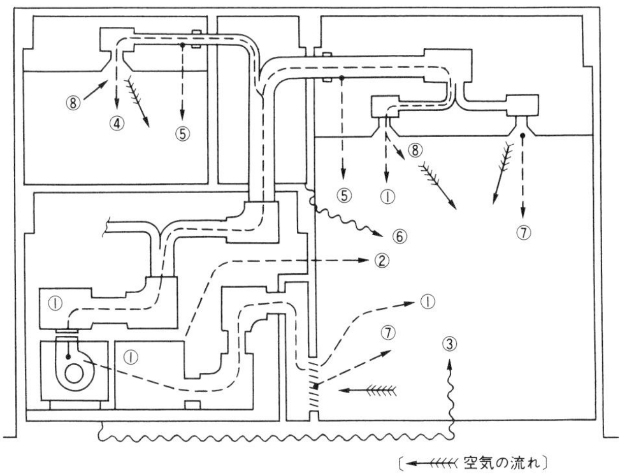

ダクト系の騒音　音環境

① 送風機発生音がダクト内を伝わるもの
② 送風機室へ放射された音が空気中を伝わるもの
③ 送風機の振動が建物躯体を伝わるもの
④ ダクト系発生音がダクト内を伝わるもの
⑤ ダクト壁の振動による音が空気中を伝わるもの
⑥ ダクト系発生音，振動がダクト壁を伝わり，さらに建物躯体へ伝わるもの
⑦ 吹出し口・吸込み口の発生音が室内へ放出されるもの
⑧ 別の室で発生した音がダクト内を伝わるもの

1 騒音・振動の伝搬経路*1

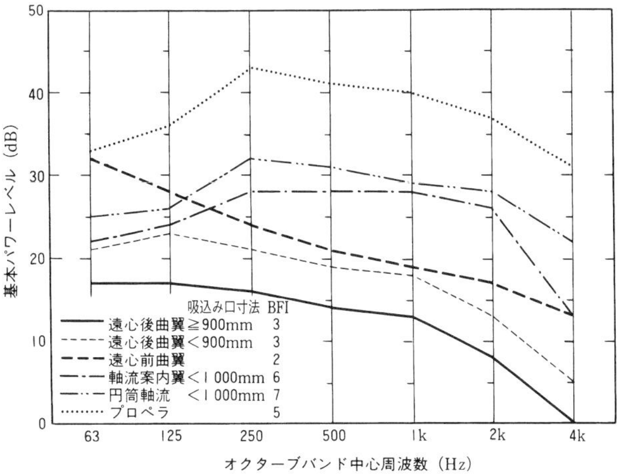

$L_w = L_k + 10 \log_{10} Q + 20 \log_{10} P$
L_w：送風機発生音のパワーレベル（dB）
L_k：基本パワーレベル（dB）
Q：流量（m³/h）
P：圧力（Pa）
翼通過音の周波数　$B_f = n \cdot (\text{rpm})/60$（Hz）
（ここにn：翼枚数，rpm：翼の毎分回転数）を含むオクターブバンドのL_kの値に図中のBFI（Blade Frequency Increments）の値を加える。

2 送風機の基本パワーレベル*2

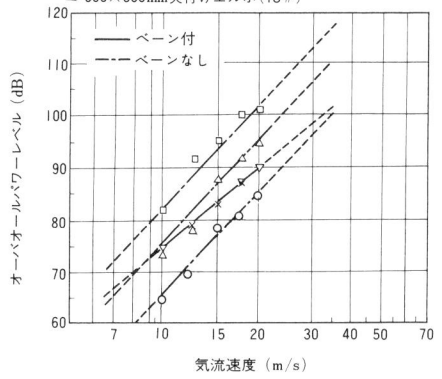

3 ダクト曲管部の発生音*3

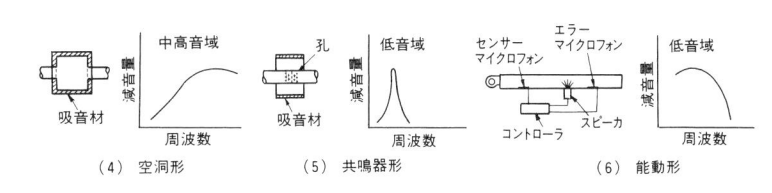

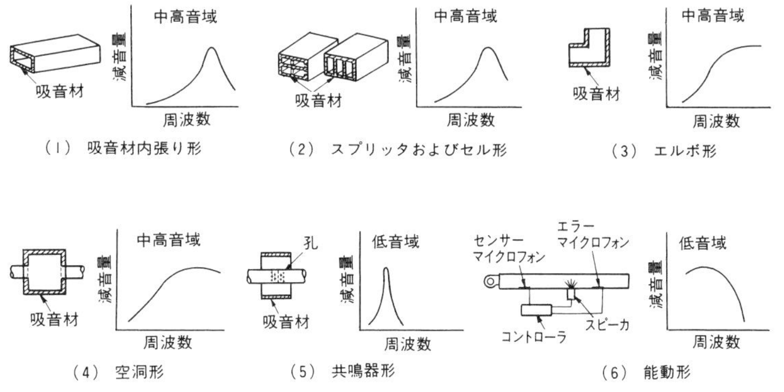

4 各種減音装置の特性例*1
(1) 吸音材内張り形
(2) スプリッタおよびセル形
(3) エルボ形
(4) 空洞形
(5) 共鳴器形
(6) 能動形

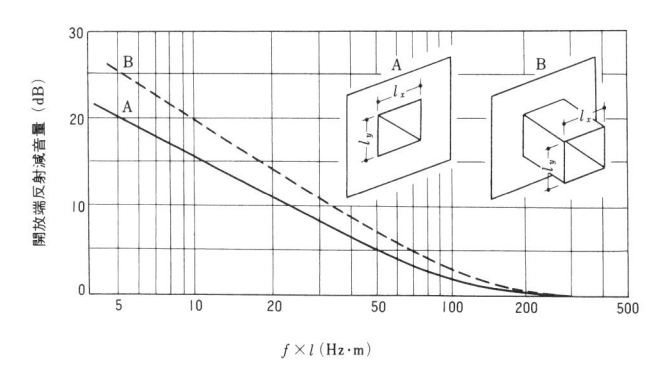

f：周波数（Hz），$l = \sqrt{l_x l_y}$（m）円形断面では直径D
l_x, l_y：長方形断面の辺長（m）

5 開放端の反射による減音量*4

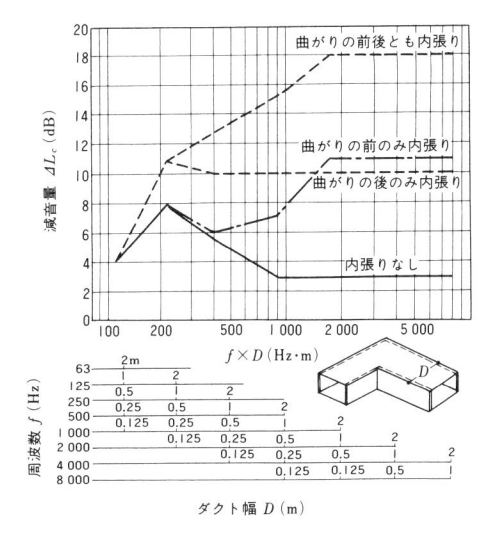

6 ベーンなし正方形断面エルボの減音量*4

---

*1　日本建築学会編：設計計画パンフレット4，建築の音環境設計，彰国社，1983.
*2　ASHRAE：Handbook，1991.
*3　渡辺 要・勝田高司・石井聖光・後藤 滋・寺沢達二・板本守正：空気調和・衛生工学，Vol.37，No.5，1963.
*4　ASHRAE：Guide and Data Book，1970.

32　音環境　室内音響計画

1 室内音響設計の着眼点[*1]

室の種類 \ 着目点	室の大きさ（床面積・天井高・室容積）	室の寸法比（ブーミングの抑制）	室の形状	適切な残響時間の確保	残響時間周波数特性	残響過多の抑制	音場の拡散	一様な音圧分布	直接音の強さ	初期反射音の強さ	ロングパスエコーの防止	フラッターエコー（鳴き竜）の防止	電気音響設備
コンサートホール・オペラハウス	◎		◎	◎	○	○	○	○	○	○	○	△	△
多目的ホール・劇場	◎		○	◎	○	○	○	○	○	○	○	△	◎
講堂	○			○				○	◎	○	○		◎
教会	○			○			○						
小スタジオ	△	◎	◎		○		○					◎	○
リスニングルーム		◎	△	○	△		○					◎	
学校教室				○		○		○	○				
事務室				○		○						△	△
会議室				○		○			○				○
宴会場・集会場				○									○
体育館			△	◎	△	○	○						○
アトリウム・公共空間				◎							△		◎

着目する必要の程度　◎：非常に　○：普通　△：やや

2 様々なオーディトリウムの規模の実例[*1]

標準		ホール名	室容積／席(m³)	床面積／席(m²)
コンサートホール	8-12	ウィーン・ムジークフェラインザール(Viena)	8.9	0.65-0.70
		ベルリン・フィルハーモニックホール(Berlin)	11.7	
		ボストン・シンフォニーホール(Boston)	7.1	
		ウォルト・ディズニー・コンサートホール(L.A.)	14.1	
		ザ・シンフォニーホール(大阪)	10.5	
		サントリーホール(東京)	10.5	
		横浜みなとみらい大ホール(横浜)	11.3	
		東京タケミツメモリアルホール(東京)	9.4	
		日本大学カザルスホール(東京)	11.9	
		浜離宮朝日ホール(東京)	10.5	
		紀尾井ホール(東京)	10.8	
多目的ホール	6-10	ＮＨＫホール(東京)	6.9	通路部を含めた標準値（舞台面積は含まれない）
		東京文化会館大ホール(東京)	7.4	
		アクトシティ浜松大ホール(浜松)	8.9	
		桐生市市民文化会館シルクホール(群馬)	9.7	
		文京シビックホール(東京)	10.9	
オペラハウス	6-8	ウィーン国立歌劇場(Viena)	6.2	
		ニューヨーク・メトロポリタン歌劇場(New York)	6.5	
		バスティーユ・オペラ座(Paris)	7.8	
		愛知県芸術劇場(愛知)	11.1	
		新国立劇場オペラ劇場(東京)	8.0	
邦劇場・講堂	5-6	国立劇場大劇場(東京)	5.3	
	4-5	歌舞伎座(東京)	4.2	
教会		東京カテドラル聖マリア大聖堂(東京)	24.0	
		カトリック麹町聖イグナチオ教会(東京)	12.1	
大空間		東京ドーム(東京)	22.1	
		横浜アリーナ(ショー・ステージA)(横浜)	22.2	

3 断面形の種類と音響計画上の特徴

	I	II	III
基本的断面形	（図）	（図）	（図）
音響計画上の留意点	客席の一方に音源が固定される一般のオーディトリウム ●視線の確保と確実な直接音が得られるように段床は前列または前前列の頭越しに舞台が見えること ●直接音と50ms以内に確実な一次反射音が到達し、一様な音圧となるように天井の断面図を決定する ●バルコニーの出は最小限にして、どの席からも天井の1/2程度の面積が見えること ●初期反射音はホール中部やバルコニー下では到達しにくいので反射面の向きを配慮する	固定された音源を客席が囲む形式 ●コンサートホールなど、多人数を対象にしたり比較的方向性の少ない用途に向いている ●音源位置の上部に反射面や拡散面を設け初期反射音を音源側や客席に返すようにするが、直接音との時間差が長くならないように（例えば $\Delta t \leq 50ms$）するため浮雲などを吊る場合がある ●大きい空間の場合、壁面からの側方反射が得にくいのでワインヤード（ベルリン・フィルハーモニックホールの例）のように客席部に段差を付けそこからの反射音を利用する例がある	音源位置不定、平土間タイプの多目的ホール ●床面をフラットとしてきわめて他用途に利用していく室形で、用途によって音源位置や受音点位置が常に変わるので室内での反射音も方向性をなくすほうが良い ●床面はフラットでフラッターエコーが生じやすいので、天井部は広帯域で拡散性を有する断面とする ●側壁部は天井部と一体となって適度に拡散性が必要である

4 平面形の種類と音響計画上の特徴

	(I)	(II)	(III)	(IV)
基本的平面形	（図）反射音少ない	（図）反射音少ない	（図）	（図）
音響上の特徴と計画上の留意点	●視距離を重視した平面形である。壁壁からの初期反射音は得にくいので、天井の断面形を工夫して客席中央部へ補強することが望ましい ●後壁は相対的に距離が近く、面積が大きいので、吸音材の分散配置や拡散処理を併用して残響時間を調整するとともに、後壁からの反射音を適度に利用する	●室幅と奥行が同じような寸法の多角形や円形に近い平面形では、壁面に沿って音が回りやすいために音響障害になりやすいので、側・後壁には拡散体やバルコニー等を設けて音を十分に拡散させる必要がある ●タイプ(I)と同様客席前方中央部は初期反射音が不足するので、舞台開口部周辺の天井反射板、そで壁の形状を検討して初期反射音を客席に返す	●室幅が狭く、奥行の深い平面形は視距離が長くなる欠点があるが、音楽には確実な側方からの初期反射音が得られるので好ましい音場が得られやすい ●後壁による時間遅れの強い反射音は音響障害となりやすいので、その間を他の反射音で補間できるように平行な側壁は拡散処理し、合わせてフラッターエコーを防止する	●音源が中央に近付いた場合はいずれも側壁からも遠ざかるので、天井中央部の断面形をくふうして、客席だけでなく、音源側にも確実に初期反射音が戻るようにする ●用途により音源位置・受音点位置が大きく変化する場合、室内全体を拡散的な扱いとする

[*1] 日本建築学会編：建築設計資料集成，環境，p.40, 41，丸善，2007.

残響設計　音環境

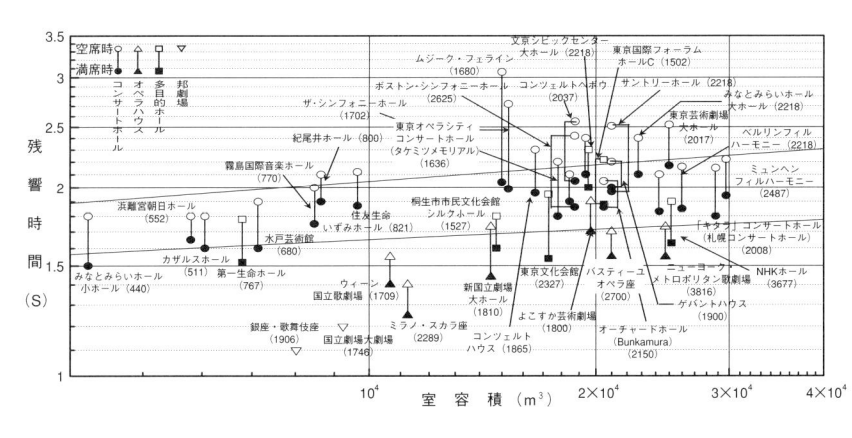

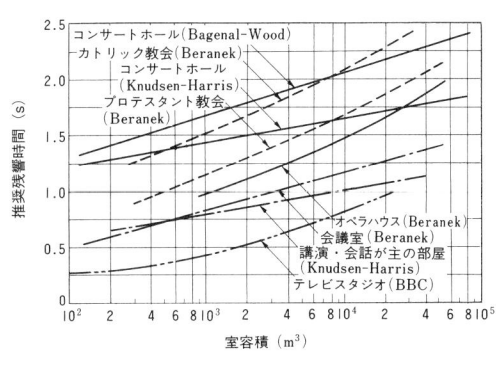

[1] 室容積と残響時間の実例[*1]

[2] 室容積と推奨される残響時間

	部　位		材料名	面積S_i (m²)	125Hz α_i	A_i	250Hz α_i	A_i	500Hz α_i	A_i	1000Hz α_i	A_i	2000Hz α_i	A_i	4000Hz α_i	A_i
①	舞台	床 反射板	根太組舞台床 舞台反射板	277.6 691.7	0.15 0.20	41.6 138.3	0.12 0.13	33.3 89.9	0.10 0.10	27.8 69.2	0.08 0.07	22.2 48.4	0.08 0.07	22.2 48.4	0.08 0.07	22.2 48.4
②	客席床	1F, 2F, 3F客席下 1F, 2F, 3F通路	RC直張りフローリング RC直張りフローリング	1 045.9 708.2	0.04 0.04	41.8 28.3	0.04 0.04	41.8 28.3	0.07 0.07	73.2 49.6	0.06 0.06	62.8 42.5	0.06 0.06	62.8 42.5	0.07 0.07	73.2 49.6
③	客席天井	主天井,下り天井 スピーカ開口 シーリング開口	PB 3重張り (AS大) 開口（内部GW50t張） 開口（投光室内部吸音性）	1 671.1 20.6 46.8	0.11 0.80 0.25	183.8 15.5 11.7	0.09 0.80 0.40	150.4 16.5 18.7	0.07 0.80 0.50	117.0 16.5 23.4	0.06 0.80 0.55	100.3 15.5 25.7	0.05 0.80 0.60	83.6 16.5 28.1	0.05 0.80 0.60	86.6 16.5 28.1
④	客席後壁	1F, 2F 3F 調整室等窓 扉	リブ仕上裏RC打放 リブ仕上裏RC直張りGW50t ガラス スチールドア	151.8 140.8 42.2 25.4	0.01 0.20 0.18 0.13	1.5 28.2 7.6 3.4	0.01 0.85 0.06 0.12	1.5 91.5 2.5 3.2	0.02 0.90 0.04 0.07	3.0 126.7 1.7 1.8	0.02 0.85 0.03 0.01	3.0 119.7 1.3 1.1	0.02 0.80 0.02 0.04	3.0 112.6 0.8 1.1	0.03 0.85 0.02 0.04	4.6 119.7 0.8 1.1
⑤	客席側壁	前方部 1F, 2F 3F スピーカ開口 サイドスポット 扉	練付ボードモルタル直張り PB2重張り (AS大) PB3重張り (AS大) 開口（内部GW50t張り） 開口（投光室内部反射性） スチールドア	257.1 386.1 500.1 14.0 57.4 43.6	0.04 0.18 0.11 0.80 0.10 0.13	10.3 69.5 55.0 11.2 5.7 5.7	0.04 0.13 0.09 0.80 0.15 0.12	10.3 50.2 45.0 11.2 8.6 5.2	0.03 0.08 0.07 0.80 0.20 0.07	7.7 30.9 35.0 11.2 11.5 3.1	0.03 0.06 0.06 0.80 0.22 0.04	7.7 23.2 30.0 11.2 12.6 1.7	0.03 0.06 0.05 0.80 0.25 0.04	7.7 23.2 25.0 11.2 14.4 1.7	0.02 0.06 0.05 0.80 0.30 0.04	5.1 23.2 25.0 11.2 17.2 1.7
⑥	小計		(Σ①〜⑤)	6 081.4		660.3		608.3		609.2		529.9		504.7		531.1
⑦	客席	客席椅子	背・座、ウレタン布張り	1 952席	0.13	253.8	0.22	429.4	0.28	546.6	0.30	585.6	0.30	585.6	0.30	585.6
⑧	客席	客席椅子	十人着席	1 952席	0.25	488.0	0.34	563.7	0.41	800.3	0.43	839.4	0.42	819.8	0.41	800.3
⑨		総等価吸音面積（⑥+⑦）				914.0		1 037.7		1 155.8		1 115.5		1 090.3		1 116.7
		平均吸音率 (⑨/S)				0.15		0.17		0.19		0.18		0.18		0.18
		空席時残響時間 (sec)				3.1		2.7		2.4		2.3		2.2		1.8
⑩		総等価吸音面積（⑥+⑧）				1 148.3		1 271.0		1 409.5		1 359.2		1 324.6		1 331.5
		平均吸音率 (⑩/S)				0.19		0.21		0.23		0.23		0.22		0.22
		満席時残響時間 (sec)				2.4		2.1		1.9		1.9		1.8		1.6

V：室容積　19 000m³　　S：表面積　6 080m²　　客席数　1 952席

舞台幕設置時　　V：室容積（V－舞台空間容積）　16 300m³　　S：表面積（S－①のS_i＋⑪のS_i）　5 390m²

⑪	舞台	プロセニアム開口	舞台幕設置時 等価吸音面	280.9	0.30	81.3	0.35	90.3	0.40	112.4	0.45	126.4	0.50	140.5	0.55	154.5
⑫		総等価吸音面積（⑨－①+⑪）				618.3		1 012.8		1 171.2		1 171.2		1 160.2		1 200.6
		平均吸音率 (⑫/S')				0.15		0.19		0.22		0.22		0.22		0.22
		空席時残響時間 (sec)				3.0		2.3		2.0		1.9		1.8		1.5
⑬		総等価吸音面積（⑩－①+⑪）				1 062.5		1 247.0		1 425.0		1 425.0		1 394.4		1 415.3
		平均吸音率 (⑬/S')				0.20		0.23		0.26		0.25		0.26		0.26
		着席時残響時間 (sec)				2.2		1.9		1.6		1.5		1.5		1.3

■Eyring-Knudsenの残響式

$$T = \frac{KV}{-S\log(1-\overline{a}) + 4mV}$$

空気吸収mの値（温度20℃ 濃度60% 大気圧1atm）

周波数 (Hz)	1k	2k	4k
m	0.00111	0.00213	0.00585

ISO 3961-1による

T：残響時間（sec）　V：室容積（m³）　S：室表面積（m²）　A：等価吸音面積（m²）
$\overline{a}$：平均吸音率　$\overline{a} = A/S$　$K = 55.3/c$ ℃のとき$K = 0.161$
m：空気吸収による減衰率（1kHz以上において空気吸収を考慮する）

[3] 残響時間の計算例[*1]

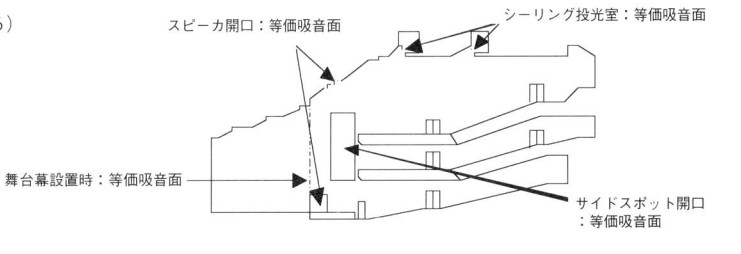

[*1] 日本建築学会編：建築設計資料集成、環境、pp.41～43、丸善、2007.

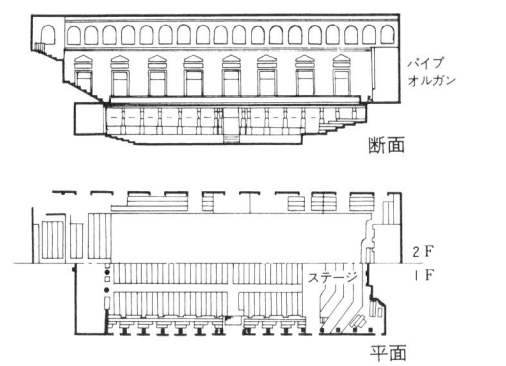

34　音環境　オーディトリウムの例

1 ウィーン・ムジークフェラインザール大ホール

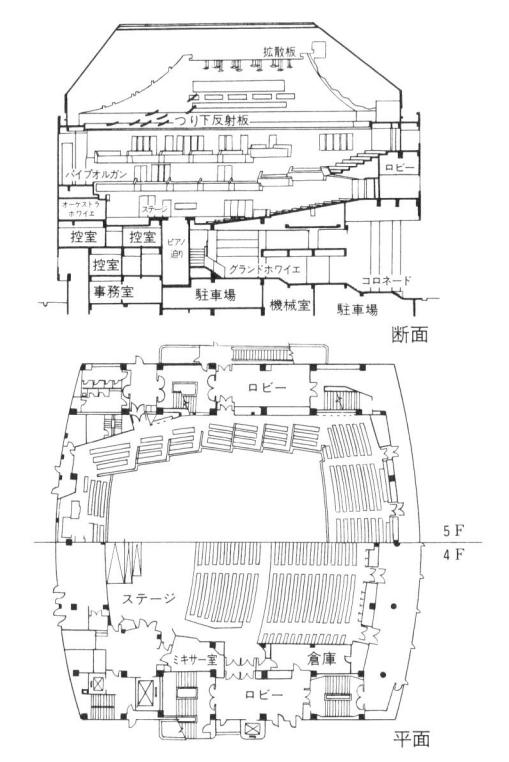

2 ザ・シンフォニーホール

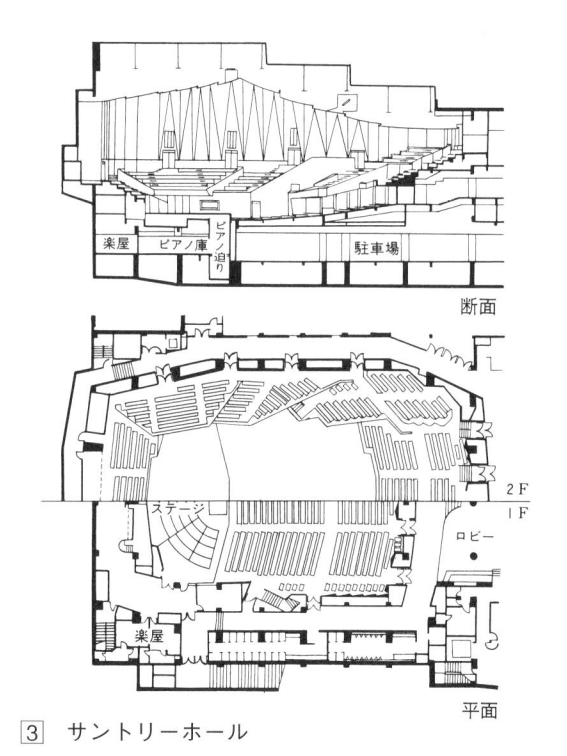

3 サントリーホール

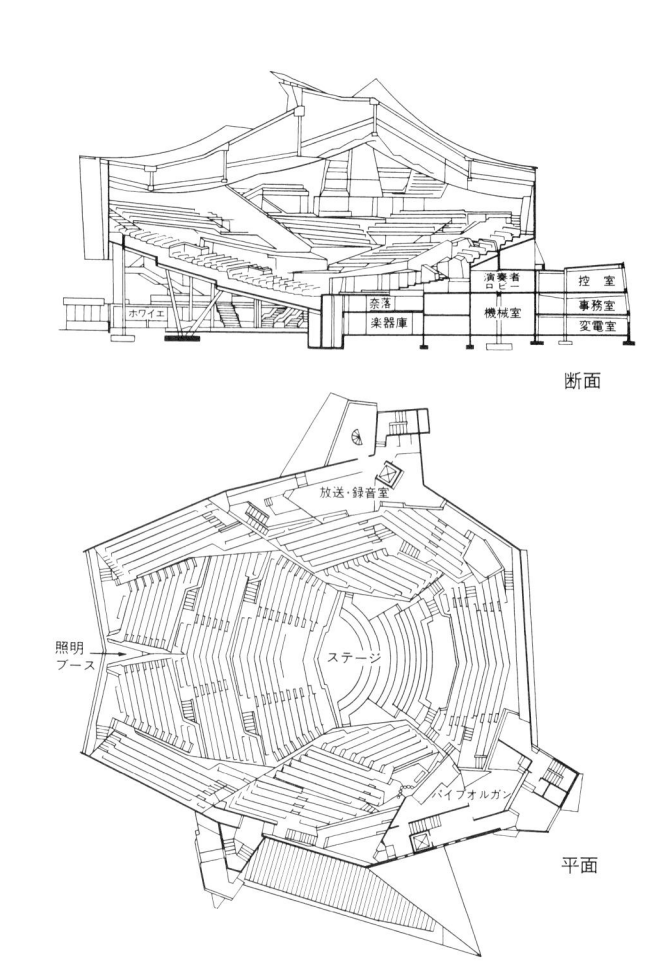

4 ベルリン・ノイエフィルハーモニーホール

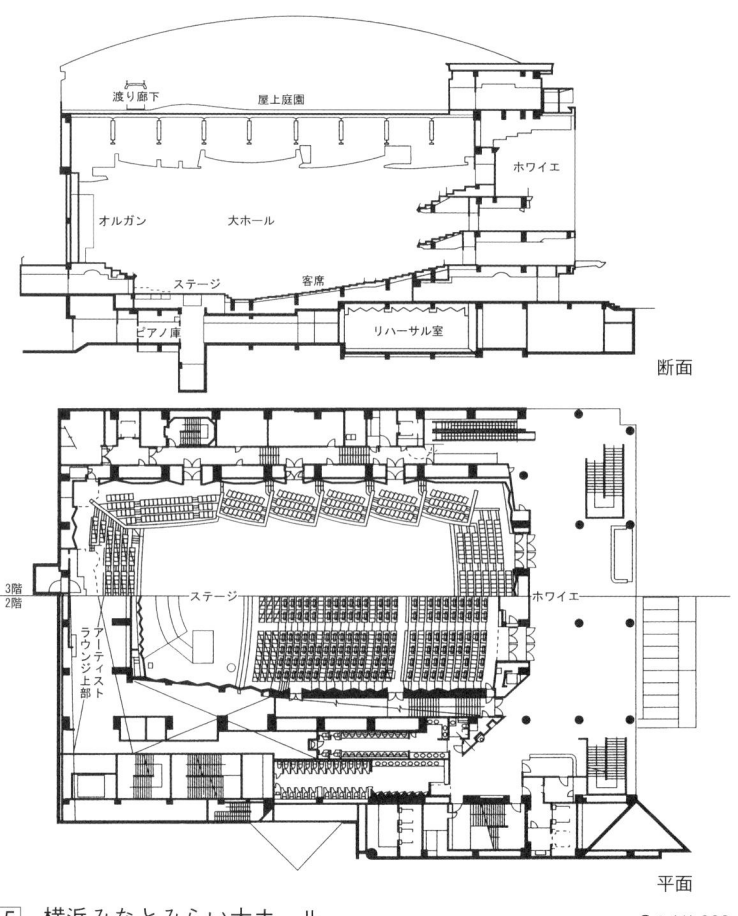

5 横浜みなとみらい大ホール

S：1/1 000

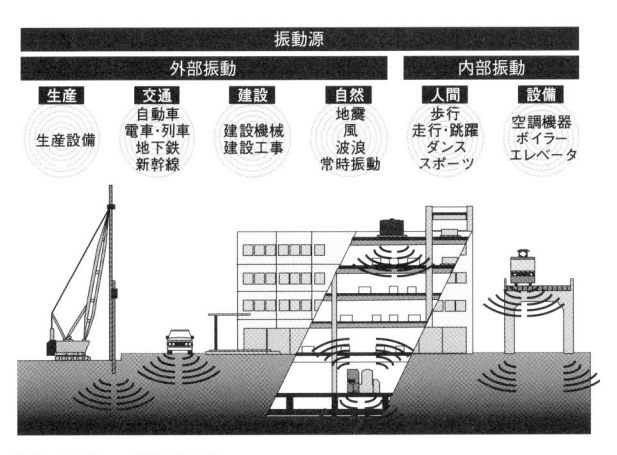

概要　環境振動

1　建築の環境振動

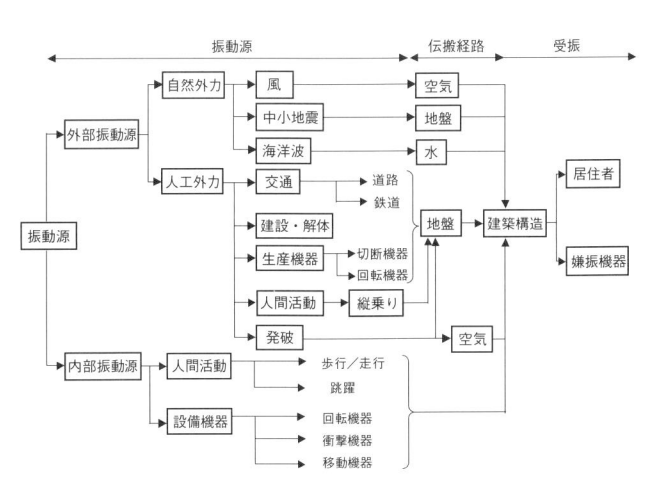

2　振動源－伝搬経路－受振点

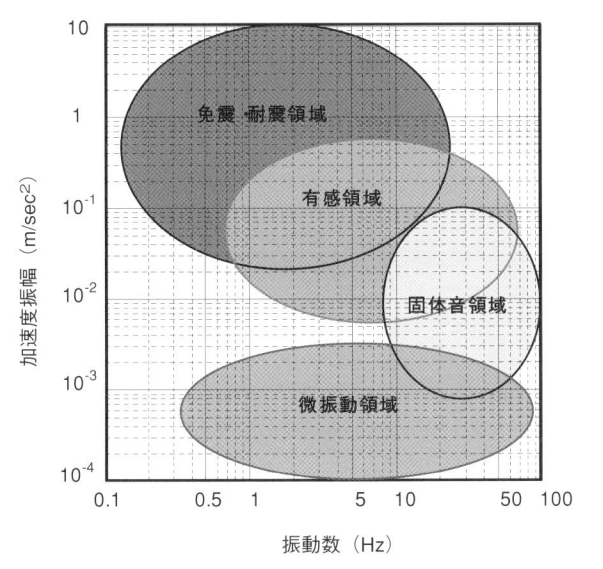

3　環境振動の対象範囲

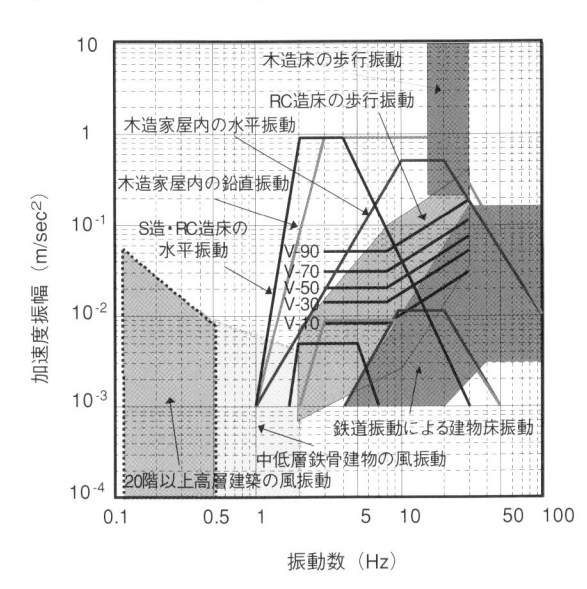

4　環境振動の振動源別対象領域

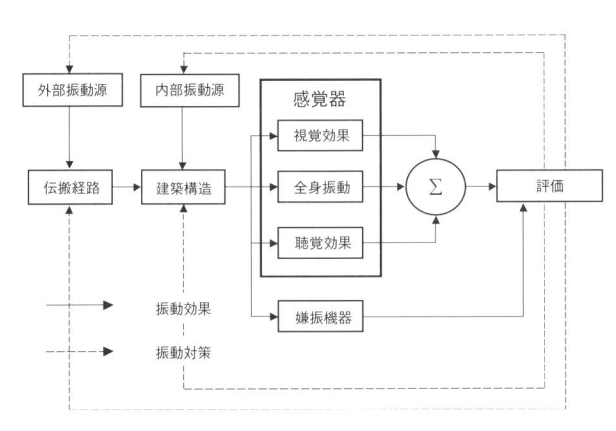

5　環境振動の評価と対策

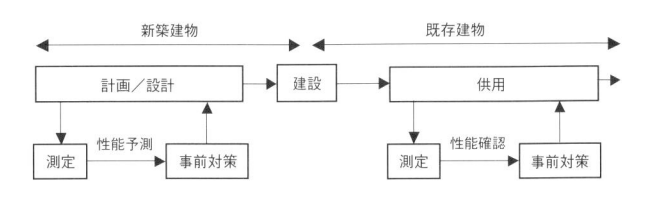

6　事前・事後の対策のための振動計測

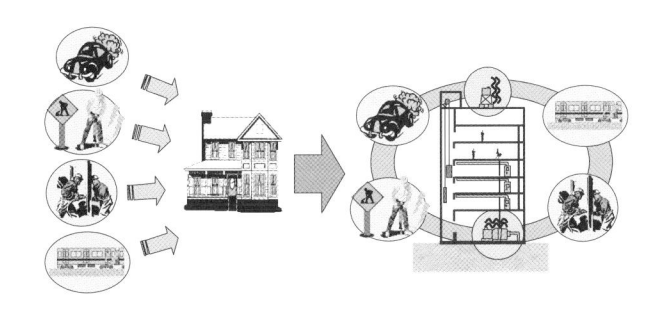

7　環境振動の多様化・輻輳化・複雑化

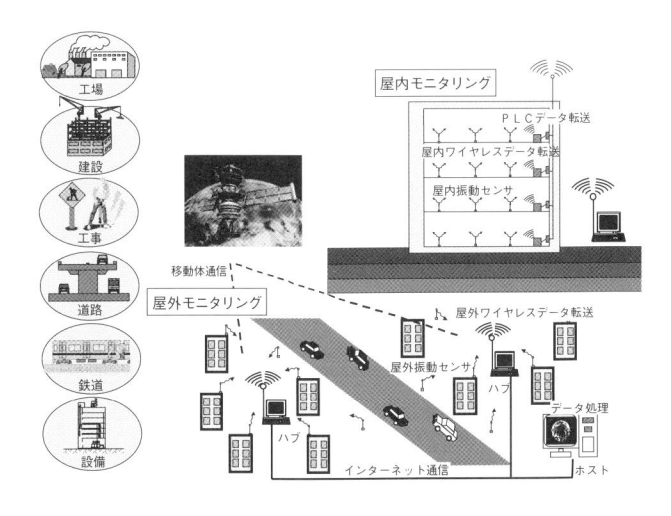

8　都市の環境振動計測ネットワーク

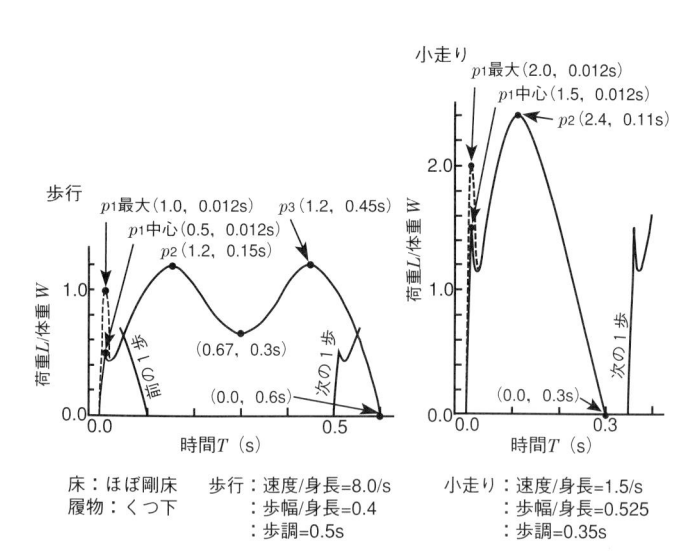

36　環境振動　　加振源

1　人間の動作（歩行，小走り）[*1]

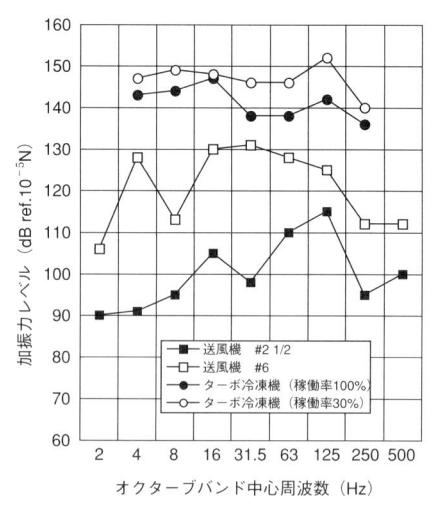

歩行
- p_1最大（1.0, 0.012s）
- p_1中心（0.5, 0.012s）
- p_2（1.2, 0.15s）
- p_3（1.2, 0.45s）
- (0.67, 0.3s)
- (0.0, 0.6s)

小走り
- p_1最大（2.0, 0.012s）
- p_1中心（1.5, 0.012s）
- p_2（2.4, 0.11s）
- (0.0, 0.3s)

床：ほぼ剛床　　履物：くつ下

歩行：速度/身長=8.0/s，歩幅/身長=0.4，歩調=0.5s
小走り：速度/身長=1.5/s，歩幅/身長=0.525，歩調=0.35s

人間が歩行，小走り時に床に与える荷重・時間曲線の典型例

2　設備機器

設備機器による加振力測定結果

凡例：送風機 #2 1/2、送風機 #6、ターボ冷凍機（稼働率100%）、ターボ冷凍機（稼働率30%）

加振力レベル (dB ref.10^{-5}N)　オクターブバンド中心周波数 (Hz)

3　道路

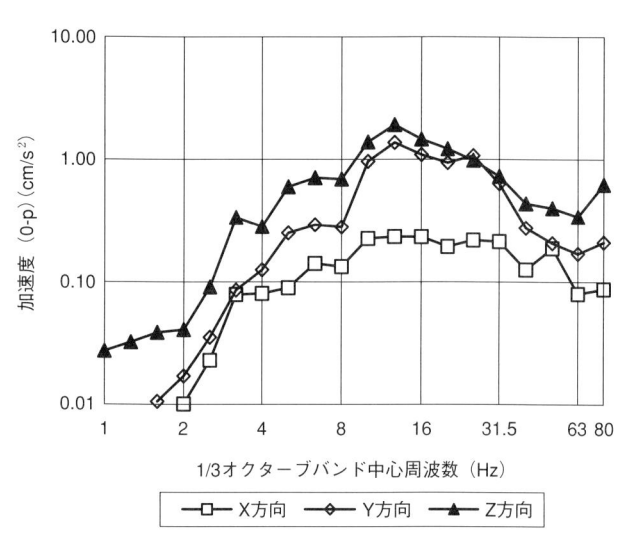

地盤上での道路交通による振動測定結果

加速度 (0-p) (cm/s^2)　1/3オクターブバンド中心周波数 (Hz)
X方向／Y方向／Z方向

道路種別：主要国道　　道路構造：平坦構造
車線数：片側2車線（両側4車線）　制限速度：60km/h
測定点：道路端から4m離れた地点
測定方向：X方向（道路平行）/Y方向（道路直交）/Z方向（鉛直）
交通量（10分間）：近接道路361台／遠隔道路349台
測定方法：1/3オクターブバンド分析による加速度の最大値（0-p）

4　鉄道[*2]

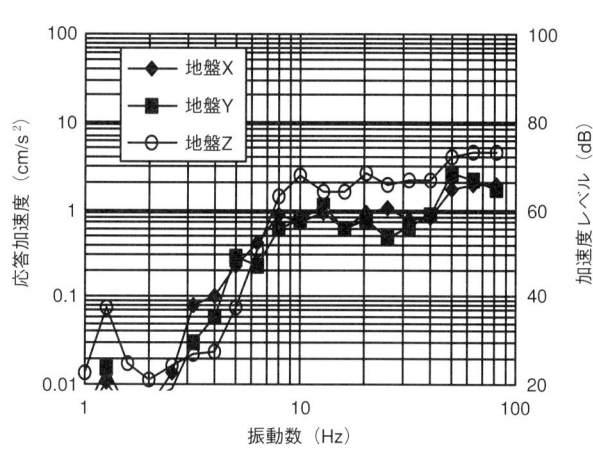

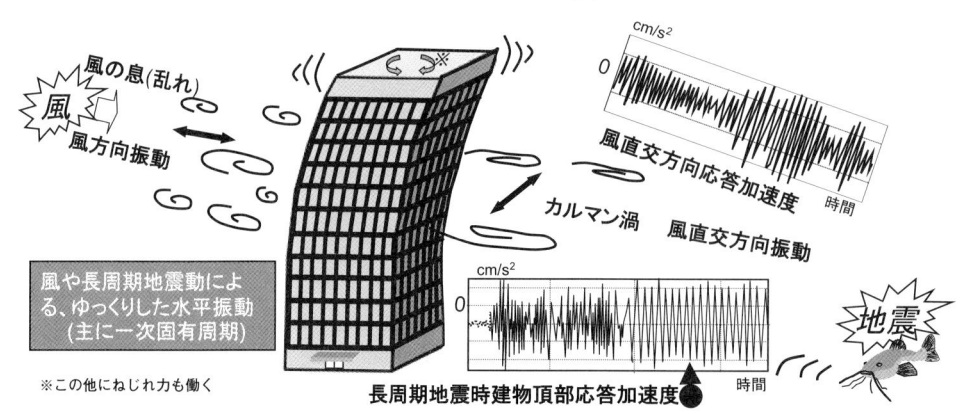

地盤上での鉄道による振動測定結果

応答加速度 (cm/s^2)　振動数 (Hz)　加速度レベル (dB)
地盤X／地盤Y／地盤Z

測定点：軌道から5.63m離れた地点
測定方向：X方向（線路平行）/Y方向（線路直交）/Z方向（鉛直）
車両：通勤型車両　　列車速度：80～84km/h
測定方法：9列車の平均値
　　　　　列車ごとの分析は，1/3オクターブバンド分析による
　　　　　加速度の最大値（0-p）

5　自然外力（風，地震）

風の息（乱れ）　風　風方向振動　カルマン渦　風直交方向応答加速度　風直交方向振動　長周期地震時建物頂部応答加速度　地震

風や長周期地震動による，ゆっくりした水平振動（主に一次固有周期）
※この他にねじれ力も働く

[*1] 日本建築学会編：建築物荷重指針・同解説, pp. 211～213, 2004.
[*2] 横島潤紀ほか：木造家屋における鉄道走行時の振動実測結果について，日本建築学会技術報告集, pp. 203～206, 2006. 12.

伝搬系　環境振動　37

加振源近傍 [1] → 地盤伝搬 [2] [3] → 入力損失 [4] → 基礎・建物内伝搬 [5]

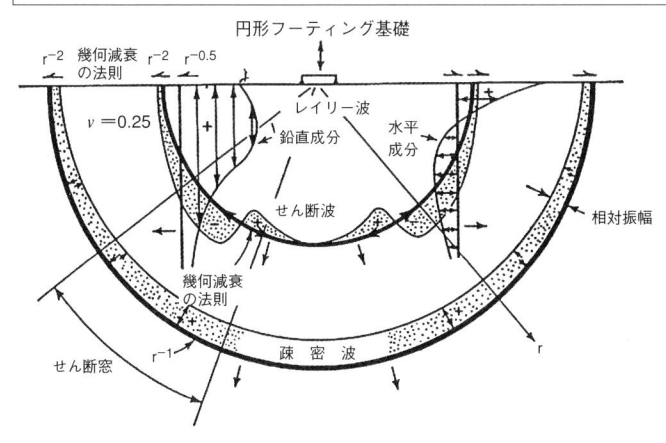

[1] 円形基礎の上下動加振による地中の波動変位分布 *1

実体波（縦波・横波）は振源（基礎部分）から球面状に
レイリー波は円筒状に広がっていく。

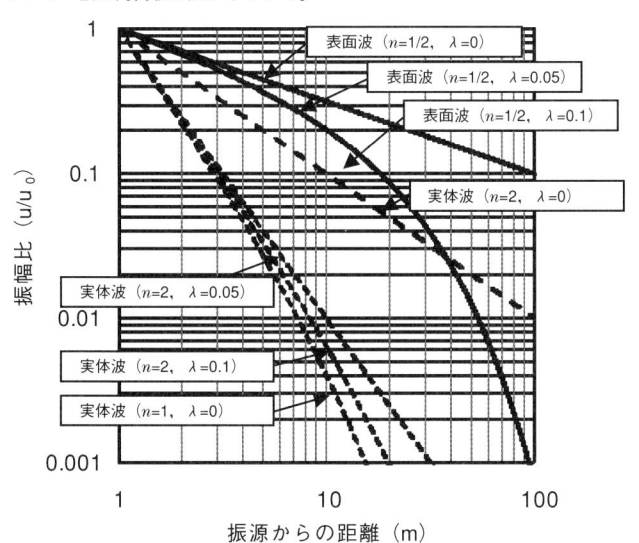

$u = u_0 \cdot e^{-\lambda(r-r_0)} \cdot (r/r_0)^{-n}$

ここで、$\lambda = \omega \cdot h/V$

h：媒体の内部減衰比、ω：角振動数（$=2\pi f$）
f：振動数、V：波動の伝搬速度（m/s）
u：r点における振動振幅、u_0：r_0点における振動振幅
r：振源からの距離（m）、r_0：基準とする振源からの距離（m）
n：波動の種類によって変化する幾何減衰定数

[2] 半無限地盤に対する地盤振動の距離減衰特性

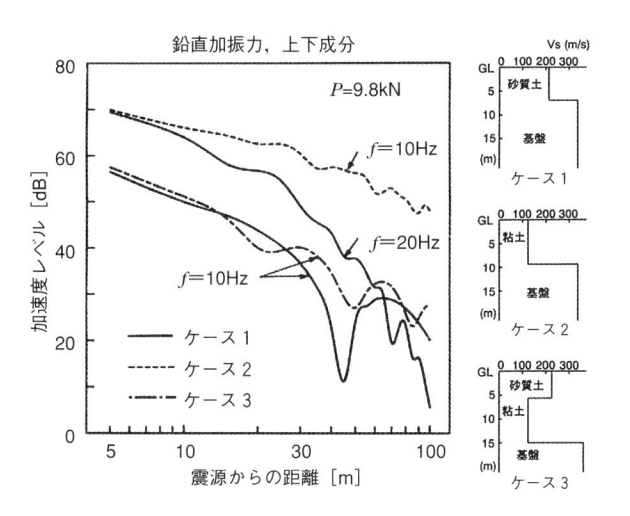

[3] 異なる地盤構造に対する地盤振動の距離減衰特性 *2

[4] 地盤から建物への地盤振動入力の説明図

地盤から建物への地盤振動入力
建物と地盤との間で動的な相互作用が生じる
・建物に埋設がある場合
・平面的な広がりを有している場合
→入力損失：入力エネルギーの一部が建物を揺らす
　有効な入力とならない
入力損失＝平均フーリエスペクトル比（建物基礎/地盤）

構造種別	
W造：木造	S造：鉄骨造
RC造：鉄筋コンクリート造	SRC造：鉄骨鉄筋コンクリート造
CB造：コンクリートブロック造	

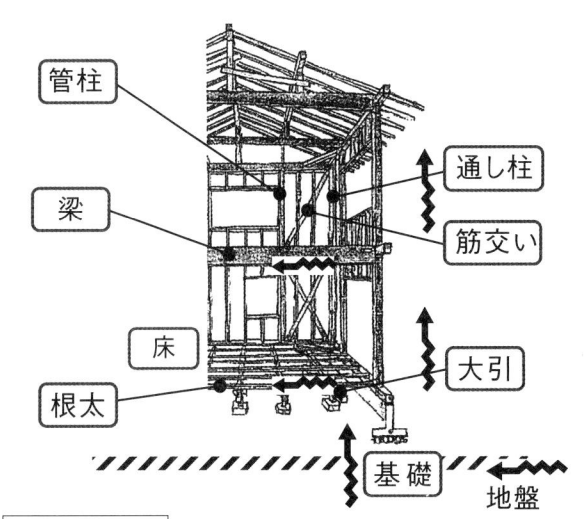

基礎の種類と工法		
直接基礎	独立フーチング基礎	フーチング基礎工法
	複合フーチング基礎	
	連続フーチング基礎	
	べた基礎	
杭基礎		既製杭工法
		場所打ちコンクリート杭工法
ケーソン基礎		オープンケーソン工法
		ニューマチックケーソン工法
その他の基礎	鋼管矢板基礎	鋼管矢板基礎工法
	地中連続壁基礎	地中連続壁基礎工法

[5] 基礎・建物内伝搬

*1　F. E. リチャードjrほか（岩崎敏男ほか訳）：土と基礎の振動，鹿島出版会，p.95，1975.
*2　北村泰寿：平成17年度振動評価手法のあり方に関する検討調査報告書（環境省），p.65，2006.

38　環境振動　評価

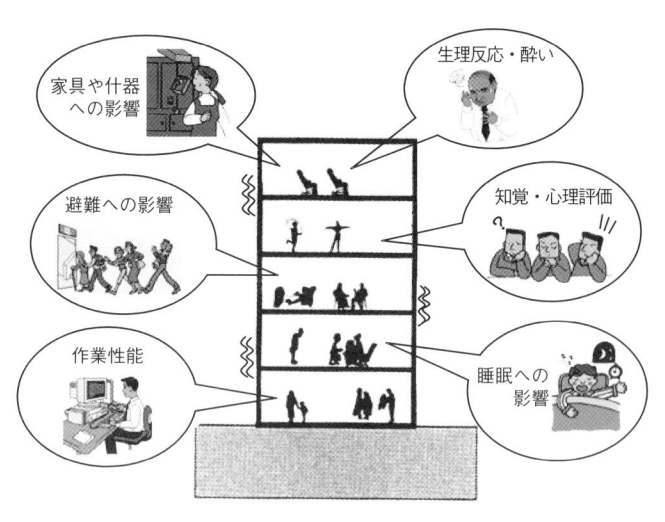

1　評価の観点 *1

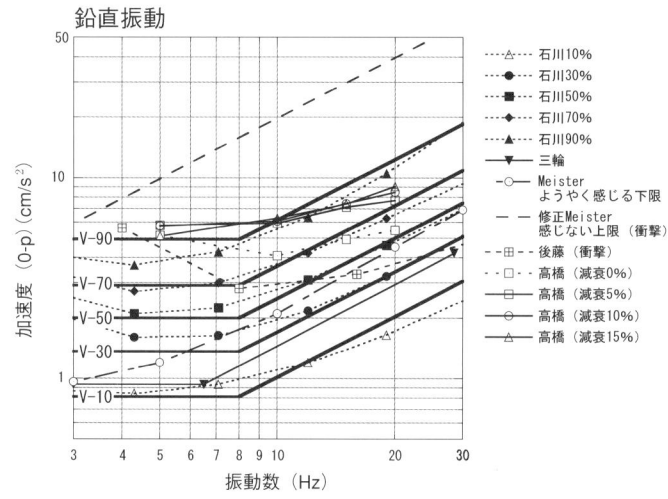

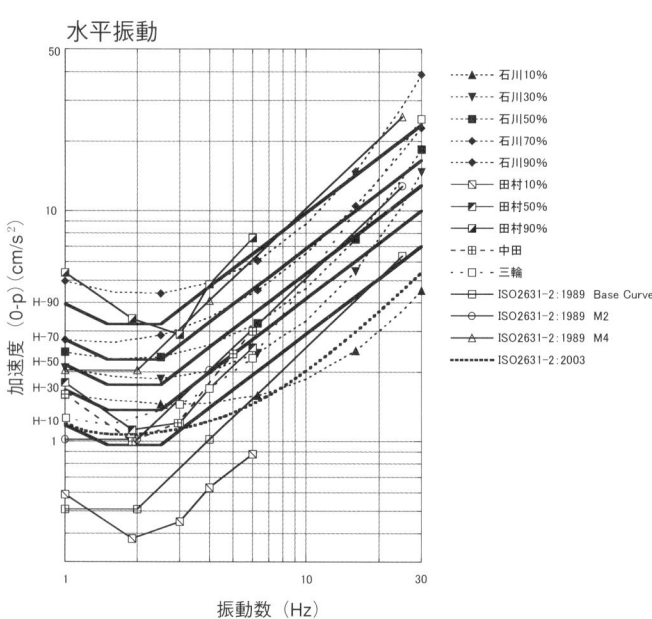

（鉛直振動図、家具や什器への影響／生理反応・酔い／避難への影響／知覚・心理評価／作業性能／睡眠への影響）

2　正弦振動の評価 *2

鉛直振動

凡例：石川10%、石川30%、石川50%、石川70%、石川90%、三輪、Meisterようやく感じる下限、修正Meister感じない上限（衝撃）、後藤（衝撃）、高橋（減衰0%）、高橋（減衰5%）、高橋（減衰10%）、高橋（減衰15%）

縦軸：加速度 (0-p)（cm/s²）、横軸：振動数（Hz）

水平振動

凡例：石川10%、石川30%、石川50%、石川70%、石川90%、田村10%、田村50%、田村90%、中田、三輪、ISO2631-2:1989 Base Curve、ISO2631-2:1989 M2、ISO2631-2:1989 M4、ISO2631-2:2003

3　人間の動作による振動の評価 *3

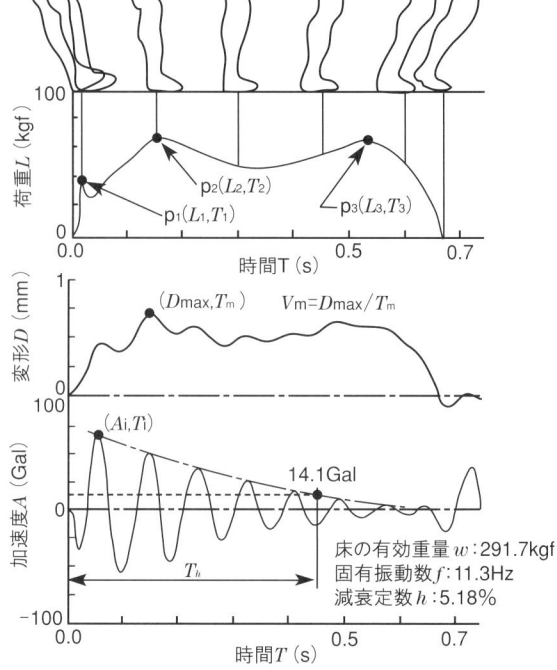

足の接地状況／荷重 L (kgf)：$p_1(L_1, T_1)$, $p_2(L_2, T_2)$, $p_3(L_3, T_3)$

変形 D (mm)：(D_{max}, T_m)　$V_m = D_{max}/T_m$

加速度 A (Gal)：(A_i, T_i)、14.1Gal、T_h

床の有効重量 w：291.7kgf
固有振動数 f：11.3Hz
減衰定数 h：5.18%

被験者体重 $W = 60$kgf
（$W = 75.4$kgf の被験者による測定結果より換算）

人間が歩行時に床に与える荷重および発生する床振動の例

人間の動作による振動は
$$VI(2) = 0.2 \cdot \log(D_{max}) + 0.5 \cdot \log(V_m) + \log(T_h)$$
ここで D_{max}：cm, V_m：cm/s, T_h：s
で評価できる。
$VI(2) \geq -0.8$ だと、苦情が発生する可能性が高い。

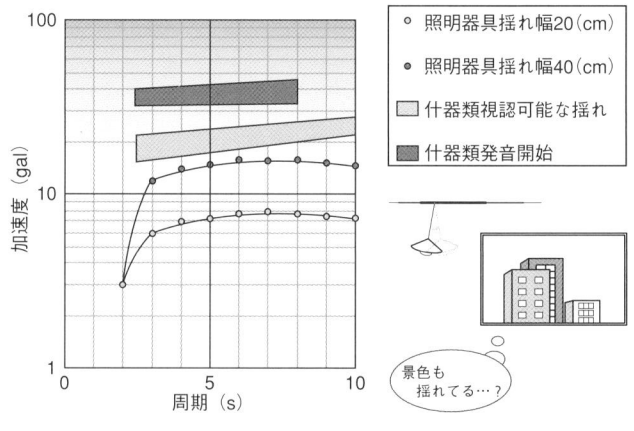

4　視覚、聴覚の影響

凡例：照明器具揺れ幅20(cm)、照明器具揺れ幅40(cm)、什器類視認可能な揺れ、什器類発音開始

縦軸：加速度 (gal)、横軸：周期 (s)

（景色も揺れてる…？）

台風時の超高層建築物の振動などは、体感のみならず視覚（ペンダントライトの揺れ、窓外景観など）により知覚される場合がある。また、人間の動作や道路、鉄道による振動などは、聴覚（食器棚のガタツキ音など）が振動認知のきっかけとなる場合がある。

---

*1　石川孝重：新しい環境振動の領域とそれにかかわる課題、第7回環境工学シンポジウム、pp.11～14、2004.1.
*2　日本建築学会編著：建築物の振動に関する居住性能評価指針・同解説第2版、p.8、2004.
*3　横山　裕：苦情発生の有無からみた実在住宅床振動の測定条件、境界値の提示、日本建築学会構造系論文集、第546号、pp.17～24、2001.8.

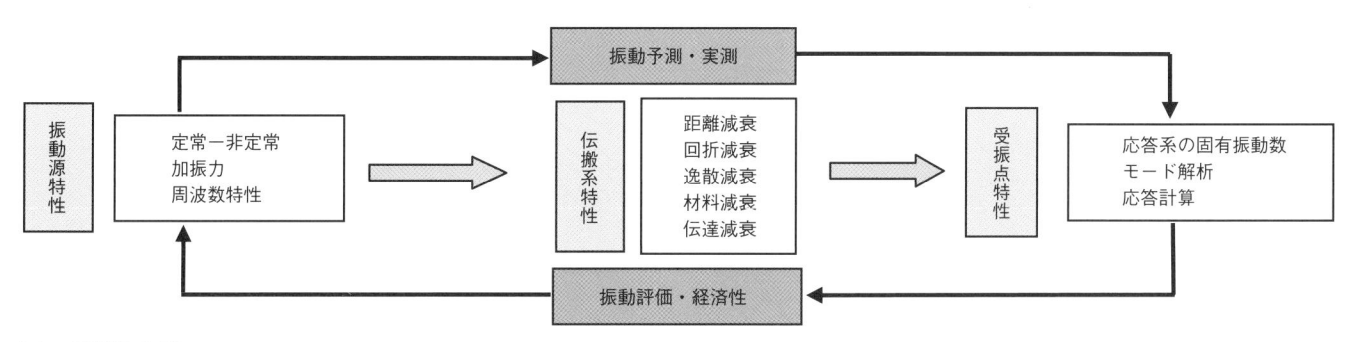

対策　環境振動

1 振動防止計画フロー

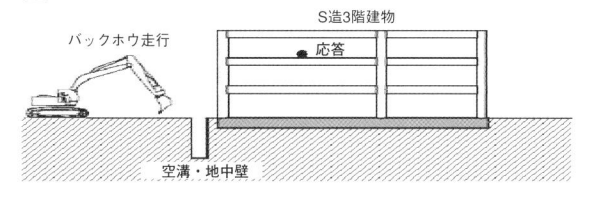

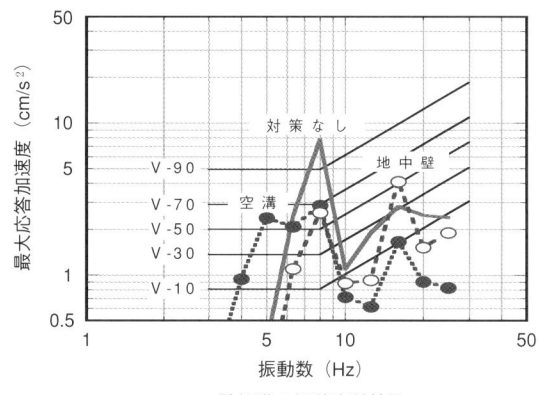

振動源特性：定常一非定常／加振力／周波数特性
→ 振動予測・実測
伝搬系特性：距離減衰／回折減衰／逸散減衰／材料減衰／伝達減衰
→ 受振点特性
応答系の固有振動数／モード解析／応答計算
→ 振動評価・経済性

2 伝搬経路対策[*1]

防振溝の振動遮断効果

3 TMDによる鉛直振動の対策例[*2]

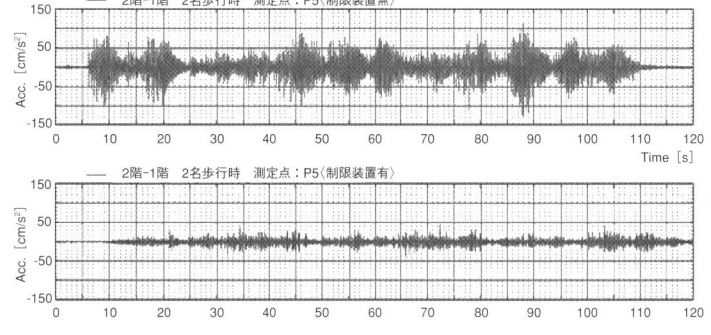

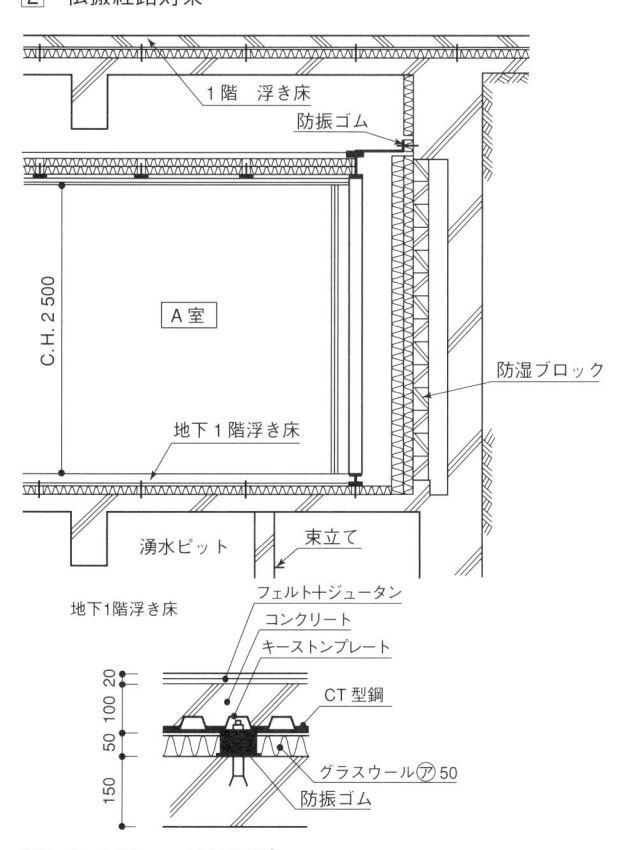

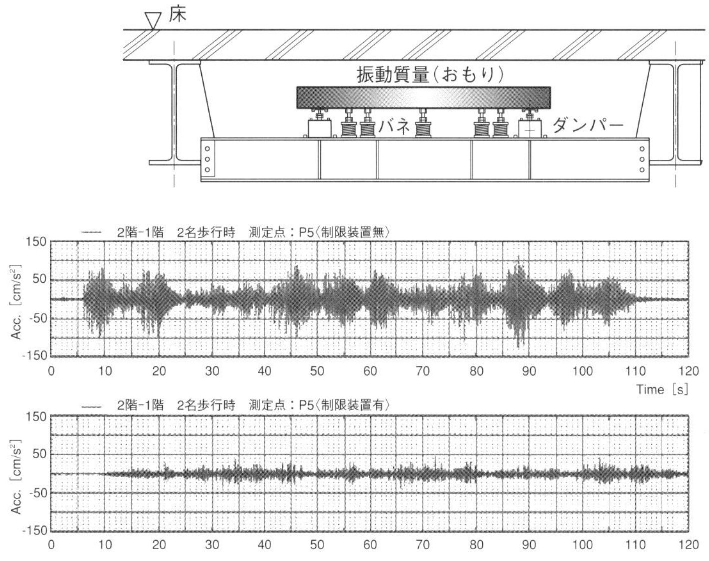

TMDを適用した段階の2名歩行時の加速度波形

4 建物側での対策例[*3]

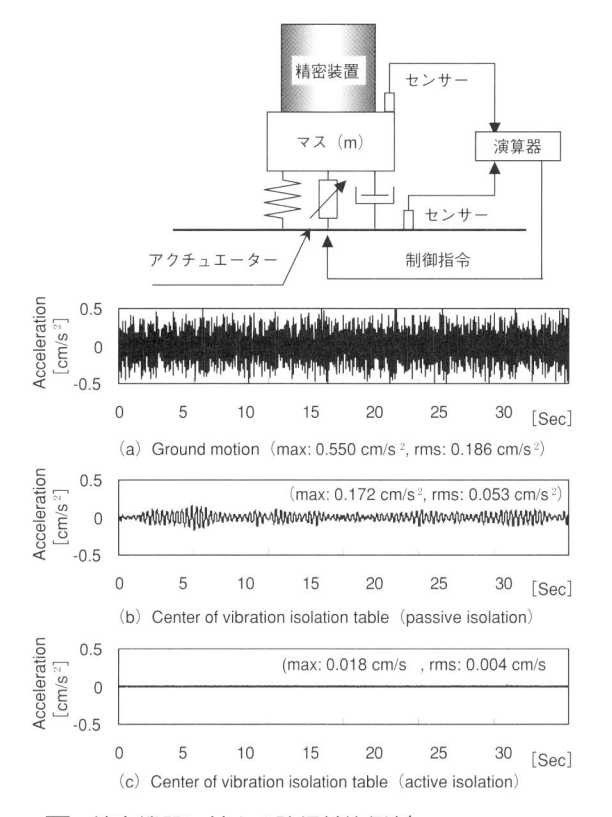

5 精密機器に対する除振対策例[*4]

(a) Ground motion (max: 0.550 cm/s², rms: 0.186 cm/s²)
(b) Center of vibration isolation table (passive isolation) (max: 0.172 cm/s², rms: 0.053 cm/s²)
(c) Center of vibration isolation table (active isolation) (max: 0.018 cm/s², rms: 0.004 cm/s)

[*1] 日本建築学会環境振動運営委員会：第26回環境振動シンポジウム資料環境振動問題に対する対策検討事例集, p.47～55, 2008.1.
[*2] 特許機器（株）社内測定報告書, 2006.5.
[*3] 日本音響学会：地下鉄振動の建物への影響と対策例（委員会資料）, 1982.11.
[*4] An Active Microvibration Isolation System for Hi-tech Manufacturing Facilities, Journal of Vibration and Acoustics, Vol.123, No.2, pp.269～275, 2001.

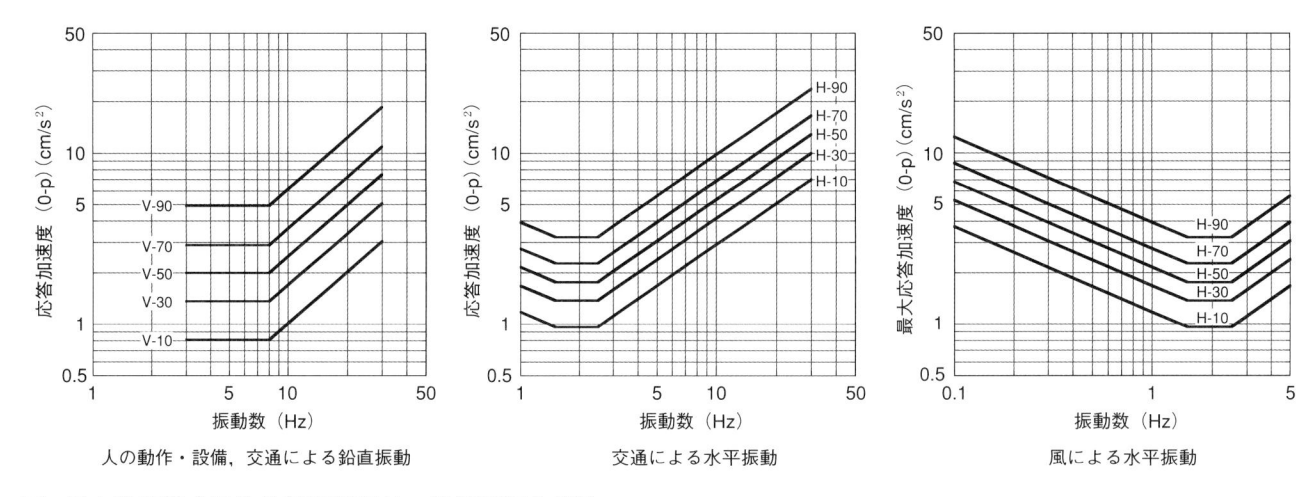

40　環境振動　規格・基準

人の動作・設備，交通による鉛直振動

交通による水平振動

風による水平振動

1 日本建築学会居住性能評価指針・性能評価曲線[*1]

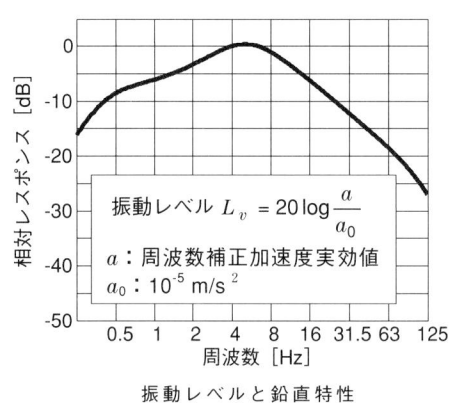

振動レベルと鉛直特性（周波数補正特性）

$$L_v = 20\log\frac{a}{a_0}$$
a：周波数補正加速度実効値
a_0：10^{-5} m/s^2

2 振動レベル[*2]

振動規制法による規制基準・要請限度（敷地境界での鉛直振動の値）

振動レベル[dB]		工場等振動規制基準	建設作業振動規制基準	道路交通振動要請限度
第一種区域（住居）	昼間	60-65	75（作業時間の規制あり）	65
	夜間	55-60		60
第二種区域（住居・商工業）	昼間	65-70		70
	夜間	60-65		65

※振動発生パターンによる振動の大きさの決定方法
(1) 測定器の指示値が変動しない，または変動が少ない場合は，その指示値とする
(2) 測定器の指示値が周期的又は間歇的に変動する場合は，原則としてその変動ごとの指示値の最大値10個の平均値とする
(3) 測定器の指示値が不規則かつ大幅に変動する場合は，5秒間隔，100個またはこれに準ずる間隔，個数の測定値の80％レンジの上端の数値（L_{10}）とする

3 振動規制法[*3, *4, *5]

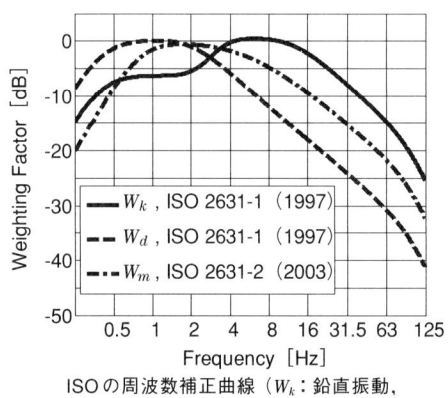

ISOの周波数補正曲線（W_k：鉛直振動，W_d：水平振動，W_m：建物振動）

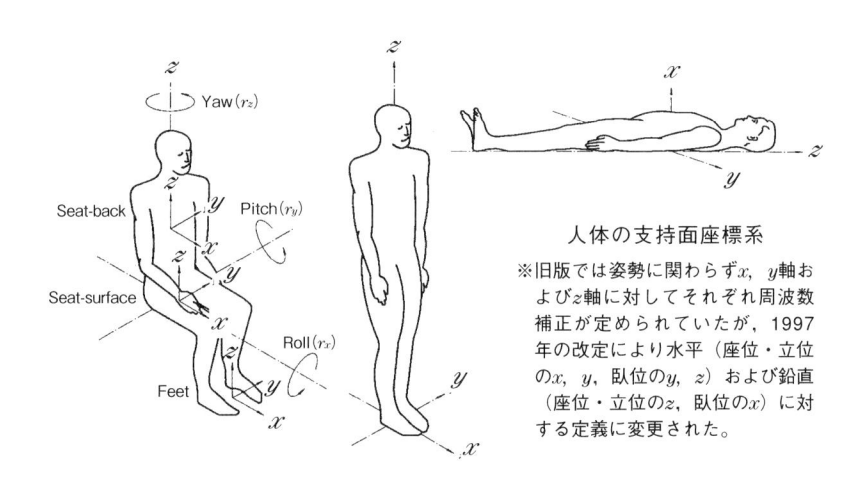

人体の支持面座標系

※旧版では姿勢に関わらずx，y軸およびz軸に対してそれぞれ周波数補正が定められていたが，1997年の改定により水平（座位・立位のx，y，臥位のy，z）および鉛直（座位・立位のz，臥位のx）に対する定義に変更された。

4 ISO 2631（周波数補正・座標系）[*6, *7]

評価値	規格，基準	定 義
加速度ピーク値	日本建築学会居住性能評価指針	1/3オクターブバンド分析による加速度の最大値 [cm/s^2]
加速度実効値	ISO 2631	全測定時間に対する実効値（root-mean-square, r.m.s. 値）[m/s^2]
移動加速度実効値の最大値	振動規制法，ISO 2631	移動加速度実効値（短時間の加速度記録に対する実効値）のうちの最大値（例：L_{max} [dB]，$MTVV$ [m/s^2]）
移動加速度実効値の時間率値	振動規制法	変動する移動加速度実効値が全測定時間に対してある割合（例：10%）の時間内のみ超える値（例：L_{10} [dB]）
暴露量	ISO 2631	加速度の累積値（時間平均なし）（例：VDV [m/s$^{1.75}$]：加速度の4乗の時間積分値を1/4乗した値）

5 現行の基準，規格における振動評価値[*1, *5, *6]

*1 日本建築学会編：建築物の振動に関する居住性能評価指針・同解説第2版, 2004.
*2 JIS C 1510：振動レベル計, 1995.
*3 振動規制法, 1976.
*4 特定工場等において発生する振動の規制に関する基準, 1976.
*5 振動規制法施行規則, 1976.
*6 ISO 2631-1, 1997.
*7 ISO 2631-2, 2003.

概論（1）　電磁環境

　電磁波は電界と磁界が誘導し合い伝搬する一エネルギー形態であり，宇宙が誕生してから，自然界に存在している。地球上では空間の静電気による雷などが一般的電磁現象である。しかし，近年放送波に見られるような定常的に強い出力を発信する電波源や携帯電話のように多数の電波源が生まれてきた。電波とは電波法で定められた3THz以下の周波数の電磁波をいう。放送，通信のように，電波の利用はわれわれの生活，産業の利便性を高めるものではあるが，電子回路との親和性が高いため，電子機器が思わぬ電波を拾い，誤作動を起こすなどの不具合を発生することもある。これらの電波が存在する建築環境をトータルに捉え，建築電磁環境と呼ぶ．建築電磁環境技術は電磁シールド技術や電波吸収技術などの電磁環境制御技術を用いて電磁環境を整備し，良好な機器作動環境を構築することを目的としている。

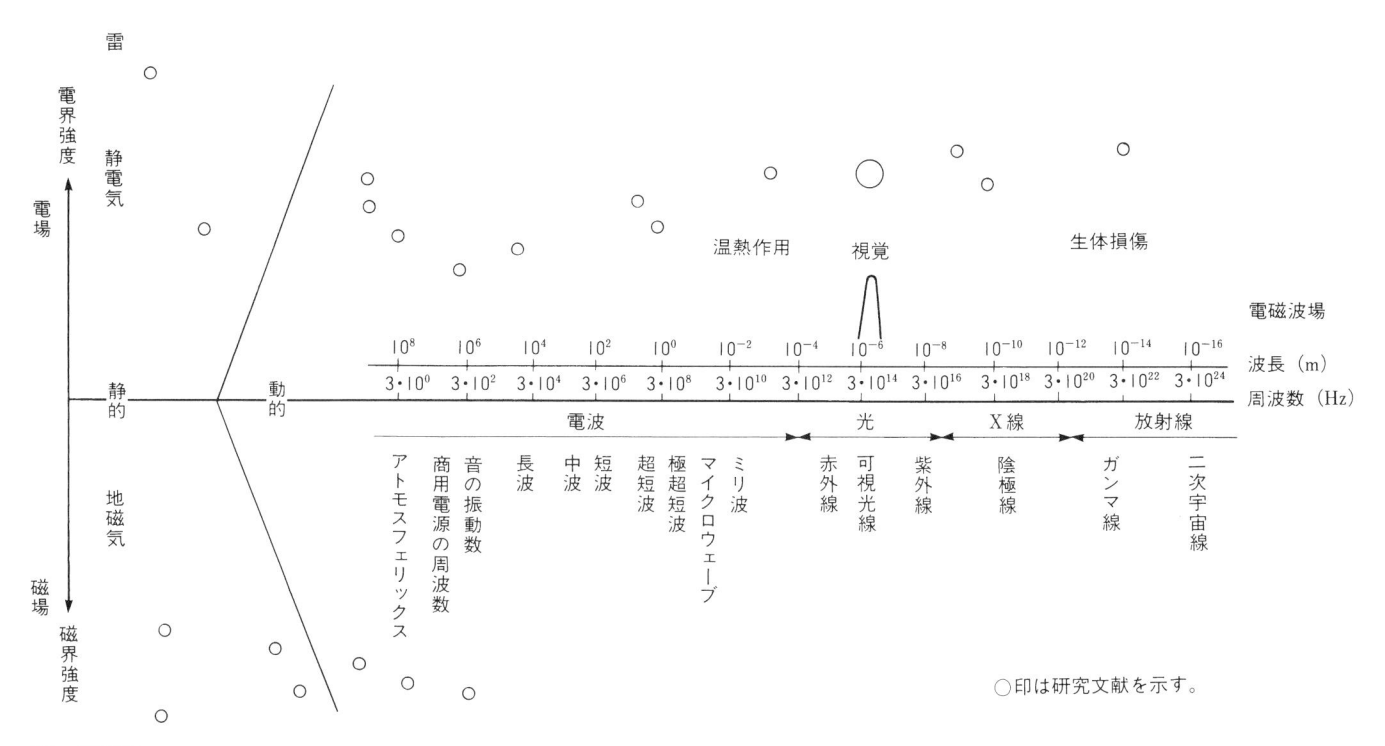

1　電磁波

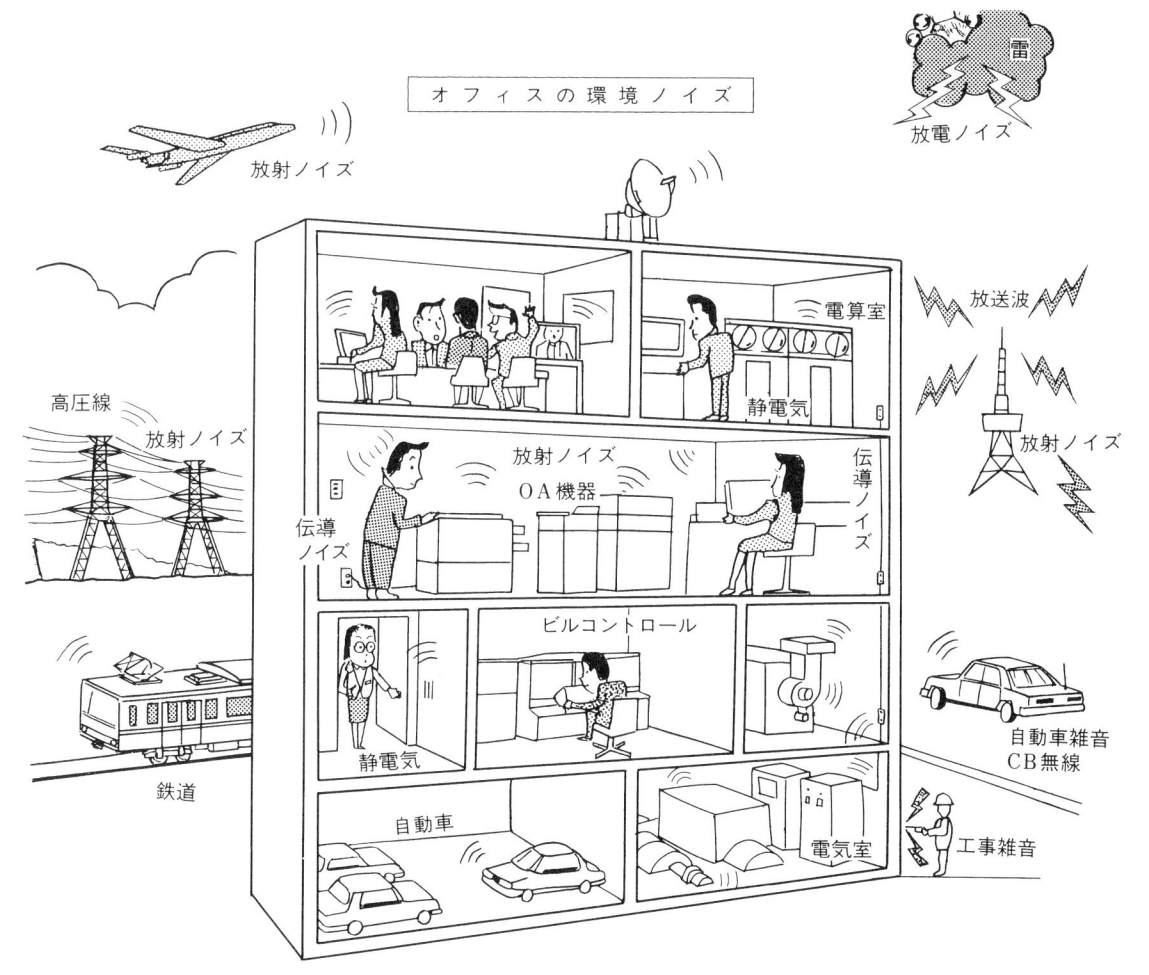

2　周辺の電磁環境ノイズ

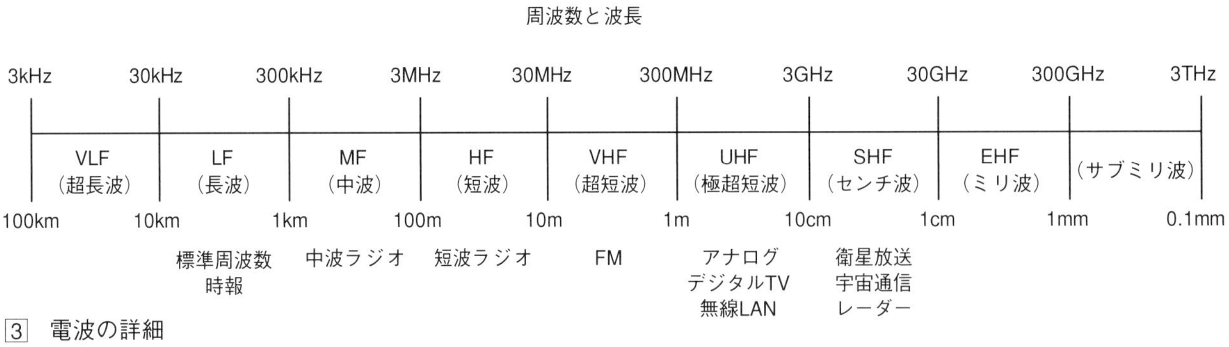

42 電磁環境　概論（2）

周波数と波長

3kHz	30kHz	300kHz	3MHz	30MHz	300MHz	3GHz	30GHz	300GHz	3THz
VLF（超長波）	LF（長波）	MF（中波）	HF（短波）	VHF（超短波）	UHF（極超短波）	SHF（センチ波）	EHF（ミリ波）	(サブミリ波)	
100km	10km	1km	100m	10m	1m	10cm	1cm	1mm	0.1mm
	標準周波数時報	中波ラジオ	短波ラジオ	FM	アナログデジタルTV 無線LAN	衛星放送 宇宙通信 レーダー			

3 電波の詳細

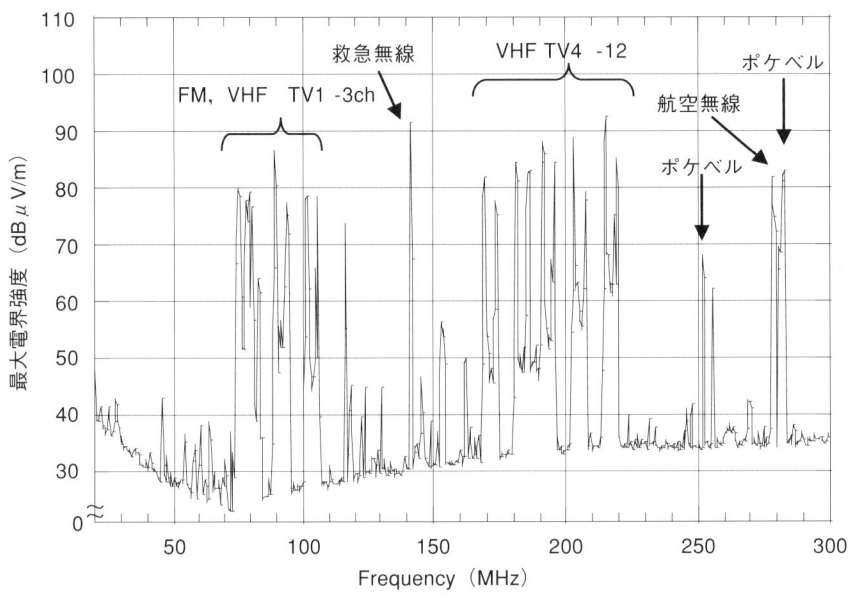

(1) VHF帯電磁界

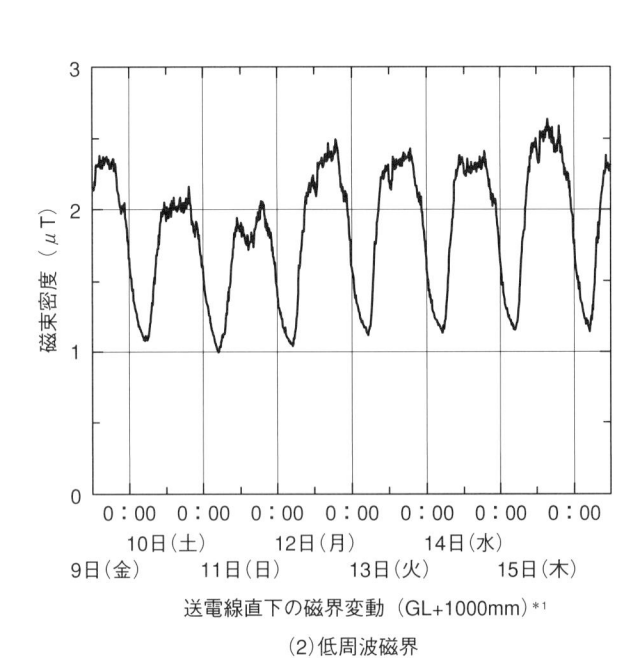

(2) 低周波磁界

送電線直下の磁界変動（GL+1000mm）*1

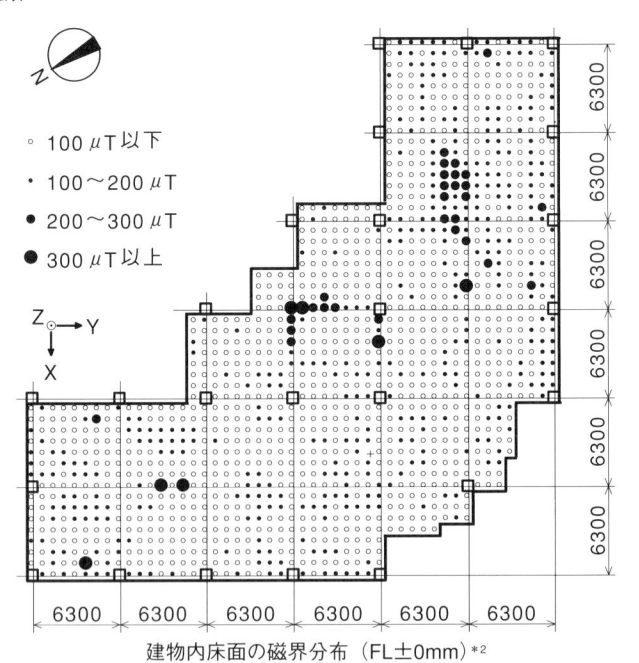

建物内床面の磁界分布（FL±0mm）*2

鉄骨，鉄筋，デッキプレート等の残留磁気により，床面には不均一な直流磁界が発生している。

4 都市部の電磁環境

*1 新納敏文ほか：送電線近傍建物における磁場低減対策について，日本建築学会計画系論文集，No.494, pp.85〜90, 1997.
*2 新納敏文ほか：鉄骨構造物における残留磁気の実態とその発生過程の検証，日本建築学会計画系論文集，No.539, pp.97〜102, 2001.

制御技術　電磁環境

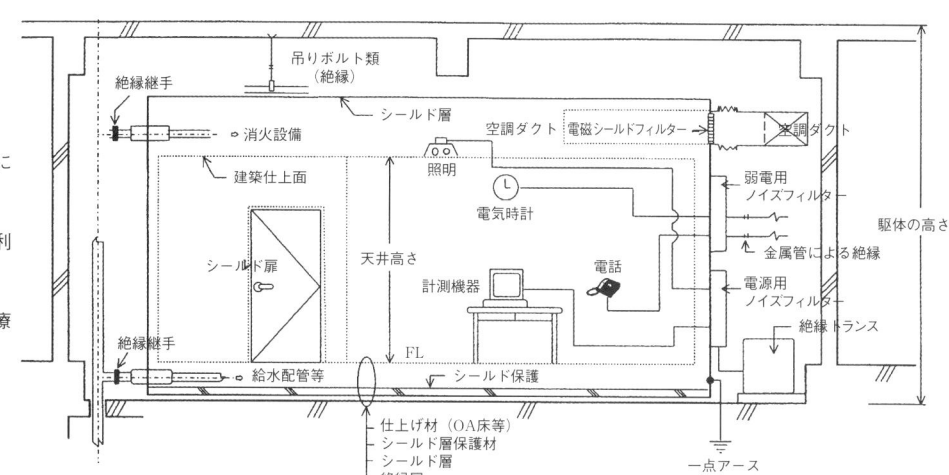

■概念
室空間や建物を導電性材料で囲う。設備系にも対応が必要な場合がある。
■目的
ノイズによる機器誤動作防止，電波の有効利用，情報漏洩防止。
■対象施設の例
オフィス，コンピュータ室，スタジオ，医療用検査室，実験室。

1 電磁シールド

磁気シールドは，磁力線を通しやすい磁性材料で対象とする空間を覆い，磁力線を迂回させることにより磁界を遮へいするものである。従来のシールドは，性能を確保するための磁性材料の接合部の隙間や開口をできるだけ少なくすることが求められ，閉鎖的な空間となりがちであった。この問題を解決したので開放型磁気シールドで，短冊状の磁性材料を所定の間隔で並べることにより，開放感を持ちながら従来方式と同等の性能を得ることができる。

磁性材料を用いた磁気シールド方式（パッシブ磁気シールドという）に対してアクティブ磁気シールドといわれる方式がある。これは，磁気センサーにより磁界変動を検出し，その情報をフィードバックして周囲に設置したキャンセルコイルから逆位相の磁界を発生させ，所定の位置の磁界変動を打ち消すものである。

2 磁気シールド（パッシブ，アクティブ）

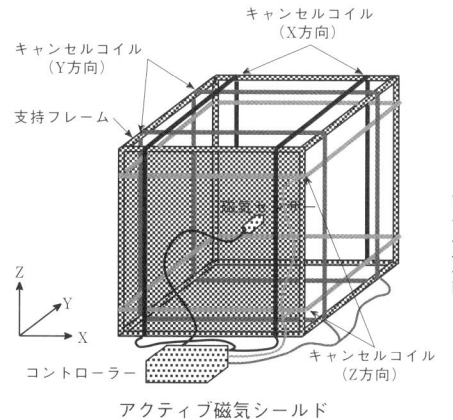

アクティブ磁気シールド

アクティブ磁気シールドの効果

従来方式（密閉型）

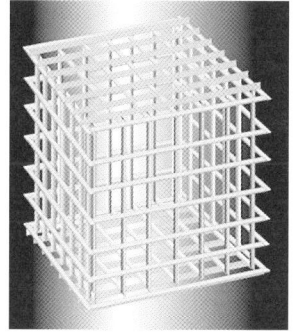

開放型磁気シールド[*1]

■概念
電波の反射障害を防止したい部位に電波吸収材料を設置。
■目的
電波反射障害防止，電波通信環境対策，電波暗室（電波実験施設）用。
■対象施設の例
高層ビル外壁，オフィス，ETC料金所，電波暗室。

3 電波吸収

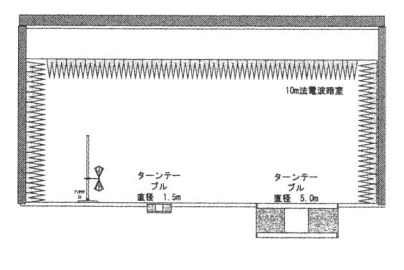

電波暗室の例

ETC料金所屋根に取り付けられた電波吸収パネルの施工例

[*1] 鹿島建設パンフレット：シースルーMRI室

44 電磁環境　電磁，磁気材料

■概要
電波は導電性の高い材料ほど透過しにくいため，金属板，金属箔，金属金網などが用いられる。

■主な材料
壁，床、天井：亜鉛メッキ鉄板，銅箔，アルミ箔，SUSメッシュ
建具：メタルフィンガー，シールドブロック
空調口：シールドハニカム
電気設備：ノイズフィルター

1 電磁シールド材料

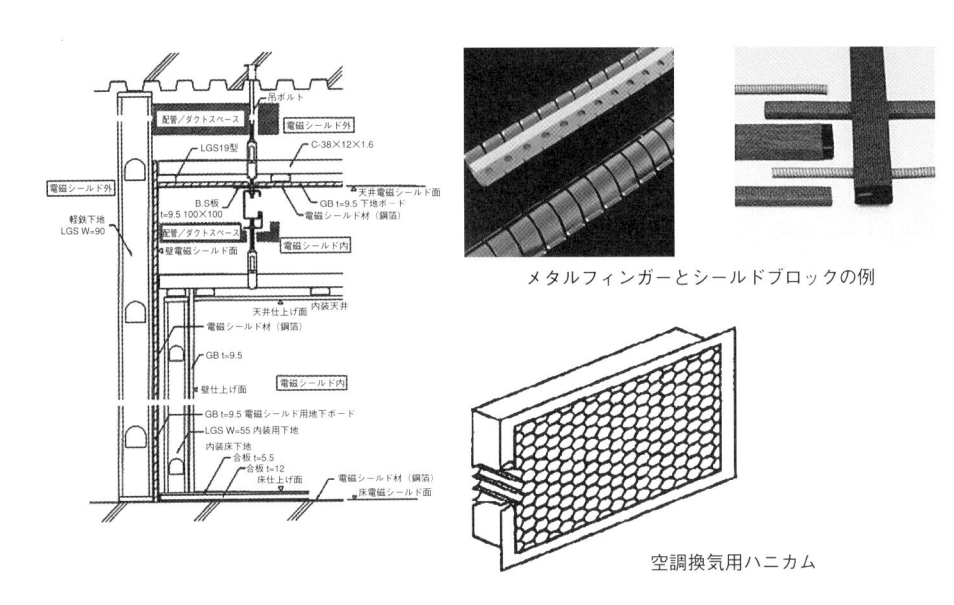

メタルフィンガーとシールドブロックの例

空調換気用ハニカム

磁性材料の磁気特性は，ヒステリシス曲線で表すことができる．横軸に磁界の強さH（単位：A/m），縦軸に磁束密度B（単位：T）を取り，磁性材料内部のHとBの関係を示すものである。ここで求められる特性値により，磁性材料の磁気シールド性能を評価できる。

下表に代表的な磁性材料の磁気物性値の一例を示す．それぞれ特徴があり，対象とする磁界の強さ，求められるシールド性能により最適な材料を選択する。例えば，強い磁界を遮へいする場合は，強磁界領域で透磁率と飽和磁束密度が大きい純鉄や珪素鋼板が主に使われる。一方，弱い磁界では弱磁界領域で透磁率が大きく，かつ保持力の小さいPCパーマロイが主に使われる。

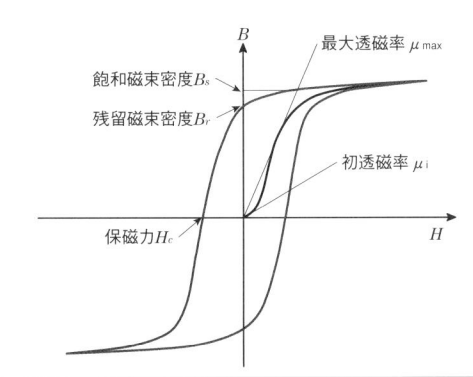

名称	規格・組成	密度 kg/m^3	初透磁率 μ_i	最大透磁率 μmax	飽和磁束密度 B_s（T）	残留磁束密度 B_r（T）	保磁力 H_c（A/m）
鉄板	SS400	7.85×10^3	—	2 250	2.10	—	200
純鉄	不純物＜0.5％	7.88×10^3	3 400	11 700	2.16	1.42	56
珪素鋼板	無方向性	7.65×10^3	—	5 000	2.03	—	—
	方向性	7.60×10^3	4 000	80 000	2.03	—	8
PBパーマロイ	45％Ni	8.25×10^3	5 000	70 000	1.45	1.18	6.4
PCパーマロイ	78％Ni	8.75×10^3	30 000	200 000	0.70	0.40	0.8

2 磁気シールド材料

■概要
電波吸収材料は，電磁シールド材などの導電性材料の表面に設置される。対象の周波数帯域に合わせて個別設計する。

■主な材料
誘電体材料：カーボン混入発泡材，誘電体皮膜
磁性体材料：フェライトタイル（酸化鉄にマンガンやマグネシウムを混入，焼結）

3 電波吸収材料

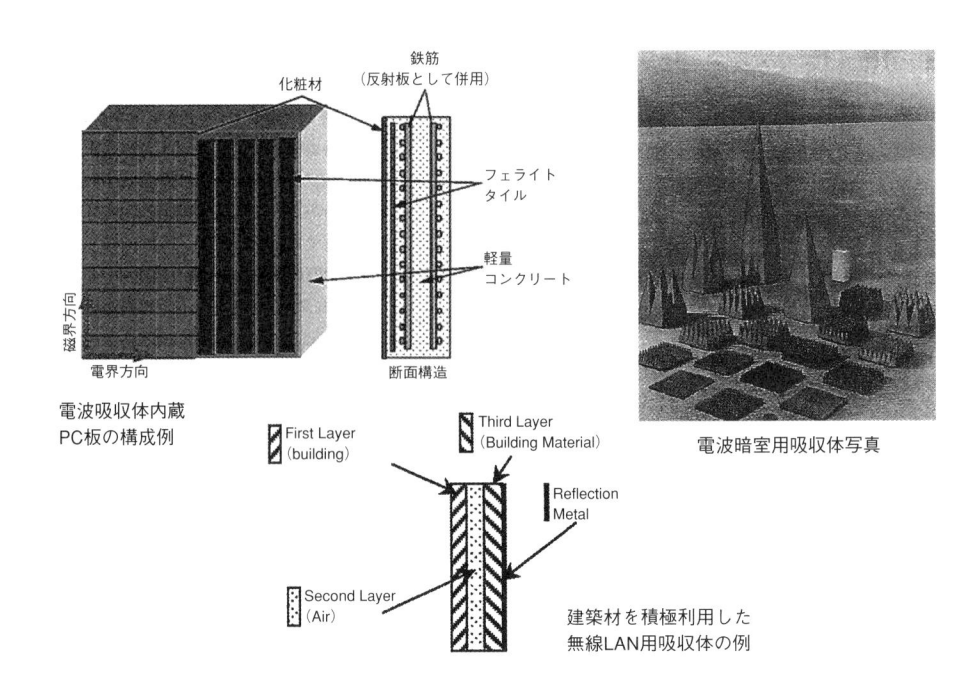

電波吸収体内蔵PC板の構成例

電波暗室用吸収体写真

建築材を積極利用した無線LAN用吸収体の例

計測評価技術　電磁環境

■計測量
電磁シールド性能
■パラメータ
周波数，偏波
■計測方法
送受信アンテナを対向させ，そのときの受信レベルを計測する．送受信アンテナ間をシールドで遮った場合とそうでない場合の比較により，電磁シールド性能を得る．

[1] 電磁シールド性能の計測評価法

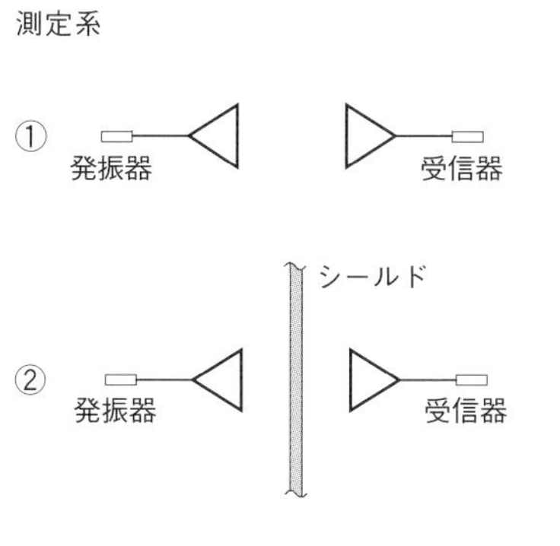

電磁シールド性能の計測方法の代表的な規格として，MIL-STD-285（1997年廃止），NSA-65-5，IEEE-299，NDS C 0012の4つがある．

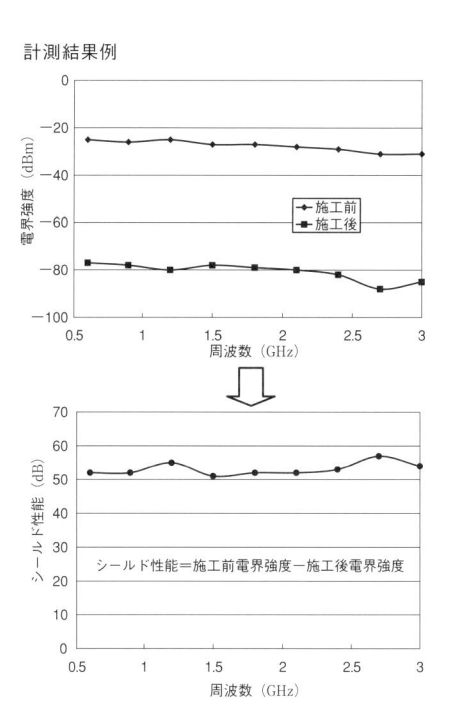

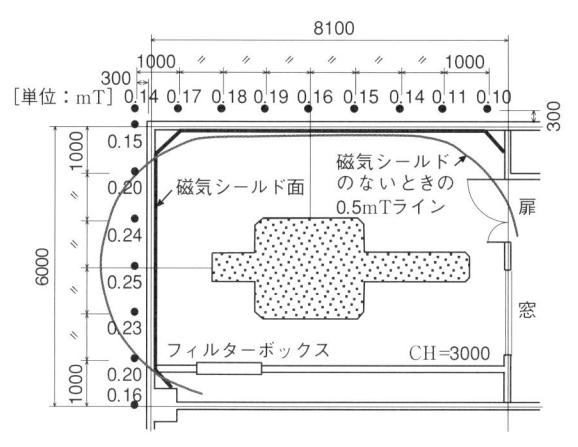

[2] 磁気シールド性能の計測評価法

MRI室では，室外に漏洩する磁界の強さを所定の位置で計測して磁気シールド性能を評価する．

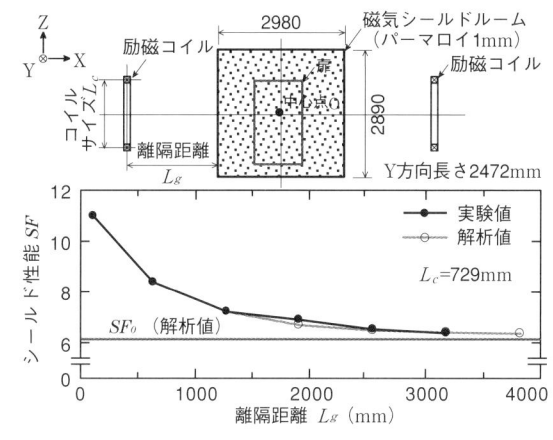

[3] 磁気シールド性能の計測評価法

励磁コイルにより磁界を印加してシールド性能を評価する方法では，離隔距離とコイルサイズに注意する必要がある．

■計測量
反射係数または吸収量
■パラメータ
周波数，入射角，偏波
■計測方法
被測定試料に電磁波を入射し，その反射波を計測する．測定試料と同寸法の金属平板（完全反射）との比較により，反射係数を得る．

[4] 電波吸収体の吸収性能計測評価法

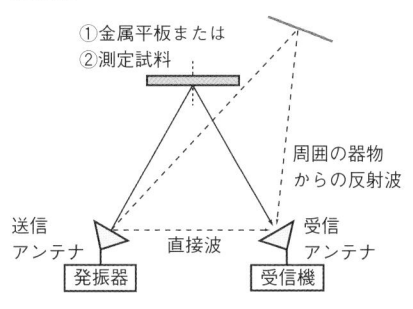

直接波および周囲の器物からの反射波が誤差の主要因となる．タイムドメイン法など，それらの影響を除去する計測方法が提案されている．

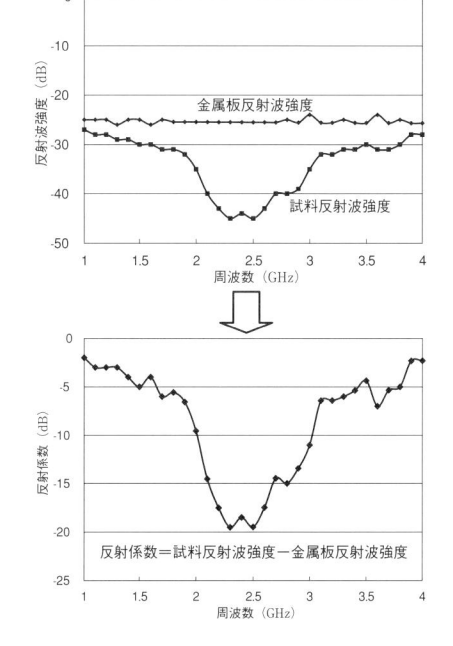

46　電磁環境　　基準（1）

周波数	周波数偏差
13.56MHz	±6.78kHz
27.12MHz	±162.72kHz
40.68MHz	±20.34kHz
2450MHz	±50MHz
5.8GHz	±75MHz
24.125GHz	±125MHz

1　高周波利用設備の周波数例

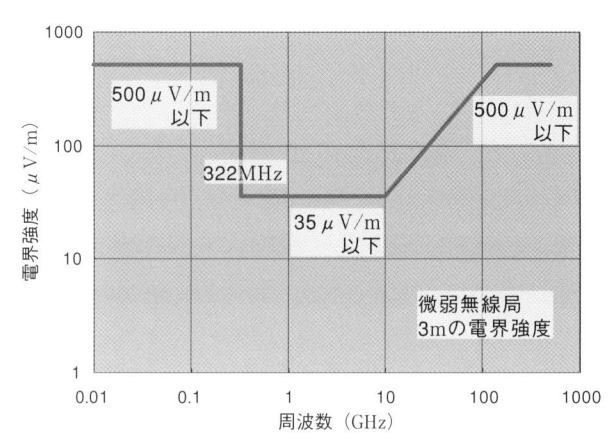

2　微弱無線局の電界強度（3m）

電磁界（電波）の利用に関する基準
　電波は遠方まで伝搬するため、利用にあたっては国際的な合意のもとで各国が国内法を整備して運用されており、日本では電波法により無線局や特定小電力機器、工業、科学、医療（ISM）用途の高周波利用設備など電波の利用や電波の品質を定めている。また、許可を受けずに使用できる電波として微弱無線や市民ラジオなどが定められている。

機器の基準
（1）CISPR基準
　電磁障害については、無線通信の障害となる各種機器からの不要電波（妨害波）を抑制するため国際電気標準会議（IEC）の中に国際無線障害特別委員会（CISPR）が組織され、許容値と測定法が定められた。その後、電子機器の動作や機能を確保するため妨害波の発生レベルとともに電気・電子機器の電磁ノイズ耐性（イミュニティ）が定められている。

（2）IEC基準
　電磁環境に関する基準は、IEC 61000シリーズとして4に示すように整備されており、61000-1〜5に示す基本規格と61000-6の共通規格に分けられる。共通規格では住宅環境と工業環境に分けてイミュニティとエミッションの基準を示している。この他、医療機器に関してはIEC 60601-1-2で基準が定められている。

（3）経済産業省基準
　日本国内では電気用品安全法によって電気用品の技術基準が定められており、この中で交流用電気機械器具の電波雑音の強さが共通事項として定められている。その他、テレビや受信ブースタ、電磁調理器、蛍光ランプ、電子レンジなどでは個別に基準値が定められている。

（4）VCCI（情報処理装置等自主規制協議会）基準
　日本国内では情報処理装置の不要輻射に関して自主規制の形で輻射および伝導による妨害波の許容値や測定法を定めている。許容値は、オフィスなどを想定したクラスAと家庭環境を対象としたクラスBに分け、150kHz〜30MHzの周波数は伝導ノイズの電圧として許容値を定め、30〜1000MHzでは輻射する妨害波の電界強度を許容値として定めている。5に妨害波の電界強度許容値を示す。

（5）情報処理装置などの設置環境基準
　電子情報技術産業協会では、情報処理装置などの設置環境規準として産業用情報処理・制御機器設置環境基準（JEITA IT-1004）を定めている。この規準では、温度や湿度、振動など設置環境全般を規定しているが、その中で電界および磁界のクラス分けを行っている（6）。その上で情報機器の種類ごとにどのクラスに属するか、耐環境性の例を示している。クラス分けの例では、電界で、パソコンや周辺装置は、すべてクラスBに分類されており、磁界についてはCRTディスプレイのみがクラスAで、他はすべてクラスBになっている。

（6）MRI装置の磁界に対する基準
　MRI装置などでは強い磁界が発生するので、植え込み型医療機器装着者の安全のため、米国食品医薬品局（FDA）や自治体、工業会などで0.5mT（5ガウス）の管理区域を定める基準がある。

CISPR Pub.11	工業・科学・医療用高周波利用設備の妨害特性の許容値と測定法
CISPR Pub.12	車両、モーターボートおよび火花点火エンジン駆動装置からの妨害波の許容値と測定法
CISPR Pub.13	音声およびテレビジョン放送受信機および付随機器の無線妨害波特性の許容値と測定法
CISPR Pub.14	家庭用電気機器、電動工具、類似機器からの妨害波の許容値と測定法
CISPR Pub.15	電気照明および類似機器の無線妨害波特性の許容値と測定法
CISPR Pub.16	無線妨害波およびイミュニティの測定装置と測定法の仕様
CISPR Pub.20	ラジオ受信機とテレビ受像機および関連機器のイミュニティ特性の許容値と測定法
CISPR Pub.22	情報技術装置の無線妨害特性の許容値と測定法
CISPR Pub.24	情報技術装置のイミュニティ特性の許容値と測定法の規格化

3　CISPRのおもな基準

	規格分類	規格の内容
基本規格	IEC 61000-1 IEC 61000-2 IEC 61000-3 IEC 61000-4 IEC 61000-5	一般事項　基本的な事項、用語 電源高調波などの限度値 イミュニティ試験法と測定法 設置法と対策法
共通規格	IEC 61000-6-1 IEC 61000-6-2 IEC 61000-6-3 IEC 61000-6-4	住宅環境の共通イミュニティ規格 工業環境の共通イミュニティ規格 住宅環境の共通エミッション規格 工業環境の共通エミッション規格

4　IEC基準

準尖頭値（dBμV/m）

	周波数（MHz）	3m	10m	30m
クラスA	30〜230	50	40	30
	230〜1 000	57	47	37
クラスB	30〜230	40	30	20
	230〜1 000	47	37	27

5　VCCIの妨害波電界強度許容値

周波数（MHz）	区分	クラスA	クラスB
30〜1000	放射電界強度（V/m）	1V/m	3V/m
0.15〜30	（伝導）端子電圧（V）	1V	3V
磁界	交流磁界（A/m）	1A/m	3A/m
	直流磁界（A/m）	8A/m	400A/m

6　産業用情報処理・制御機器設置環境基準（JEITA IT-1004）

人体への影響

(1) 国際的基準

電磁界の人体への影響に関して国際的には国際非電離放射線防護委員会（ICNIRP）から「時間変化する電界，磁界および電磁界への曝露制限のためのガイドライン」として300GHz以下を対象とした基準が定められている。磁界についての基準も示されており，電源周波数50Hzでは職業人で500μT（5ガウス），一般人で100μT（1ガウス）とされている。

(2) 総務省基準

国内では総務省から10kHz以上の電波を対象とした電波防護指針がある。人体の曝露規準は，全身に受ける電波の吸収量から任意の6分間平均値として定めている。その後，局所的に暴露される場合などの局所吸収指針が追加されている。国際的なICNRPの基準値とあわせて7に示す。

各種基準の対象と制定機関

電磁環境に関連するおもな基準の対象と制定機関を8に示す。

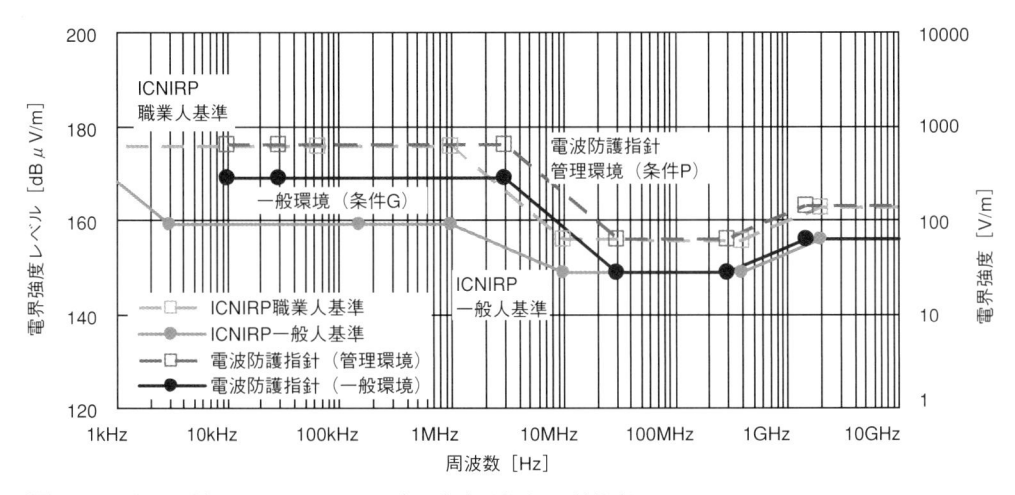

7　人体影響に対するICNIRPおよび電波防護指針の基準値

分類	対象・区分	国際		国内		その他
		共通	各国	国	公的機関	
電波	電波利用・通信	ITU，IEC		電波法		
	無線障害防護	CISPR				
	電子機器	IEC，CISPR	FCC，VDE など	電気用品 技術基準	VCCI，JIS	ロボット工業会など
	設置環境基準				JEITA	
	人体影響	ICNIRP		電波防護指針		
（低周波電磁界） 磁界	人体影響	WHO ICNIRP				
	管理区域規準 （MRIなど）		FDA		自治体	日本画像医療システム工業会
	設置環境基準 （電子顕微鏡など）				JEITA	設置環境規準（製造メーカー）

8　各種基準の対象と制定機関

48 光環境　太陽位置図・天空射影図

真太陽時，平均太陽時，均時差

観測点で太陽が南中したときを0時とし，再び南中するまでの時間を1日とするものを真太陽日，その1/24を真太陽時という。真太陽日の1年を通じて平均したものを平均太陽日，その1/24を平均太陽時という。真太陽時と平均太陽時の差を均時差という。正確な均時差の値は太陽の赤緯とともに，その年の「理科年表」の暦部に記載されている。太陽の赤緯と同様に，均時差の年ごとの差異は非常に小さいので，毎年ほぼ同様と考えてよい。

日本標準時

観測点の経度による差は15°につき1時間である。わが国では東経135°（明石市）の平均太陽時を日本標準時としている。

計　算　式	備　考
$T - T_m = e$	T：真太陽時
$T_m = T_s + (L - 135°)/15°$	T_m：平均太陽時
	e：均時差
	T_s：日本標準時
$T = T_s + \{(L - 135°)/15°\} + e$	L：経度

1　真太陽時と日本標準時との関係

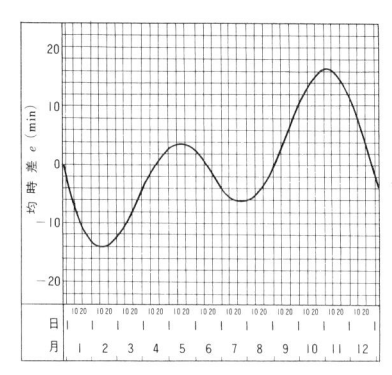

均時差eの近似式
$e ≒ -0.0002786409$
$+ 0.1227715 \cos(W + 1.498311)$
$- 0.1654375 \cos(2W - 1.261546)$
$- 0.005353830 \cos(3W - 1.157100)$
ここで $W = 2\pi Y/365$
Yは1月1日からの通算日

2　均時差の年変化

太陽位置の計算式

太陽位置の計算は緯度φの観測点のある季日δ，ある時刻の太陽の高度hと方位角Aを求めることである。時角tは15°が1時間に相当する。日出および日没時は$h=0$，南中時は$A=0$である。

計　算　式	備　考
(1) $\sin h = \sin\varphi \sin\delta + \cos\varphi \cos\delta \cos t$	h：太陽高度 $-90° \leq h \leq 90°$
(2) $\sin A = \cos\delta \sin t \sec h$	A：太陽方位角 $-180° \leq A \leq 180°$ または $0° \leq A \leq 360°$
(3) $\cos A = (\sin h \sin\varphi - \sin\delta) \sec h \sec\varphi$	t：時角 $-180° \leq t \leq 180°$ または $0° \leq t \leq 360°$
	φ：緯度
	δ：太陽の赤緯

3　太陽位置の計算式

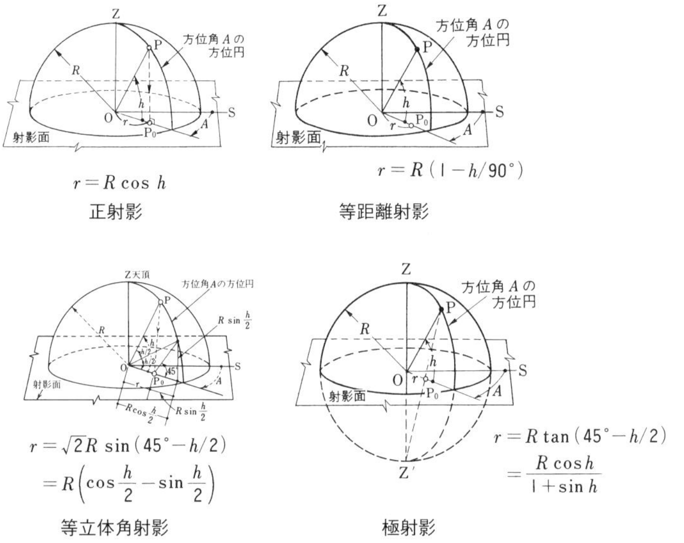

4　射影方式

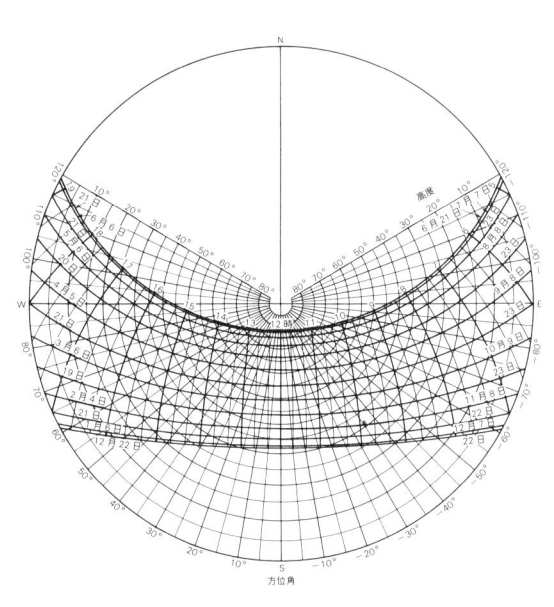

正射影： $r = R \cos h$

等距離射影： $r = R(1 - h/90°)$

等立体角射影： $r = \sqrt{2} R \sin(45° - h/2) = R\left(\cos\dfrac{h}{2} - \sin\dfrac{h}{2}\right)$

極射影： $r = R \tan(45° - h/2) = \dfrac{R \cos h}{1 + \sin h}$

5　太陽位置図（北緯35°　極射影）*1

射影方式

天球上の太陽の位置をP，高度をh，方位角をA，点Pの射影点をP_0，天球の半径をRとすると，射影点P_0と天球の中心点Oとの距離rは，射影方式によって異なる。ただし，いずれの射影方式でも，方位円の射影は，中心点Oと射影点P_0を通り，点Pと同一の方位を持つ直線であり，高度円は中心点Oを中心とする同心円である。

正射影
天球上の点を，射影面に垂直に下ろす方式を正射影という。

等立体角射影
天球の中心に対する天球の部分の立体角と，その部分の射影面積が比例するような方式を等立体角射影という。

等距離射影
射影半径が，天頂距離（90°$-h$）に比例するような方式を等距離射影という。

極射影
天底Z'を視点とし，天球の中心を通る水平面を画面として，天球上の点を透視する方式を極射影という。

太陽位置図
各月日，時刻における天球上のある点から見た太陽の位置（高度h，方位角A）を読み取ることができる。

日照時間の測定
この図のような簡単な形態の建物などの障害物以外は，作図によって描くことは困難であるので，測定点における全天空写真と太陽位置図とを重ね合せて検討することが便利である。

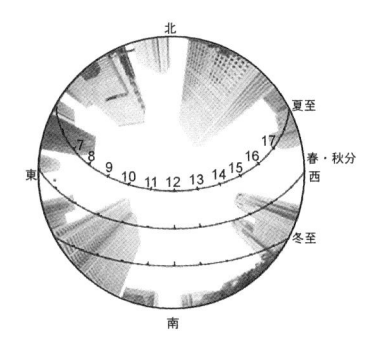

正射影，水平方法（東京）

6　日照時間の測定

---

*1　日本建築学会編：建築設計資料集成1，環境，p.56，丸善，1978.

日影曲線と日ざし曲線

 ①図で水平面T_1に投ずる棒の先端Pの影P_1の軌跡が日影曲線である。長さlの棒の水平面の位置O_1を原点として，点Pの座標を図中に示す。各時刻の太陽高度と方角をp.48の③から計算し，それらをx，yに代入して日影曲線を描くことができる。日ざし曲線は図中の水平面T_2上の点P_2の軌跡を求めたものである。これは，日影曲線のNをSに，EをWに入れかえたものに相当する。

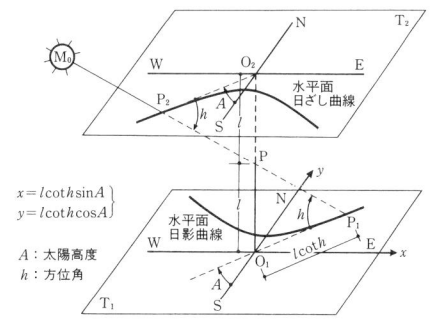

$x = l\cot h \sin A$
$y = l\cot h \cos A$

A：太陽高度
h：方位角

1 日影曲線と日ざし曲線

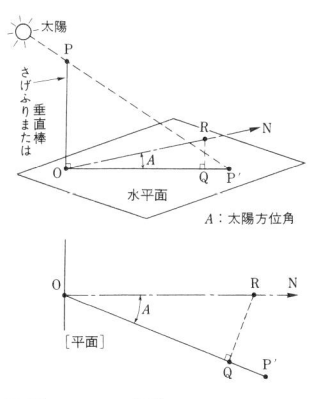

$\overline{OP'}$：影の長さ，$\overline{OQ}$：任意の長さに定める。
p.48の①よりAを求める。
$\overline{QR} = \overline{OQ}\tan A$より$R$点を求める。
$\overline{OR}$が北の方位を示す。

2 真北の定め方の一例

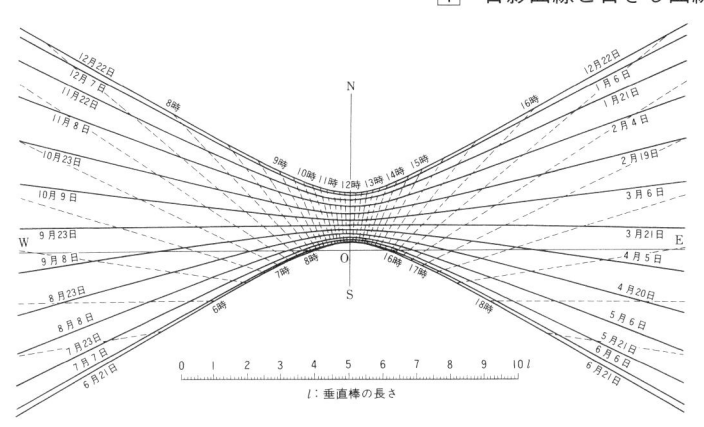

3 年間の水平面日影曲線（北緯35°）[*1]

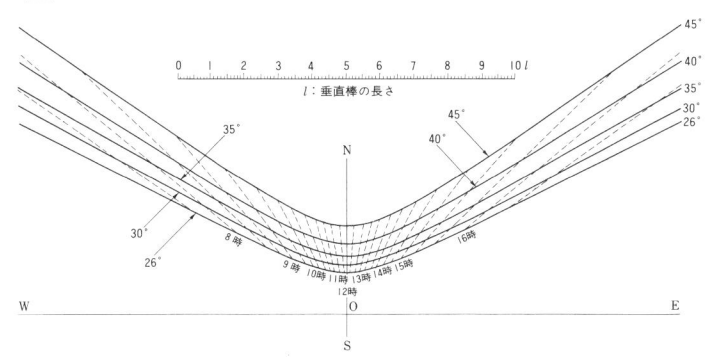

4 経度別の水平面日影曲線（冬至）[*1]

日影図と等時間日影線

 日影図は一般に，ある時間帯について時刻ごとの日影を同じ図上に重ねて描く。これにより建物による日影の1日間の推移や，日影がその周辺におよぼす範囲などを知ることができる。⑤に冬至の日の30分ごとの日影図を示す。建物A点の9時の日影がA_1点となり，$AA_1 // CC_1 // DD_1$で，かつ$AA_1 = CC_1 = DD_1$となるようにA_1，C_1，D_1を定めれば，その輪郭線$A - A_1 - D_1 - C_1 - C$が建物ABCDの9時の日影図である。

 ある一定の時間間隔で描いた日影図の交点を結んだ線（等時間日影線）によって，ある時間数日影になる範囲を示すことができる。⑤で点P_1，P_2はそれぞれ8時と9時，9時と10時の日影線の輪郭線の交点で，1時間だけ日影となる点を示すので，$C - C_1 - D_1 - P_1 - P_2\cdots$を1時間日影線という。

 また，図中の一点鎖線は建物の日出および日没時の日影を示す。北側のハッチした部分は1日中日影となる範囲で，これを終日日影または終日影という。

日影時間図

 これはある時間ごとに等時間日影線を描いた図である。複数棟の場合は，⑦のように建物から離れた部分にその周辺よりも日影となる時間が長い島日影と呼ばれる部分ができることがある。

終日日影，永久日影

 ⑧に示すようなコの字形の平面をもつ建物では，その方向と高さによっては，夏至の日でも終日日影を生じることがある，すなわち，1年中日が当たらない部分ができる。これを永久日影または恒久日影という。

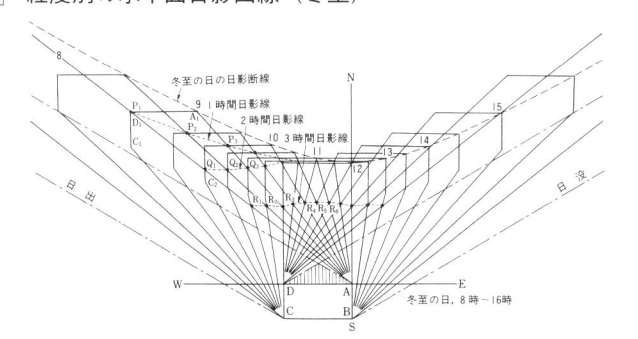

5 日影図と等時間日影線（北緯35°）

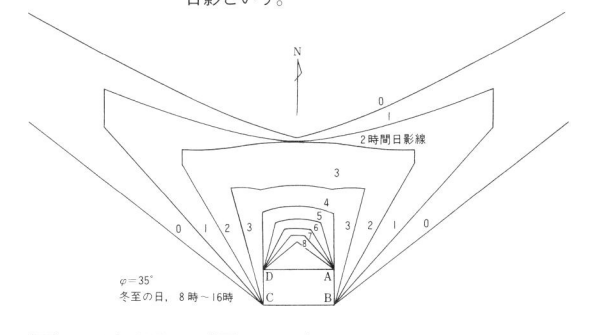

6 日影時間図（⑤による）

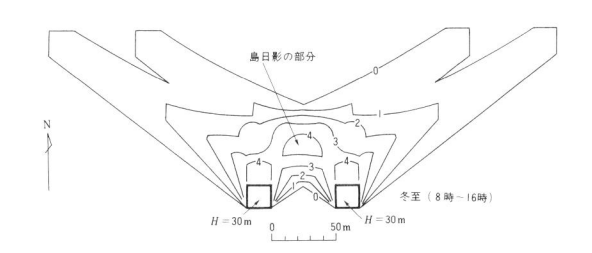

7 2棟の建物による日影時間図の例（北緯35°）[*2]

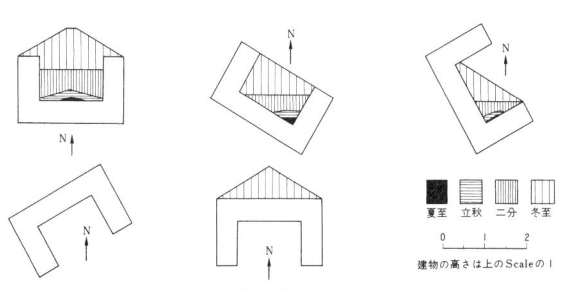

8 終日日影例（北緯35°）[*2]

[*1] 日本建築学会編：建築設計資料集成1，環境，p.58，丸善，1978．
[*2] 日本建築学会編：建築設計資料集成2，pp.28～32，丸善，1972．

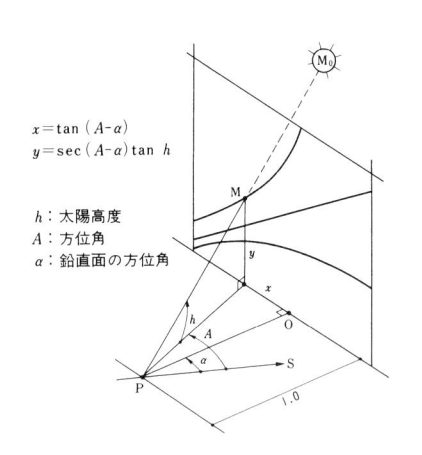

50　光環境　　日ざし曲線・日照の検討

$x = \tan(A-\alpha)$
$y = \sec(A-\alpha)\tan h$

h：太陽高度
A：方位角
α：鉛直面の方位角

[1] 鉛直面日ざし曲線説明図

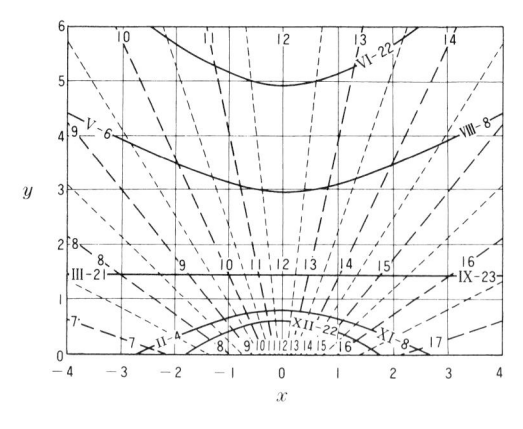

[2] 南向鉛直面日ざし曲線（北緯35°）*1

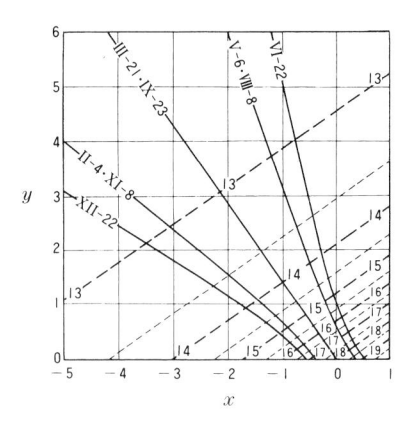

[3] 西向鉛直面日ざし曲線（北緯35°）*1

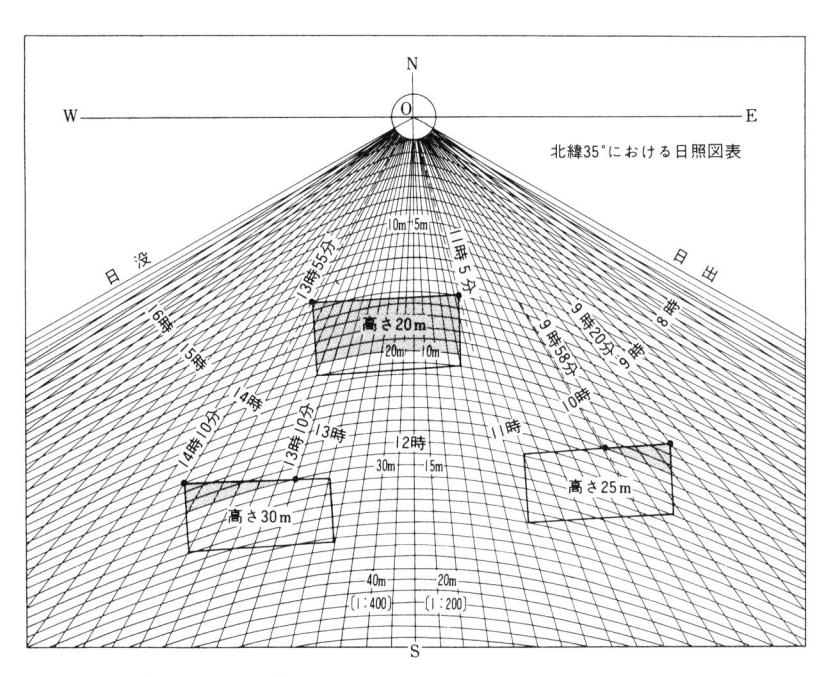

[4] 日照図表による検討（陸屋根）

鉛直面日ざし曲線

説明図に示すように，点Pに達する太陽光線と，この点より太陽のある側に単位距離にある鉛直面との交点の軌跡が日ざし曲線である。これは点Pを中心にして太陽の日周軌道を鉛直面上に射影したものである。太陽位置Mを点Pから垂直に下した点Oを原点として，座標を図中に示す。この場合も，各時刻の太陽高度と方位角をp.48の[3]から計算して作図することができる。これらの日ざし曲線は障害物による日照障害を検討するのに便利である。また鉛直面日ざし曲線の上下が逆になるように裏返せば，鉛直面日影曲線となり，鉛直壁面上の日照の有無の検討に利用できる。

日照図表による検討

検討する地点に緯度に合う日照図表を選び，その図表の縮尺で建物の配置図などを描き，図中の検討点を図表の点Oに方位を合わせて重ねる。対象となる建物の高さに相当する日ざし曲線を見出せば，その曲線より北側の建物部分が太陽光線と建物との交わりとなり，これをはさむ時刻線の間が日影となる時間である。例えば，[4]の高さ20mの建物によるO点の日影時間は，11時5分から13時55分までの合計2時間50分である。

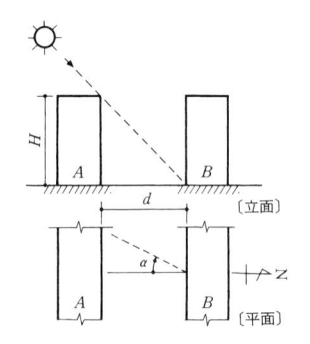

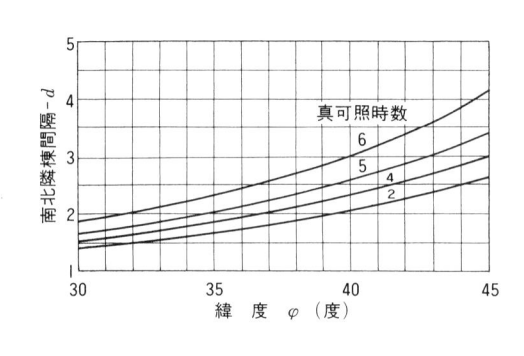

[5] 真可照時数と並列建物の南北隣棟間隔 d（南方建物高を単位として）との関係（冬至）*2

南北の隣棟間隔

東西方向に充分長い建物が，南北に平行に配置されている場合の隣棟間隔を考える。隣棟間隔を d とし，南側の建物の高さ H を単位として表したのが[5]である。

---

*1　日本建築学会編：建築設計資料集成2，p.28，丸善，1972.
*2　渡辺 要：建築計画原論第1，p.164，森北出版，1951.

室内の日当たり

1 は窓から入射する直射日光による各時刻の床上受照部を描き、それらの包絡線を描いて、1日間の推移を示したものである。南向きの開口によるものは、夏季に直射日光の受照面積が小さく、冬季にはその面積が大であることが認められる。

直射日光遮蔽の検討

2 水平に設けたひさしABCDの下の点Oに対する遮蔽効果を検討する。点Oを中心として、利用する太陽位置図の半径に等しい半径の天球面を設定して、点Oを視点とひさしの透視図a′b′c′d′を天球面上に描く。次に、この天球の下方の極点Qを視点として、点Oを含む水平面上にa′b′c′d′の透視図abcdを描けば、これがひさしABCDの極射影図となる。ひさしの極射影図を太陽位置図と方位を合せて重ねると、ひさしによって日照が遮られる時間が読み取れる。太陽位置図の中にひさしの極射影を直接描き込んでも良い。

3 水平ルーバーは、基本的にひさしの場合と同様である。4 の縦形ルーバーは点Bと点Fの双方における遮蔽効果を検討したものである。

5 は格子ルーバーの羽根板が傾斜している場合を示す。羽根板（フィン）が水平の場合は 3 と 4 の双方の効果と考えれば良い。

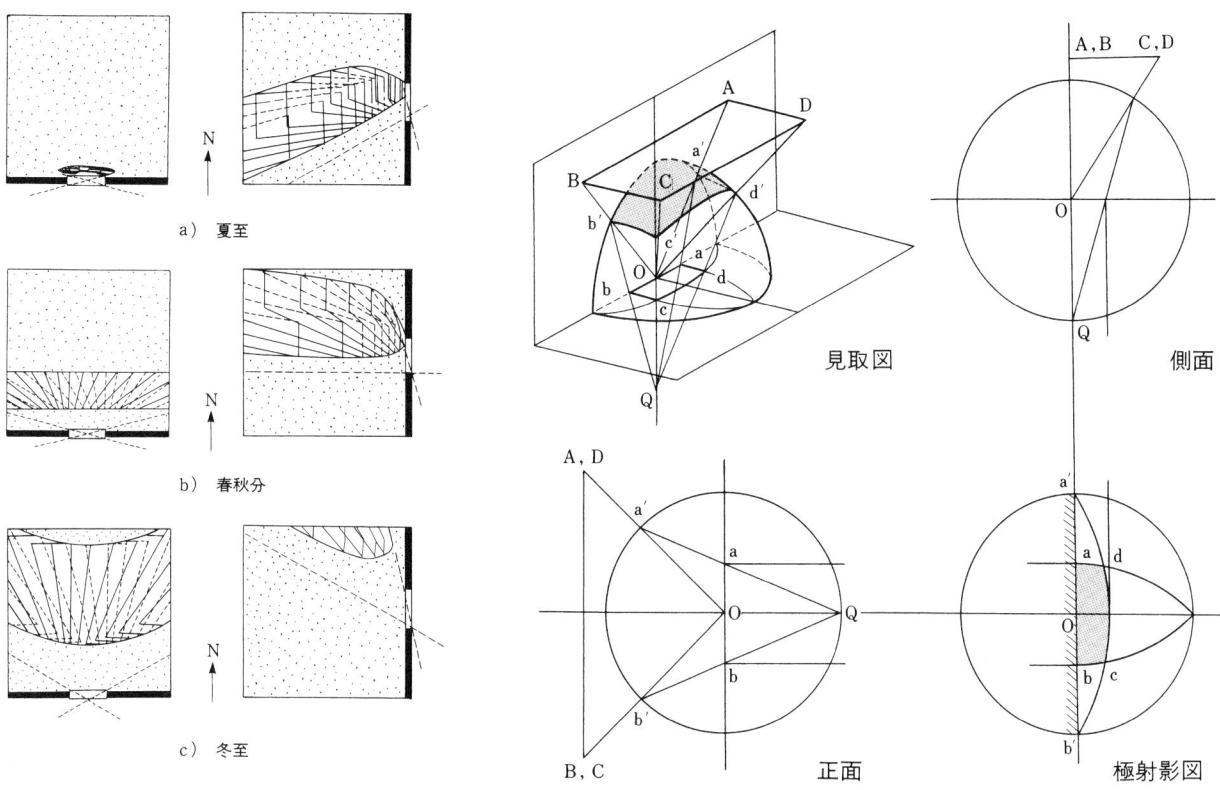

1 鉛直長方形窓による床上受照部作図例（北緯35°）[*1]
 a) 夏至
 b) 春秋分
 c) 冬至

2 ひさしによる直射日光遮蔽効果の検討 [*2]

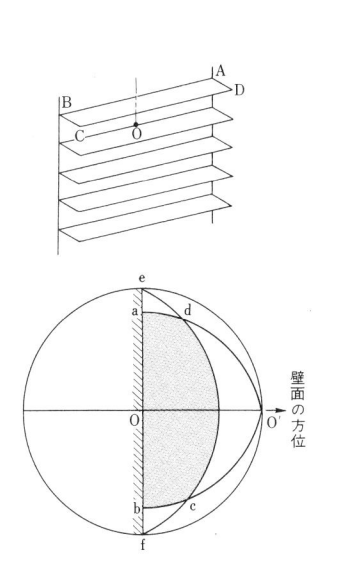

3 水平ルーバーによる直射日光遮蔽の検討 [*2]

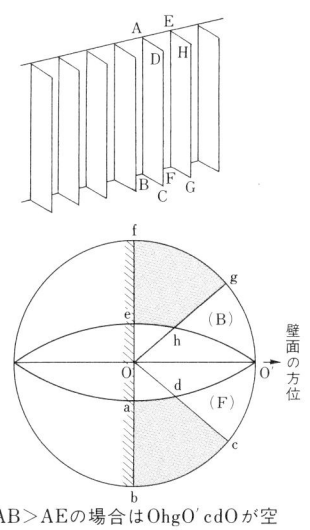

4 縦形ルーバーによる直射日光遮蔽の検討 [*2]
 AB＞AEの場合はOhgO′cdOが空の見える範囲となる

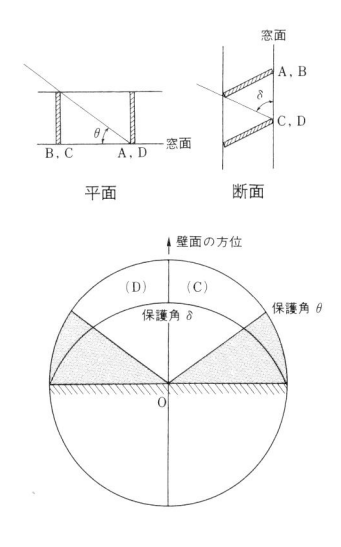

5 格子ルーバーによる直射日光遮蔽の検討 [*2]

*1 日本建築学会編：建築設計資料集成2, p.32, 丸善, 1972.
*2 日本建築学会編：建築設計資料集成1, 環境, p.69, 丸善, 1978.

52 光環境　日影規制と採光規定

建築基準法の日影規制（法第56条の二）
- この項目は概要を解説するものであり，必ず法・政令などを確認すること。建築物が隣地に及ぼす日影の影響は1日の日影時間で規制される。日影時間は冬至日の，真太陽時の真太陽時の8時から16時（北海道は9時から15時）の間において検討する。

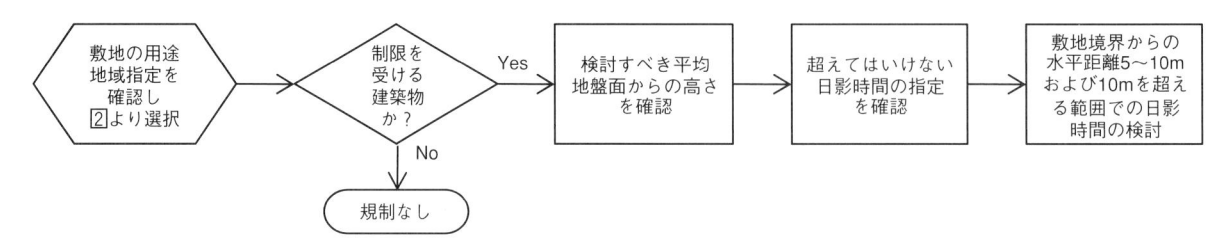

```
┌─────────┐      ┌──────┐         ┌──────────┐    ┌──────────┐    ┌──────────┐
│敷地の用途│      │制限を│  Yes    │検討すべき│    │超えてはい│    │敷地境界から│
│地域指定を│─────▶│受ける│────────▶│平均地盤面│───▶│けない日影│───▶│の水平距離  │
│確認し   │      │建築物│         │からの高さ│    │時間の指定│    │5～10mおよび│
│2より選択│      │か？  │         │を確認    │    │を確認    │    │10mを超える │
└─────────┘      └──────┘         └──────────┘    └──────────┘    │範囲での日影│
                    │No                                             │時間の検討  │
                    ▼                                               └──────────┘
                ┌──────┐
                │規制なし│
                └──────┘
```

1 日影規制の検討手順

地域又は区域	制限を受ける建築物	平均地盤面からの高さ	敷地境界線からの水平距離と超えてはいけない日影時間（括弧内は北海道）	
			5～10mの範囲	10mを超える範囲
第1種低層住居専用地域又は第2種低層住居専用地域	軒の高さが7mを超える建築物又は地階を除く階数が3以上の建築物	1.5m	（一）3時間（2時間） （二）4時間（3時間） （三）5時間（4時間）	2時間（1.5時間） 2.5時間（2時間） 3時間（2.5時間）
第1種中高層住居専用地域又は第2種中高層住居専用地域	高さが10mを超える建築物	4m又は6.5m	（一）3時間（2時間） （二）4時間（3時間） （三）5時間（4時間）	2時間（1.5時間） 2.5時間（2時間） 3時間（2.5時間）
第1種住居地域 第2種住居地域 準住居地域 近隣商業地域又は準工業地域	高さが10mを超える建築物	4m又は6.5m	（一）4時間（3時間） （二）5時間（4時間）	2.5時間（2時間） 3時間（2.5時間）
用途地域の指定のない区域	イ　軒の高さが7mを超える建築物又は地階を除く階数が3以上の建築物	1.5m	（一）3時間（2時間） （二）4時間（3時間） （三）5時間（4時間）	2時間（1.5時間） 2.5時間（2時間） 3時間（2.5時間）
	ロ　高さが10mを超える建築物	4m	（一）3時間（2時間） （二）4時間（3時間） （三）5時間（4時間）	2時間（1.5時間） 2.5時間（2時間） 3時間（2.5時間）

（注）1．表のうち，制限を受ける建築物のイ・ロ，複数示された平均地盤面からの高さ，超えてはいけない日影時間の（一）（二）（三）は，地方公共団体がその地域の気候，風土，土地利用状況を勘案して条例でいずれかを指定する
（注）2．敷地の周囲状況（道路，川，敷地との高低差）による緩和は政令で定められる

2 日影による中高層の建築物の制限[*1]

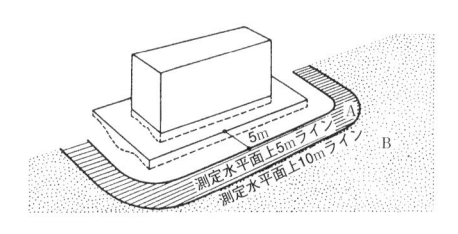

3 日影を検討する範囲[*2]

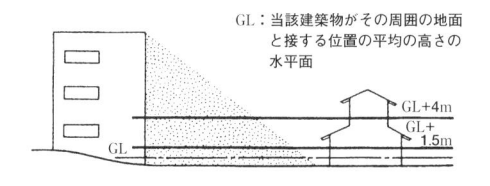

4 日影を検討する水平面の高さイメージ[*2]

居室の採光規定（法第28条第1項，施行令第19条・20条）
- この項目は概要を解説するものであり，必ず法・政令などを確認すること。
- 採光に有効な部分の面積は，各開口部の面積に採光補正係数6を乗じて得た面積を，居室ごとに合計して算定。採光補正係数6は天窓では3倍，幅90cm以上の縁側がある場合は0.7倍とする。3.0が最大値である。
- 表に示す後退距離は道に面する場合は反対側の境界線，公園・広場・川などに面する場合は幅の1/2だけ隣地境界線の外側まで，または同一敷地内の対向する建築物などまでの水平距離とする。
- 採光規定は採光を目的としたものであるが，居室の開口部の外側に空間を確保する規定としても機能している。

	居室の種類	割合
(1)	幼稚園，小学校，中学校，高等学校又は中等教育学校の教室	1/5
(2)	保育所の保育室	
(3)	住宅の居室	1/7
(4)	病院又は診療所の病室	
(5)	寄宿舎の寝室又は下宿の宿泊室	
(6)	児童福祉施設等の寝室のうち入所者が使用するもの，保育所を除く児童福祉施設等の居室のうち入所・通所者に対する保育，訓練，便宜供与等のために使用されるもの	
(7)	(1)に掲げる学校以外の学校の教室	1/10
(8)	病院，診療所及び児童福祉施設等の居室のうち入院患者又は入所者の談話，娯楽等に使用されるもの	

5 居室の種類と採光に有効な開口部の床面積に対する最低必要割合[*3]

d：開口部の隣地境界線からの後退距離
h：建物の頂部から開口部の中心までの垂直距離

用途地域	採光補正係数	全開口が補正係数1以上となる後退距離
住居系	$6d/h-1.4$	7m以上
工業系	$8d/h-1$	5m以上
商業系	$10d/h-1$	4m以上

6 採光補正係数[*4]

[*1] 建築基準法　第56条の二，別表第四より作成
[*2] 日本建築学会編：建築設計資料集成1，環境，p.55，丸善，1978．
[*3] 建築基準法第28条，同施行令第19条より作成
[*4] 建築基準法施行令第20条より作成

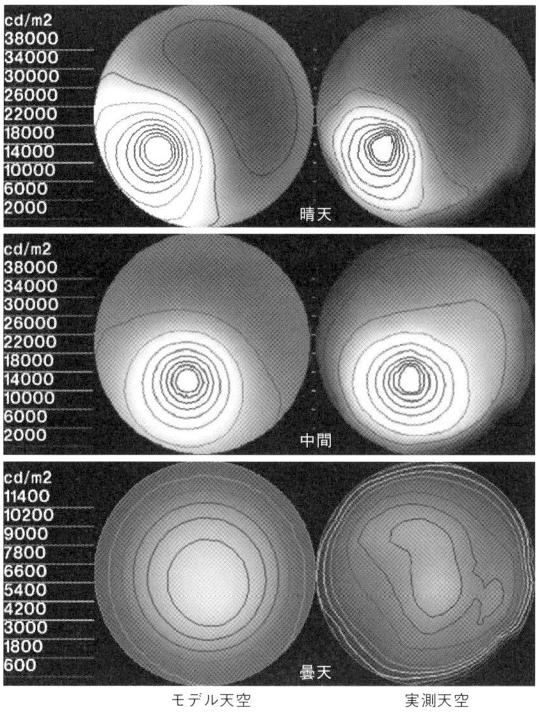

昼光光源　光環境

分類	a	b	c	d	e	CIE標準一般天空の式
1	4	−0.7	0	−1	0	$\dfrac{L_a}{L_{za}} = \dfrac{f(\zeta)\cdot\phi(Z)}{f(Z_s)\cdot\phi(0)}$
2	4	−0.7	2	−1.5	0.15	$\phi(Z)=1+a\cdot\exp(b/\cos Z)$
3	1.1	−0.8	0	−1	0	$f(\zeta)=1+c\{\exp(d\cdot\zeta)$
4	1.1	−0.8	2	−1.5	0.15	$\quad -\exp(d\cdot\pi/2)\}+e\cdot\cos^2\zeta$
5	0	−1	0	−1	0	L_a：天空輝度 [cd/m²]
6	0	−1	2	−1.5	0.15	L_{za}：天頂輝度 [cd/m²]
7	0	−1	5	−2.5	0.3	Z：天空要素の天頂角
8	0	−1	10	−3	0.45	Z_s：太陽の天頂角
9	−1	−0.55	2	−1.5	0.15	ζ：天空要素と太陽との角距離 [rad]
10	−1	−0.55	5	−2.5	0.3	$f(\zeta)$：散乱関数
11	−1	−0.55	10	−3	0.45	$\phi(Z)$：天空要素の高度に関する輝度の階調関数
12	−1	−0.32	10	−3	0.45	CIE標準晴天空
13	−1	−0.32	16	−3	0.3	
14	−1	−0.15	16	−3	0.3	
15	−1	−0.15	24	−2.8	0.15	
16						CIE標準曇天空

1 天空の輝度分布とCIE標準一般天空

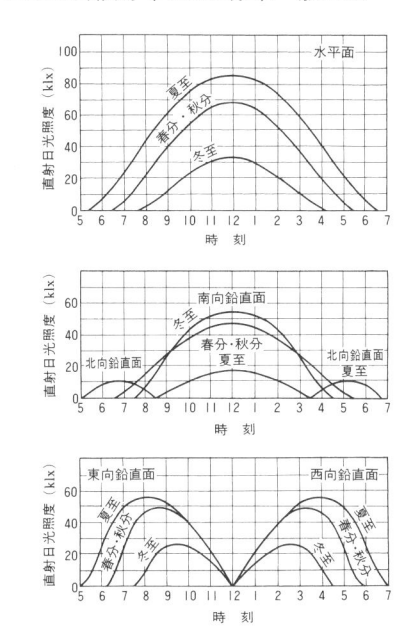

2 直射日光照度（$p=0.7$）

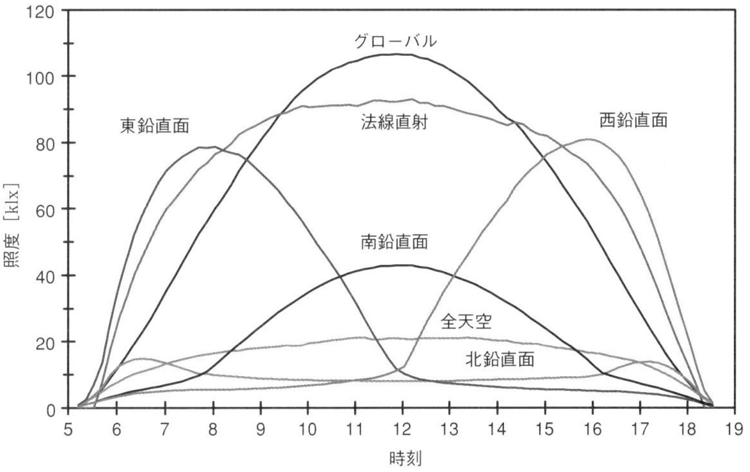

3 よく晴れた日の各面の照度の実測例（2006/05/03 大阪）

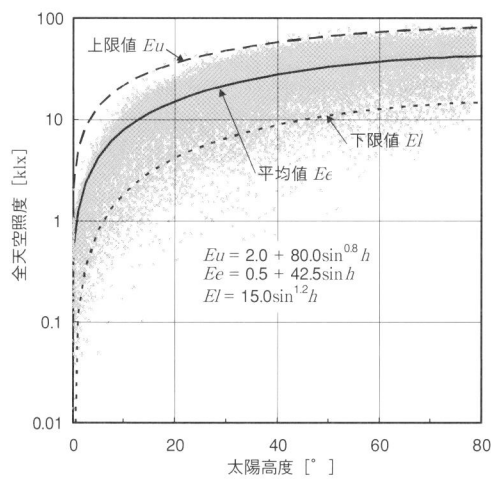

$E_u = 2.0 + 80.0\sin^{0.8}h$
$E_e = 0.5 + 42.5\sin h$
$E_l = 15.0\sin^{1.2}h$

4 全天空照度の上限値・下限値および平均値と2008年大阪測定値

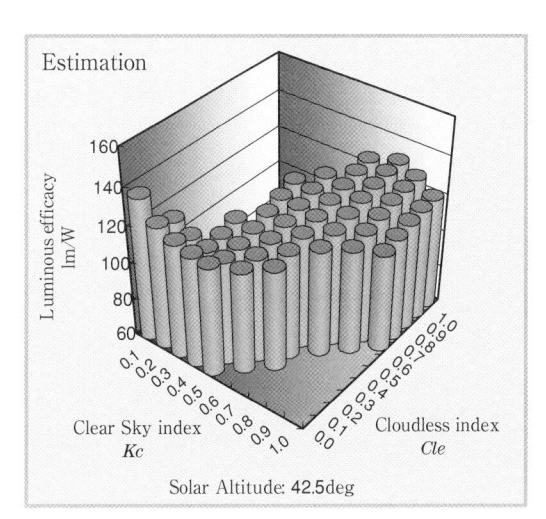

5 全天空照度の発光効率（$h=35°$）

54　光環境　人工照明

		定格電力[W]	全光束[lm]	ランプ効率[lm/W]	色温度[K]	平均演色評価数Ra	定格寿命[h]	光源の特徴	主な照明用途
電球	白熱電球	57～60	705～840	12～14	2 850	100	1 000～2 000	暖かい光色。演色性良。小型、軽量。白熱：瞬時点灯。熱線多。安価。ハロゲン：光色良、高出力、高集光性	店舗、応接室、ホテル、レストラン。白熱：住宅。ハロゲン：スタジオ。
	ハロゲン電球	50～100	900～1 600	16～19	3 000	100	1 500～2 000		
蛍光ランプ	普通型ラピッドスタート 白色	36	3 000	83	4 200	61	12 000	高効率。長寿命。光色、演色性豊富。普通型・3波長型：比較的安価。高演色、連続調光可能。低輝度拡散光。コンパクト型：小型、連続調光可能。高輝度。高周波点灯型：高出力点灯切替可能。ちらつき無し。連続調光可能。管径がスリム。電球型：電球ソケットに取付可能。低輝度拡散光。比較的小型。	店舗。普通型・3波長型：事務所、住宅、工場（低天井）、街路。コンパクト型：オフィス（共用部等）、住宅。高周波点灯型：オフィス、工場、コミュニティ施設、トンネル。電球型：住宅、ホテル、レストラン、遊技場。
	3波長域発光型ーコンパクト型（高周波点灯型）昼白色	37ー18～55（32～86ー42～45）	3560ー1 040～4 500（3 520～9 200ー3 200～4 350）	96ー57～82（110ー76～97）	5 000	84	12 000ー6 000～9 000（12 000ー10 000～12 000）		
	電球型 電球色	8～21	485～1 370	61～68	2 800	84	6 000		
HIDランプ	水銀ランプ	400	20 500	51	5 800	23	12 000	長寿命。青白色の光色。	公園、広場、庭園。
	蛍光水銀ランプ	500	22 000	55	4 100	44	12 000	長寿命。HID中で比較的安価。	道路、街路、工場、スポーツ施設。
	メタルハライドランプ	150～400	10 500～38 000	70～95	3 800～4 300	70～96	6 000～9 000	高効率。高出力。演色性の種類豊富。HID中で演色性良。点灯方向に制限付の場合有り。	スポーツ施設、店舗、工場（高天井）、コミュニティ施設。
	高圧ナトリウムランプ	360～400	23 000～47 500	58～132	2 100～2 500	25～85	9 000～18 000	高効率。高出力。長寿命。黄白色の光色。	道路、街路、スポーツ施設、工場（高天井）、店頭。
LED	青色LED＋黄蛍光体 昼白色	数W/個配列数に依存	～数百W/個配列数に依存	～80	5 000	～80	20 000～数万	高効率。長寿命。小型、軽量。光色豊富。出力、演色性は電球、蛍光灯に比べ低。瞬時点灯。調光可能。	住宅、店舗、街路など。

[1] 照明用人工光源の主な特性、特徴、用途[*1]

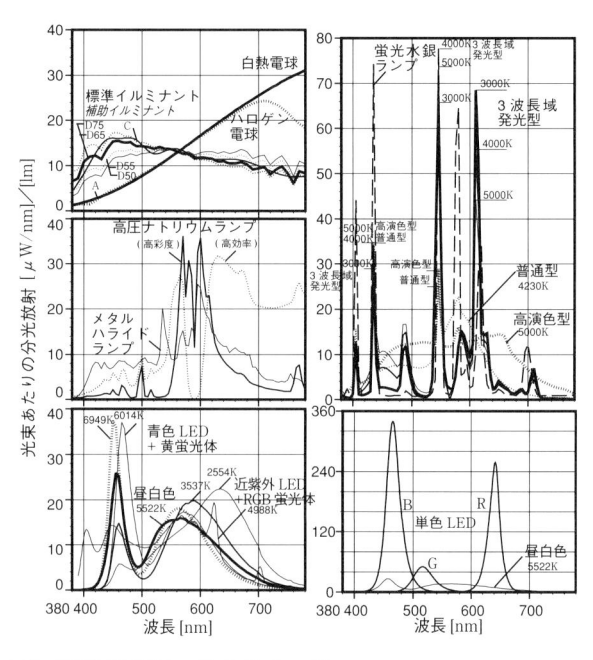

[2] 照明用光源の分光分布の例

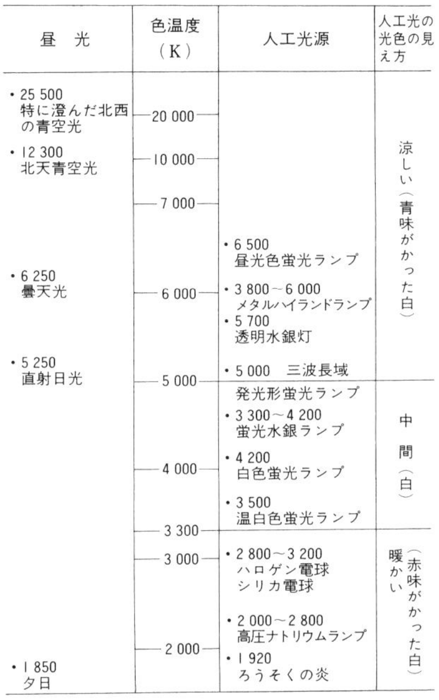

[3] 照明用光源の色温度と光色の見え方[*2]

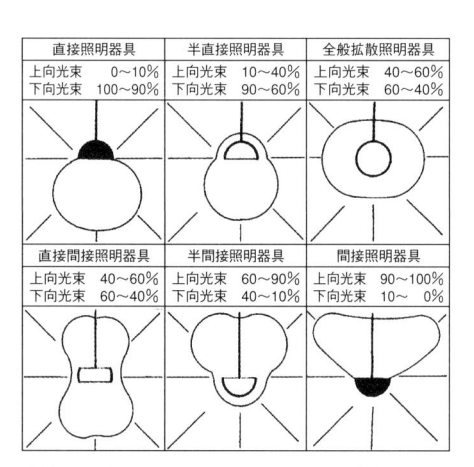

[4] 配光による照明器具の分類[*3]

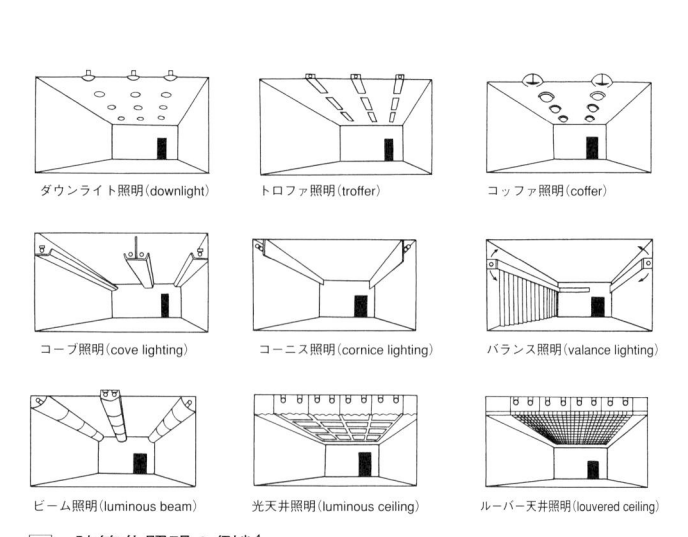

直接照明器具	半直接照明器具	全般拡散照明器具
上向光束 0～10% 下向光束 100～90%	上向光束 10～40% 下向光束 90～60%	上向光束 40～60% 下向光束 60～40%
直接間接照明器具	半間接照明器具	間接照明器具
上向光束 40～60% 下向光束 60～40%	上向光束 60～90% 下向光束 40～10%	上向光束 90～100% 下向光束 10～0%

[5] 建築化照明の例[*4]

ダウンライト照明(downlight)　トロファ照明(troffer)　コッファ照明(coffer)
コーブ照明(cove lighting)　コーニス照明(cornice lighting)　バランス照明(valance lighting)
ビーム照明(luminous beam)　光天井照明(luminous ceiling)　ルーバー天井照明(louvered ceiling)

[*1] 照明学会編：新・照明教室，照明の基礎知識中級編（改訂版），pp.17～18，2005などより作成．
[*2] 日本建築学会編：設計計画パンフレット30，昼光照明の計画，p.21，彰国社，1985．
[*3] 日本建築学会編：設計計画パンフレット23，照明設計，p.34，彰国社，1975．
[*4] 東宮 伝：照明の計画とデザイン，オーム社，1966，p.101の図などより作成．

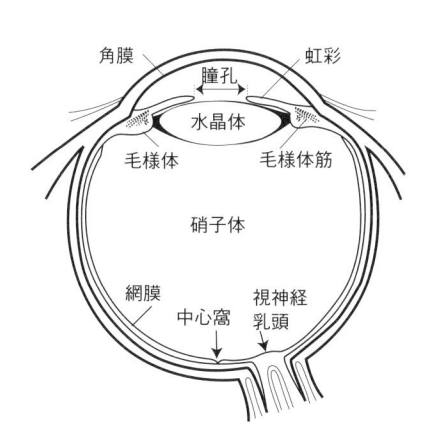

視覚と視覚特性　光環境　55

① 眼球の構造（右眼の水平断面）

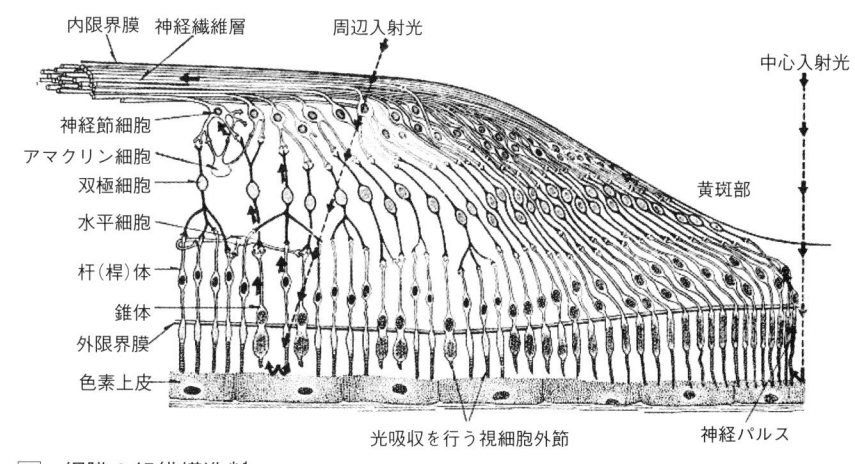

② 網膜の組織構造[*1]

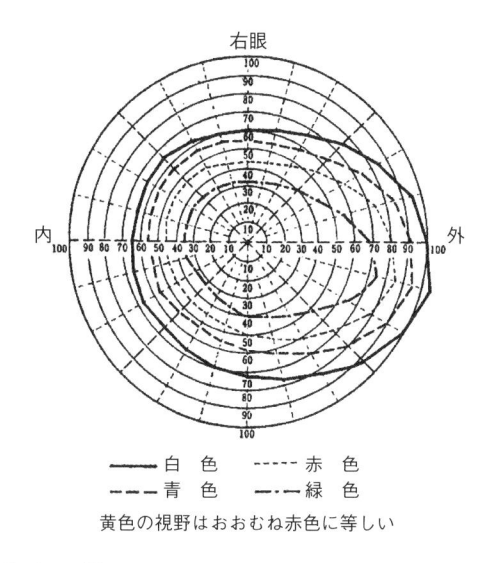

③ 視野[*2]

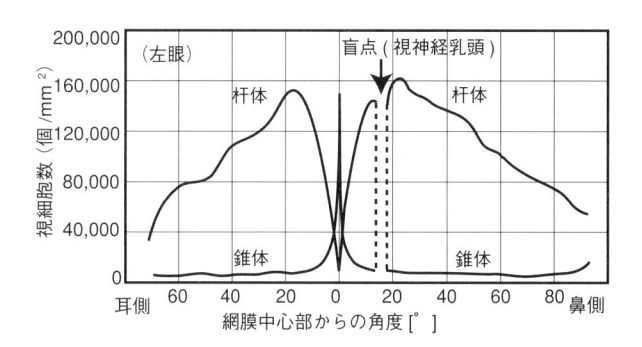

黄色の視野はおおむね赤色に等しい

── 白色　---- 赤色
--- 青色　-·- 緑色

④ 網膜上の細胞密度

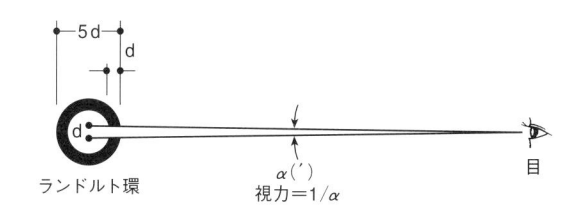

⑤ 視力[*3]

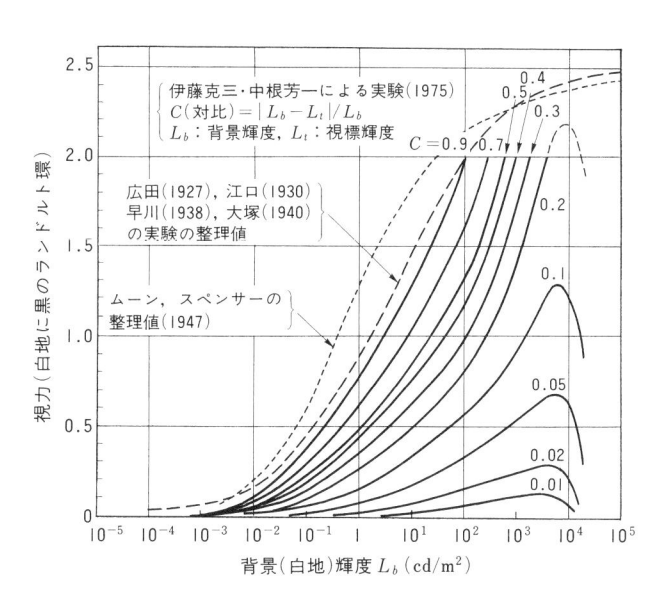

視力＝$1/\alpha$

⑥ 明るさと視力と対比[*4]

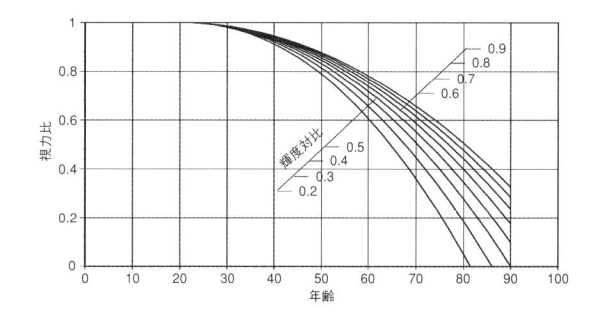

伊藤克三・中根芳一による実験(1975)
C(対比)＝$|L_b - L_t|/L_b$
L_b：背景輝度，L_t：視標輝度

広田(1927)，江口(1930)
早川(1938)，大塚(1940)
の実験の整理値

ムーン，スペンサーの整理値(1947)

視力(白地に黒のランドルト環)

背景(白地)輝度 L_b (cd/m²)

⑦ 年齢と視力比[*5]

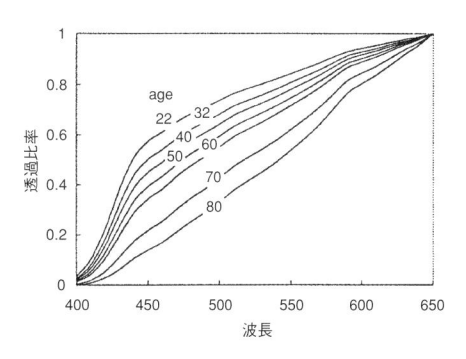

⑧ 水晶体加齢モデルによる各年齢の分光透過率[*6]

*1　池田光男：視覚の心理物理学，森北出版，1995.
*2　日本建築学会編：設計計画パンフレット30，p.65，彰国社，1985.
*3　日本建築学会編：建築設計資料集成1，p.72，丸善，1978.
*4　日本建築学会編：設計計画パンフレット30，p.17，彰国社，1985.
*5　CIE TR 145 (2002) より作成
*6　岡島ほか：照明学会誌，82-8A，pp.564〜572，1998.

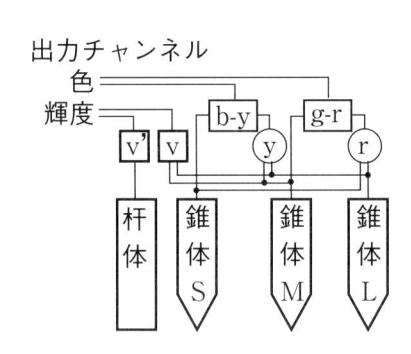

56　光環境　視覚特性と採光量

1　色覚モデル（段階説）

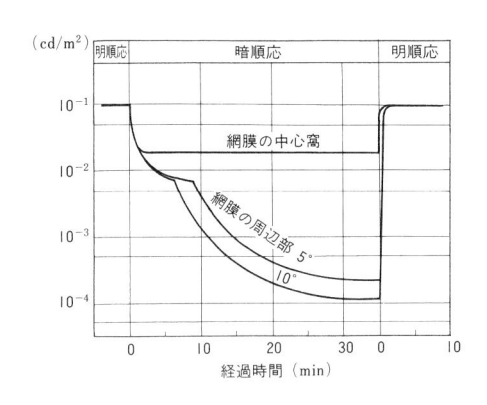

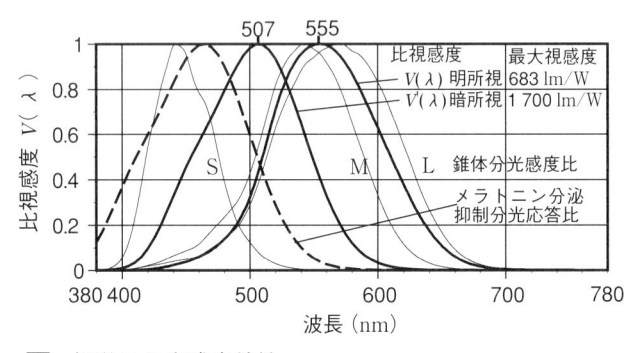

2　視覚の分光感度特性

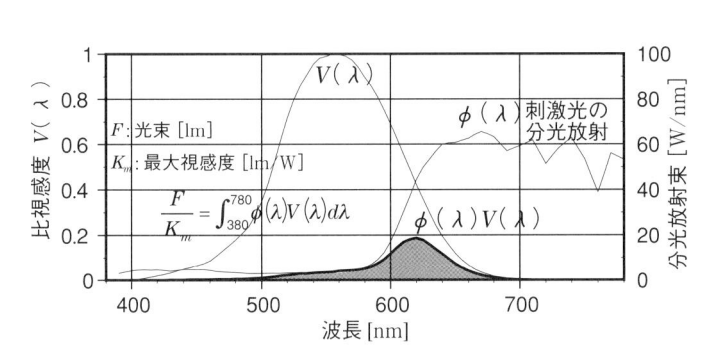

比視感度 $V(\lambda)$ 明所視　最大視感度 683 lm/W
$V'(\lambda)$ 暗所視　1 700 lm/W
錐体分光感度比
メラトニン分泌抑制分光応答比

3　順応の過程[*1]

明順応　暗順応　明順応
網膜の中心窩
網膜の周辺部 5°
10°
経過時間 (min)

4　光束と放射束

F：光束 [lm]
K_m：最大視感度 [lm/W]
$$\frac{F}{K_m} = \int_{380}^{780} \phi(\lambda)V(\lambda)d\lambda$$
$\phi(\lambda)$：刺激光の分光放射
$\phi(\lambda)V(\lambda)$

5　測光量

測光量	記号	定義	単位	単位記号	次元
光束	F	標準視感度に基づき重み付けをした放射束 $F = K_m \cdot \int_{380}^{780} \phi(\lambda) \cdot V(\lambda) \cdot d\lambda$ （K_m：最大視感度（683 lm/W） $\phi(\lambda)$：単位波長あたりの放射束 $V(\lambda)$：標準比視感度（W/nm） λ：波長（nm））	ルーメン lumen	lm	lm
照度	E	単位面積あたりの入射光束 $E = \dfrac{dF}{dS}$ （S：受照面の面積（m²））	ルクス lux	lx	lm/m²
光束発散度	M	単位面積あたりの発散光束 $M = \dfrac{dF}{dS}$ （S：光束を発散している面の面積（m²））	ルーメン毎平方メートル lumen/m²	lm/m²	lm/m²
光度	I	点光源からの単位立体角あたりの発散光束 $I = \dfrac{dF}{d\omega}$ （ω：立体角（sr））	カンデラ candela	cd	lm/sr
輝度	L	光束発散面のある方向への単位投影面積あたりの光度 $L = \dfrac{dI}{dS \cdot \cos\theta}$ （θ：投影方向と面の法線とがなす角）	カンデラ毎平方メートル candela/m²	cd/m²	lm/m²・sr

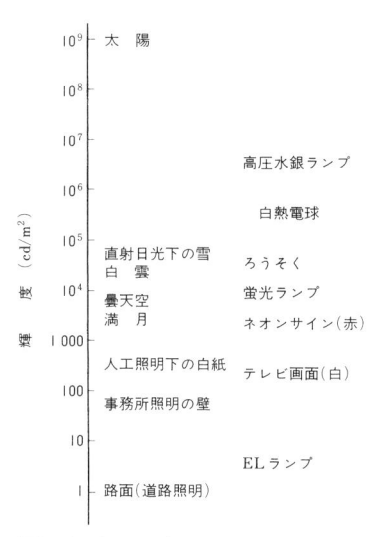

6　輝度の目安

太陽
高圧水銀ランプ
白熱電球
直射日光下の雪／白雲　ろうそく
曇天空　蛍光ランプ
満月　ネオンサイン（赤）
人工照明下の白紙　テレビ画面（白）
事務所照明の壁
ELランプ
路面（道路照明）

7　照度の目安[*2]

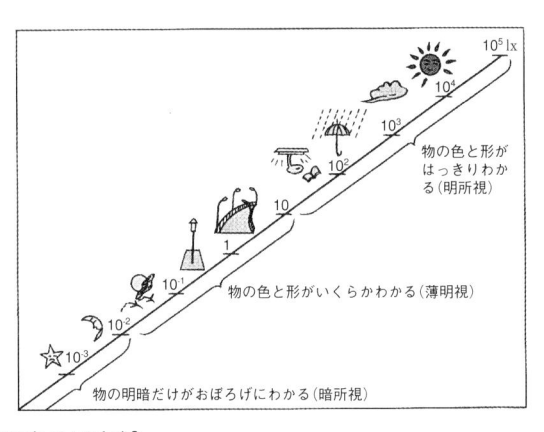

物の色と形がはっきりわかる（明所視）
物の色と形がいくらかわかる（薄明視）
物の明暗だけがおぼろげにわかる（暗所視）

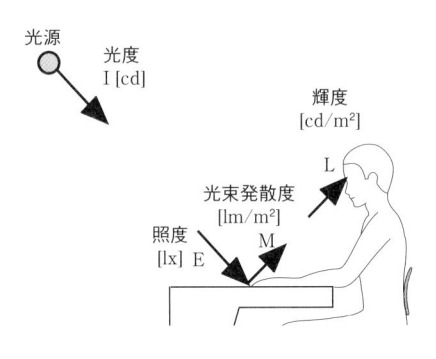

8　測光量の種類と役割（例）

光源　光度 I [cd]
輝度 [cd/m²] L
光束発散度 [lm/m²] M
照度 [lx] E

*1　日本建築学会編：建築設計資料集成1，環境，p.72，丸善，1978．
*2　照明学会編：最新やさしい明視論，p.70，1977．

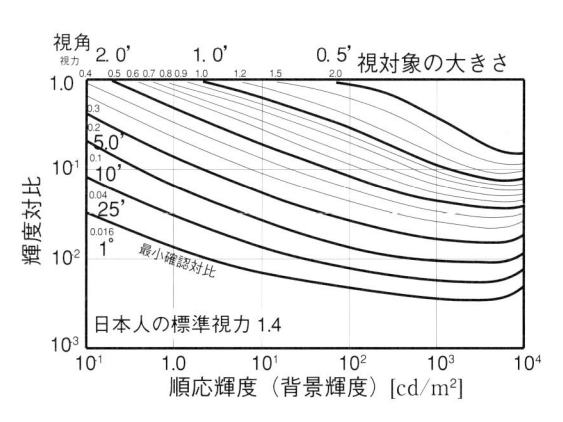

視環境評価　　光環境

1 標準等視力曲線*1

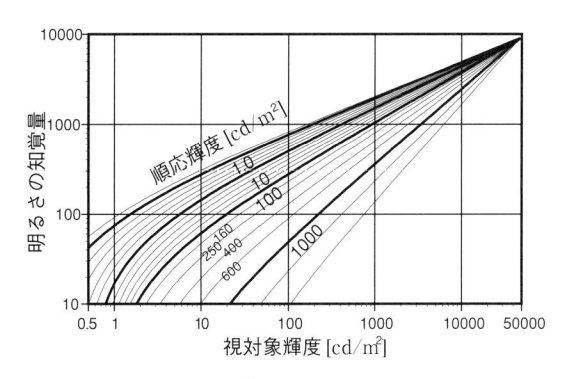

2 明るさの知覚量*2

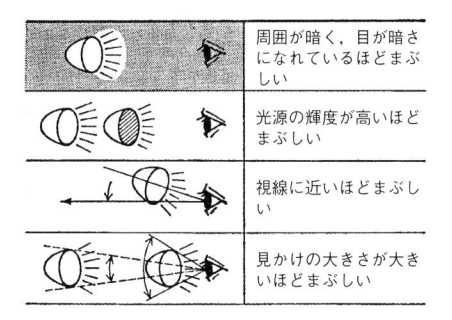

3 光源によるグレアの程度*3

UGR（Unified Glare Rating）
統一グレア評価

$$UGR = 8 \log \left(\frac{0.25}{L_b} \sum \frac{L^2 \omega}{p^2} \right)$$

背景輝度　L_b　[cd/m²]
光源輝度　L　[cd/m²]
ポジションインデックス　p
光源の立体角　ω　[sr]

UGR値	グレアの程度
28	ひどすぎると感じ始める
25	不快である
22	不快であると感じ始める
19	気になる
16	気になると感じ始める
13	感じられる

4 大面積光源のグレア*4

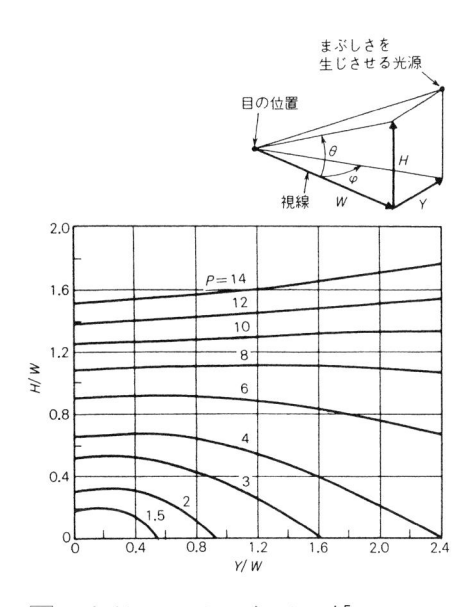

5 ポジションインデックス*5

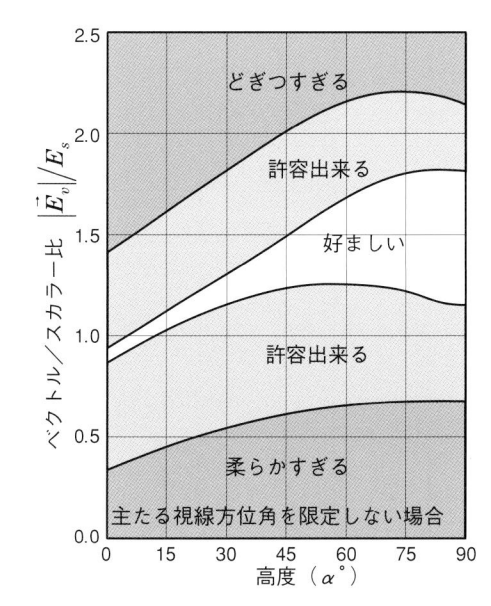

6 人の顔のモデリングに対する主観評価*6

スカラー照度
$$E_s = \frac{\int_S E_{ds} dS}{S}$$
dS　球面上の微小面の面積
S　球面の面積
E_{ds}　微小面の照度

ベクトル照度
$$|\vec{E_v}| = \max |E'_{ds} - E_{ds}|$$
ベクトルの向きは照度差が最大の時の　高→低　の方向

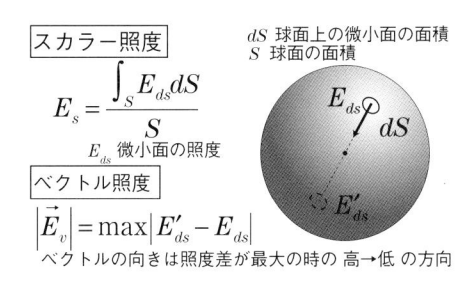

7 ベクトル照度・スカラー照度

*1　中根ほか：日本建築学会計画系論文集，229, pp.101〜109, 1975.
*2　小林ほか：日本建築学会計画系論文集，178, pp.83〜92, 1970.
*3　照明学会編：最新やさしい明視論, p.10, 1977.
*4　CIE Technical Report, 117, 1995より作成
*5　IES：Lighting Handbook, 4th edition, pp.2〜19, 1966.
*6　Cuttle, C. et al.：Beyond the working plane, CIE Proceedings Session of the CIE, Washington, p.480, 1967.

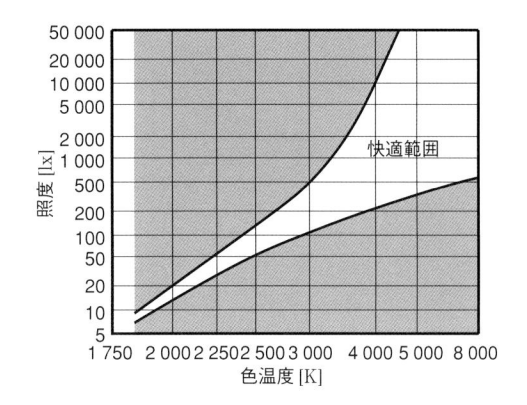

光環境　視環境評価と光環境

1　色温度と照度の組合せ[*1]

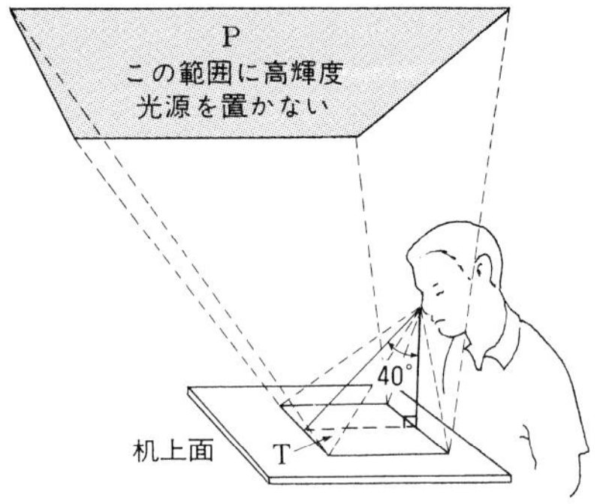

2　反射グレアを生じさせない光源位置

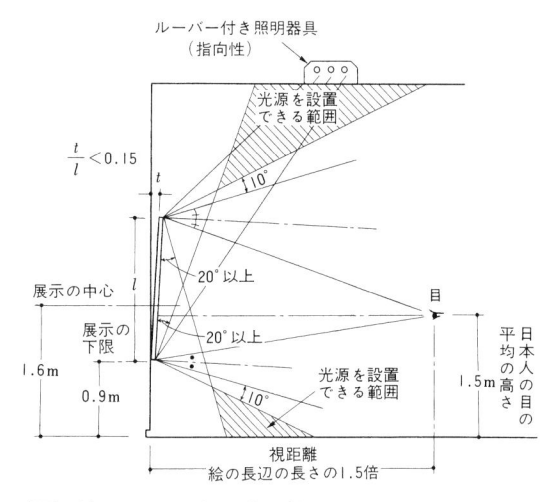

3　絵画展示の光源設置位置

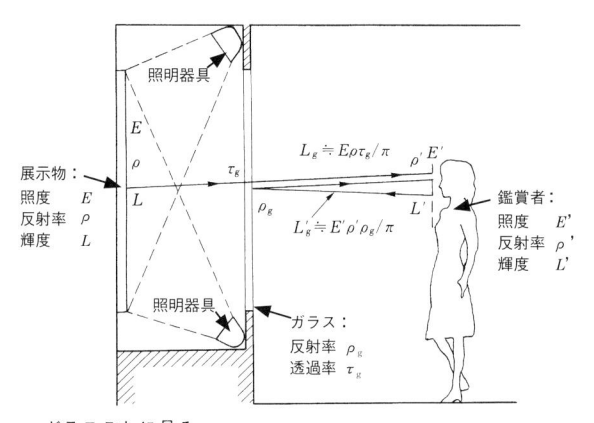

4　展示ガラスにおける反射映像の輝度[*2]

ガラスごしに見る
展示物の輝度：$L_g ≒ E\rho\tau_g/\pi$
反射映像の輝度：$L_g' ≒ E'\rho'\rho_g/\pi$
$\dfrac{L_g'}{L_g} < (0.01〜0.05)$

作業面維持照度の照度範囲 (lx)

作業面維持照度	照度範囲
100	75 〜 150
150	100 〜 200
200	150 〜 300
300	200 〜 500
500	300 〜 750
750	500 〜 1 000
1 000	750 〜 1 500

*1 出入り口には移行部を設け、明るさの急激な変化を避ける。
*2 常時使用する場合は、200lx
*3 相関色温度は、4 000K以上 照明制御ができる。
*4
*5 VDT作業については、4.10を参照のこと。
*6 公共施設については、CIE 58:1983 及び CIE 62:1984 を参照。
*7 鏡面反射を防ぐ
*8 講義室においては、750lx
*9 相関色温度＞5 000K

維持照度	UGR	一般的な建物領域				事務所	教育施設	
		Ra:40	60	80	90	80	80	90
100	28	通路, 廊下[*1]						
	25		倉庫,貯蔵室,冷凍倉庫[*2]					
	22		玄関ホール	休憩室				
150	25		荷積みランプ/ベイ,階段,エスカレータ,動く歩道					
	22			制御室[*2]				
200	25		機械室/配電盤室	クローク,化粧室,浴室,トイレ		文書保管		
	22			ラウンジ,食堂売店			学生談話室,集会室	
300	25		発送用こん(梱)包出荷エリア					
	22			トレーニング室		受付	スポーツホール,体育館,スイミングプール[*6],教官室	
	19					ファイリング,コピー,配布など	音楽練習室,教室,個別指導室[*4],語学実習室(LL教室),保育園の工作室,保育室,遊戯室	
500	22			病室,郵便集配室,電話交換室		CADワークステーション,会議室,集会室[*4],文書作成,タイプ,閲読,データ処理[*5]	準備室・工作室 コンピュータ実習室[*5],教育工作室,講義室[*4],黒板[*7],実習室・実験室・研究室,実習台[*8],美術工作室,夜間学級・成人教育の教室	
	19							
	16					医療室[*3]		
750	19					執務室[*5]		美術学校の美術室[*9]
	16						製図室	
1 000	16					製図		

5　推奨される作業面維持照度，光源の平均演色評価数（Ra）下限値，統一グレア評価UGR上限値[*3]

*1　A. A. Kruithof, Philips Technical Review, 6-3, pp. 65〜96, 1941.
*2　照明学会編：照明ハンドブック，p.497，オーム社，1987（絶版）および ライティングハンドブック，オーム社，1987より作成．
*3　JIS Z 9125（2007）より作成．

光環境と計算例　光環境

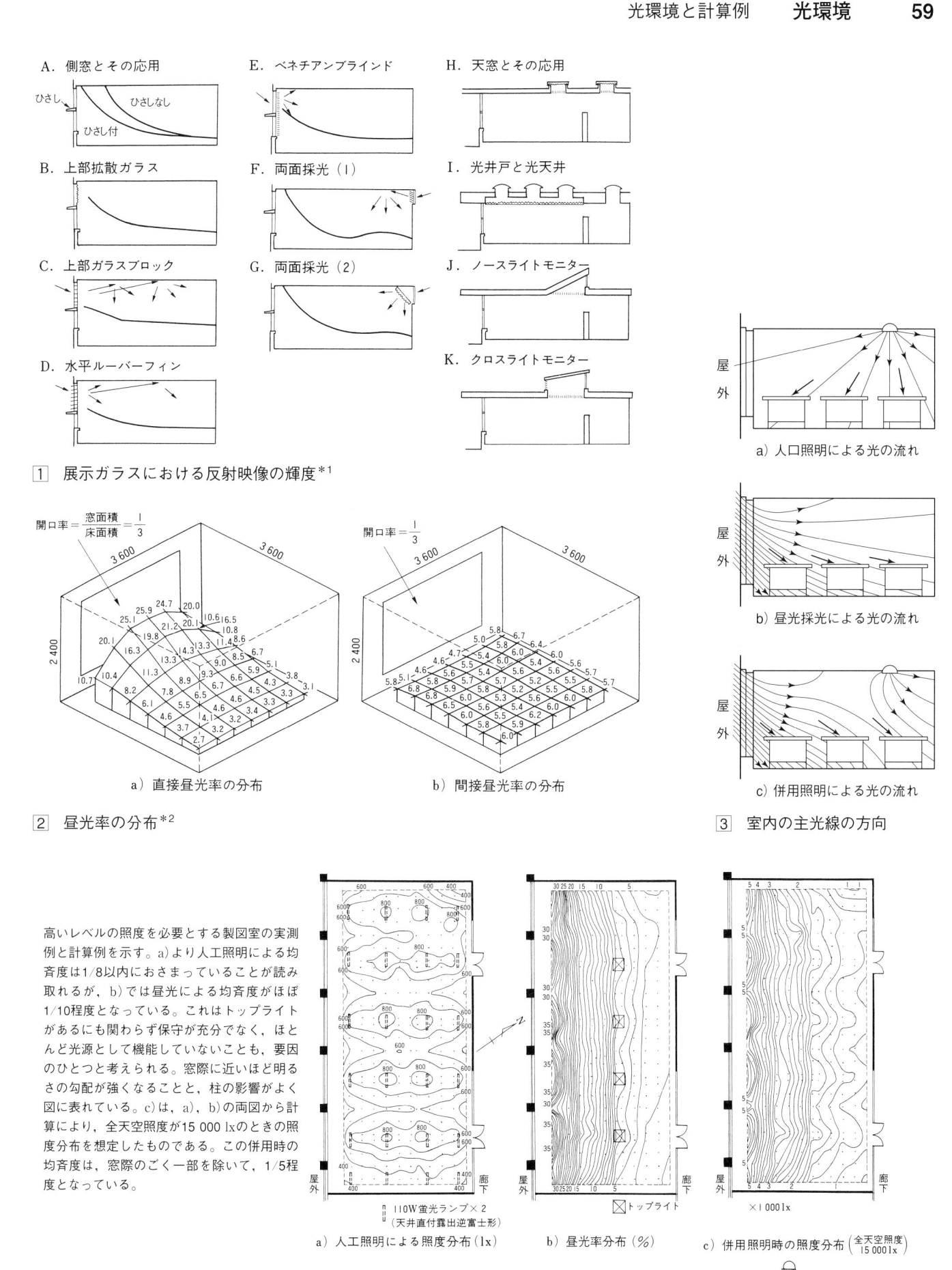

A. 側窓とその応用
　ひさしなし／ひさし付
B. 上部拡散ガラス
C. 上部ガラスブロック
D. 水平ルーバーフィン
E. ベネチアンブラインド
F. 両面採光（1）
G. 両面採光（2）
H. 天窓とその応用
I. 光井戸と光天井
J. ノースライトモニター
K. クロスライトモニター

1 展示ガラスにおける反射映像の輝度 [*1]

2 昼光率の分布 [*2]
　a）直接昼光率の分布
　b）間接昼光率の分布

3 室内の主光線の方向
　a）人口照明による光の流れ
　b）昼光採光による光の流れ
　c）併用照明による光の流れ

高いレベルの照度を必要とする製図室の実測例と計算例を示す。a)より人工照明による均斉度は1/8以内におさまっていることが読み取れるが、b)では昼光による均斉度がほぼ1/10程度となっている。これはトップライトがあるにも関わらず保守が充分でなく、ほとんど光源として機能していないことも、要因のひとつと考えられる。窓際に近いほど明るさの勾配が強くなることと、柱の影響がよく図に表れている。c)は、a)、b)の両図から計算により、全天空照度が15 000 lxのときの照度分布を想定したものである。この併用時の均斉度は、窓際のごく一部を除いて、1/5程度となっている。

a）人工照明による照度分布 (lx)
　110W蛍光ランプ×2（天井直付露出逆富士形）

b）昼光率分布 (％)
　⊠ トップライト

c）併用照明時の照度分布 $\left(\dfrac{全天空照度}{15\,000\,\text{lx}}\right)$
　×1000 lx

断面図：製図室／廊下／準備室

4 製図室の明るさの分布（実測例）

[*1] 日本建築学会編：設計計画パンフレット16，採光設計，p.38，彰国社，1963.
[*2] 日本建築学会編：設計計画パンフレット30，昼光照明の計画，p.22，彰国社，1985.

60　光環境　　照度の計算（1）

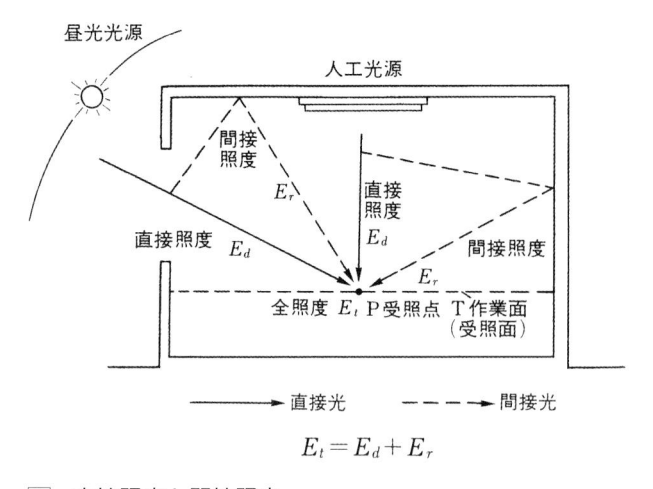

$$E_t = E_d + E_r$$

[1]　直接照度と間接照度

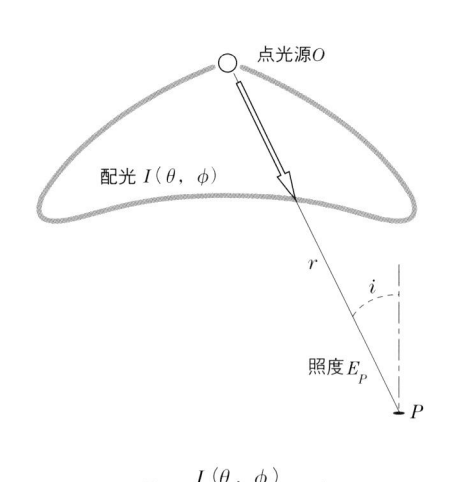

$$E_P = \frac{I(\theta, \phi)}{r^2} \cos i$$

[2]　点光源による直接照度

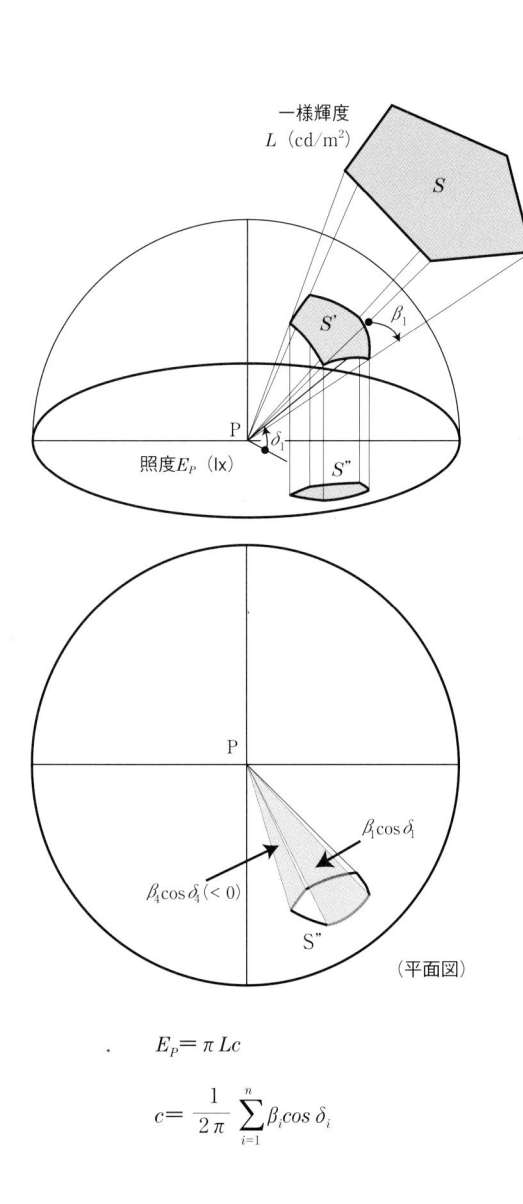

$$E_P = \pi L c$$

$$c = \frac{1}{2\pi} \sum_{i=1}^{n} \beta_i \cos \delta_i$$

[3]　面光源による直接照度および錐面積分の法則による立体角投射率

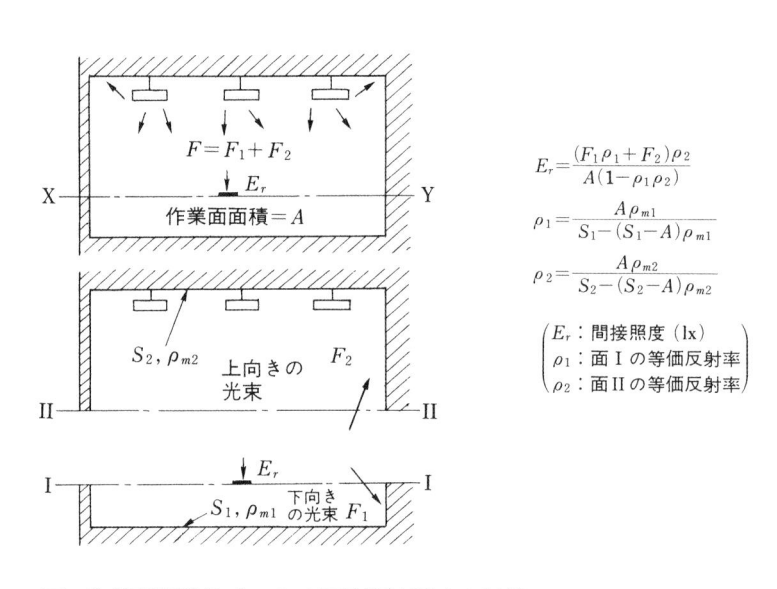

$$E_r = \frac{(F_1 \rho_1 + F_2)\rho_2}{A(1 - \rho_1 \rho_2)}$$

$$\rho_1 = \frac{A \rho_{m1}}{S_1 - (S_1 - A)\rho_{m1}}$$

$$\rho_2 = \frac{A \rho_{m2}}{S_2 - (S_2 - A)\rho_{m2}}$$

$\begin{pmatrix} E_r : \text{間接照度（lx）} \\ \rho_1 : \text{面Iの等価反射率} \\ \rho_2 : \text{面IIの等価反射率} \end{pmatrix}$

[4]　作業面切断公式による平均間接照度の計算

面光源による直接照度および錐面積分の法則による立体角投射率[3]
　昼光照明での採光窓や人工照明での建築化照明など点光源と見なせないほど大きな光源を面光源と呼び、これによる直接照度は立体角投射率という概念を用いて計算する。
　長方形など特別な形状の面光源による立体角投射率は計算式や図表で与えられているが、コンピュータによる計算には向かない。錐面積分の法則は、長方形を含む任意の多角形の面光源の立体角投射率を、関数電卓や表計算ソフトを用いて容易に計算することができて、実用性が高い。ただし、β_iの角度を一定の向きにとって周回するため、β_iが負になる場合（右上図のβ_4）があることに注意が必要である。

照度の計算（2）　　光環境

```
作業面平均照度の計算　E = N·F·U·M / A
  E：作業面の平均照度(lx)
  N：ランプの総数
  F：ランプ1個あたりの光束(lm)
  U：照明率 = 作業面への入射光束 / ランプからの光束
  M：保守率
  A：作業面の面積(m²)

必要なランプの個数　N = E·A / F·U·M
  E → 照度基準等参照
  A → 床面積：X·Y
       (X, Y：室の奥行，間口(m))
  F → メーカーのカタログ等参照
  U → 照明器具の決定  ┐
      室指数kの算定  ├→ 照明率表
       ( k = X·Y / H(X+Y)
         H：光源から作業面までの高さ )
  M → 照明率表
       (保守の予測)
```

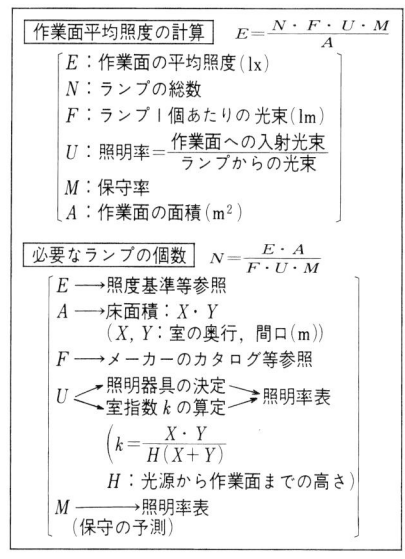

5 光束法

6 照明率表の例 [*1]

照明器具	配光曲線[2)] (ランプ光束 1 000 lm)	保守率[1)] 器具間隔 最大限	反射率 天井	80%			70%			50%			30%		0%	BZ 分類 器具効率 下向光束比 等価発光面積(cm²)
			壁 床	50	30	10 10%	50	30	10 10%	50	30	10 10%	50	30	10 10%	20 10 0 10%	
埋込形 (ミラー付き)			室指数					照	明	率							BZ3/1.1/BZ2
		保守率	0.6 (J)	.38	.33	.29	.37	.33	.29	.37	.32	.29	.37	.32	.29	.27	
		良 .75	0.8 (I)	.47	.42	.38	.46	.42	.38	.45	.41	.38	.45	.41	.38	.36	器具効率 70%
		普通 .70	1.0 (H)	.52	.48	.44	.51	.47	.44	.50	.46	.43	.50	.46	.43	.41	
		不良 .65	1.25 (J)	.57	.53	.50	.56	.52	.49	.55	.52	.49	.54	.51	.48	.47	
			1.5 (F)	.60	.56	.53	.59	.55	.53	.58	.55	.52	.57	.54	.52	.50	下向光束比100%
			2.0 (E)	.63	.60	.58	.62	.60	.58	.61	.59	.57	.58	.56	.54		
		器具間隔	2.5 (D)	.66	.63	.61	.65	.63	.60	.64	.62	.60	.64	.62	.60	.58	等価発光面積
		最大限	3.0 (C)	.68	.65	.63	.67	.65	.63	.66	.64	.62	.65	.63	.61	.59	＝下方投影面積
		横 1.6H	4.0 (B)	.70	.68	.66	.69	.67	.65	.68	.66	.65	.67	.65	.64	.62	×1
		縦 1.2H	5.0 (A)	.72	.70	.68	.71	.69	.68	.70	.68	.67	.69	.67	.66	.63	

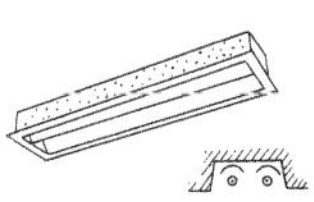

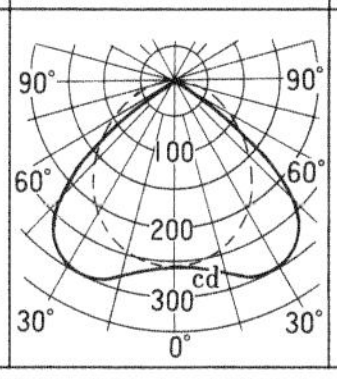

(注) 1) 保守率（良＝塵あい少なく，保守のよい場合，普通＝普通の場合，不良＝塵あい多く，保守の悪い場合）
(注) 2) 配光曲線の実線は，管軸に垂直な鉛直面内（横方向）の配光，点線は管軸に平行な鉛直面内（縦方向）の配光

7 照明率 [*2]

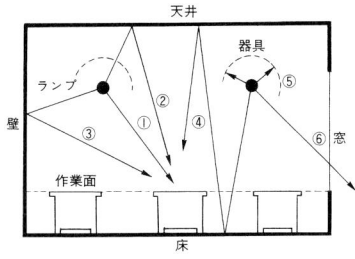

光源の発生する光とある面に到達する光（例えば作業面の場合は①②③④の合計）との比率を照明率という。

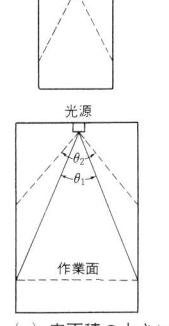

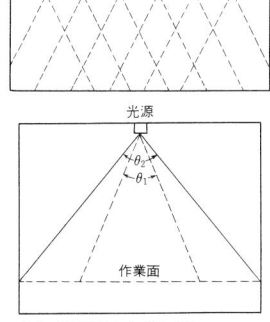

(a) 床面積の小さい室　室指数小，照明率小
(b) 床面積の大きい室　室指数大，照明率大

8 室指数と照明率との関係 [*3, *4]

9 仕上材の反射率

材　料	反射率(%)
白しっくい	60～80
白　壁	60
うすクリーム色壁	50～60
こい色の壁	10～30
木材(白木)	40～60
木材(黄ニス塗り)	30～50
障子紙	40～60
赤れんが	15
灰色テックス	40
コンクリート(生地)	25
白タイル	60
畳	30～40
リノリウム	15
白ペイント	60～80
うす色ペイント	35～55
こい色ペイント	10～30
黒ペイント	5

10 室指数の分類

室指数	分類	室指数	分類
5.0 4.5以上	A	1.5 1.75～1.38	F
4.0 4.5～3.5	B	1.25 1.38～1.12	G
3.0 3.5～2.75	C	1.0 1.12～0.9	H
2.5 2.75～2.25	D	0.8 0.9～0.7	I
2.0 2.25～1.75	E	0.6 0.7以下	J

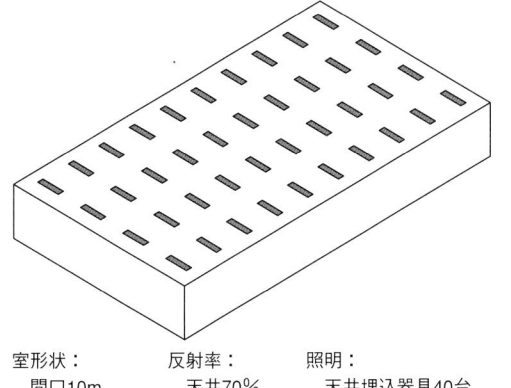

室形状：
間口10m
奥行18m
天井高2.7m
作業面高0.7m

反射率：
天井70%
壁30%
床10%

照明：
天井埋込器具40台
40W白色蛍光灯2灯／台
ランプ光束3 000lm／灯
保守率0.7

12 光束法による作業面平均照度の計算例

室指数は，$k = 10 \times 18 / \{(2.7-0.7) \times (10+18)\} = 3.2$ となる。6 照明率表の例を用いて，反射率（天井70%，壁30%，床10%）から，照明率Uは0.65となる。ランプの総数Nは$40 \times 2 = 80$，ランプ1個あたりの光束Fは3 000 [lm]，保守率Mは0.7，作業面の面積Aは$18 \times 10 = 180$ [m²] であるので，作業面の平均照度Eは607 [lx] となる。

11 照明器具の配置

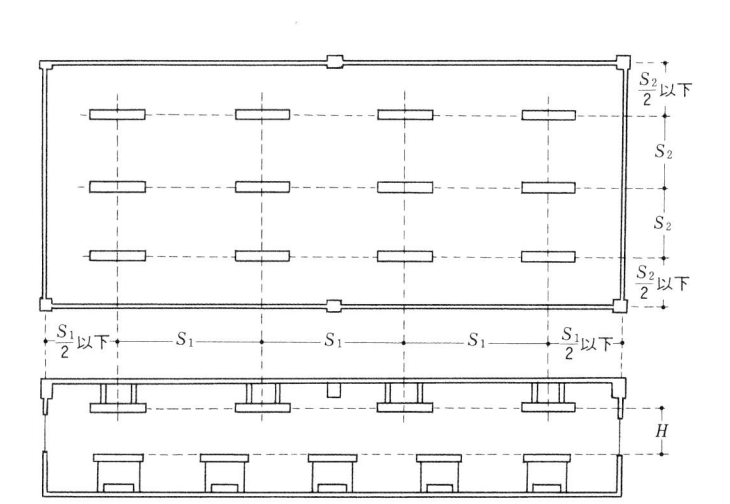

壁際まで使用する場合は図中の $\frac{S_1}{2}$ 以下，$\frac{S_2}{2}$ 以下を $\frac{S_1}{3}$ 以下，$\frac{S_2}{3}$ 以下とする。
（H は光源から作業面までの高さ）

---

*1 日本建築学会編：設計計画パンフレット23，照明設計，p.39，彰国社，1975.
*2 松浦邦男編：照明の辞典，p.144，朝倉書店，1981.
*3 松浦邦男編：照明の辞典，p.78，朝倉書店，1981.
*4 猪野原誠：屋内全般照明における平均照度の算出法——照明率とその計算法について，照明学会誌，Vol.63，No.1，p.14，1979.

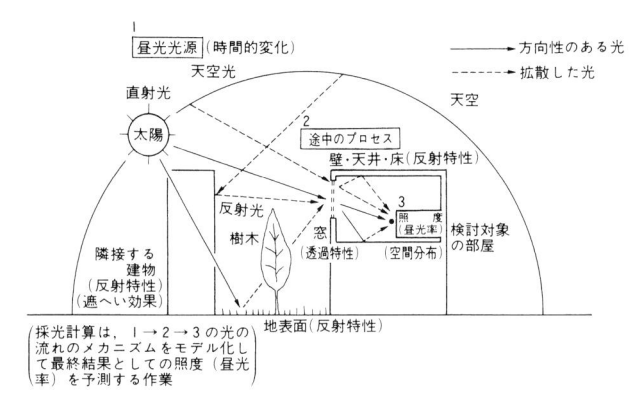

62　光環境　昼光率・立体角投射率

1　採光の要素とプロセス *1

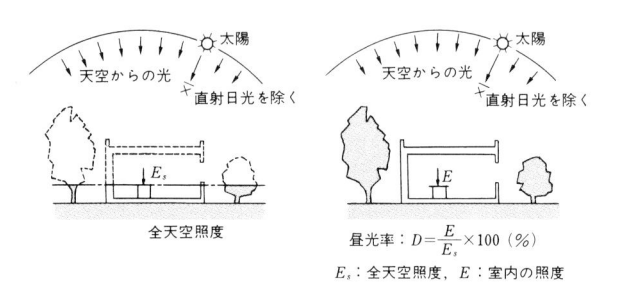

2　全天空照度と昼光率

昼光率：$D = \dfrac{E}{E_s} \times 100$ （%）

E_s：全天空照度，E：室内の照度

3　基準昼光率 *2

段階	基準昼光率 (%)	視作業・行動のタイプ (例)	室空間の種別例	全天空照度が15 000 lx の場合の照度 (lx)
1	5	長時間の精密な視作業 (精密製図, 精密工作)	設計・製図室 (天窓・頂側光による場合)	750
2	3	精密な視作業 (一般製図, タイプ)	公式競技用体育館 工場制御室	450
3	2	長時間の普通の視作業 (読書, 診察)	事務室一般 診察室 駅・空港コンコース	300
4	1.5	普通の視作業 (板書, 会議)	教室一般, 学校 体育館 病院検査室	230
5	1	短時間の普通の視作業 または軽度の視作業 (短時間の読書)	絵画展示美術館[1] 病院待合室 住宅の居間・台所[2]	150
6	0.75	短時間の軽度の視作業 (包帯交換)	病院病室 事務所の廊下・階段	110
7	0.5	ごく短時間の軽度の視作業 (接客, 休憩, 荷造り)	住宅の応接室・玄関・便所[2] 倉庫	75
8	0.3	短時間出入りする際の方向づけ (通常の歩行)	住宅の廊下・階段[2] 病棟廊下	45
9	0.2	停電の際などの非常用	体育館観客席 美術館 収蔵庫	30

［注］　1) 展示された絵画面上　2) 室空間の中央床面上

4　長方形光源の立体角投射率 *3 （光源と受照面が平行な場合）

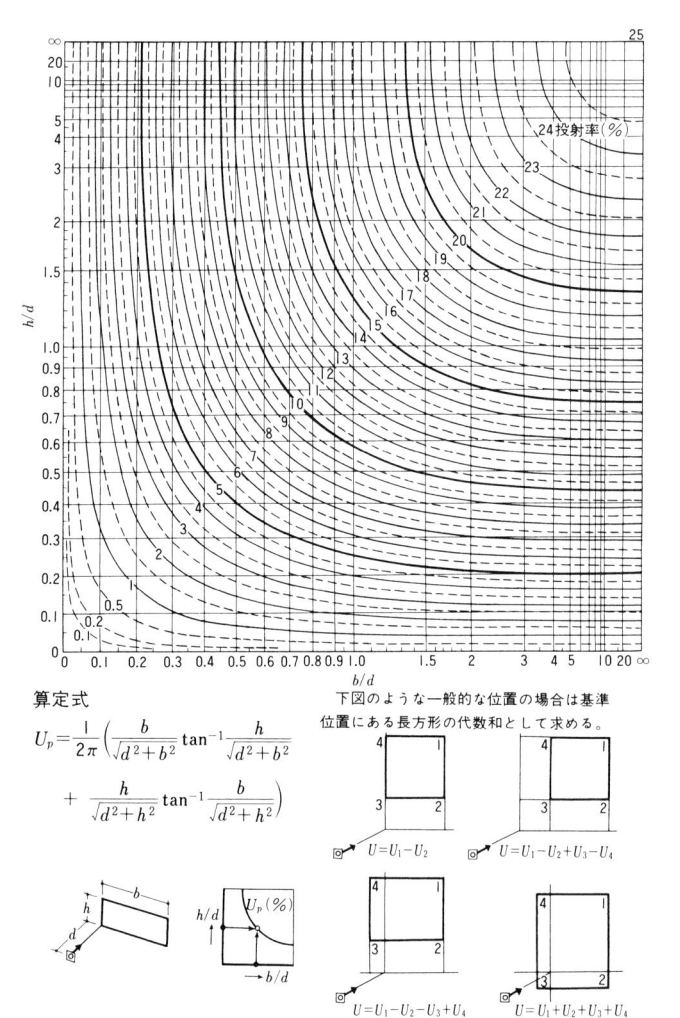

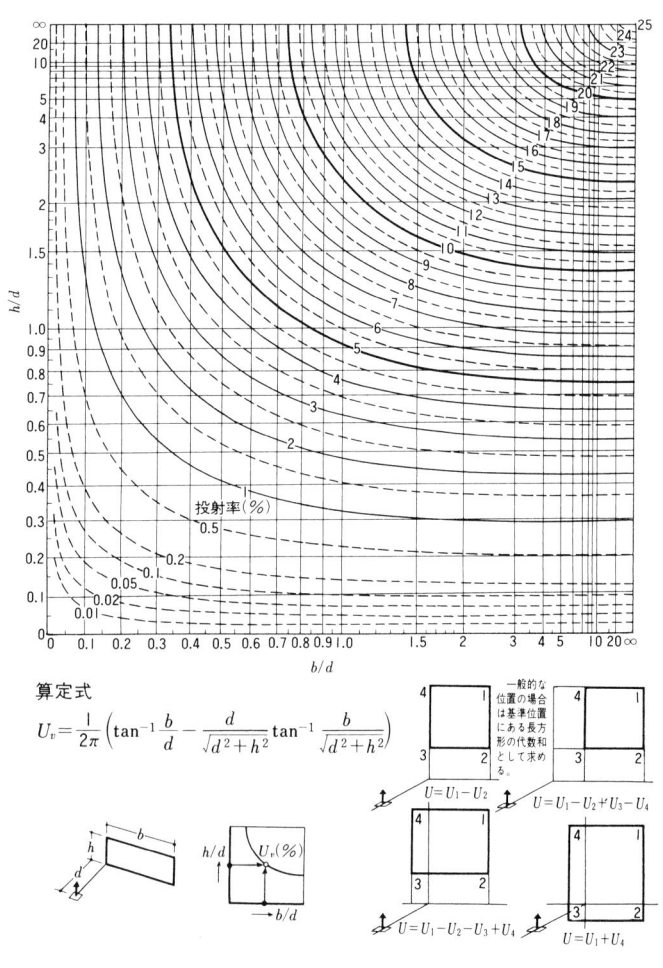

算定式

$$U_p = \dfrac{1}{2\pi} \left(\dfrac{b}{\sqrt{d^2+b^2}} \tan^{-1} \dfrac{h}{\sqrt{d^2+b^2}} + \dfrac{h}{\sqrt{d^2+h^2}} \tan^{-1} \dfrac{b}{\sqrt{d^2+h^2}} \right)$$

下図のような一般的な位置の場合は基準位置にある長方形の代数和として求める。

5　長方形光源の立体角投射率 *3 （光源と受照面が垂直な場合）

算定式

$$U_v = \dfrac{1}{2\pi} \left(\tan^{-1} \dfrac{b}{d} - \dfrac{d}{\sqrt{d^2+h^2}} \tan^{-1} \dfrac{b}{\sqrt{d^2+h^2}} \right)$$

一般的な位置の場合は基準位置にある長方形の代数和として求める。

---

*1　宮田紀元：窓の採光計画, 建築技術, No.391, p.61, 1984.
*2　日本建築学会編：設計計画パンフレット30, p.18, 彰国社, 1985.
*3　日本建築学会編：建築設計資料集成1, 環境, pp.81~82, 丸善, 1978.

表色（1）顕色系　　光環境

	混色系	顕色系
表示対象	心理物理色	知覚色
代表例	XYZ表色系	マンセル表色系, PCCS
表示の目的	色の定量的表示	色の見えの表示
表示の原理	グラスマンの法則により体系化された加法混色の原理	色の見えの表示を目的とする物体標準

1　顕色系と混色系

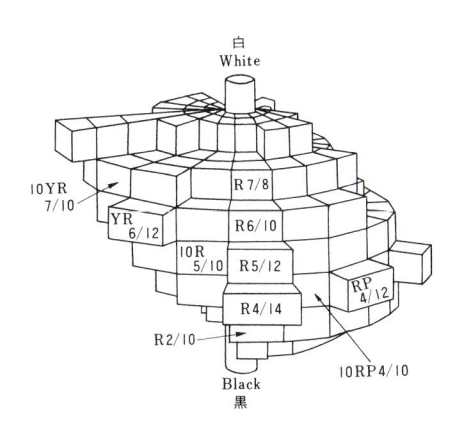

2　マンセル色立体

3　マンセル色相環の分割

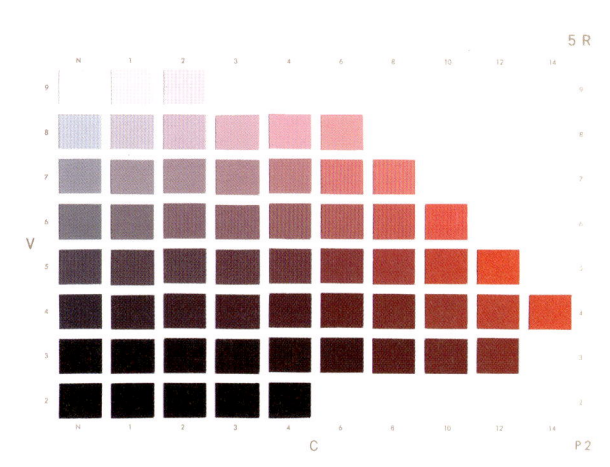

4　マンセルなど色相断面における明度および彩度の配列

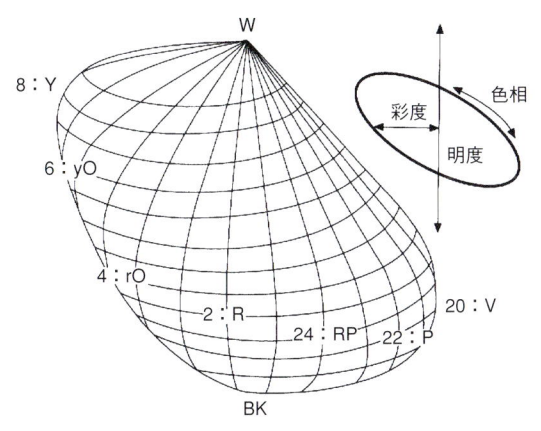

5　PCCSの色立体

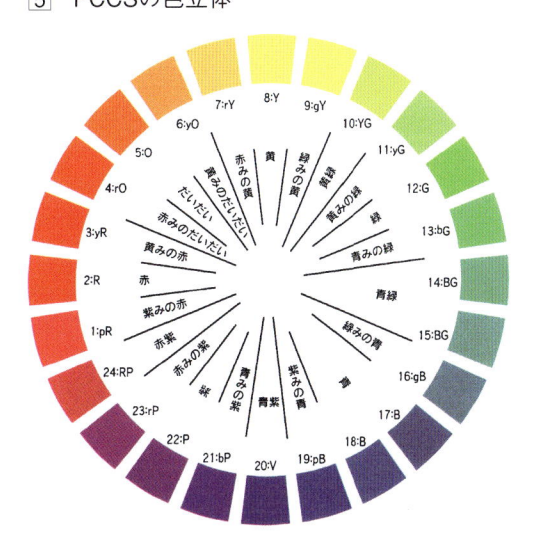

6　PCCSの色相環

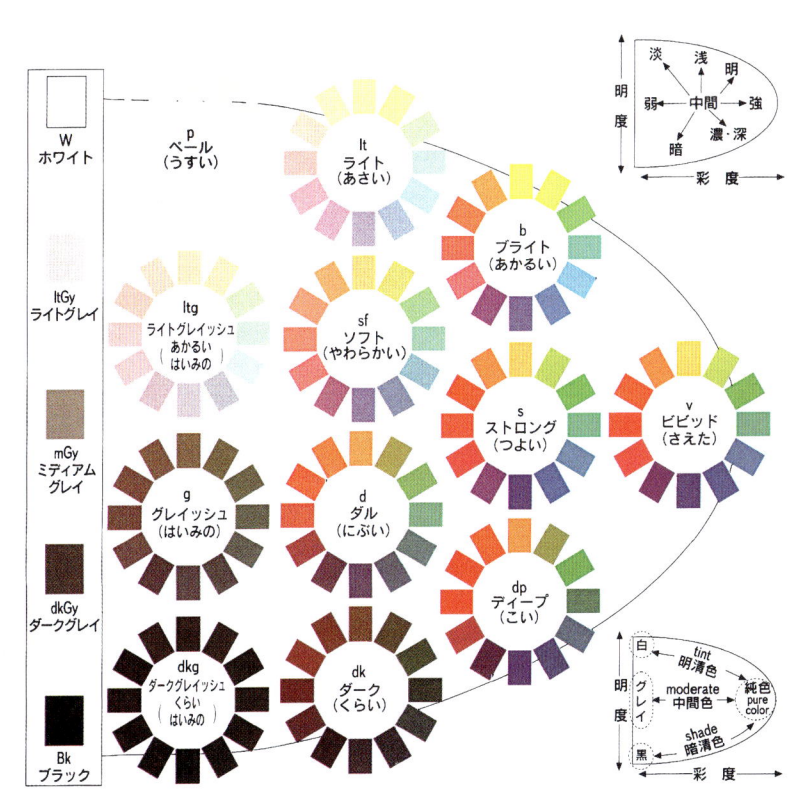

7　PCCSにおけるトーン概念

64　光環境　　表色（2）混色系

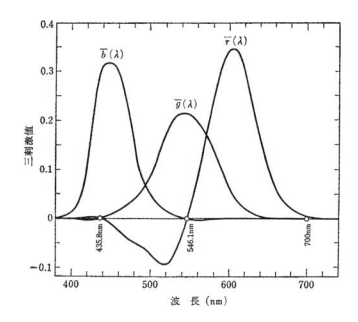

① 1931CIE RGB表色系の等色関数

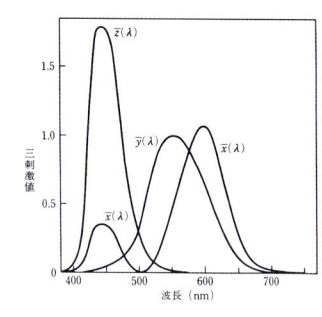

② 1931 CIE XYZ表色系の等色関数

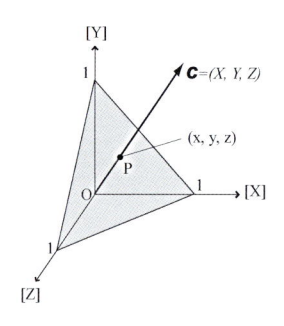

④ 色ベクトルと色度座標

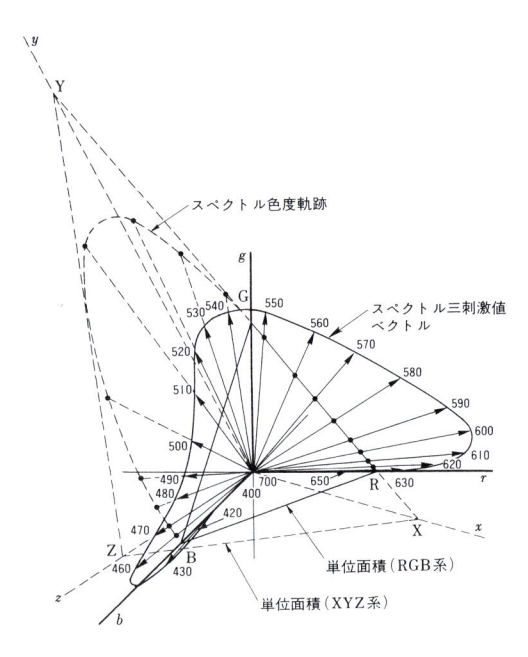

③ RGB系とXYZ系との関係

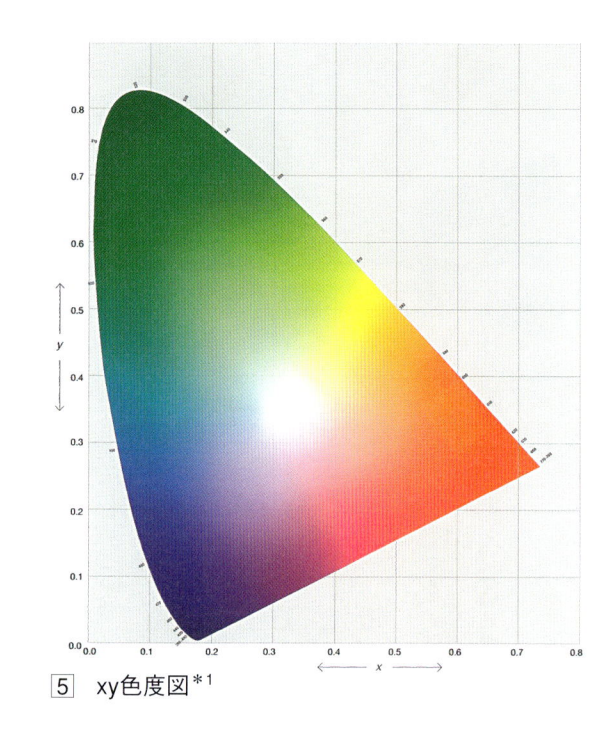

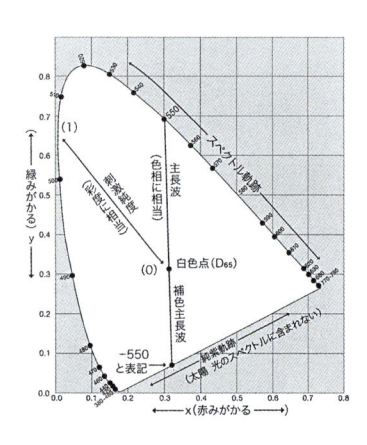

⑤ xy色度図[*1]

⑥ xy色度図に用いられるおもな用語[*1]

⑦ 色度図上の色弁別楕円[*2]

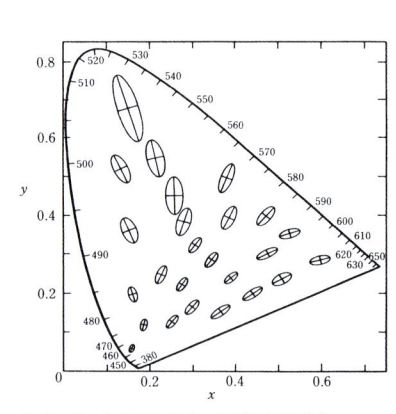

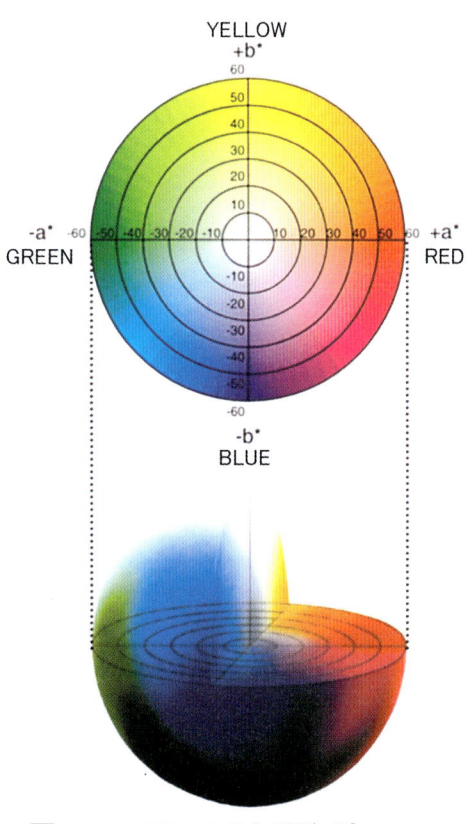

⑧ 1976 CIE LAB表色系[*1], [*3]

*1　北畠　耀：色彩学貴重書図説，pp.88〜89，日本塗料工業会，2006．
*2　池田光男・芦澤昌子：どうして色は見えるのか，平凡社，1992．
*3　国際照明委員会：CIE L*a*b*（1976），1976．

物体の色と光源の演色　　光環境

用語	定義
物体色, 物体知覚色	対象物体に属しているように知覚される色
表面色	（対象物の）表面から拡散的に反射または放射しているように知覚される色
開口色	遮光板に開けた孔の中に見える一様な色。奥行き方向の空間的定位が特定できないように知覚される色
発光（知覚）色	一次光源として光を発している面に属しているか，またはその光を鏡面反射しているように知覚される色
非発光(知覚)色, 非発光物体色	二次光源として光を透過または反射している面に属しているように知覚される色

[1] 色の見えの用語

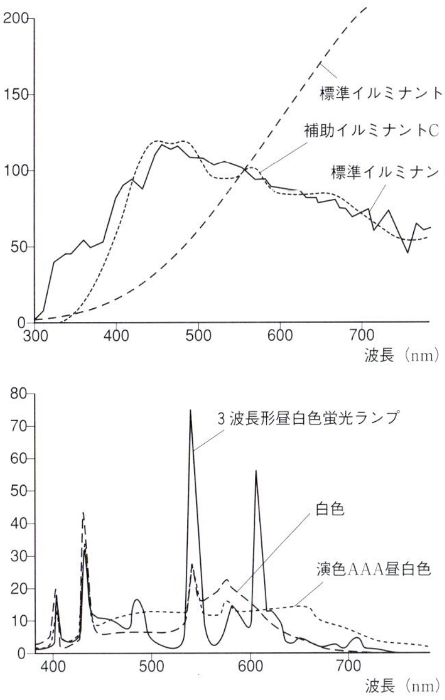

[2] 代表的な光源の相対分光分布

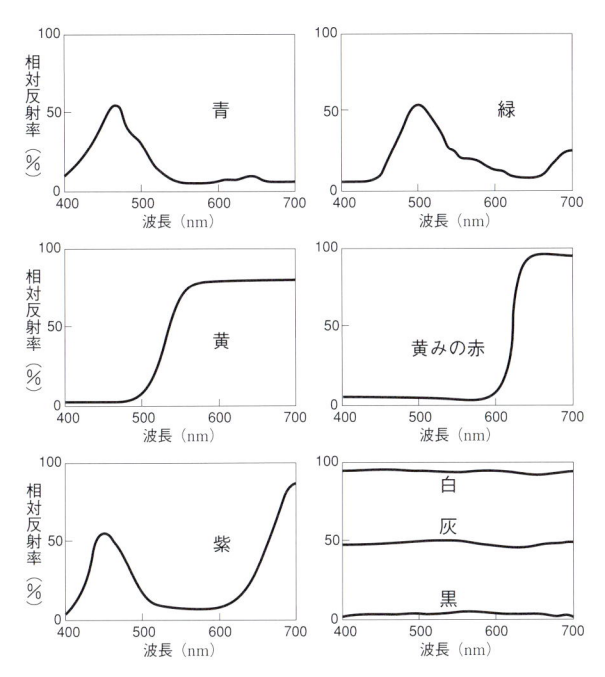

[3] 代表的な物体表面色の分光反射率

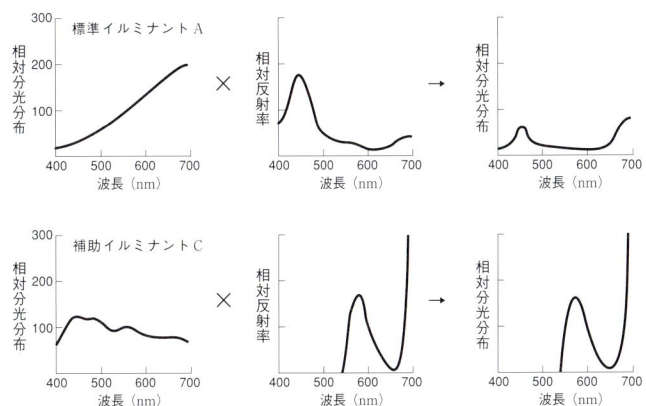

[4] 光源，物体と目に入射する色刺激の関係

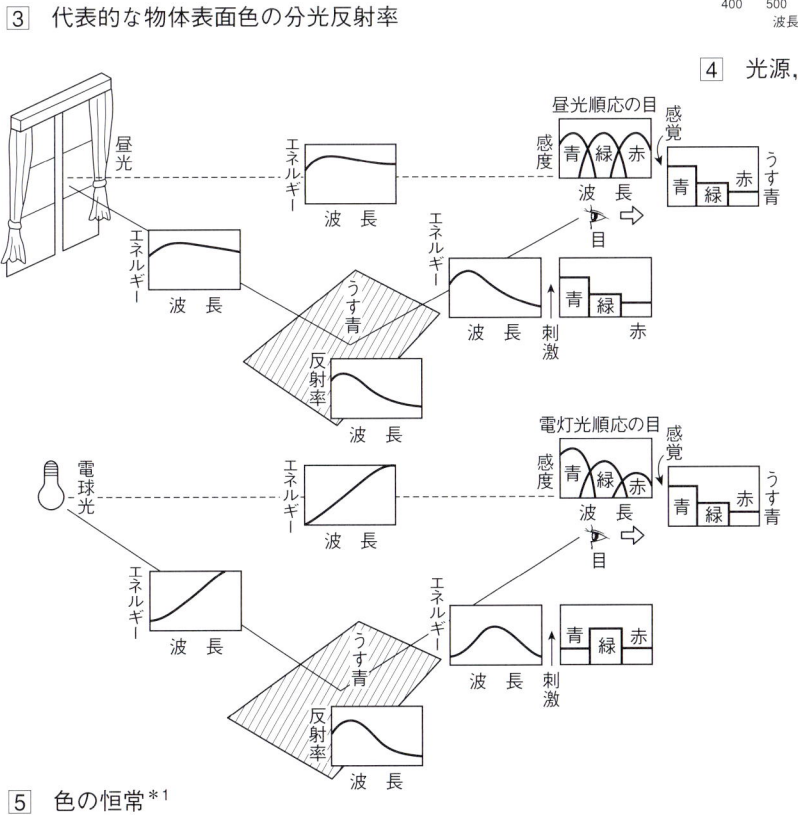

[5] 色の恒常*1

*1 日本色彩学会：新編色彩科学ハンドブック第2版，東京大学出版会, 1998.

1 7.5R6/4	2 7.5R6/4	3 7.5R6/4	4 7.5R6/4
5 7.5R6/4	6 7.5R6/4	7 7.5R6/4	8 7.5R6/4

平均演色評価用試験色

9 7.5R6/4	10 7.5R6/4	11 7.5R6/4	12 7.5R6/4
13 7.5R6/4	14 7.5R6/4	15 7.5R6/4	

特殊演色評価用試験色

[6] 演色評価用試験色票

66 光環境　色彩心理（1）色の見え

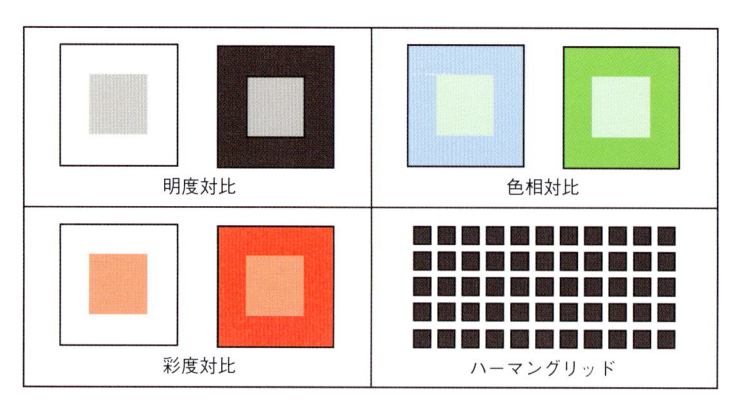

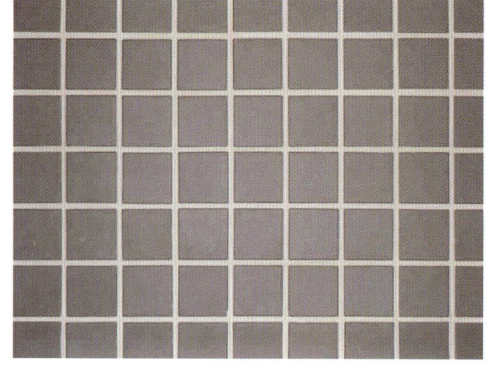

[1] 色の対比効果（明度対比／色相対比／彩度対比／ハーマングリッド）

[2] タイル目地に見られるハーマングリッド

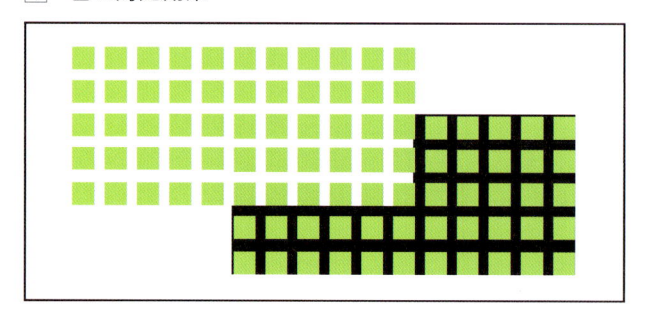

[3] 色の同化効果

[4] タイルの目地における同化効果

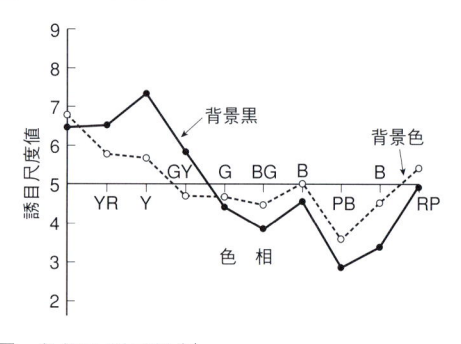

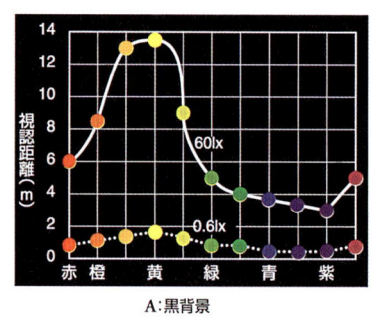

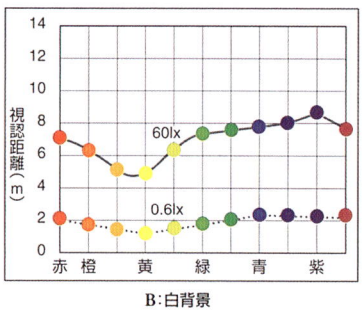

[5] 色相の誘目性*1

[6] 色の視認性*2　A：黒背景／B：白背景

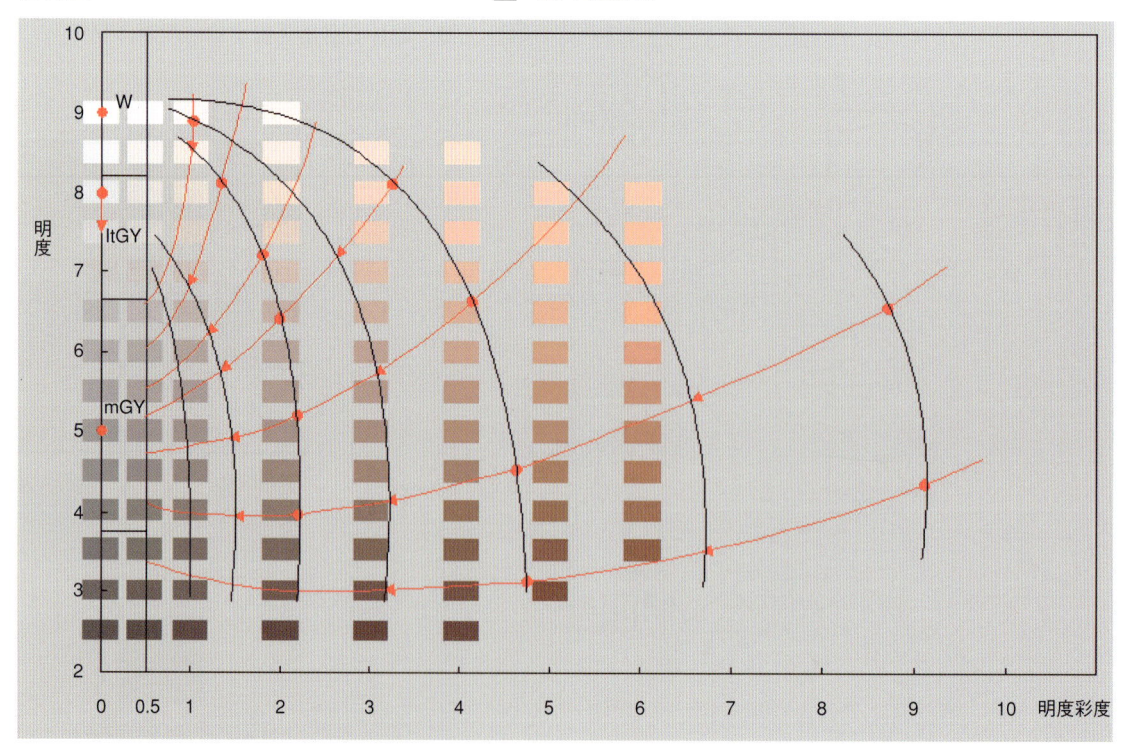

[7] 建築壁面の面積効果

*1　日本色彩学会：新編色彩科学ハンドブック第2版，東京大学出版会，1998．
*2　近江源太郎：カラーコーディネーターのための色彩心理入門，日本色研事業，2003．

色彩心理（2）色彩イメージ・安全色　　光環境

1 色と連想

色	連想語
赤	1)リンゴ 2)血 3)バラ 4)火 5)太陽 6)情熱 7)信号 8)口紅 9)ポスト 10)イチゴ 11)消防車 12)サクランボ 13)夕焼け 14)チューリップ 15)トマト 16)赤ちゃん など
橙	1)ミカン 2)夕焼け 3)柿 4)太陽 5)炎 6)ジュース 7)紅葉 8)にんじん 9)びわ 10)暖かい など
黄	1)レモン 2)バナナ 3)信号 4)ひまわり 5)卵 6)菊 7)注意 8)星 9)月 10)ちょうちょ 11)旗 12)帽子 13)菜の花 14)クレヨン など
黄緑	1)葉 2)草 3)芝生 4)野原 5)草原 6)木 7)キャベツ 8)レタス 9)メロン 10)芽 11)春 12)新緑 13)自然 14)森 15)牧場 16)山手線 など
緑	1)葉 2)木 3)山 4)草 5)信号 6)スイカ 7)黒板 8)森 9)芝生 10)林 11)ピーマン 12)茶 13)きゅうり 14)緑のおばさん など
青	1)空 2)海 3)水 4)湖 5)プール 6)川 7)信号 8)自然 9)冷たさ 10)さわやか 11)寒い 12)夏 13)クレヨン 14)瞳 など
紫	1)ぶどう 2)すみれ 3)なす 4)着物 5)紫式部 6)藤の花 7)高貴 8)りんどう 9)桔梗 10)あやめ 11)グレープジュース 12)クレヨン など
白	1)雪 2)雲 3)ウエディングドレス 4)紙 5)Yシャツ 6)牛乳 7)アイスクリーム 8)兎 9)清潔 10)純潔 11)純白 12)看護師 13)白衣 14)天使 15)花嫁 16)病院 17)救急車 18)歯 19)ブラウス 20)下着 21)百合の花 22)ボール 23)白熊 など
灰	1)ねずみ 2)雲 3)煙 4)スモッグ 5)道路 6)雨 7)空 8)コンクリート 9)粘土 10)瓦 11)冬 12)象 13)ビル 14)悲しさ 15)公害 16)くもり 17)暗い など
黒	1)髪 2)夜 3)墨 4)暗闇 5)学生服 6)目 7)ピアノ 8)タイヤ 9)鉛筆の芯 10)カラス 11)葬式 12)喪服 13)恐怖 14)靴 15)暗い 16)インク 17)かさ 18)悪魔 19)神秘的 20)アスファルト など
ピンク	1)桃 2)桜 3)可愛い 4)春 5)少女 6)目 7)花 8)暖かい 9)赤ちゃん 10)柔か 11)ドレス 12)やさしい 13)ワンピース など
茶	1)土 2)木 3)秋 4)枯葉 5)チョコレート 6)栗 7)紅葉 8)山 9)落ち葉 10)落ち着き 11)10円玉 12)外人 13)髪 14)机 など

2 イメージ語と色彩

イメージ語	色彩
高級な	金, 銀, 白, 黒
上品な	白, 黒, うすい青緑
陽気な	橙, 黄, 赤
にぎやかな	橙, 黄, 赤紫
激しい	赤, 黄, 橙
楽しい	黄, 橙, 水色
美しい	クリーム色, うすい青緑, 水色
甘い	ピンク, クリーム色
あっさりした	白, カナリア色, 水色
男性的	灰, 紺, 黒, 暗い青緑
幸福な	ピンク, クリーム色
低級な	橙, 赤紫, うぐいす色
下品な	赤紫, 橙
陰気な	暗灰, 灰, カーキ色
さびしい	灰, 青味の灰, 明るい灰
穏やかな	水色, クリーム色, うすい青
静かな	うすい青紫, 明るい灰, 水色
汚ない	カーキ色, 暗い灰, 暗い茶
にがい	オリーブ色, 暗い茶, こい緑
くどい	赤紫, 暗い赤紫, 紫
女性的	ピンク, 赤紫, クリーム色
不安な	灰, 暗い灰, 黒

3 安全色の意味及び使用例（一般材料など）

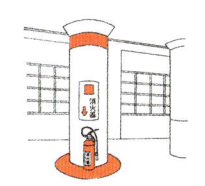

色の区分	三属性による記号（マンセル記号）	意味	使用場所および使用例
赤（安全色）	7.5R4/15	防火	・消火器, 非常用電話などを示す防火標識など ・消火設備の位置を表示する安全マーキング ・消火器, 消火栓, 消火バケツ, 火災報知機の塗色
		禁止	・禁煙, 立入禁止などの禁止標識, 同様の禁止警標 ・禁止の位置を表示する安全マーキング（立入禁止のバリケード） ・禁止信号旗（海水浴場, スケート場）
		停止	・緊急停止のボタン, 停止信号旗
黄赤（安全色）	2.5YR6/14	危険	・スイッチボックスの内ふた, 機械の安全カバーの内面
		明示	・救命いかだ, 救命具, 救命ブイ, 水路標識, 船舶けい留ブイ ・飛行場救急車, 燃料車
黄（安全色）	2.5Y8/14	警告	・高電圧危険, 爆発物などの警告標識など ・危険位置を表示する安全マーキング ・クレーン, 構内車両のバンパ, 低いはり, 衝突のおそれのある柱など ・踏切諸設備の踏切注意さく, 踏切遮断機, 踏切警報機
		明示	・駅舎, 改札口, ホームなどの出口表示
緑（安全色）	10G4/10	安全状態	・安全旗および安全指導標識 ・労働衛生旗および衛生指導標識 ・保護具箱, 担架, 救急箱, 救護室の位置および方向を示す標識など ・非常口の位置および方向を示す標識, 広域避難場所標識 ・鉱山の回避所, 坑口, 特免区域の位置および方向を示す警標 ・安全状態を表示する安全マーキング
		進行	・進行信号旗
青（安全色）	2.5PB3.5/10	指示	・保護めがねの着用, 修理中などを示す指示標識 ・指示を表示する安全マーキング
		誘導	・駐車場の位置および方向を示す透過光による誘導標識
赤紫（安全色）	2.5RP4/12	放射能	・放射能標識, 放射能標識 ・放射能に関係するマーキング
白（対比色）	N9.5	通路	・通路の区画線および方向線ならびに誘導標識
		—	・安全標識, 警標などの地色, 図記号 ・安全マーキング
黒（対比色）	N1	—	・安全標識, 警標の図記号, 警告標識の帯状三角形 ・補助標識の文字, 境界線 ・安全マーキング

4 建築空間での安全色彩の使用例（JIS Z 9101 安全色彩使用通則）

消火器を置いてある柱の上方に赤のバンドを塗ることにより, 消火器の所在が柱の向側からもわかり, 遠方からも認知される。または, 柱に消火器標識を掲げ, 柱下の床面の周囲を赤く塗ってもよい

黄赤と白の市松模様に塗った飛行場のタンク

白十字の下に"救護室"と書いた緑色の扉

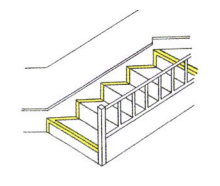

階段に注意を表示する黄を塗った例

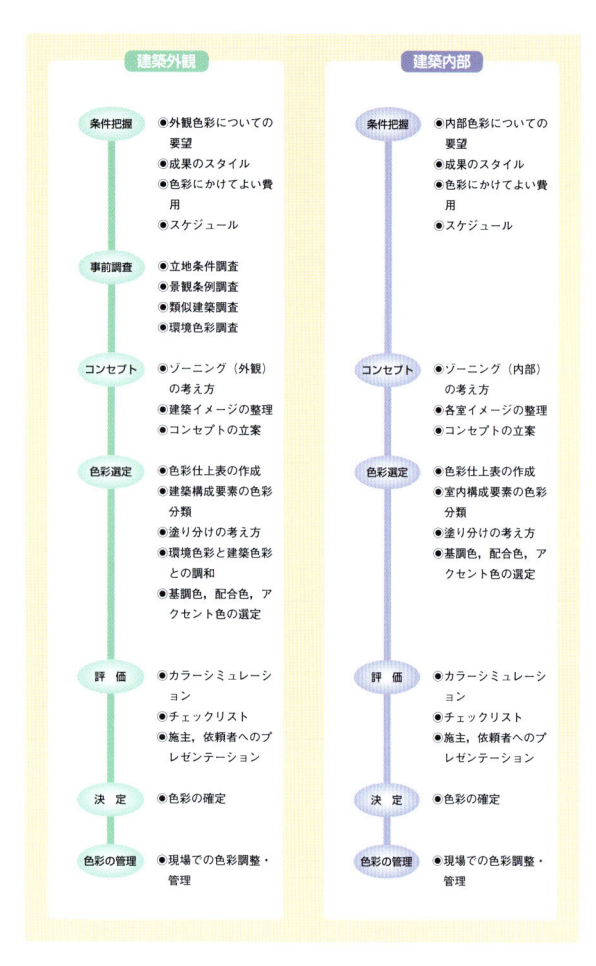

68　光環境　　色彩設計 (1) プロセス

1 色彩設計プロセス

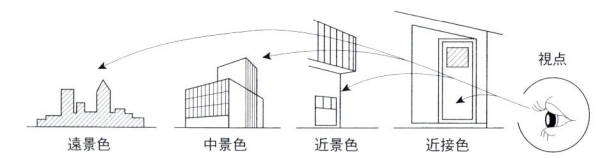

建築外観

- 条件把握
  - 外観色彩についての要望
  - 成果のスタイル
  - 色彩にかけてよい費用
  - スケジュール
- 事前調査
  - 立地条件調査
  - 景観条例調査
  - 類似建築調査
  - 環境色彩調査
- コンセプト
  - ゾーニング（外観）の考え方
  - 建築イメージの整理
  - コンセプトの立案
- 色彩選定
  - 色彩仕上表の作成
  - 建築構成要素の色彩分類
  - 塗り分けの考え方
  - 環境色彩と建築色彩との調和
  - 基調色、配色色、アクセント色の選定
- 評価
  - カラーシミュレーション
  - チェックリスト
  - 施主、依頼者へのプレゼンテーション
- 決定
  - 色彩の確定
- 色彩の管理
  - 現場での色彩調整・管理

建築内部

- 条件把握
  - 内部色彩についての要望
  - 成果のスタイル
  - 色彩にかけてよい費用
  - スケジュール
- コンセプト
  - ゾーニング（内部）の考え方
  - 各室イメージの整理
  - コンセプトの立案
- 色彩選定
  - 色彩仕上表の作成
  - 室内構成要素の色彩分類
  - 塗り分けの考え方
  - 基調色、配色色、アクセント色の選定
- 評価
  - カラーシミュレーション
  - チェックリスト
  - 施主、依頼者へのプレゼンテーション
- 決定
  - 色彩の確定
- 色彩の管理
  - 現場での色彩調整・管理

2 距離による色の見え方[*1]

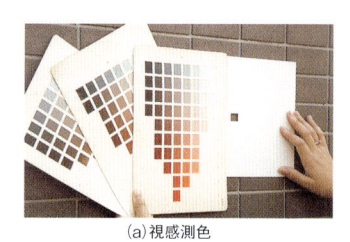

遠景色　中景色　近景色　近接色　視点

3 測色の方法

(a) 視感測色 　　(b) 機械測色

4 色彩仕上表とシミュレーション

色彩仕上げ表（外観）

部 位	仕上げ材	色彩分類	色 彩
外壁（2階以上）	吹付タイル塗装	基調色	5Y9/1
外壁（1階）	外壁タイル（自然石風）	配合色	5YR5/4
サッシ	アルミサッシ、着色塗装仕上げ	配合色	N8
目地	モルタル	配合色	N8
扉	鋼製、塗装仕上げ	配合色	N8
庇	吹付タイル塗装	配合色	5YR5/4
エントランス	アルミサッシ、着色塗装仕上げ	配合色	N8
柱型（鉄骨フレーム）	鋼製、塗装仕上げ	アクセント色	10YR8/8

色彩仕上げ表（内部）

部 位	仕上げ材	色彩分類	色 彩
天井	石綿吸音材	基調色	2.5Y9.2/0.5
壁	クロス張り	基調色	2.5Y8.5/1
床	カーペットタイル	基調色	10B6/3
天井設備機器	鋼製、塗装仕上げ	基調色の一部	2.5Y9/1
天井廻縁	塩ビニル	基調色の一部	N9.5
幅木	塩ビニル、ソフト幅木	基調色の一部	2.5Y7/1
窓枠	アルミサッシ、着色塗装仕上げ	配合色	N7.5
腰壁	鋼製、塗装仕上げ	配合色	2.5Y8/2

完成予想イメージ

5 建築外観に関するチェックリスト

大項目	細目	確認・YES	具体的確認
計画条件の整理	基本コンセプトの確認	□	建築設計の基本コンセプトを確認する
	環境アセスメントの確認	□	環境アセスメントの対象になるかを確認する。環境影響評価書またはそれに準ずる報告書を作成する必要があるか、確認する
	法律・条例の確認	□	・航空法、港湾法等の法律上で、色彩設計を進める上での制約条件、特別手続を確認する ・地域ごとの条例により、色彩ガイドラインやまちづくり計画が制定されている場合、色彩設計を進める上での制約条件、特別手続を確認する
	施主の理念調査	□	施主の経営方針、指向を把握する
	時代動向調査	□	社会全般の景気、環境問題への関心の程度を確認する
	類似例調査	□	類似施設の色彩設計書、色彩設計事例を収集し、当該事例との類似性、応用性を探る
	色調和に関する一般的理念の整理	□	色彩設計に必要な基本知識の資料を収集する
地域特性の把握	立地環境・風土の確認	□	周辺環境、街の風土を確認し、施設の位置づけを把握する
	環境色彩調査	□	—
	視点場調査	□	主要視点場を仮定する
	景観構成特性の把握	□	—
	見られ角度	□	—
	施設イメージアンケート調査	□	—
視認性	視認性・誘目性	□	標識・サインなどの視認性を妨げていないか
		□	危険部位の視認性に問題はないか
意匠	景観形成に対する方向性	□	周辺環境を含めた景観に対して、融和的調和を目指すか、対照的調和を目指すかを確認する
	色彩設計コンセプト	□	色彩設計のコンセプトを説明できる
		□	建築設計の基本コンセプトと色彩設計コンセプトの関係が説明できる
	配色テーマ	□	配色テーマを説明できる
		□	配色のテーマと色彩コンセプトの関係が説明できる
	色彩一覧表	□	選定された色彩を1枚の台紙に集めて一覧できる
	表色系・色見本の活用	□	JIS標準色票を活用した
		□	建築デザイン色票を活用した
		□	塗料用色見本帳を活用した
		□	素材カタログを活用した
		□	建築用標準色を活用した
		□	その他（　　　）
	部位の整理	□	部位の形状を確認する
		□	部位の面積を確認する
		□	部位の重要度を確認する
		□	塗り分ける領域を整理する
	色彩以外の属性	□	光沢を確認する
		□	テクスチャを確認する
		□	地模様を確認する
		□	パターンや目地を確認する
色彩の心理効果	色彩の心理効果	□	面積効果を考慮する
		□	同化効果を確認する
		□	対比効果を確認する
		□	色彩の温度感を確認する
		□	色彩の距離感を確認する
		□	色彩の大きさ感を確認する
		□	色彩の重量感を確認する
		□	色彩と形や材料の間に違和感はないかを確認する
共有性	共有性	□	多数の人から拒絶されるような色彩ではないかを確認する
		□	第三者の意見を確認したか
		□	設計関係者との意志の疎通は取れているか

6 建築内部に関するチェックリスト

大項目	細目	確認・YES	具体的確認
計画条件の整理	基本コンセプトの確認	□	建築設計の基本コンセプトを確認する
	施主の理念調査	□	施主の経営方針、指向を把握する
	時代動向調査	□	社会全般の景気、環境問題への関心の程度を確認する
	類似例調査	□	類似施設の色彩設計書、色彩設計事例を収集し、当該事例との類似性、応用性を探る
	色調和に関する一般的理念の整理	□	色彩設計に必要な基本知識の資料を収集する
安全色	JIS安全色、安全標識	□	JIS Z 9101-1995 「安全及び安全標識」に関している
		□	JIS Z 9102-1987 「配管系の識別表示」に関している
視認性	視認性・誘目性	□	標識・サインなどの視認性を妨げていないか
		□	危険部位の視認性に問題はないか
色彩のブロックプラン	外部色彩と内部色彩の関係	□	外部色彩との関係を検討したか
	グルーピング	□	空間機能ごとのグルーピングを検討したか
	ゾーニング	□	空間領域でのゾーニングを検討したか
		□	フロアごとのゾーニングを検討したか
意匠	色彩設計コンセプト	□	色彩設計コンセプトを説明できる
		□	建築設計の基本コンセプトと色彩設計コンセプトの関係が説明できる
	配色テーマ	□	配色テーマを説明できる
		□	配色のテーマと色彩コンセプトの関係が説明できる
	色彩一覧表	□	選定された色彩を1枚の台紙に集めて一覧できる
	表色系・色見本の活用	□	JIS標準色票を活用した
		□	建築デザイン色票を活用した
		□	塗料用色見本帳を活用した
		□	素材カタログを活用した
		□	建築用標準色を活用した
		□	その他（　　　）
	部位の整理	□	部位の形状を確認する
		□	部位の面積を確認する
		□	部位の重要度を確認する
		□	塗り分ける領域を整理する
	色彩以外の属性	□	光沢を確認する
		□	テクスチャを確認する
		□	地模様を確認する
		□	パターンや目地を確認する
	照明との関係	□	当たる光の量を確認する
		□	当たる光の色を確認する
		□	当たる光の演色性を確認する
色彩の心理効果	色彩の心理効果	□	面積効果を考慮する
		□	同化効果を確認する
		□	対比効果を確認する
		□	色彩の温度感を確認する
		□	色彩の距離感を確認する
		□	色彩の大きさ感を確認する
		□	色彩の重量感を確認する
		□	色彩と形や材料の間に違和感はないかを確認する
共有性	共有性	□	多数の人から拒絶されるような色彩ではないかを確認する
		□	第三者の意見を確認したか
		□	設計関係者との意志の疎通はとれているか

[*1] 川上元郎ほか：色彩の事典，朝倉書店，p.438，1978．

色彩設計（2）技法　光環境

1　ゾーニングとグルーピングの例（小学校）

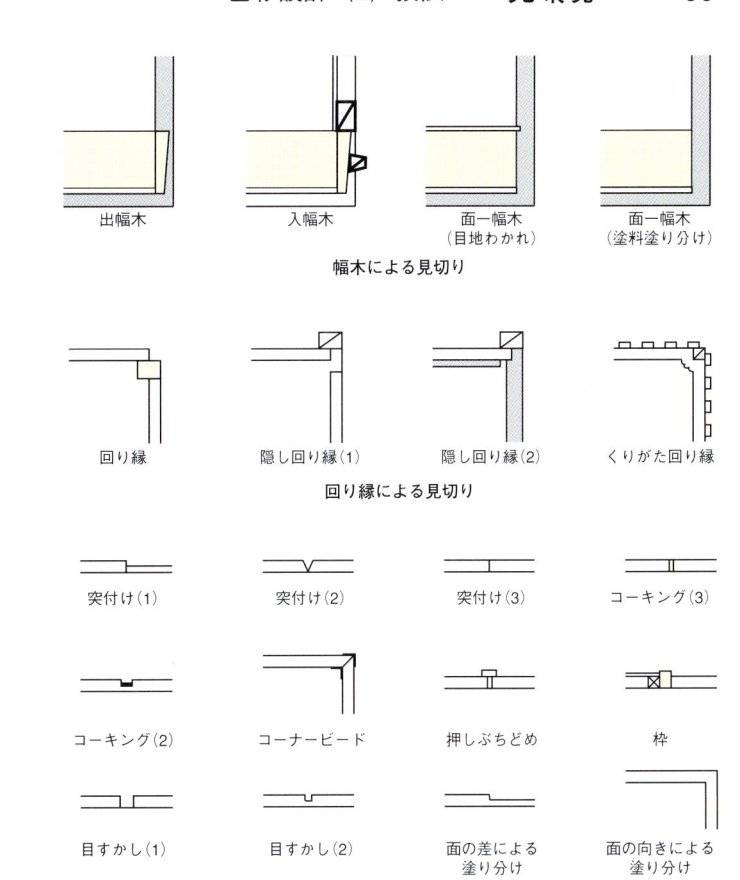

ゾーニング	機能	グルーピング
低学年ゾーン	・教育，勉強 ・教室まわりの生活，遊び，運動，作業	・1，2年教室 ・オープンスペース 　ワークスペース
中学年ゾーン	・教育，勉強 ・教室まわりの生活，遊び，運動，作業	・3，4年教室 ・オープンスペース 　ワークスペース
高学年ゾーン	・教育，勉強 ・教室まわりの生活，遊び，運動，作業	・5，6年教室 ・オープンスペース 　ワークスペース
特別教室ゾーン	・各教科ごとの教育，勉強	・理科室，準備室 ・図工室，準備室 ・家庭科室，準備室 ・音楽室，準備室 ・図書室，視聴覚室 ・特殊学級
	・特殊学級の教育，勉強 ・多目的な教育活動	・マルチパーパスルーム ・屋内運動場
体育施設ゾーン	・体育の教育 ・運動 ・学校行事	・体育準備室 ・シャワー室，ロッカー室 ・教員室，校長室
管理ゾーン	・学校管理，運営	・事務室，保健室 ・会議室 ・管理員室，倉庫

2　幅木，回り縁，目地による見切り

幅木による見切り：出幅木／入幅木／面一幅木（目地わかれ）／面一幅木（塗料塗り分け）

回り縁による見切り：回り縁／隠し回り縁(1)／隠し回り縁(2)／くりがた回り縁

突付け(1)／突付け(2)／突付け(3)／コーキング(3)

コーキング(2)／コーナービード／押しぶちどめ／枠

目すかし(1)／目すかし(2)／面の差による塗り分け／面の向きによる塗り分け

3　色彩の強調と抑制

材料・部位		色彩の強調	色彩の抑制
建築材料の表面特性	光沢	あり	なし
	テクスチャー	あり	なし
	地模様	あり	なし
	パターン	あり	なし
建築部位の特徴	重要度	重要な部位	普通の部位
	美醜	美しい部位	醜い部位
	面積	小さい部位	大きい部位
	照明	明るい部位	暗い部位
	凹凸	凸部	凹部
備考		白，黒および赤，黄，青などの高彩度色を用いて強調しても良い	白，黒を除く無彩色，オフグレイ，低彩度の暖色などを用いて抑制する

4　建築構成部位の色彩分類

色彩分類	定義	部位	
		建築外観	建築内部
基調色	背景となる部分の色彩で，大きな面積を占め，全体の雰囲気を決定付ける	壁	壁
			床
			天井
配合色	図となる部分の色彩で，基調色に次いで大きく，特徴あるイメージを表現する	屋根	腰壁
		壁・塗り分け部	窓サッシ
		窓サッシ	建具
		ドア	幅木
		雨戸	回り縁
		ひさし	（家具類）
		バルコニー	（什器類）
		外階段	（カーテン類）
		その他	その他
強調色	小面積部分を強調し，全体の印象を引きしめる	壁（部分・小面積）	（装飾品類）
		その他	その他

5　建築外観の評価に用いる形容詞の例

評価	因子	
	活動性	暖かさ
穏やかな－刺激的な	涼しい－暑い	暖かい－冷たい
さりげない－わざとらしい	都会風の－田舎風の	風情のある－殺風景な
高尚な－低俗な	するどい－にぶい	親しみやすい－親しみにくい
上品な－下品な	淡い－濃い	
安定した－不安定な	しゃれた－野暮な	
飽きにくい－飽きやすい	さわやかな－うっとうしい	
整然とした－雑然とした	軽快な－重厚な	
ありふれた－独創的な	おもしろい－つまらない	
質素な－豪華な	繊細な－豪快な	
静的な－動的な	浅はかな－深みのある	
自然な－人工的な	カジュアルな－フォーマルな	
地味な－派手な	物足りない－満ち足りた	
優雅な－がさつな	くすんだ－鮮やかな	

6　建築内部の評価に用いる形容詞の例

活動性	評価	暖かさ
若い－年とった	上品な－下品な	暖かい－冷たい
明るい－暗い	しっくりした－そぐわない	やわらかい－かたい
軽い－重い	すっきりした－ごてごてした	勢力
はでな－地味な	純粋な－不純な	強い－弱い
生き生きした－生気のない	引きしまった－しまりのない	
はっきりした－ぼんやりした	美しい－みにくい	
	新しい－古い	
	快い－不快な	
するどい－にぶい	清潔な－不潔な	
動いている－止まっている	自然な－人工の	
楽しい－苦しい	しずかな－うるさい	
かわいた－しめった	落着きのある－落着きのない	

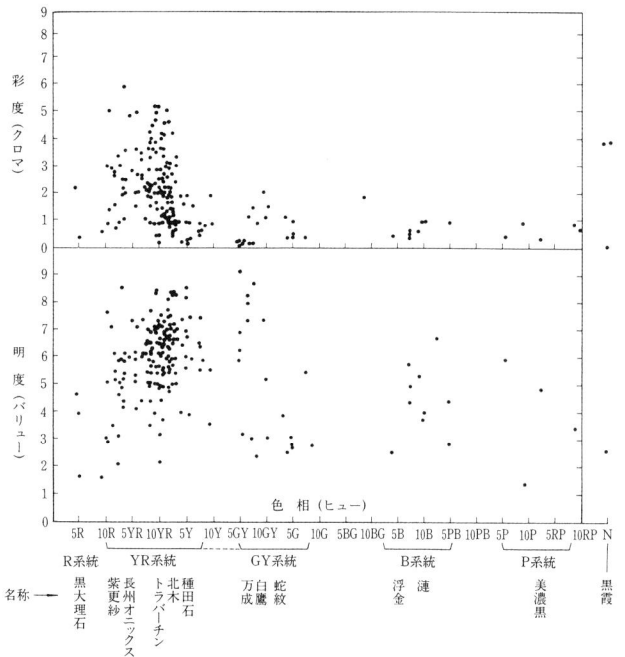

70　光環境　色彩設計（3）材料色・使用色

1　石材の色彩*1

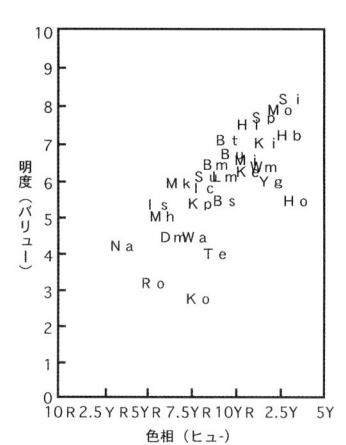

2　木材の色彩*1

Bm：ベイマツ　Bs：ベイスギ　Bt：ベイツガ　Bu：ブナ
Dm：ダークレッドメランチ　Hb：ヒバ　Hi：ヒノキ
Ho：ホオノキ　Ic：イチイ　Is：イスノキ　Ke：ケヤキ
Ki：キリ　Ko：コクタン　Kp：カプール
Lm：ライトレッドメランチ　Mh：マホガニー
Mi：ミズナラ　Mk：マカンバ　Mo：モミ　Na：ナラ
Ro：ローズウッド（シタン）　Si：シオジ
Sp：シトカプルース　Su：スギ　Te：チーク
Wa：ウォルナット　Wm：ホワイトメランチ　Yg：ヤマグワ

3　色見本帳の色相別出現頻度*1

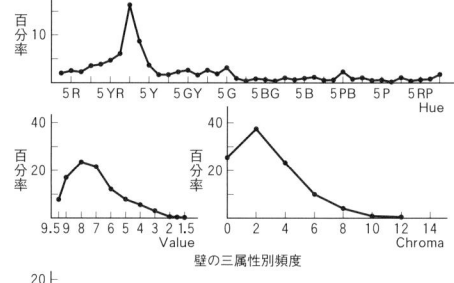

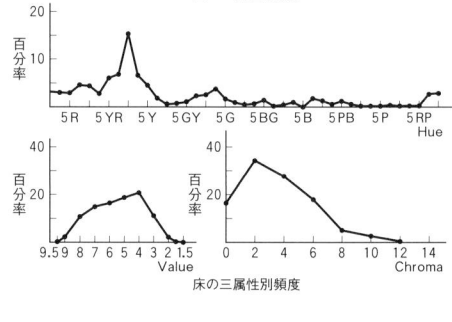

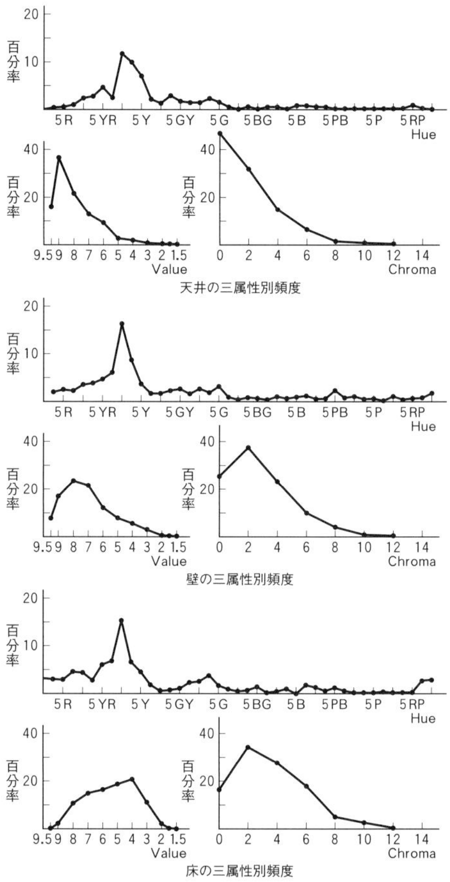

4　建築内部の色彩出現頻度*2

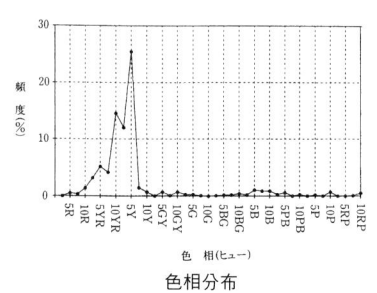

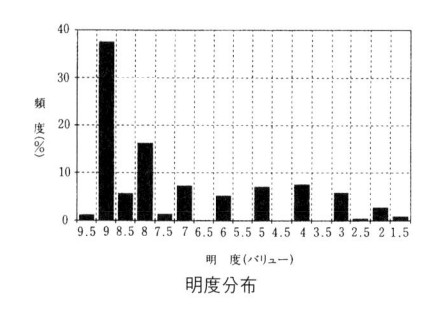

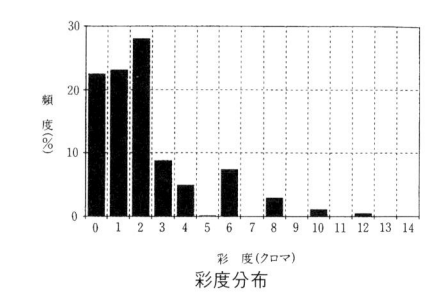

（天井の三属性別頻度／壁の三属性別頻度／床の三属性別頻度）

5　建築外観の色彩出現頻度*3

*1　日本色彩学会：新編色彩科学ハンドブック第2版，東京大学出版会，1998．
*2　乾　正雄：建築の色彩設計，pp.188～190，鹿島出版会，1988．
*3　稲垣卓造：都市の色彩分布に関する一考察，日本建築学会学術講演梗概集（環境工学），pp.429～430，1987．

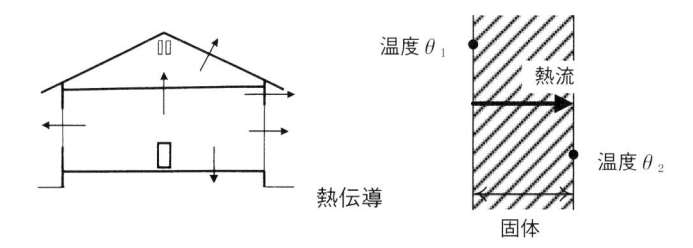

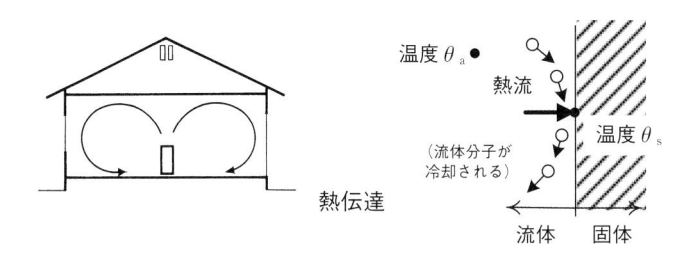

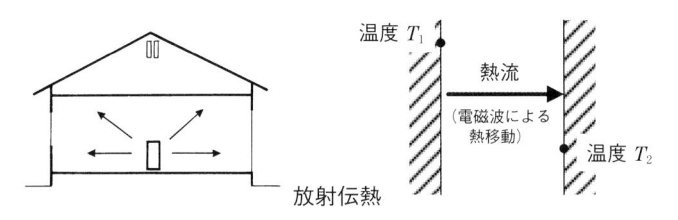

伝熱基礎（1）熱移動の基礎　　**熱環境**

熱移動の3形態

熱が移動する形態は，熱伝導・熱伝達・熱放射の3種がある．[1]では，冬季に室内で暖房が行われ，室内外で温度差が生じた場合を想定して，熱移動を示した．

1）熱伝導

壁体（固体）内部において，室内側と外気側で温度差が生じるとその温度勾配に応じた熱流が生じる．このような熱移動の形態を熱伝導という．高温側 θ_1 から低温側 θ_2 へ向かう熱流密度を q とすると，

$$q = \frac{\lambda}{d}(\theta_1 - \theta_2)$$

2）熱伝達（対流熱伝達）

暖房機により室内空気が加熱されると，その空気は次に壁体の室内側表面を加熱する．このような空気（流体）から固体への熱移動を熱伝達という．温度 θ_a の空気から，温度 θ_s の壁体表面へ向かう熱流密度を q とすると，

$$q = h_c(\theta_a - \theta_s)$$

h_c：対流熱伝達率

3）放射伝熱

暖房機の表面が周囲の人体や壁体表面より高温であると，表面間を電磁波(熱放射)により熱が移動する．このような熱移動の形態を放射伝熱という．表面温度 T_1 の面1と表面温度 T_2 の面2において面1から面2へ向かう熱流密度を q とすると，

$$q = \varphi\, \varepsilon_1 \varepsilon_2 \sigma_b (T_1^4 - T_2^4)$$

φ：形態係数，ε_1, ε_2：放射率，
σ_b：ステファン・ボルツマン定数，5.67×10^{-8} W/(m²·K⁴)

以上のような基本的な伝熱形態の他に，実際の伝熱問題では，次のような相変化や物質移動を伴うような伝熱も生じる．

4）相変化を伴う熱伝達

濡れた表面でおこる水分蒸発は，表面近傍における液水から水蒸気への相変化と，表面近傍（水蒸気分圧 p_s）から周囲空気（水蒸気分圧 p_a）への水蒸気移動である．これに伴う潜熱移動の熱流密度 q は，

$$q = L\beta(p_s - p_a)$$

L：水の蒸発潜熱，β：表面水蒸気伝達率

[1] 熱移動の3形態

記号	名称		単位	備考
Q	熱量	quantity of heat	J	
ϕ	熱流量	heat flow rate	W	$\phi = dQ/dt$
q	熱流密度	density of heat flow rate	W/m²	$q = d\phi/dA$
λ	熱伝導率	thermal conductivity	W/(m·K)	$q = -\lambda\,\mathrm{grad}\,T$
r	熱伝導比抵抗	thermal resistivity	m·K/W	$r = 1/\lambda$
Λ	熱コンダクタンス	thermal conductance	W/(m²·K)	$\Lambda = \dfrac{q}{T_1 - T_2}$
R	熱抵抗	thermal resistance	m²·K/W	$R = 1/\Lambda$
h	熱伝達率	surface coefficient of heat transfer	W/(m²·K)	$h = \dfrac{q}{T_1 - T_2}$
U	熱貫流率	thermal transmittance	W/(m²·K)	$U = \dfrac{\phi}{(T_{f1} - T_{f2})A}$
C	熱容量	heat capacity	J/K	
c	比熱	specific heat	J/(kg·K)	$c = C/m$
a	熱拡散率	thermal diffusivity	m²/s	$a = \lambda/(\rho c)$
T	絶対温度	thermodynamic temperature	K	
θ	摂氏温度	Celsius temperature	℃	
d	厚さ	thickness	m	
A	面積	area	m²	
t	時間	time	s	
m	質量	mass	kg	
ρ	密度	density	kg/m³	
s	水分吸引力	moisture suction	Pa	
g	水分流量密度	moisture flow rate	kg/(m²·s)	
W_p	水分透過係数	moisture permeance	kg/(m²·s·Pa)	$W_p = \dfrac{g}{p_1 - p_2}$
Z_p	水分透過抵抗	moisture resistance	m²·s·Pa/kg	$Z_p = 1/W_p$
λ_m	湿気伝導率	moisture conductivity	kg/(m·s·Pa)	$g = \lambda_m\,\mathrm{grad}\,s$
β	表面水蒸気伝達率	surface coefficient of water vapour transfer	kg/(m²·s·Pa)	$\beta_p = \dfrac{g}{p_{va} - p_{vs}}$
p_r	水蒸気分圧	partial water vapour pressure	Pa	

[2] 熱移動に関する記号と単位（JIS A 0202 断熱用語）

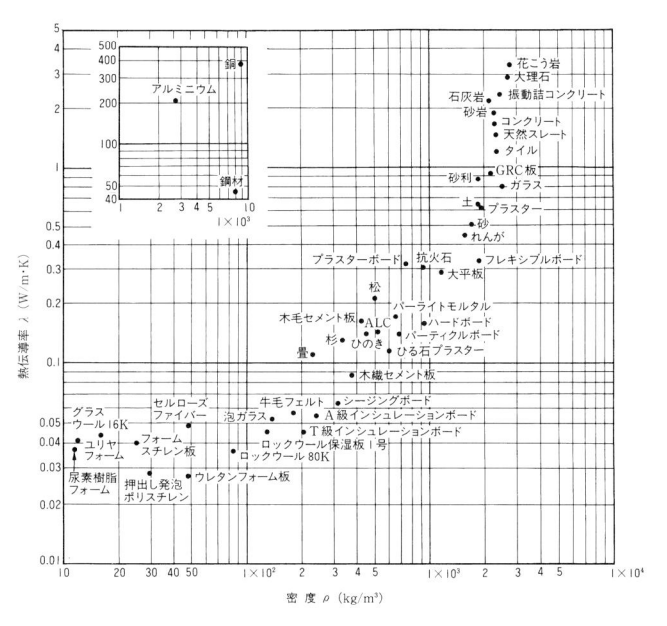

熱環境　伝熱基礎（2）　主要建築材料の熱定数

[1] 建築材料の熱伝導率と密度の関係[*1]

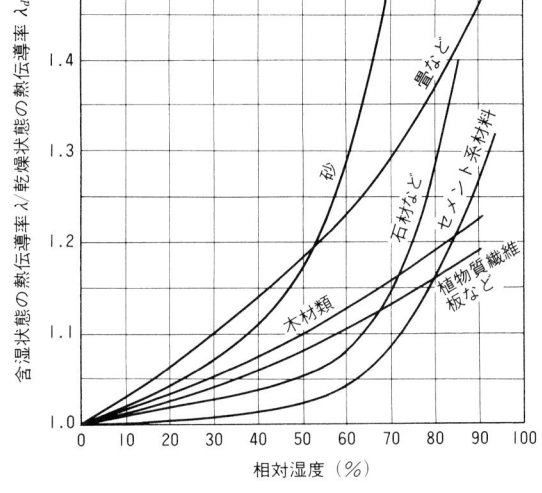

[2] 建築材料の熱伝導率と相対湿度の関係[*2]

材料名	密度 ρ[*3] kg/m³	熱伝導率[*3] λ W/(m·K)	比熱[*3] c kJ/(kg·K)	熱拡散率[*3] α ×10⁻⁶ m²/s	湿気伝導率[*4] λ_m ng/(m·s·Pa)	水分透過抵抗（湿気伝導抵抗）[*4] Z_p ×10⁻³ m·s·Pa/ng	備考[*4]
鋼材	7 860	45	0.48	110			
アルミニウムおよびその合金	2 700	210	0.90	94			
板ガラス	2 540	0.78	0.77	0.42			
普通コンクリート	2 200	1.1	0.88	0.83			
鉄筋コンクリート壁	2 240				3.0		水セメント比70%, 調合1:2:4
軽量コンクリート	1 600	0.65	1.00	0.42	38		
ALC	600	0.15	1.10	0.31			相対湿度80%
ALC板（表面処理なし）					38〜69		
ALC板（表面塗装はスーパーコート）						0.2	
赤れんが	1 650	0.62	0.84	0.22			
木材（軽量材各種）	400	0.12	1.30	0.19〜0.28			
マツ	400				16		相対湿度80%
スギ	400				1.5		相対湿度80%, 心材
合板	550	0.15	1.30	0.19〜0.28	6.0〜14		
グラスウール	16〜96				22〜130		
グラスウール保温板（2号24 K）	24	0.039	0.84	0.14〜0.42			
ロックウール	86〜400				13〜16		
ロックウール保温板	40〜160	0.038	0.84	0.17〜0.25			
軟質繊維板（A級）	200〜300	0.046	1.30	0.11		0.3	厚さ12.5 mm
パーティクルボード	400〜700	0.15	1.30	0.17〜0.28	3.0〜5.2		
木毛セメント板（普通品）	430〜700	0.15	1.68				
難燃木毛セメント板						0.62	厚さ24.2 mm
せっこうボード	710〜1 110	0.14	1.13	0.11	6.0[*5]		耐火板, RH53%[*5]
硬質ウレタンフォーム保温板（2号）	25〜50	0.027	1.0〜1.5	0.83		330	硬質ポリウレタン, 成形品
押出し発泡ポリスチレンフォーム（普通品）	28	0.037	1.0〜1.5	0.86		290	押出発泡ポリスチレン, 一般品
フォームポリスチレン保温板（3号）	20	0.041	1.0〜1.5	0.86		210	フォームポリスチレン, 2次発泡
一般ビニル壁紙						16	普通品
ポリエチレンフィルム						109〜126	
ビニルシート						38	
塗膜（エナメル2回塗り）						20〜39	
塗膜（ラッカー2回塗り）						3〜4	
防湿塗膜（ロンコート吹き付け3 kg/m²）						29	
透湿防水シート						0.042	
水	998	0.6	4.2				
空気	1.3	0.022	1.00				

[3] 主要建築材料の熱伝導率と密度の関係

*1　宮野秋彦：建物の断熱と防湿, p.20, 学芸出版社, 1981.
*2　宮野秋彦：建物の断熱と防湿, p.21, 学芸出版社, 1981.
*3　日本建築学会編：建築設計資料集成1, 環境, p.119, 丸善, 1978.
*4　次世代省エネルギー基準解説書編集委員会編：住宅の省エネルギー基準の解説, pp.140〜141, 建築環境・省エネルギー機構, 2002.
*5　日本建築学会編：建築設計資料集成1, 環境, p.176, 丸善, 1978.

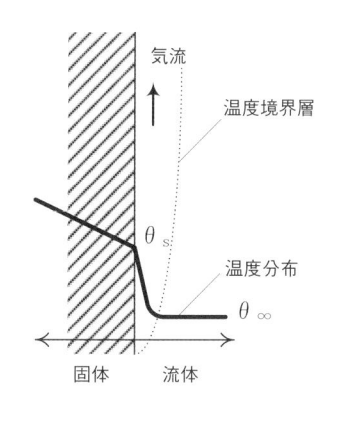

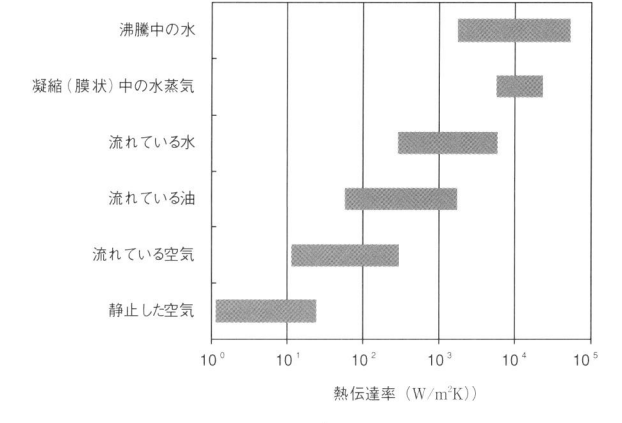

伝熱基礎（3） 対流熱移動と放射熱移動　　熱環境　　73

1　対流熱伝達（垂直加熱面に沿う自然対流）

2　対流熱伝導率の概略値[*1]

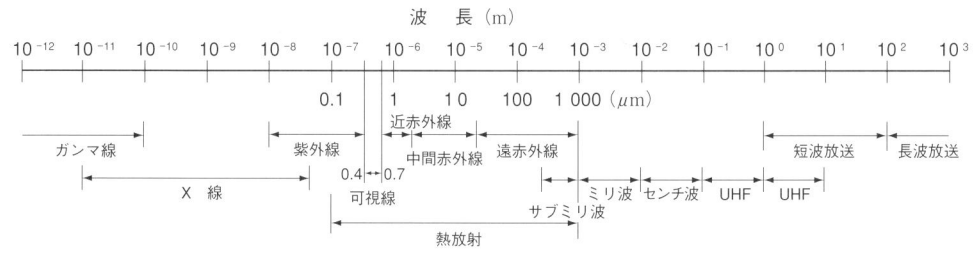

3　電磁波の波長帯と名称[*2]

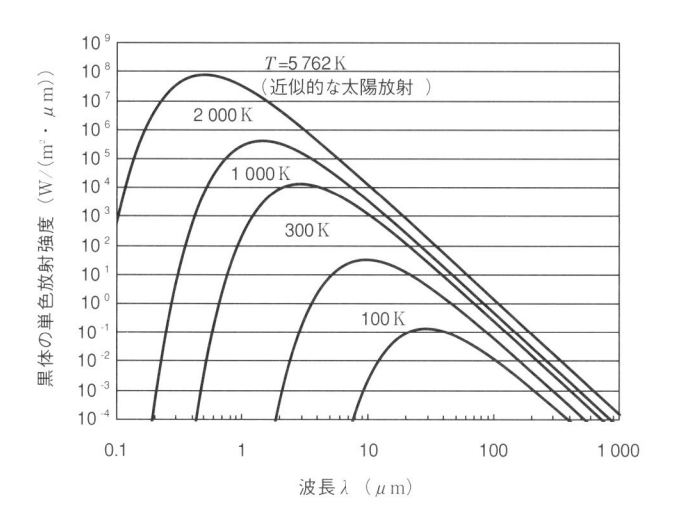

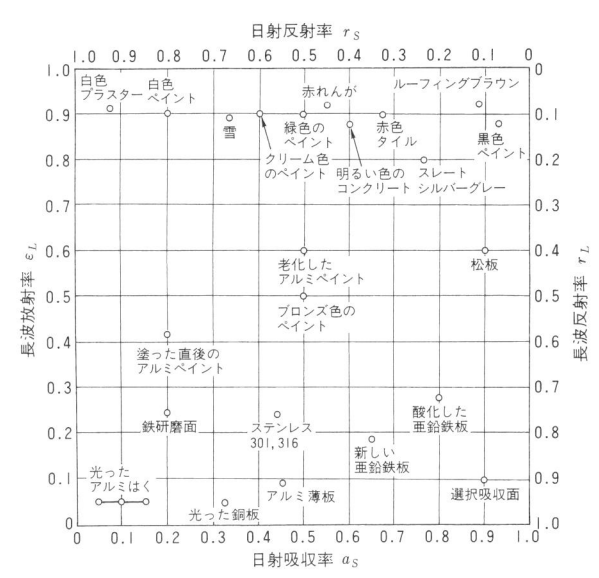

4　黒体放射のスペクトル

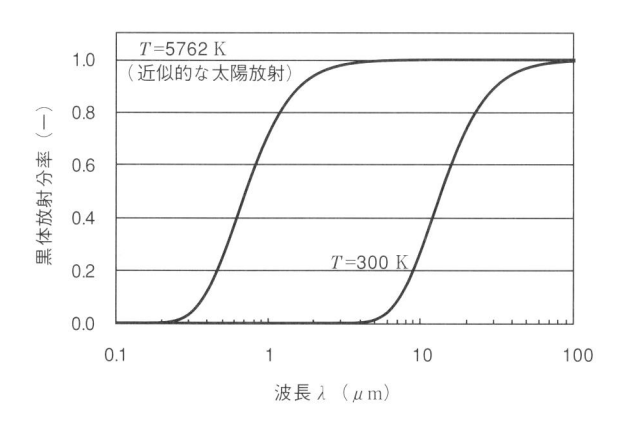

5　材料表面の日射吸収率と長波放射率[*2]

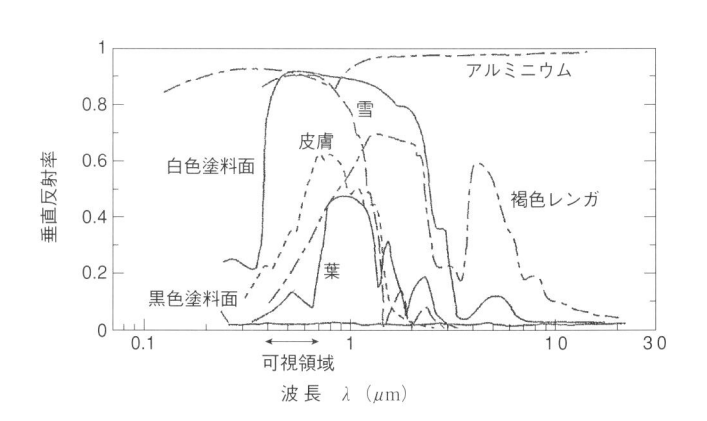

6　黒体放射分率

7　種々の物質の分光反射率[*3]

[*1] 甲藤好郎：伝熱概論，p.23，養賢堂，1964.
[*2] 日本建築学会編：建築設計資料集成1，環境，p.100，丸善，1978.
[*3] 庄司正弘：伝熱工学，p.198，東京大学出版会，1995.

熱環境　伝熱基礎（4）空気層の熱抵抗・表面熱伝達

空気層の熱抵抗 R

空気層の熱移動は，固体材料と異なり，熱伝導，熱放射ならびに熱対流によって行われる。両側の面材が黒体に近い場合には60%程度が放射伝熱となり，放射率の影響が大きい。また，密閉空気層か，非密閉（有隙）空気層かによって熱抵抗は大きく異なる。密閉空気層の場合，厚さが約15mmまでは，空気自身の粘性のため空気は流動せず熱伝導が主流となるが，空気層の厚さが増すと熱対流が発生し熱抵抗Rはほとんど増加しない。

対流熱伝達率 h_c

対流熱伝達率は，材料特有の物性値（熱伝導率，比熱等）ではなく，壁面の形状・寸法ならびに気流特性によって異なった値をとる係数である。一般に，有風時には風速との関係 [2] から，また無風時にはウィルクスの実験 [3] からh_cを求めることが多い。対流熱伝達量q（W/m²）は，下式で与えられる。

$$q = h_c(\theta_s - \theta_a) \text{（W/m²）}（\theta_s：表面温度（℃），\theta_a：気温（℃））$$

放射熱伝達率 h_r

表面間でやり取りされる正味の長波放射量を，表面温度の差に比例する形式で近似的に表わした場合の比例係数。無限平行2平面間の正味の放射量q（W/m²）は下式で与えられる（両面とも黒体とする）。

$$q = \sigma(T_1^4 - T_2^4) \quad (T_1, T_2：面1, 2の絶対温度（K）)$$
$$= \{\sigma(T_1^4 - T_2^4)/(T_1 - T_2)\} \cdot (T_1 - T_2)$$
$$= h_r(\theta_1 - \theta_2) \quad (\theta_1, \theta_2：面1, 2の温度（℃）)$$
$$h_r = \sigma(T_1^4 - T_2^4)/(T_1 - T_2) \quad \text{[4]参照}$$

σ：ステファン-ボルツマン定数，5.67×10^{-8} W/(m²・K⁴)

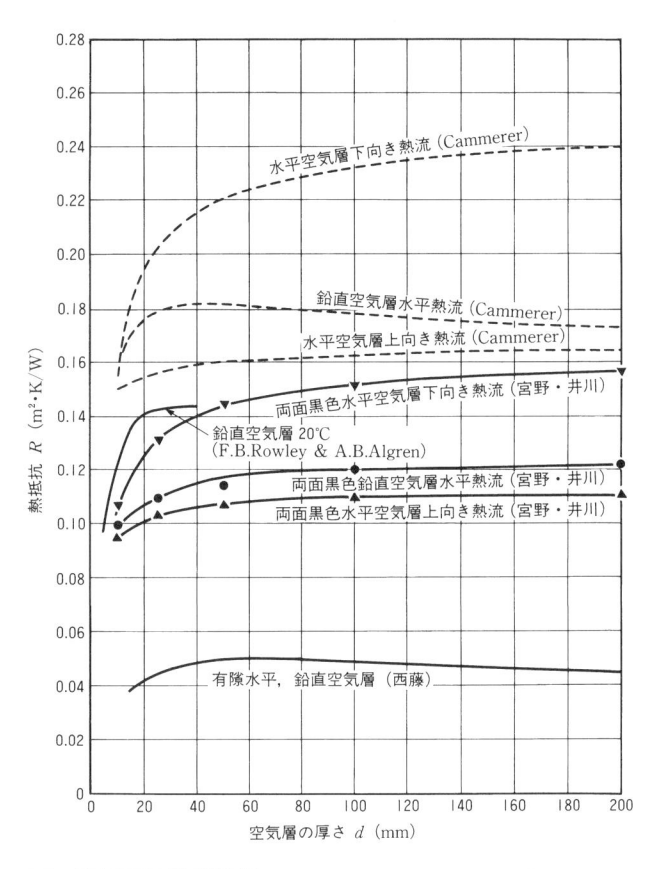

[1] 空気層の熱抵抗[*1]（Cammerer, 西藤一郎, 宮野秋彦, 井川憲男）

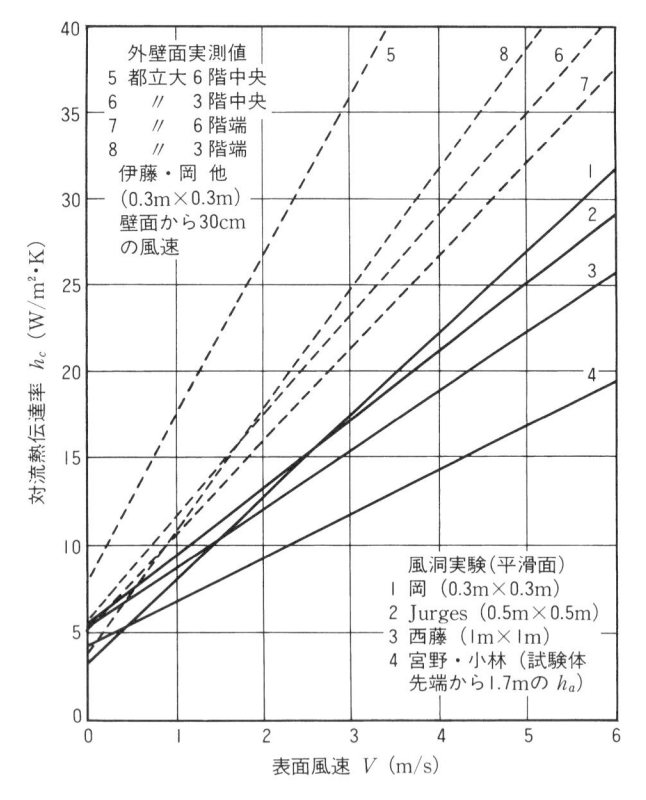

[2] 垂直壁面の対流熱伝達率と風速の関係

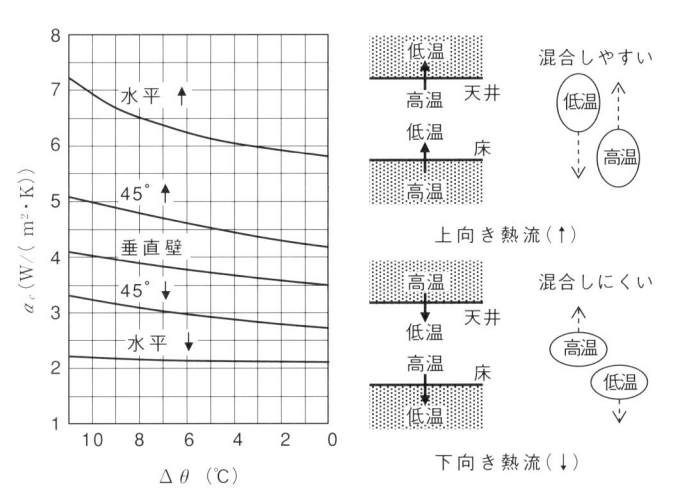

[3] ウィルクスの実験による無風時の対流熱伝達率[*2]

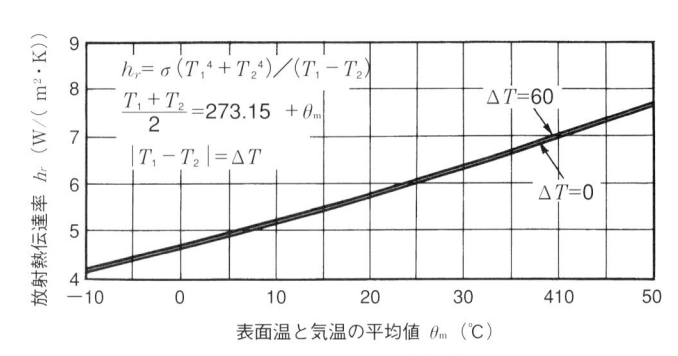

[4] 放射熱伝達率h_rの値（$\varepsilon = 1$の場合）[*3]

---

*1　宮野秋彦：建物の断熱と防湿, p.51, 学芸出版社, 1981.
*2　渡邊　要編：建築計画原論II, p.61, 丸善, 1965.
*3　日本建築学会編：建築設計資料集成1, 環境, p.101, 丸善, 1978.

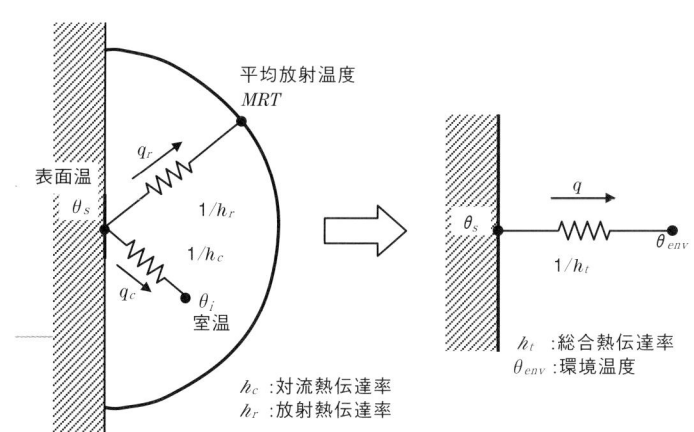

伝熱基礎（5） 総合熱伝達率と環境温度・熱貫流率と日射侵入率　　**熱環境**　75

部位	室内側表面 (m²K/W)	外気側表面 (m²K/W)	
		外気の場合	外気以外の場合
屋 根	0.09	0.04	0.09（通気層*）
天 井	0.09		0.09（小屋裏）
外 壁	0.11	0.04	0.11（通気層*）
床	0.15	0.04	0.15（床下）

＊：外装材の建物側に設ける湿気排出等のための，外気に開放された空気層

3 表面熱伝達抵抗・総合熱伝達率の常用値[*1]

上の表は，住宅の熱損失係数を算出する際に用いられる値である。正確には，p.74（空気層の熱抵抗・表面熱伝達）に記載の対流熱伝達率h_cと放射熱伝達率h_rから，$1/(h_c+h_r)$ により表面熱伝達抵抗を求める。

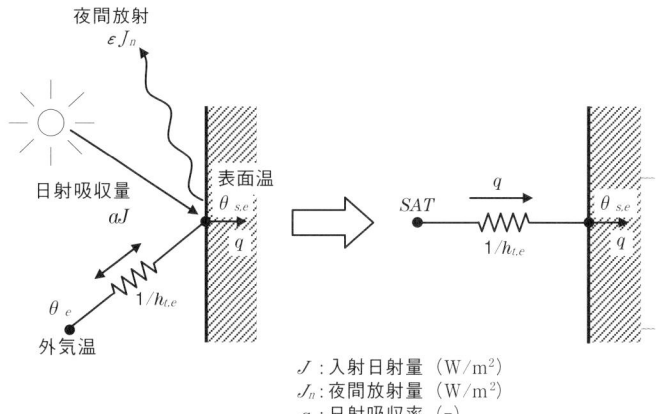

h_t：総合熱伝達率
θ_{env}：環境温度

1 総合熱伝達率と環境温度

対流，放射の2つの伝熱形態による熱移動を，1つの表面熱伝達抵抗（$1/h_t$）と1つの温度（θ_{env}）に置き換えて考えたときの熱コンダクタンスh_tが総合熱伝達率，温度θ_{env}が環境温度である。室内の場合，一般に同一室温であっても，壁体ごとに環境温度は異なるが，簡易にはMRT＝室温と見なして，同一室を囲むすべての壁体に対して，環境温度＝室温とすることもある。

対流による熱流　$q_c = h_c(\theta_s - \theta_i)$ （W/m²）

放射による熱流　$q_r = h_r(\theta_s - MRT)$ （W/m²）

熱流の合計　$q = q_c + q_r = (h_c + h_r)\left(\theta_s - \dfrac{h_c\theta_i + h_r MRT}{h_c + h_r}\right)$

　　　　　　　　$= h_t(\theta_s - \theta_{env})$ （W/m²）

総合熱伝達率　$h_t = h_c + h_r$ （W/m²·K）

環境温度　$\theta_{env} = (h_c\theta_i + h_r MRT)/(h_c + h_r)$ （℃）

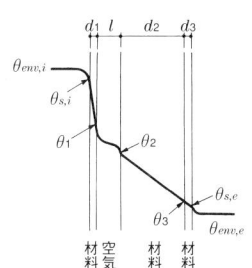

J：入射日射量（W/m²）
J_n：夜間放射量（W/m²）
a：日射吸収率（-）
$h_{t,e}$：外気側総合熱伝達率　　ε：長波放射率（-）

外表面から室内側へ向かう熱流 q

$q = h_{t,e}(\theta_e - \theta_{s,e}) + aJ - \varepsilon J_n$

　$= h_{t,e}\left(\theta_e + \dfrac{aJ}{h_{t,e}} - \dfrac{\varepsilon J_n}{h_{t,e}} - \theta_{s,e}\right) = h_{t,e}(SAT - \theta_{s,e})$ （W/m²）

相当外気温度　$SAT = \theta_e + \dfrac{aJ}{h_{t,e}} - \dfrac{\varepsilon J_n}{h_{t,e}}$ （℃）

相当外気温度（SAT）は，室外側の環境温度（$\theta_{env,e}$）に該当し，外気温度の代わりにSATを用いることによって，日射や夜間放射を考慮した，定常下での壁体貫流熱 q を求めることができる。

壁体貫流熱　$q = U(SAT - \theta_{env,i})$ （W/m²）（$\theta_{env,i}$：室内側環境温度（℃））

2 平面壁の熱貫流率と各部温度の算定（定常状態）

室内側表面：$1/h_{t,i}$
材 料 1：$R_1 = d_1/\lambda_1$
空 気 層：R_a
材 料 2：$R_2 = d_2/\lambda_2$
材 料 3：$R_3 = d_3/\lambda_3$
室外側表面：$1/h_{t,e}$

熱流 $q = h_{t,i}(\theta_{env,i} - \theta_{s,i}) = \dfrac{1}{R_1}(\theta_{s,i} - \theta_1) = \dfrac{1}{R_a}(\theta_1 - \theta_2) = \cdots$

　　　　$= U(\theta_{env,i} - \theta_{env,e})$ （W/m²）

熱貫流率　$U = 1/(1/h_{t,i} + R_1 + R_a + R_2 + R_3 + 1/h_{t,e})$ （W/m²·K）

各部温度

$\theta_{s,i} = \theta_{env,i} - \dfrac{q}{h_{t,i}} = \theta_{env,i} - \dfrac{U}{h_{t,i}}(\theta_{env,i} - \theta_{env,e})$

$\theta_1 = \theta_{s,i} - R_1 q = \theta_{env,i} - \left(\dfrac{1}{h_{t,i}} + R_1\right)q = \theta_{env,i} - \left(\dfrac{1}{h_{t,i}} + R_1\right)U(\theta_{env,i} - \theta_{env,e})$

（…以下，同様）

$\theta_{s,e} = \theta_3 - R_3 q = \theta_{env,i} - \left(\dfrac{1}{h_{t,i}} + R_1 + R_a + R_2 + R_3\right)q$

　　　$= \theta_{env,i} - \left(\dfrac{1}{h_{t,i}} + R_1 + R_a + R_2 + R_3\right)U(\theta_{env,i} - \theta_{env,e}) = \theta_{env,e} + \dfrac{q}{h_{t,e}}$

4 相当外気温度SAT

日射による相当外気温度の増分　$\Delta\theta = \dfrac{aJ}{h_{t,e}}$ （K）

日射による壁体貫流熱の増分　$\Delta q = U\Delta\theta = U\dfrac{aJ}{h_{t,e}}$ （W/m²）

不透明部位の日射侵入率　$\eta \equiv \dfrac{\Delta q}{J} = \dfrac{a}{h_{t,e}}U$

日射吸収率 $a = 0.8$，外気側総合熱伝達率 $h_{t,e} = 25$ W/(m²·K) とすると，

$\eta = \dfrac{a}{h_{t,e}}U = 0.032U$

5 不透明部位の日射侵入率

[*1] 次世代省エネルギー基準解説書編集委員会編：住宅の省エネルギー基準の解説第3版, p.89, 建築環境・省エネルギー機構, 2009.

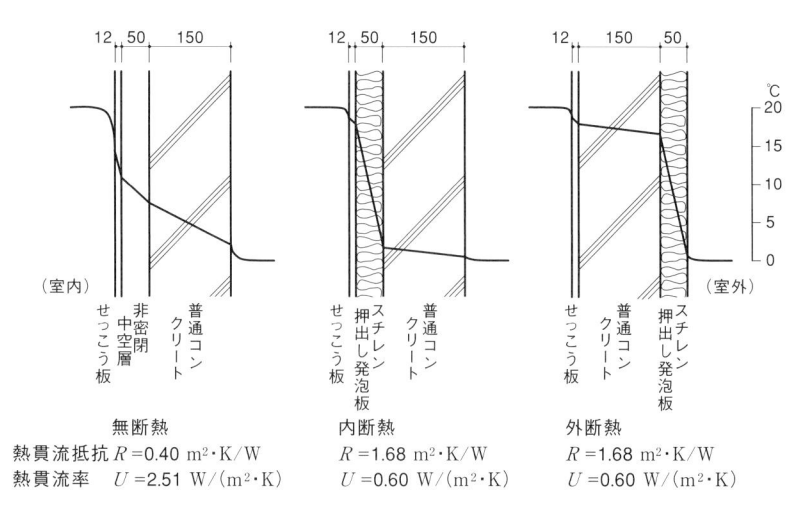

76　熱環境　　伝熱応用　壁体の熱特性

定常状態における壁体温度分布の特徴
- 相対的に熱伝導率が小さい層において、温度勾配が大きくなる（定常状態では各層の熱流は同じため、温度勾配は各層の熱伝導率に反比例する）。
- 相対的に熱抵抗が大きい層において、温度変化が大きくなる（各層の温度変化の比は、各層の熱抵抗の比と等しい）。
- 内断熱でも外断熱でも熱貫流抵抗・熱貫流率は等しい（ただし、非定常状態における熱挙動はまったく異なる）。
- 断熱を施すと、両側の表面温度は、それぞれの側の環境温度に近付く。

無断熱
熱貫流抵抗 $R = 0.40$ m²·K/W
熱貫流率　 $U = 2.51$ W/(m²·K)

内断熱
熱貫流抵抗 $R = 1.68$ m²·K/W
熱貫流率　 $U = 0.60$ W/(m²·K)

外断熱
熱貫流抵抗 $R = 1.68$ m²·K/W
熱貫流率　 $U = 0.60$ W/(m²·K)

[1] RC壁体の熱貫流特性と断熱効果（外装材を省略している）

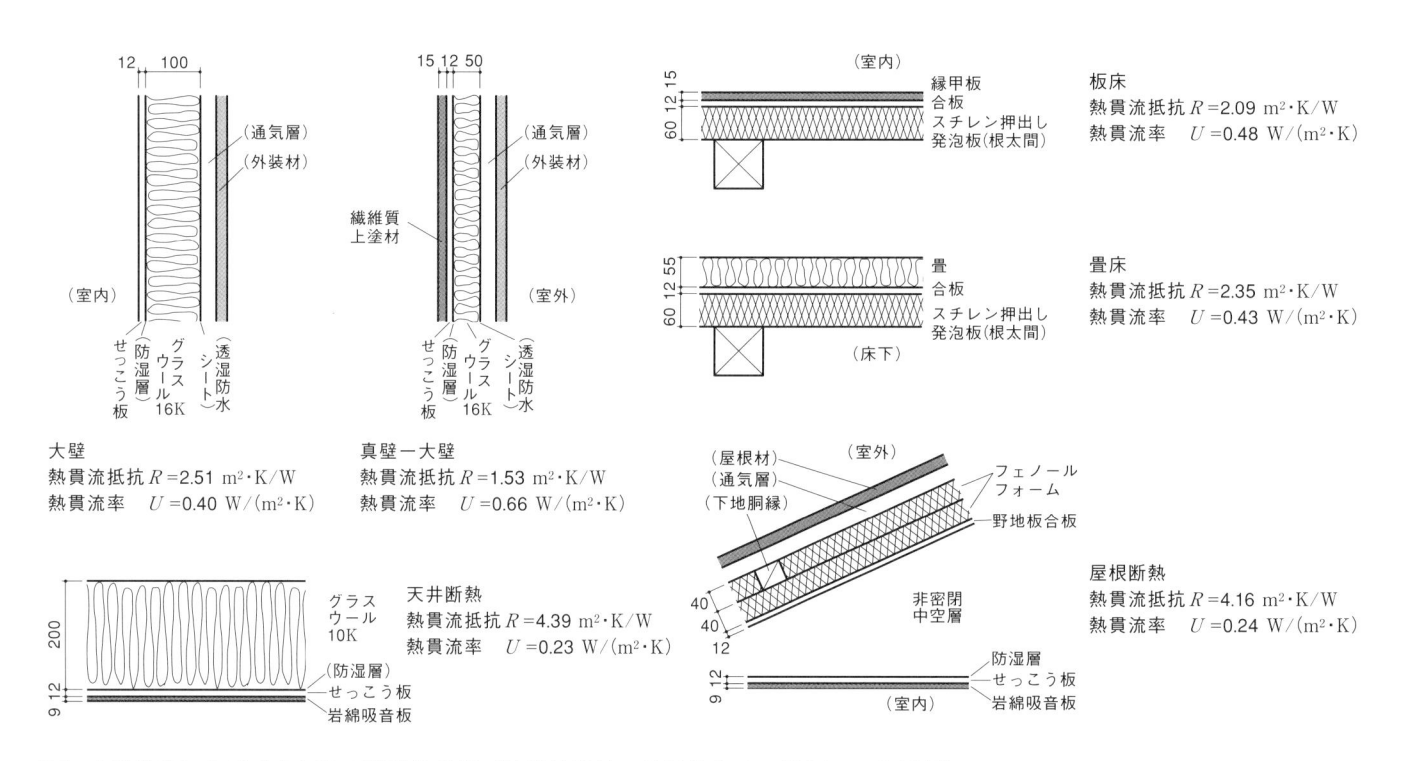

大壁
熱貫流抵抗 $R = 2.51$ m²·K/W
熱貫流率　 $U = 0.40$ W/(m²·K)

真壁―大壁
熱貫流抵抗 $R = 1.53$ m²·K/W
熱貫流率　 $U = 0.66$ W/(m²·K)

板床
熱貫流抵抗 $R = 2.09$ m²·K/W
熱貫流率　 $U = 0.48$ W/(m²·K)

畳床
熱貫流抵抗 $R = 2.35$ m²·K/W
熱貫流率　 $U = 0.43$ W/(m²·K)

天井断熱
熱貫流抵抗 $R = 4.39$ m²·K/W
熱貫流率　 $U = 0.23$ W/(m²·K)

屋根断熱
熱貫流抵抗 $R = 4.16$ m²·K/W
熱貫流率　 $U = 0.24$ W/(m²·K)

[2] 木造住宅における各部位の断熱仕様例（熱貫流抵抗，熱貫流率は一般部のみを対象）

	熱伝導率 λ W/(m·K)
普通コンクリート	1.4
せっこう板	0.17
繊維質上塗材	0.12
畳	0.15
縁甲板（木材・軽量）	0.14
合板，野地板	0.19
グラスウール10K	0.050
グラスウール16K	0.045
岩綿吸音板	0.064
スチレン押出し発泡板	0.037
フェノールフォーム	0.022
非密閉中空層　熱抵抗：0.070m²·K/W	

（計算条件）
- 室内外表面熱伝達抵抗はp.75の[3]の値を使用
- 通気層がある場合は、通気層までの熱抵抗のみ考慮
- 防湿層，透湿防水シートなどの熱抵抗は無視

熱貫流抵抗・熱貫流率の計算例（[2]の大壁の場合）

大壁	熱伝導率 λ W/(m·K)	厚さ d m	熱抵抗 (d/λ) m²·K/W
室内側熱伝達抵抗 R_i	—	—	0.11
せっこう板	0.17	0.012	0.07
グラスウール16K	0.045	0.100	2.22
室外側熱伝達抵抗 R_e（通気層）	—	—	0.11
熱貫流抵抗 ΣR			2.51
熱貫流率 $U = 1/\Sigma R$　[W/(m²·K)]			0.40

[3] 計算に用いた物性値と、熱貫流抵抗・熱貫流率の計算例

窓開口部の熱特性　熱環境

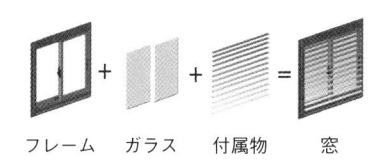

1 窓部の熱特性を決める部位

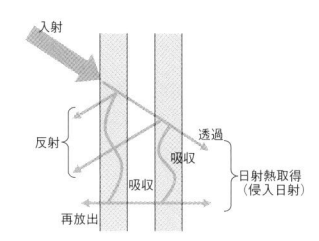

フレーム　ガラス　付属物　＝　窓

2 ガラス部を通る熱・光

入射／反射／透過／吸収／再放出／日射熱取得（侵入日射）

3 ガラスの断熱性能，遮熱性能，光学特性 *1

	種類	構成	断熱性能 熱貫流率 [W/(m²·K)]	遮熱性能 日射侵入率 [-]	光学特性 日射特性 [-] 透過率	反射率	光学特性 日射特性 [-] 透過率	反射率
単板ガラス	透明	FL3	6.0	0.88	0.90	0.08	0.86	0.08
		FL6	5.8	0.85	0.89	0.08	0.81	0.07
	熱線吸収（グリーン）	6mm	5.8	0.63	0.76	0.07	0.47	0.06
	熱線反射（シルバー）	6mm	5.8	0.68	0.63	0.32	0.62	0.22
	高性能熱線反射（SS8）	6mm	4.6	0.22	0.08	0.41	0.06	0.36
	（SGY32）	6mm	5.5	0.49	0.32	0.12	0.29	0.10
	（TBL35）	6mm	5.6	0.46	0.35	0.18	0.28	0.15
複層ガラス	透明	FL3+A+FL3	3.4（空気層6）	0.79	0.82	0.15	0.75	0.13
		FL6+A+FL6	2.9（空気層12）	0.74	0.79	0.15	0.66	0.12
	熱線吸収（グリーン）	6ミリ+A+FL6		0.51	0.67	0.12	0.39	0.08
	熱線反射（シルバー）	6ミリ+A+FL6		0.59	0.58	0.36	0.52	0.24
	高性能熱線反射（SS8）	6ミリ+A+FL6	2.8（空気層6），2.3（空気層12）	0.15	0.07	0.42	0.05	0.36
	（SGY32）	6ミリ+A+FL6	3.2（空気層6），2.7（空気層12）	0.37	0.29	0.13	0.24	0.11
	（TBL35）	6ミリ+A+FL6	3.2（空気層6），2.7（空気層12）	0.36	0.32	0.19	0.24	0.16
低放射複層ガラス	遮熱低放射複層ガラス	LE3+A+FL3		0.39	0.69	0.14	0.35	0.38
		LE6+A+FL6	2.5～2.7（空気層6）	0.39～0.64	0.54～0.75	0.12～0.24	0.33～0.55	0.18～0.31
	低放射複層ガラス	FL3+A+LE3	1.6～1.9（空気層12）	0.48～0.64	0.69～0.78	0.12～0.14	0.35～0.54	0.26～0.41
		FL6+A+LE6	1.3～1.7（アルゴン層12）	0.58～0.64	0.72～0.75	0.12～0.14	0.47～0.50	0.20～0.26
真空ガラス		LE3+V+FL3	1.4	0.65	0.79	0.13	0.60	0.18
真空複層ガラス		LE3+Ar+FL3+V+LE3	0.8	0.35～0.51	0.60～0.68	0.16～0.19	0.30～0.43	0.26～0.39

[注]
1) 複層ガラスの光学特性は，中空層厚によらない。
2) 複層ガラスの断熱性能は，空気層6mmの場合も空気層12mmとほぼ同等。
3) 複層ガラスの断熱性能は，低放射（Low-E）ガラスの室内外配置によっても変わらない。
4) FL：透明板ガラス，LE：低放射（Low-E）ガラス，A：空気層，V：真空層，Ar：アルゴン層。
5) 構成内の数字は板厚または中空層厚（mm），構成は左側が室外側，右側が室内側。

4 窓の熱貫流率 *2

建具の構成			計算に用いる熱貫流率 W/(m²·K)
建具の仕様		ガラスの仕様	
窓・引戸・框ドア	（一重）木製又はプラスチック製	低放射複層（A12）	2.33
		三層複層（A12×2）	2.33
		複層（A12）	2.91
		複層（A6）	3.49
	（一重）金属・プラスチック（木）複合構造製	低放射複層（A12）	2.33
		低放射複層（A6）	3.49
		複層（A10～A12）	3.49
		複層（A6）	4.07
	（一重）金属製熱遮断構造	低放射複層（A12）	2.91
		低放射複層（A6）	3.49
		複層（A10～A12）	3.49
		複層（A6）	4.07
	（一重）金属製	低放射複層（A6）	4.07
		複層（A6）	4.65
		単板2枚（A12以上）	4.07
		単板2枚（A12未満）	4.65
		単板	6.51
窓・引戸	（二重）金属製＋プラスチック（木）製	単板＋複層（A12）	2.33
		単板＋単板	2.91
	（二重）金属製＋金属製（枠中間部熱遮断構造）	単板＋単板	3.49

熱貫流率（U値）は，室内外の温度差を1℃としたときに開口部から外界へ逃げる時間あたりの熱量を開口部面積で除した数値，単位は [W/(m²·K)]

5 付属物の付加熱抵抗 *3

取付位置	付属物	/状態	付加熱抵抗 [m²·K/W]
室外側	網戸	片面	0.01
		全面	0.03
	雨戸	鋼板製，アルミ製	0.12
		断熱雨戸	0.26
	シャッター	鋼板製	0.12
		プラスチック製	0.18
		アルミ製	0.16
		ブラインドシャッター	0.09
室内側	障子	紙張り障子	0.18
	ブラインド	全閉	0.04
		45度	0.02
		スラット水平	0.01
	カーテン	天井付け レース	0.04
		一重吊り	0.10
		二重吊り	0.15
		正面付け レース	0.03
		一重吊り	0.06
		二重吊り	0.08
	ロールスクリーン		0.06

6 フレームとガラスの熱貫流率・日射侵入率 *4

［ガラス］ ◆単板ガラス □普通複層ガラス ●断熱複層ガラス △遮熱複層ガラス
［フレーム］ ◆アルミ □アルミ遮断 ○アルミ樹脂複合 △樹脂

7 窓の熱貫流率 *5

取付窓	ガラス種	付属物	スラット角	日射侵入率
FIX窓	普通複層ガラス 3-A12-3	なし		0.71
		内付けブラインド	70°	0.35
			45°	0.45
			0°	0.70
			-45°	0.43
			-70°	0.36
		外ルーバー	86°	0.02
			65°	0.08
			45°	0.23
			0°	0.61
			-45°	0.21
			-65°	0.09
		外ブラインドシャッター	90°	0.06
			70°	0.03
			45°	0.19
			0°	0.53
	ブラインド内蔵普通複層ガラス		全上げ前	0.61
			-70°	0.24
			-55°	0.39
			0°	0.55
			45°	0.39
			55°	0.39
			70°	0.25

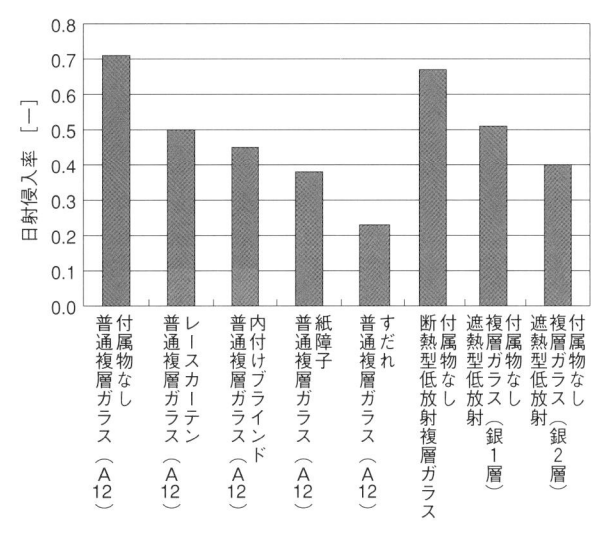

8 金属製熱遮断構造サッシと付属物の日射侵入率 *6

［普通複層ガラス（A12） 0.71／レースカーテン 普通複層ガラス（A12） 0.50／内付けブラインド 普通複層ガラス（A12） 0.45／紙障子 普通複層ガラス（A12） 0.38／すだれ 普通複層ガラス（A12） 0.23／断熱型低放射複層ガラス 付属物なし 0.67／遮熱型低放射 付属物なし（銀1層） 0.51／遮熱型低放射 付属物なし（銀2層） 0.40］

［注］ 日射侵入率（η値）は，窓に入射する日射熱量（直達日射と拡散日射の合計）に対する室内に流入する熱量の割合，無次元 [-]，日射熱取得率と同義である。

*1 日本板硝子カタログ
*2 住宅の省エネルギー基準の解説 改訂第3版，p.134，建築環境・省エネルギー機構発行：2009.3
*3, 4 リビングアメニティ協会編：遮熱計算法に関する研究報告書，2004, 2005.
*5 斉藤・倉山・赤坂・木下：開口部の断熱・遮熱性能 その7 ブラインド構造の付属物を用いた窓の遮熱性能測定結果，日本建築学会大会学術講演梗概集D-2分冊，2006.9
*6 国土交通省 国土技術政策総合研究所，建築研究所監修：自立循環型住宅への設計ガイドライン，2005.6

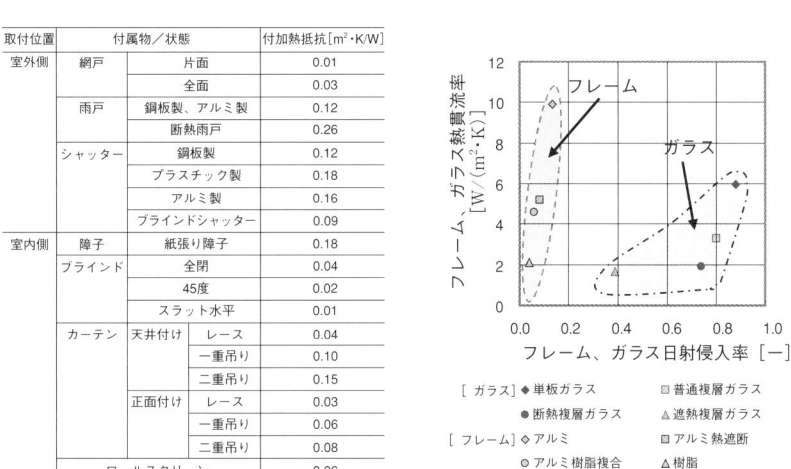

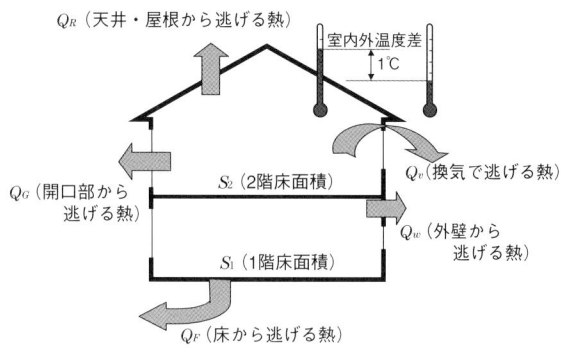

熱環境 　建物の熱損失係数・日射取得係数

熱損失係数 $Q = (Q_R + Q_w + Q_F + Q_G + Q_v)/(S_1 + S_2)$

日射取得係数 $\mu = I / JoS$

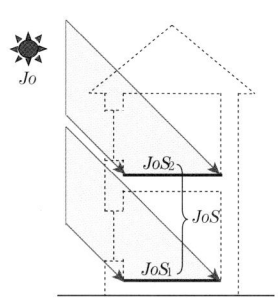

JoS：建物による遮蔽がないと仮定した場合に取得できる日射量
I：実際に建物内部で取得される日射量

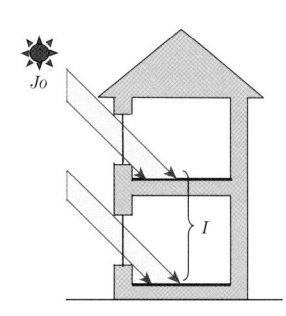

住宅の建築主等および特定建築物の所有者は、住宅の熱損失係数を、地域の区分に応じ、次表に掲げる数値以下となるようにするものとする。

熱損失係数の基準値

地域の区分					
I	II	III	IV	V	VI
1.6	1.9	2.4	2.7	3.7	

熱損失係数は次式により算出する。

$$Q = \frac{\sum A_i U_i H_i + \sum (L_{Fi} U_{Li} H_i + A_{Fi} U_{Fi}) + 0.35 nB}{S}$$

- Q：熱損失係数（W/(m²K)）
- A_i：外気などに接する第 i 部位の面積（m²）
- U_i：第 i 部位の熱貫流率（W/(m²K)）
- H_i：第 i 部位または第 i 土間床などの外周の接する外気などの区分に応じた次の係数
  外気1.0，外気に通じる小屋裏または天井裏1.0，外気に通じる床裏0.7
- L_{Fi}：第 i 土間床などの外周の長さ（m）
- U_{Li}：第 i 土間床などの外周の線熱貫流率（W/(mK)）（外周1mあたりで基準化した値）
- A_{Fi}：第 i 土間床などの中央部の面積（m²）
- U_{Fi}：第 i 土間床などの中央部の熱貫流率（W/(m²K)）
- n：換気回数（1時間につき回）原則として0.5とする
- B：住宅の気積（m³）
- S：住宅の床面積の合計（m²）

1　熱損失係数*1
「住宅に係るエネルギーの使用の合理化に関する建築主等及び特定建築物の所有者の判断の基準」による熱損失係数の算定

住宅の建築主等および特定建築物の所有者は、住宅の夏期日射取得係数を、地域の区分に応じ、次表に掲げる数値以下となるようにするものとする。

夏期日射取得係数の基準値

地域の区分					
I	II	III	IV	V	VI
0.08			0.07	0.06	

夏期日射取得係数は次式により算出する。

$$\mu = \frac{\sum (\sum A_{ij}\, \eta_{ij}) v_j + \sum (A_{ri}\, \eta_{ri})}{S}$$

- μ：夏期日射取得係数
- A_{ij}：第 j 方位における外気に接する第 i 壁（壁に設けられた開口部を含む。）の面積（m²）
- η_{ij}：第 j 方位における第 i 壁の夏期日射侵入率（入射する夏期日射量に対する室内に侵入する夏期日射量の割合を表した数値。）
- v_j：第 j 方位の地域の区分に応じて次の表に掲げる係数

方位	地域の区分					
	I	II	III	IV	V	VI
東・西	0.47	0.46	0.45	0.45	0.44	0.43
南	0.47	0.44	0.41	0.39	0.36	0.34
南東・南西	0.50	0.48	0.46	0.45	0.43	0.42
北	0.27	0.27	0.25	0.24	0.23	0.20
北東・北西	0.36	0.36	0.35	0.34	0.34	0.32

- A_{ri}：第 i 屋根（屋根に設けられた開口部を含む。）の水平投影面積（m²）
- η_{ri}：第 i 屋根または当該屋根の直下の天井（天井に設けられた開口部を含む)の夏期日射侵入率
- S：住宅の床面積の合計（m²）

2　日射取得係数*1
「住宅に係るエネルギーの使用の合理化に関する建築主等及び特定建築物の所有者の判断の基準」による夏期日射取得係数の算定

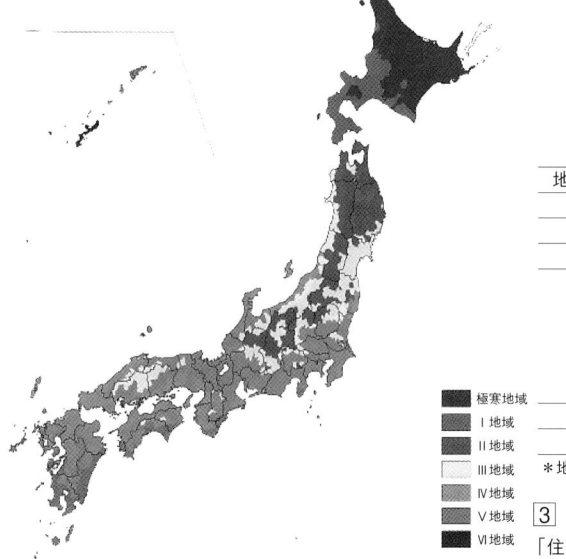

地域の区分	都道府県名
I	北海道
II	青森県，岩手県，秋田県
III	宮城県，山形県，福島県，栃木県，新潟県，長野県
IV	茨城県，群馬県，埼玉県，千葉県，東京都，神奈川県，富山県，石川県，福井県，山梨県，岐阜県，静岡県，愛知県，三重県，滋賀県，京都府，大阪府，兵庫県，奈良県，和歌山県，鳥取県，島根県，岡山県，広島県，山口県，徳島県，香川県，愛媛県，高知県，福岡県，佐賀県，長崎県，熊本県，大分県
V	宮崎県，鹿児島県
VI	沖縄県

＊地域の区分が市町村で指定された場合，上の区分にかかわらず，そちらが適用される。

3　地域の区分*1
「住宅に係るエネルギーの使用の合理化に関する建築主等及び特定建築物の所有者の判断の基準」における地域の区分

凡例：極寒地域，I地域，II地域，III地域，IV地域，V地域，VI地域

*1　次世代省エネルギー基準解説書編集委員会編：住宅の省エネルギー基準の解説第3版，p.63, 64，建築環境・省エネルギー機構，2009.

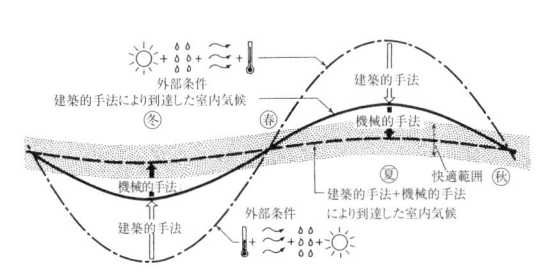

パッシブデザイン (1) 考え方・パッシブヒーティング　熱環境

1　パッシブデザインの考え方[*1]

パッシブデザインとは、地域の気候風土に合わせた建物自体のデザインで、熱・光・空気の流れを制御し、地球環境への負荷を極力少なくするとともに、快適な室内環境を得る設計手法である。建物形態、断熱や蓄熱、ひさしなどの建築手法により、室内環境を快適範囲にできるだけ近づけ、足りない部分のみを機械的手法により補う。

2　パッシブデザインの手順

建築の性能は使い方によって大きく左右される。使い方マニュアルを作成するまでが建築家の仕事である。

3　パッシブデザインの原則

日本では夏と冬の両方に対する対策を講じる必要がある。

日本の建築の原則：冬季の日射熱取得、夏季の遮蔽を考える
① 建物は東西軸として、南側に水平ひさし付きの大きな窓をとる
② 東西壁には窓は付けないか、最小限にとどめる
③ 通風のために、南側の窓に対して北側に小さな窓をとる

パッシブヒーティングの原則：熱損失を極力減らし、集熱・蓄熱のバランスをとる
① 建築外皮の断熱・気密性能を高め、建物からの熱損失を極力少なくする
② この断熱・気密性能と太陽熱などの集熱性能、集めた熱を蓄えておく蓄熱性能の三者のバランスをとる

パッシブクーリングの原則：日射を切って風を通し、そして冷やす
① 日除けや断熱強化などにより、日射熱の進入を極力少なくする
② 室内の熱気を外へ排出するとともに涼房効果を得る通風を図る
③ その上で、自然のエネルギー源によって冷やす工夫をする

4　住宅の暖冷房負荷基準値[*2]

地域区分（代表的な都市）	MJ/m²年	kWh/m²年
Ⅰ地域（札幌）	390	108
Ⅱ地域（岩手）	390	108
Ⅲ地域（仙台）	460	128
Ⅳ地域（東京）	460	128
Ⅴ地域（鹿児島）	350	97
Ⅵ地域（那覇）	290	81

(注) 地域、気象条件の違いを考慮して目標を定める

5　PAL（年間熱負荷係数）の基準値[*3]

建物用途	MJ/m²年	kWh/m²年
事務所等	300	83
学校	320	89
病院	340	94
店舗等	380	106
ホテル	420	117
集会所	550	153
飲食店等	550	153

設計の目標を定める（2）ために、建築のコンセプトと同時に、室内環境やエネルギー消費量の目標値（年間エネルギー消費量の20％減、CASBEEでAクラスなど）を定める。

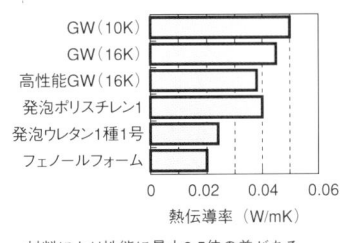

6　断熱材の熱伝導率[*2]

断熱材の性能にはおよそ2.5倍の差がある。設計図書には、断熱材の種類を明記する必要がある。

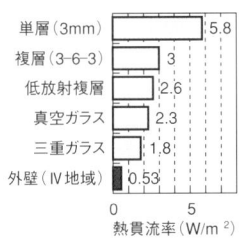

7　窓の熱貫流率[*2]

窓は壁などに比べ、数倍から10倍程度の熱を通す。したがって、建物の断熱性能を向上させるためには、窓の断熱性能を向上させることが効果的である。窓面積を大きくする場合は、窓の性能を上げる必要がある。

8　無暖房住宅（Hans Eek．スウェーデン）[*6]

断熱を充分に行うと、冬季の月平均最低気温が－10℃になる地域でも暖房装置が必要なくなる。

9　無暖房住宅断熱仕様[*5]

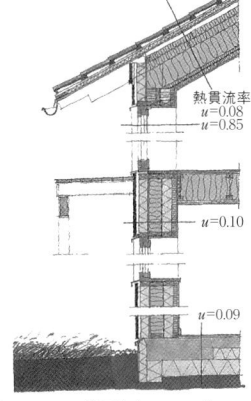

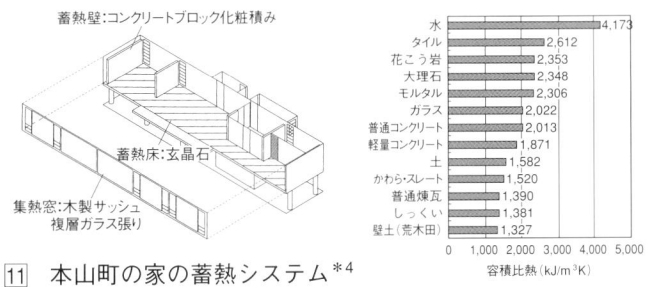

屋根：GW48cm．熱貫流率0.08W/m²K
壁：GW43cm．熱貫流率0.10W/m²K
床：FP25cm．熱貫流率0.09W/m²K
窓：三層低放射ガラス2枚、クリプトンガス充填）熱貫流率0.085W/m²K

10　高知県本山町の家（ダイレクトゲインの事例）[*4]

ダイレクトゲイン（直接日射取得）：窓から入射する日射熱を、熱容量の大きな床や壁などの蓄熱材に蓄熱させ、夜間や曇天時に放熱させて暖房効果を得る方式。
要点：① 断熱は充分な厚さとし、蓄熱体の外側に配置する（外断熱）。② 窓は充分な日射が得られる大きさとする。室温が低くなりがちな北側の部屋にも、南向きの高窓や天窓を設けて日射を取り入れる。③ 窓は、夜間などの日射の少ないときには、大きな熱損失となるので、夜間断熱（雨）戸などを設ける。④ 蓄熱床の上に絨毯を敷かないなど、蓄熱床や壁などは直接室内に接するようにする。

11　本山町の家の蓄熱システム[*4]

東西軸・ひさし付き南面（集熱）窓・東西面に窓なし・北面に通風用の小窓と、日本のパッシブデザインの原則をそのまま実現した建物。床とコンクリートブロック窓が蓄熱部位になっている。

12　蓄熱材1m³あたりの蓄熱量[*6]

容積あたりの熱容量は水がもっとも大きい。RCは厚さ15cm以上取ると良い。

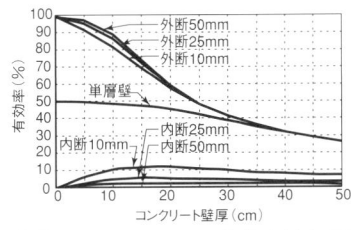

容積あたりの蓄熱量は水が最も大きい。RCは厚さを15cm以上とるとよい。

13　コンクリートの蓄熱有効率[*6]

蓄熱体として有効に作用する部分は、厚さが厚くなると減少する。図は1日の変動に対する有効率で、RC厚15cmの場合、外断熱すると70％程度であることがわかる。内断熱した場合は蓄熱体として機能しないことに注意する。

※1　日本建築学会編：建築設計資料集成1 環境，p.76，丸善，2007．
※2　IBEC：住宅の次世代省エネルギー基準と指針，1999より作成
※3　国土交通省HPより作成
※4　提供：小玉祐一郎
※5　Hans Esk：House without Heating Systems －20 low energy terrace houses in Goteborg－
※6　日本建築学会編：建築設計資料集成，環境，p.77，丸善，2007．

熱環境　パッシブデザイン（2）パッシブクーリング・評価手法

水平ひさしの例（シドニー・オーストラリア）ミナイ・ハイスクール。ひさしは波板鉄板に白ペンキ塗装，スチール製のアングルで支持されている。

垂直ルーバーの例（オーストラリア）サンシャインコースと大学図書館。スカイブルーのパンチングメタルが特徴で，内側から外が見える。

格子ひさしの例（マルセイユ・フランス）ル・コルビュジエ設計の集合住宅。およそ50年前の建築ながら日射遮蔽と採光が考慮されている。

可動ルーバーの例（シドニー・オーストラリア）ウォルシュベイの集合住宅。水平ルーバーがしとみ戸のように動く。

1 日射遮蔽の例*1

日射遮蔽を行うには，太陽の動き（p.85 6 参照）を理解しておく必要がある。夏季は特に，日中は屋根面に高い位置から，朝方は東面，夕方は西面に低い位置から強い日射を受ける．これらを防ぐためには，日射の方向を考慮して日除けを設ける必要がある．

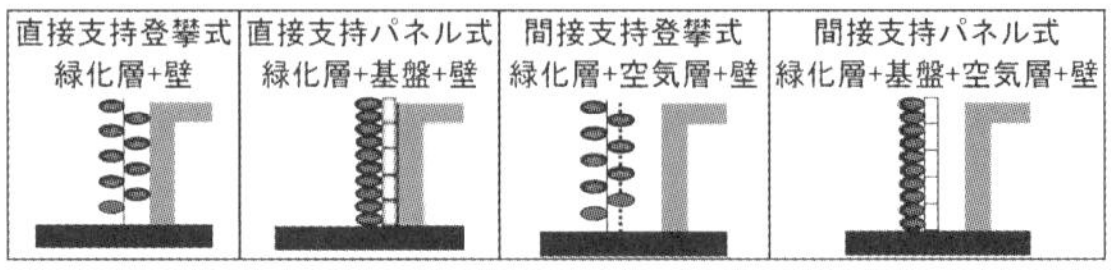

3 壁面緑化手法の種類と実測例*2

2 屋上緑化・植栽の例（下は赤外線画像）

杉並区の小学校の改修事例。植栽のなされていない箇所が高温となっている。植栽は全面に施工することが肝要である。

4 壁面植栽の例（東京都杉並区）*1

壁面植栽は，窓とともに外壁の日除けにもなる。外壁の温度上昇を抑え，屋上植栽とともにヒートアイランドの防止にも役立つ。

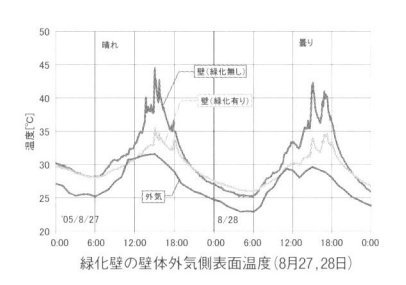

5 緑化壁の壁体外気表面温度*3

植栽による日よけは，外壁表面温度が高くならず効果が高い。緑化により外壁表面温度の上昇が最大10℃程度抑えられている。

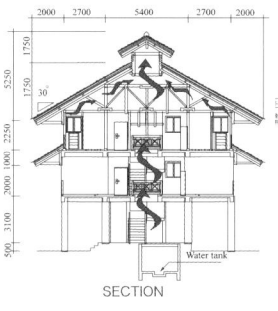

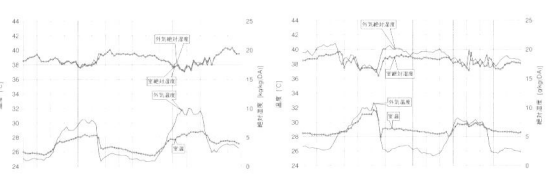

6 インドネシアの通風例*4（左：通風経路，右：実測例）

インドネシア・スラバヤでの実験住宅（左）での，夜間通風（中央）と日中通風（右）の例。夜間通風によって室温の低下が得られる。夜間通風と蓄熱材を併用すると，外部が高温となる日中は開口部を閉めることで，室内を外気よりも低い温度に保つことができる。

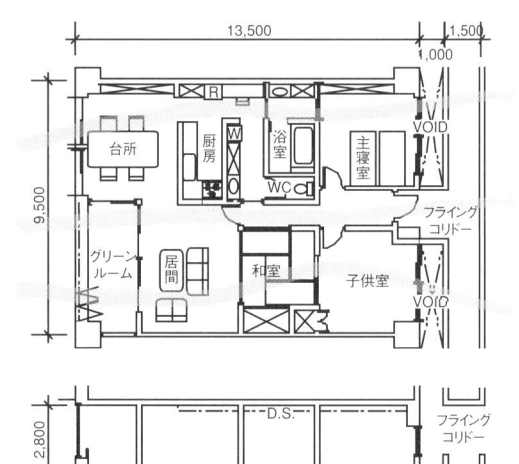

7 通風と換気*1

通風には風力によるものと温度差による浮力を利用するものがある。
要点：居住者に積極的に通風を行ってもらうには，通風しやすい条件を確保する必要がある。防犯，プライバシーの確保，騒音，防虫，防塵，高層建築では風きり音に注意する。網戸が設置されている場合，通気量が低減される。

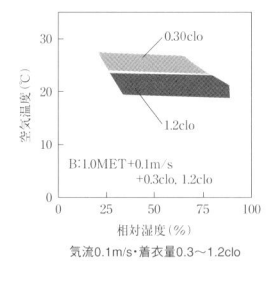

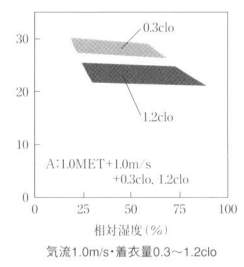

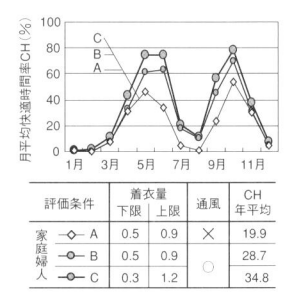

8 空調しない場合の評価方法*5（左・中央：快適範囲の例，右：建築学会住宅標準問題をモデルとした着衣の調整範囲と通風の有無による違い）

パッシブデザインされた建物の理想は，空調なしで過ごせることである。居住者の行動を考慮した室内温熱環境による評価法が提案されている。
この手法では，居住者の行動［建物内のどの部屋にいるか，どのような行為（代謝量），着衣（着衣量）であるか］，および通風による気流があるかなどを考慮し，気温と湿度による快適範囲内に入れば快適として，快適時間率［全在室時間に対する快適時間の割合］などを用いて，建物の性能を表す。

*1 日本建築学会編：建築設計資料集成，環境，pp.77～80，丸善，2007．
*2 藤堂ほか：日本建築学会環境系論文集，Vol.73，No.631，pp.1117～1124，2008.9．
*3 藤堂ほか：京都会館での計測例，2005．
*4 宇野ほか：日本建築学会大会学術講演梗概集D2，pp.517～518，2000．
*5 深澤ほか：日本建築学会環境系論文集，No.617，pp.81～86，2007.7．

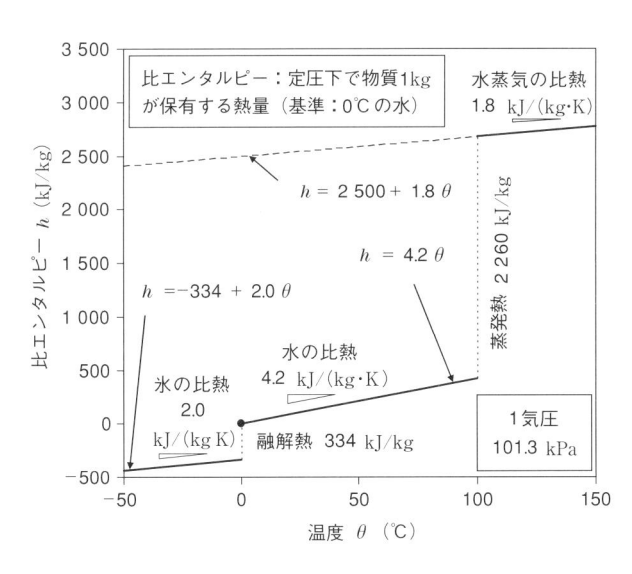

熱容量・非定常熱伝導　熱環境

1　水の比熱と相変化に伴う潜熱

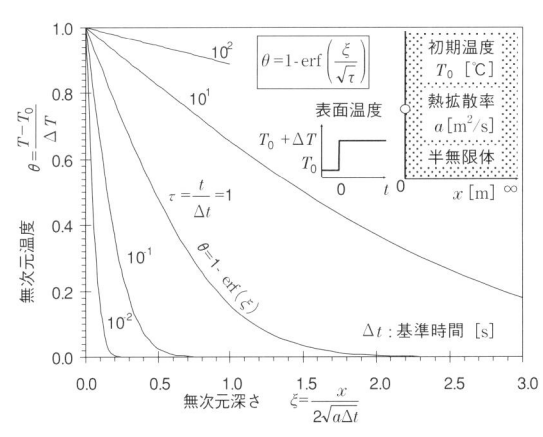

比エンタルピー：定圧下で物質1kgが保有する熱量（基準：0℃の水）
水蒸気の比熱　1.8 kJ/(kg·K)
$h = 2500 + 1.8\theta$
蒸発熱 2260 kJ/kg
$h = 4.2\theta$
水の比熱 4.2 kJ/(kg·K)
氷の比熱 2.0 kJ/(kg·K)
$h = -334 + 2.0\theta$
融解熱 334 kJ/kg
1気圧 101.3 kPa

2　熱容量・比熱・熱拡散率・熱浸透率

用語	記号	単位	説明
熱容量	C	J/K	物質の温度を1K上げるのに必要な熱量
モル比熱	c_m	J/(mol·K)	1molの物質の温度を1K上げるのに必要な熱量
比熱	c	J/(kg·K)	1kgの物質の温度を1K上げるのに必要な熱量 通常，建築分野では定圧比熱を指す
定圧比熱	c_p	J/(kg·K)	圧力一定の条件下での比熱
定積比熱	c_v	J/(kg·K)	体積一定の条件下での比熱
容積比熱	ρc	J/(m³·K)	1m³の物質の温度を1K上げるのに必要な熱量 ρは密度[kg/m³]
熱拡散率	a	m²/s	$=\lambda/(\rho c)$．熱伝導率λ[W/(m·K)]を容積比熱 ρc[J/(m³·K)]で除した値．温度の伝播速度に関係し温度伝導率ともいう
熱浸透率	b	W·s^{1/2}/(m²·K)	$=\sqrt{\rho c \lambda}$．半無限体どうしの接触時，接触面温度は両温度の熱浸透率による重み付け平均になる

理論的にはモル比熱[J/(mol·K)]を用いることが多い．理想気体の定圧モル比熱は，気体定数をR[J/(mol·K)]として，単原子分子2.5R，2原子分子3.5R，3原子以上の分子4R（直線形分子は3.5R）となる．また，結晶構造の固体の定積モル比熱（≒定圧モル比熱）は3Rとなる（Dulong-Petitの法則．ただし，低温域では小さくなる）．これから，比熱c[J/(mol·K)]は，気体では分子量，固体では原子量に反比例する．一方，密度ρ[kg/m³]はこれらに比例するため，両者の積である容積比熱ρcは物質によらず，気体（常温常圧）で1kJ/(m³·K)，固体で3MJ/(m³·K)前後の値となる．液体の容積比熱は固体に近い．なお，多孔材料の容積比熱は，気体から固体の間の幅広い値をとる．

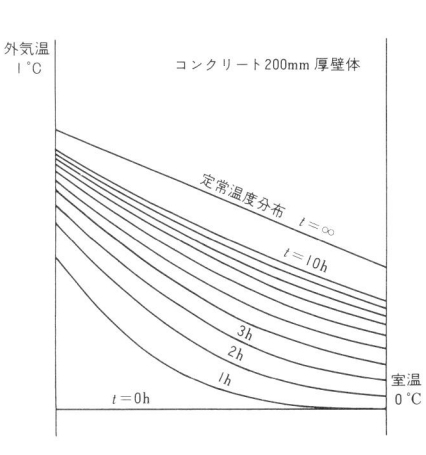

3　半無限体の温度分布（ステップ励振）

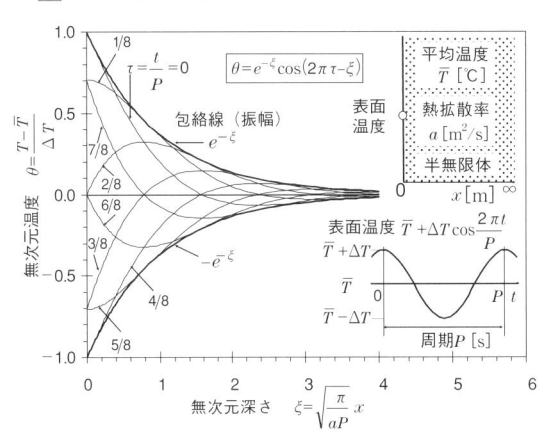

$\theta = 1 - \mathrm{erf}\left(\dfrac{\xi}{\sqrt{\tau}}\right)$

$\theta = \dfrac{T - T_0}{\Delta T}$，$\tau = \dfrac{t}{\Delta t}$，$\xi = \dfrac{x}{2\sqrt{a\Delta t}}$

初期温度 T_0 [℃]，熱拡散率 a [m²/s]，半無限体，Δt：基準時間[s]

4　半無限体の温度分布（周期定常）

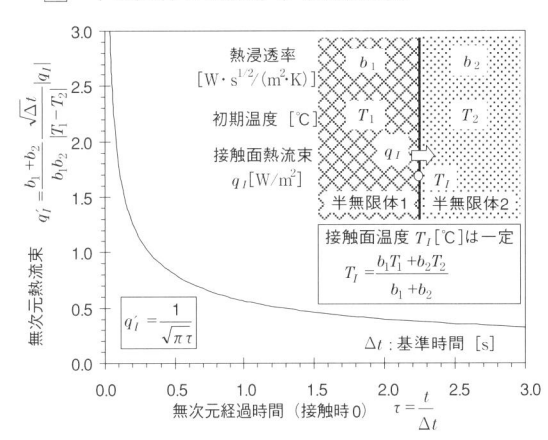

$\theta = e^{-\xi}\cos(2\pi\tau - \xi)$

$\theta = \dfrac{T - \bar{T}}{\Delta T}$，$\tau = \dfrac{t}{P}$，$\xi = \sqrt{\dfrac{\pi}{aP}}x$

包絡線（振幅）$\pm e^{-\xi}$

平均温度 $\bar{T}$ [℃]，熱拡散率 a [m²/s]，半無限体，表面温度 $\bar{T} + \Delta T \cos\dfrac{2\pi t}{P}$，周期$P$[s]

5　半無限体どうしの接触時の熱流束

$q'_I = \dfrac{b_1 + b_2}{b_1 b_2}\dfrac{\sqrt{\Delta t}}{|T_1 - T_2|}|q_I|$

$q'_I = \dfrac{1}{\sqrt{\pi\tau}}$

熱浸透率[W·s^{1/2}/(m²·K)]，初期温度[℃]，接触面熱流束q_I[W/m²]，半無限体1，半無限体2

接触面温度T_I[℃]は一定　$T_I = \dfrac{b_1 T_1 + b_2 T_2}{b_1 + b_2}$

Δt：基準時間[s]，無次元経過時間（接触時0）$\tau = \dfrac{t}{\Delta t}$

6　壁体内温度分布の変動*1

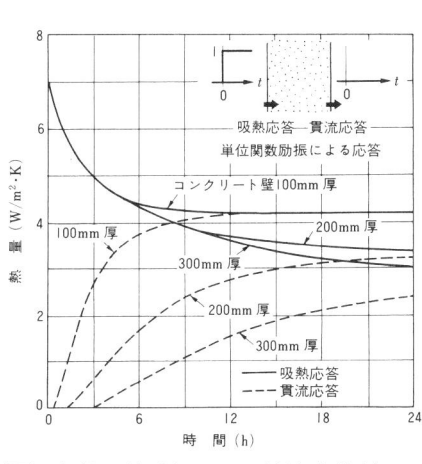

コンクリート200mm厚壁体，外気温 1℃，室温 0℃，定常温度分布 $t=\infty$，$t=10h$，$3h$，$2h$，$1h$，$t=0h$

7　単位関数励振による熱流応答*1

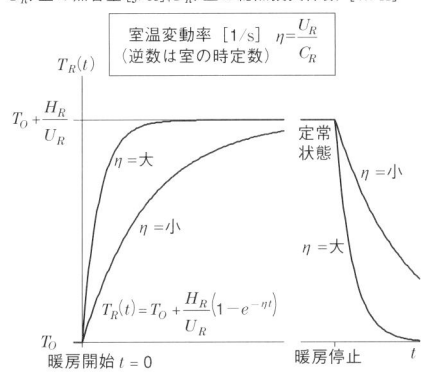

吸熱応答—貫流応答　単位関数励振による応答
コンクリート壁100mm厚，200mm厚，300mm厚
—— 吸熱応答　---- 貫流応答

8　室の熱容量と室温変動

室の熱収支式（1質点近似）　$C_R \dfrac{dT_R(t)}{dt} = U_R(T_O - T_R(t)) + H_R$

T_R：室温[℃]，T_O：外気温[℃]，H_R：室の総発熱量[W]
C_R：室の熱容量[J/K]，U_R：室の総熱損失係数[W/K]

室温変動率[1/s]（逆数は室の時定数）$\eta = \dfrac{U_R}{C_R}$

$T_R(t) = T_O + \dfrac{H_R}{U_R}(1 - e^{-\eta t})$

暖房開始 $t=0$，定常状態，暖房停止

*1　日本建築学会編：建築設計資料集成1，環境，p.98，丸善，1978．

熱環境 2, 3次元熱伝導（熱橋・土間床・地下室）

熱橋

周囲に対して熱が流れやすい部分を熱橋という。構造材などが断熱材を貫通している場合など、熱伝導率が比較的小さい材料の一部または全部を、熱伝導率の比較的大きな材料が貫通している部分は熱橋となる。断熱材を貫通している材料が木材のとき木熱橋、金属のとき金属熱橋と呼ぶ。また、隅角部など、内側に対して外側の面積が大きくなる部分もフィン効果により熱橋になる。

熱橋を含む部位の熱貫流率

異種断面の熱貫流率の面積重み付け平均値を平均熱貫流率 $\bar{U}$ [W/(m²·K)] という。しかし、実際は熱橋部に回り込むように熱流が生じ、実質熱貫流率 $\hat{U}$ [W/(m²·K)]（真の熱貫流率の平均値）は平均熱貫流率 $\bar{U}$ より大きくなる。そこで、平均熱貫流率 $\bar{U}$ に熱橋係数 β を乗じて実質熱貫流率 $\hat{U}$ [W/(m²·K)] を求める。木熱橋は $\hat{U}=\bar{U}$ としても誤差は小さい。住宅の省エネルギー基準解説書には種々の金属熱橋について熱橋係数 β の値が整備されている[*2]。

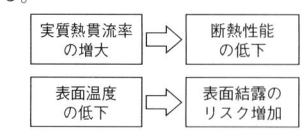

[2] 熱橋の影響

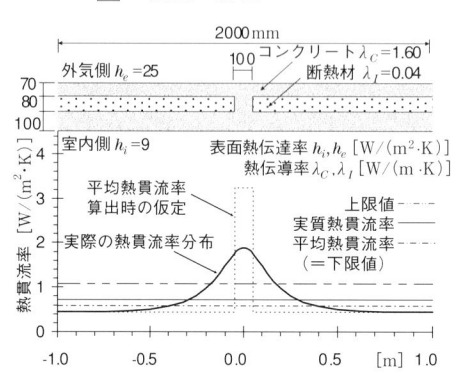

[3] 熱貫流率分布と実質熱貫流率

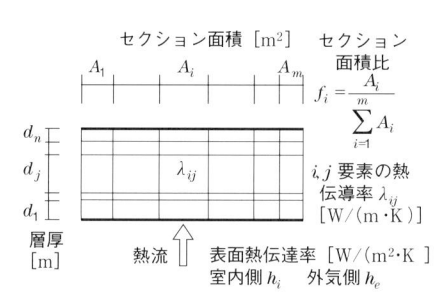

[4] 平面熱橋の実質熱貫流率の上下限値（JIS A 2101:2003）

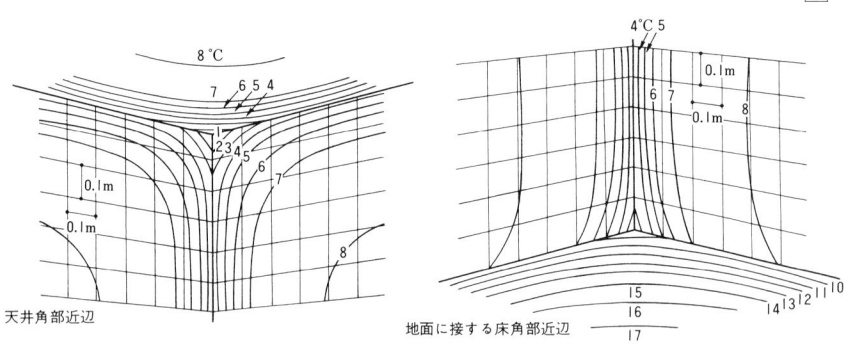

下限値 U' [W/(m²·K)]（平行熱流法）

$$U' = \sum_{i=1}^{m} f_i U_i, \quad U_i = 1 / \left(\frac{1}{h_i} + \sum_{j=1}^{n} \frac{d_j}{\lambda_{ij}} + \frac{1}{h_e} \right)$$

（平均熱貫流率 $\bar{U}$ が下限値 U' となる）

上限値 U'' [W/(m²·K)]（等温面法）

$$U'' = 1 / \left(\frac{1}{h_i} + \sum_{j=1}^{n} \frac{d_j}{\bar{\lambda}_j} + \frac{1}{h_e} \right), \quad \bar{\lambda}_j = \sum_{i=1}^{m} f_i \lambda_{ij}$$

[1] 木造住宅の各部位熱橋面積比率[*1]

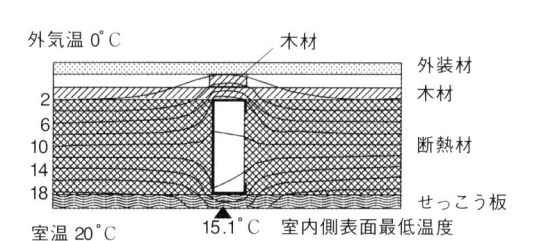

部位		工法の種類等		熱橋面積比率
在来木造工法	床	床梁工法	根太間に断熱	0.20
		束立大引工法	根太間に断熱	0.20
			大引間に断熱	0.15
		床梁土台同面工法	根太間に断熱	0.30
	外壁	柱・間柱間に断熱		0.17
	屋根	垂木間に断熱		0.14
枠組壁工法	床	根太間に断熱		0.13
	外壁	スタッド間に断熱	スタッドなど	0.20
			まぐさ	0.03
	屋根	垂木間に断熱		0.14

[5] 金属熱橋の温度分布と熱橋係数の例[*2]

充填断熱：熱橋係数 $\beta = 1.26$

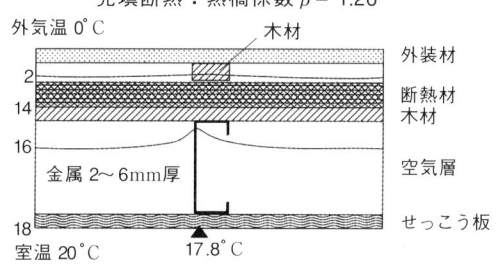

外張断熱：熱橋係数 $\beta = 1.01$
スチールハウス外壁（熱橋ピッチ 455mm）

[6] 隅角部の表面温度分布の計算例（3次元定常）[*3]

[6]は天井、床の角部分の温度分布を3次元定常差分式を用いて計算したものである。床は土間床で、床版・壁・天井いずれも200mm厚コンクリートであり、外気温は−10℃、室温は20℃である。

[7]は土間床の地中温度分布の例で、2次元定常差分式によるものである。

[8]は地下室がある時の地中温度分布の例で、室内を1年中23℃に保つとし、東京平均年気象データを用いて2次元非定常差分式で計算したものである。

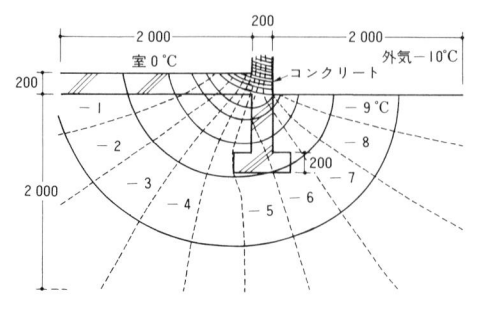

[7] 土間床の計算例（2次元定常）[*3]

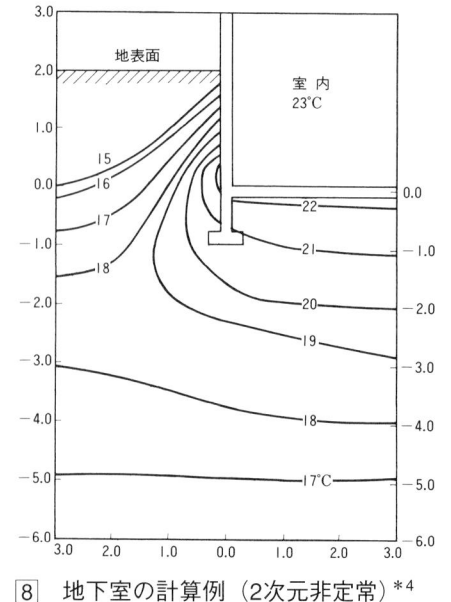

[8] 地下室の計算例（2次元非定常）[*4]

[*1] 次世代省エネルギー基準解説書編集委員会編：住宅の省エネルギー基準の解説、第2版、p.96、建築環境・省エネルギー機構、2007.
[*2] 同上、pp.142～144.
[*3] 日本建築学会編：建築設計資料集成1、環境、p.124、丸善、1978.
[*4] 木村建一・宿谷昌則・田辺新一：土壌接触した壁・床からの年間熱損失・熱取得の推定、日本建築学会大会学術講演梗概集、p.582、1983.

世界の気候　　熱環境　　83

名称	地点数	気象要素
気象官署(SDP)データ	160	気温，湿度，日射量，風向・風速，降水量，天気，視程，雲量など
AMeDASデータ	842	気温，日照時間，風向・風速，降水量（降水量のみを加えると約1 300地点）
空気調和・衛生工学会標準気象データ（空調負荷計算用平均年）	67	気温，絶対湿度，放線面直達日射量，水平面天空日射量，雲量，風向，風速
日本建築学会拡張アメダス気象データ（1981-2000年・標準年）	842	気温，絶対湿度，全天日射量，大気放射量（下向き），風向，風速，降水量，日照時間
METEONORM（Version 6.1）（市販データ）	世界8 055	気温，湿度，各種日射量，照度，降水量，降水日数，風速，風向，日照時間など

1　設計に利用される気象データ一覧
建築設計のために利用される気象データの種類と収録気象要素。さまざまな気象データが利用可能である。

亜寒帯：パリ[フランス]北緯49°

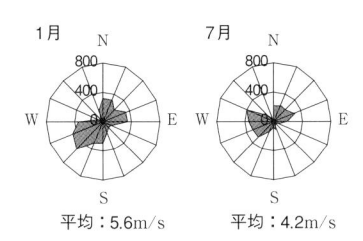

内陸：北京[中華人民共和国]北緯40°

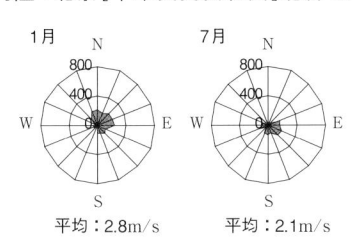

温帯：府中[日本]北緯36°

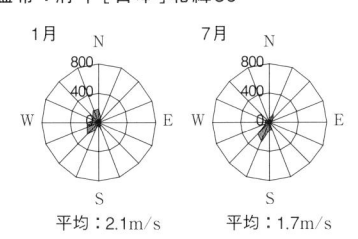

亜熱帯：台北[台湾・中華民国]北緯25°

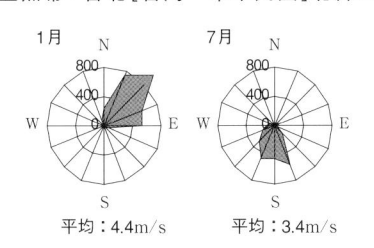

熱帯：ジャカルタ[インドネシア]南緯6°

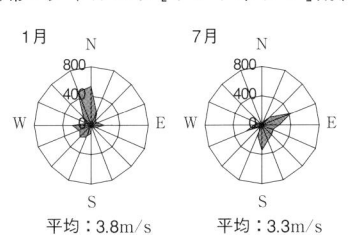

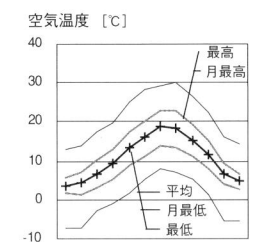

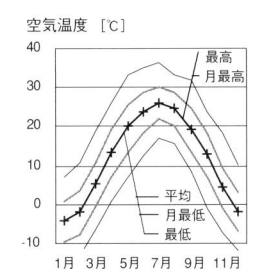

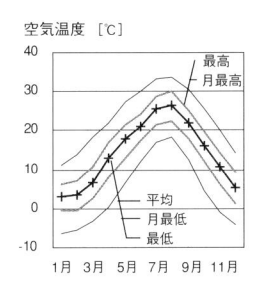

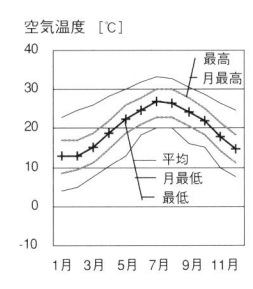

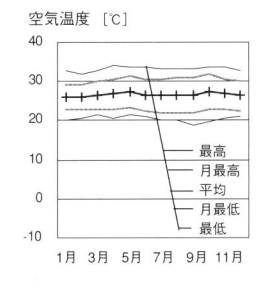

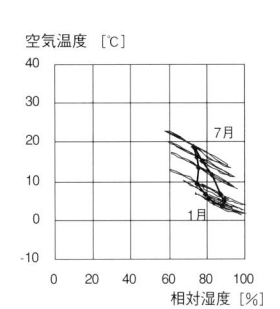

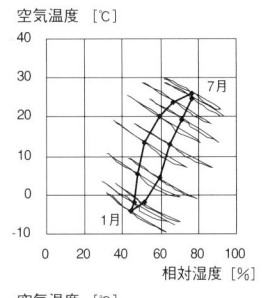

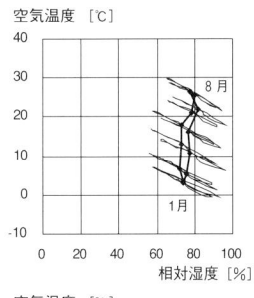

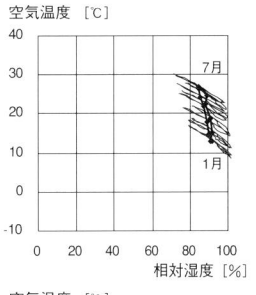

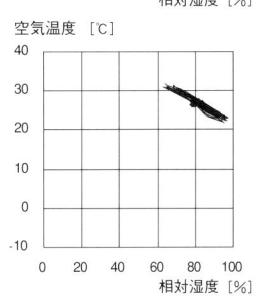

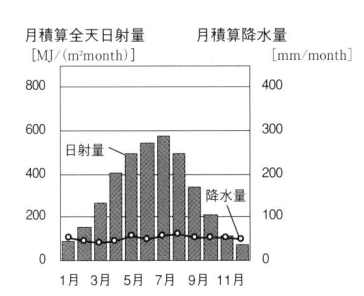

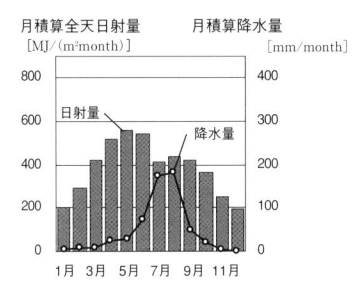

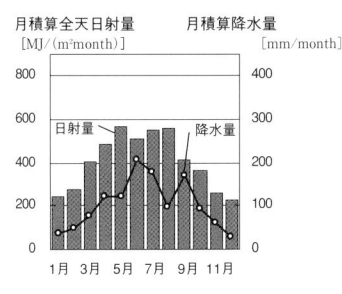

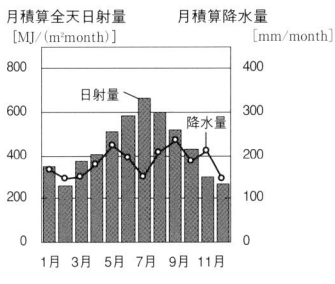

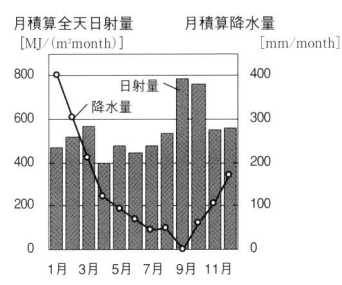

2　世界の気候（METEONORM Version 6.1）
風力図と風速の月平均値：地域・季節ごとに把握。
気温変動：月平均値，日平均値の月最高値および月最低値，月最高値および月最低値。
クリモグラフ：温度と相対湿度の日較差と年変動を把握。月積算水平面全天日射量および月積算降水量地域・季節ごとに把握。

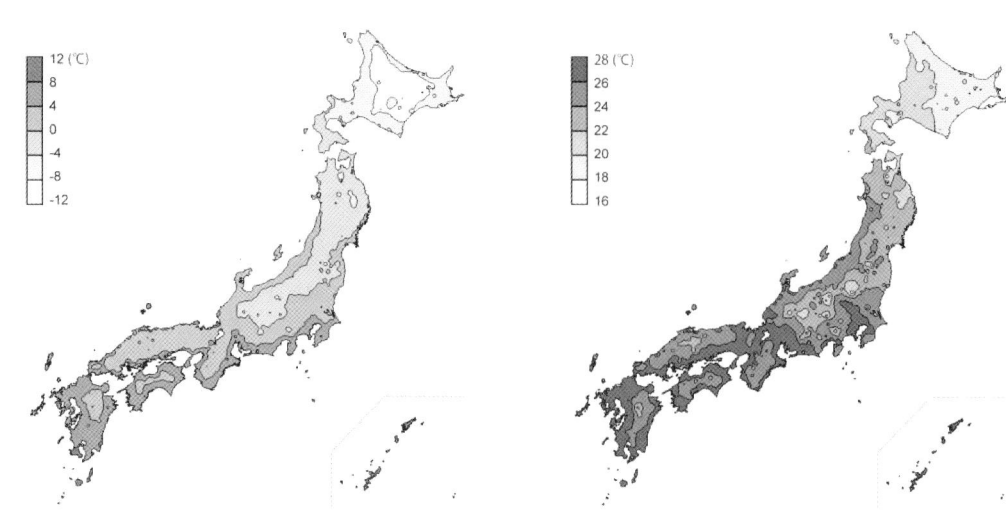

84　熱環境　　日本の気候（1）（気温・日射量・風向風速）

1　月平均の気温の分布（左：1月，右：8月）
全国842地点における20年分（1981〜2000年）の拡張アメダス気象データ*1の時別値を用いて作成。

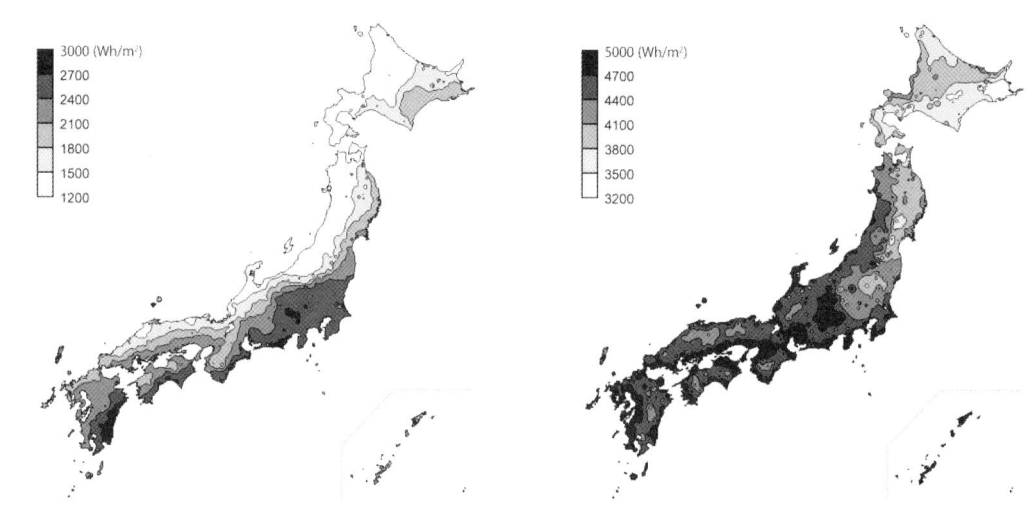

2　月平均の日積算日射量の分布（左：1月，右：8月）
全国842地点における20年分（1981〜2000年）の拡張アメダス気象データ*1の時別値を用いて作成。

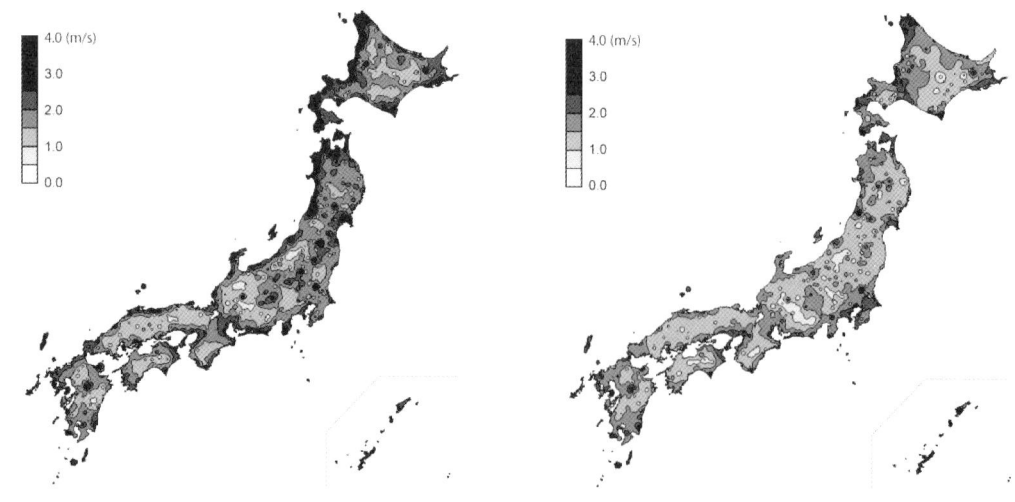

3　月平均の風速の分布（左：1月，右：8月）
全国842地点における20年分（1981〜2000年）の拡張アメダス気象データ*1の時別値を用いて作成。

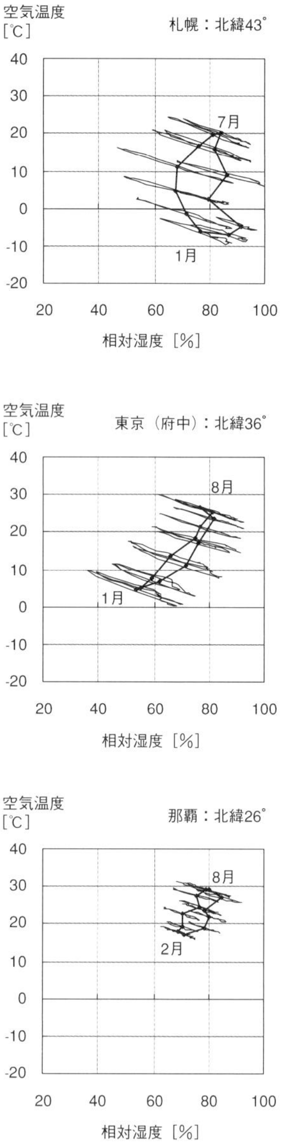

4　クリモグラフによる日本の気候の比較（札幌・東京・那覇）
拡張アメダス気象データ*1標準年を用いて作成。

*1　日本建築学会編（赤坂　裕ほか）：拡張アメダス気象データ1981-2000，鹿児島TLO，2005.

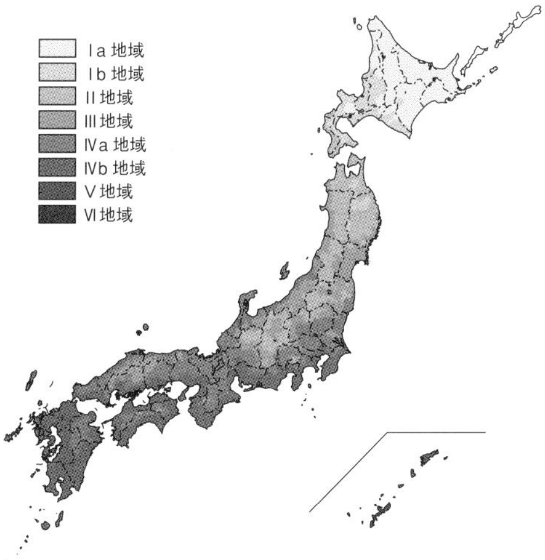

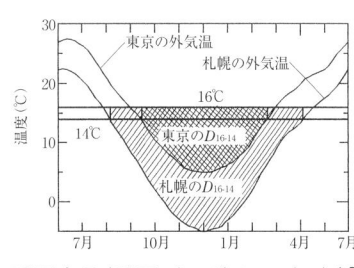

日本の気候（2）（省エネ基準）　熱環境

1　次世代省エネ基準による地域区分[*1]

次世代省エネルギー基準では、気候条件（暖房度日）によって市町村単位で全国をIからVI地域（IおよびIV地域は2区分）の8地域に分け、地域ごとに断熱や気密、日射遮蔽などの性能の基準値を示している。

凡例：Ia地域／Ib地域／II地域／III地域／IVa地域／IVb地域／V地域／VI地域

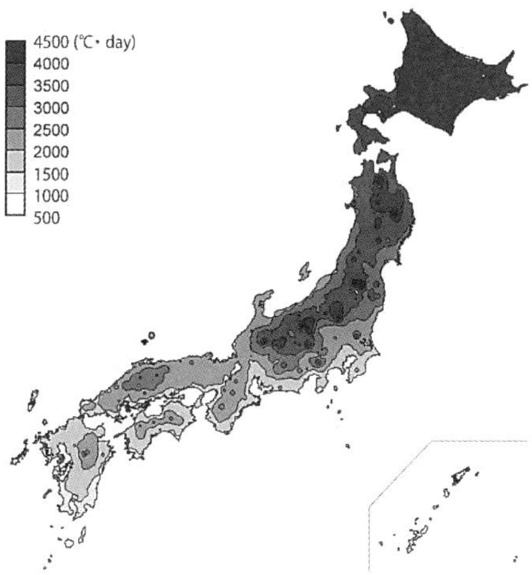

2　日本の暖房度日 D_{18-18} の分布

全国842地点における20年分（1981〜2000年）の拡張アメダス気象データ[*1]の時別値を用いて作成。

3　暖房度日（暖房ディグリーデー）[*3]

添え字の左は設計暖房温度、右は暖房限界気温を表す。
暖房度日は、暖房限界気温以下の期間について設計暖房温度と日平均気温の差の積算値。

4　断熱材厚さの目安

次世代省エネルギー基準の断熱材の熱抵抗から求めた断熱材の厚さ。

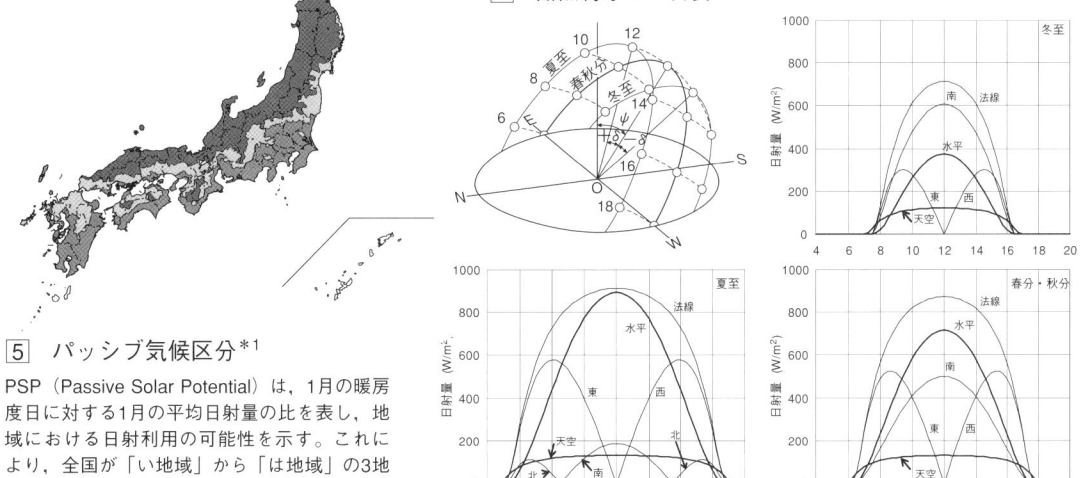

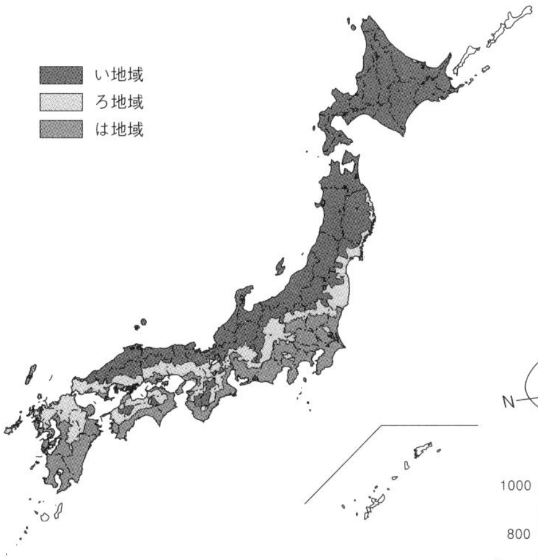

地域区分（代表的都市）	I地域（札幌）			II地域（盛岡）			III地域（仙台〜鹿児島）			IV地域（那覇）		
断熱材の種類	GW(10K)	ウレタンフォーム	フェノールフォーム	GW(10K)	ウレタンフォーム	フェノールフォーム	GW(10K)	ウレタンフォーム	フェノールフォーム	GW(10K)	ウレタンフォーム	フェノールフォーム
木造住宅（充填断熱）の外気に接する部分　屋根	33	24	19	23	17	9	23	17	9	23	17	9
天井	29	21	11	20	14	8	20	14	8	20	14	8
外壁	17	12	7	11	9	4	11	8	4	11	9	4
床	26	10	10	26	10	10	17	12	7	—	—	—
窓とサッシ	単板ガラス三重建具、低放射複層ガラス＋断熱サッシなど						二重または複層ガラス建具（III地域はI、II地域と同等が望ましい）			ガラス単板入り建具		

5　パッシブ気候区分[*1]

PSP（Passive Solar Potential）は、1月の暖房度日に対する1月の平均日射量の比を表し、地域における日射利用の可能性を示す。これにより、全国が「い地域」から「は地域」の3地域に分けられる。

凡例：い地域／ろ地域／は地域

6　季節による太陽位置の違い（左上）[*3]

図は北緯35°の場合。南中時の太陽高度は夏至79°、冬至32°となる。夏至では、太陽は8時頃に真東、16時頃に真西となり太陽高度は30°となる。

7　壁面の日射受照量（右上：冬至、左下：夏至、右下：春分・秋分）

北緯35°、大気透過率0.7として算出。水平・法線および東西南北壁面に受照する日射量と天空放射量。

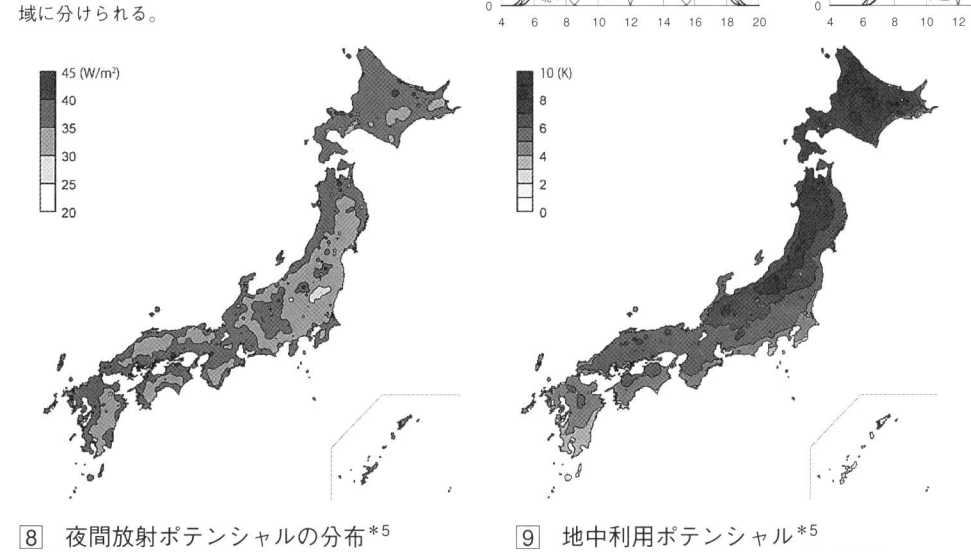

8　夜間放射ポテンシャルの分布[*5]

夜間放射ポテンシャル（RCP）は、冷房期間中の夜間放射量の日平均値と定義される。RCPは、全国的に値が小さいが、東北地方日本海側地域、名古屋、大阪、福岡などで比較的大きくなっている。

9　地中利用ポテンシャル[*5]

地中冷熱ポテンシャル（GCP）は、冷房期間中の平均外気温と深さ2mの平均地中温との差と定義される。GCPは、北海道全域と青森県から新潟県の日本海側地域で大きいことがわかる。

[*1] 自然エネルギー利用のためのパッシブ建築設計手法事典, p.22, 33, 彰国社, 2002.
[*2] 日本建築学会編（赤坂 裕ほか）：拡張アメダス気象データ, 1981-2000, 鹿児島TLO, 2005.
[*3] 日本建築学会編：建築設計資料集成　総合編, p.634, 丸善, 2001.
[*4] 木村建一：建築士技術全書2　環境工学, p.32, 彰国社, 1976.
[*5] 松本真一ほか：環境設計のための自然エネルギー利用マップの提案　その1　自然エネルギーポテンシャルと省エネルギー効果のマップ表示, 日本建築学会東北支部研究報告集, 第71号, 計系, pp.57〜62, 2008.

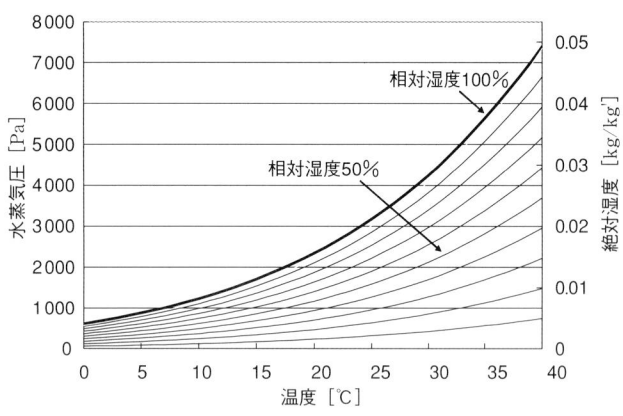

86　熱環境　　湿度の基礎

1　湿り空気線図

2　湿度と水蒸気圧の関係式

飽和水蒸気圧と温度の関係（Sonntagの式）

$$p_{v,sat} = e^{\left\{\frac{-6096.9385}{\theta+273.16} + 21.2409642 - 0.02711193 \cdot (\theta+273.16) + 0.00001673952 \cdot (\theta+273.16)^2 + 2.433502 \cdot \log_e(\theta+273.16)\right\}}$$

相対湿度

$$H = \frac{p_v}{p_{v,sat}} \times 100$$

絶対湿度

$$X = 0.622 \frac{p_v}{P - p_v}$$

$p_{v,sat}$：飽和水蒸気圧（Pa），p_v：水蒸気圧（Pa），P：大気圧（Pa），H：相対湿度（％），X：絶対湿度（kg/kg'），θ：温度（℃）

3　多孔質材料の含水率 [*1]

重量基準の含水率（kg/kg）

$$\varphi = \frac{m - m_0}{m_0}$$

容積基準の含水率（m³/m³）

$$w = \frac{m - m_0}{\rho_w V}$$

m：水分を含んだ状態の材料重量(kg)，m_0：乾燥時の材料重量（絶乾重量）(kg)，V：材料体積(m³)，ρ_w：水の密度(kg/m³)

4　湿気伝達率（対流熱伝達率から求める方法） [*2]

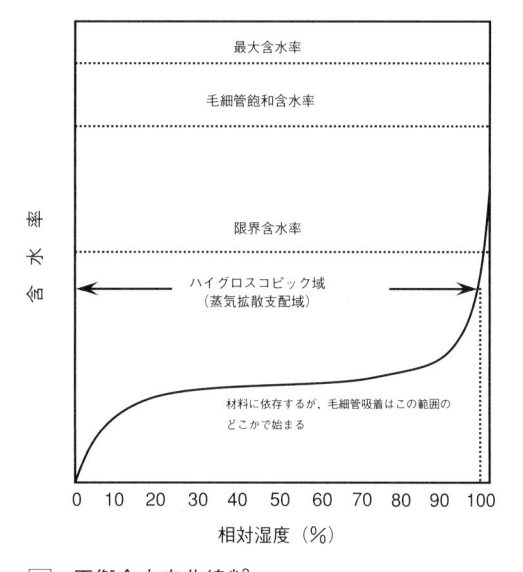

ルイス関係

$$\alpha'_X = \frac{\alpha_c \cdot Le}{c_{pa}}$$

α'_X：湿気伝達率（kg/(m²·s·(kg/kg'))），α_c：対流熱伝達率（W/(m²·K)），c_{pa}：空気の定圧比熱（J/(kg·K)），Le：ルイス数（－）　ルイス数は，流れ方によって変わるが，通常1と近似される。

5　平衡含水率曲線 [*3]

6　平衡含水率の測定法（飽和塩法） [*4]

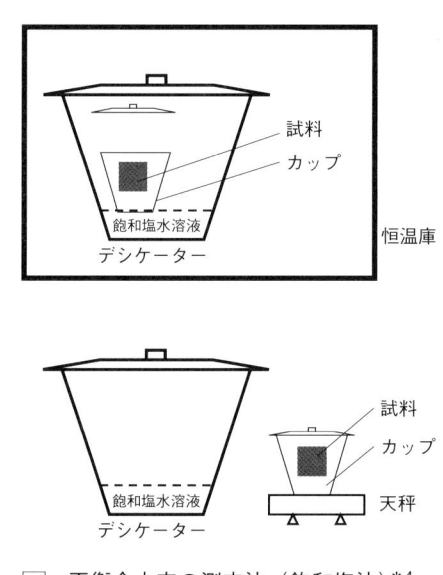

(1) 一定温度条件下にデシケーターを置く。
(2) デシケーター内の相対湿度を飽和塩水溶液で一定に保つ。
(3) 重量測定時には蓋を閉める。
(4) 時間をあけて測定を繰り返し，平衡に達した状態での重量を調べる。

7　飽和塩水溶液と平衡にある空気の相対湿度（%rh） [*5]

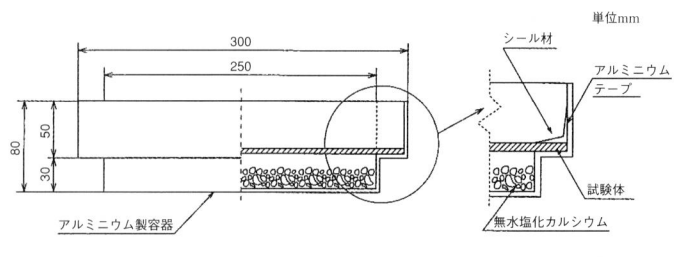

	温度［℃］							
	5	10	15	20	25	30	35	40	45
フッ化セシウム	−	−	4.3±1.4	3.8±1.1	3.4±1.0	3.0±0.8	2.7±0.7	2.4±0.6	2.2±0.5
臭化リチウム	7.4±0.8	7.1±0.7	6.9±0.7	6.6±0.6	6.4±0.5	6.2±0.5	6.0±0.5	5.8±0.4	5.7±0.4
塩化リチウム	11.2~14.0	11.3~14.3	11.3~13.8	11.1~12.6	11.3±0.3	11.3±0.3	11.3±0.3	11.2±0.3	11.2±0.3
酢酸カリウム	−	23.4±0.6	23.4±0.4	23.1±0.3	22.5±0.3	21.6±0.6	−	−	−
塩化マグネシウム	33.6±0.3	33.5±0.3	33.3±0.3	33.1±0.2	32.8±0.2	32.4±0.2	32.1±0.2	31.6±0.2	31.1±0.2
炭酸カリウム	43.1±0.6	43.1±0.5	43.1±0.4	43.2±0.4	43.2±0.4	43.2±0.5	−	−	−
臭化ナトリウム	63.5±0.8	62.2±0.6	60.7±0.6	59.1±0.5	57.6±0.4	56.0±0.4	54.6±0.4	53.2±0.5	52.0±0.5
ヨウ化カリウム	73.3±0.4	72.1±0.4	71.0±0.3	69.9±0.3	68.9±0.3	67.9±0.3	67.0±0.3	66.1±0.3	65.3±0.3
塩化ナトリウム	75.7±0.3	75.7±0.3	75.6±0.2	75.5±0.2	75.3±0.2	75.1±0.2	74.9±0.2	74.7±0.2	74.5±0.2
塩化カリウム	87.7±0.5	86.8±0.4	85.9±0.4	85.1±0.3	84.2±0.3	83.6±0.3	83.0±0.3	82.3±0.3	81.7±0.3
硫酸カリウム	98.5±1.0	98.2±0.8	97.9±0.7	97.6±0.6	97.3±0.5	97.0±0.4	96.7±0.4	96.4±0.4	96.1±0.4

8　湿気伝導率の測定法（カップ法，試料下が低湿の例） [*4]

(1) 一定の温度条件下で測定する。(2) 試料の両端に湿度差を付け，それぞれの湿度を一定に保つ。(3) 湿度差のある2空間を水蒸気が移動する際，試料内部を必ず通るようにする（端から漏れないようにする）。(4) 定常状態での透湿量を天秤で測定する。

[*1] 木村建一編著：建築環境学2，第12章，丸善，1993.
[*2] 新建築学大系編集委員会編：新建築学大系10・環境物理，第3章，彰国社，1984.
[*3] 日本建築学会編：建築材料の熱・空気・湿気物性値，2001.
[*4] 日本建築学会：湿気物性に関する測定規準・同解説，2006.
[*5] 日本建築学会編：室内温熱環境測定規準・同解説，2008.

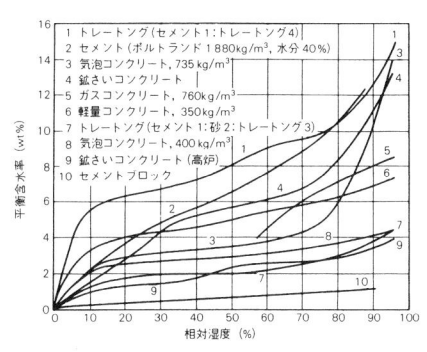

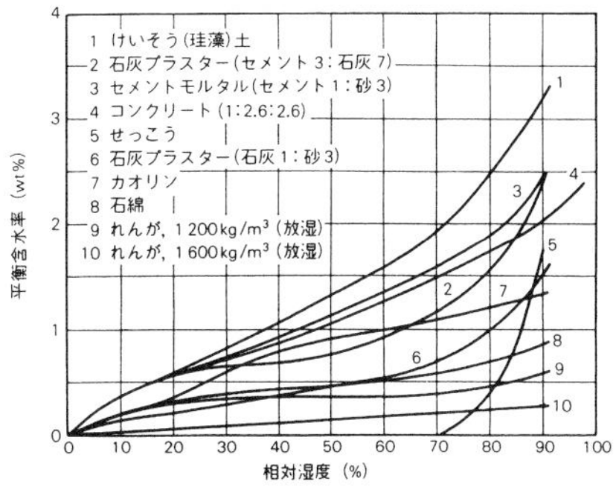

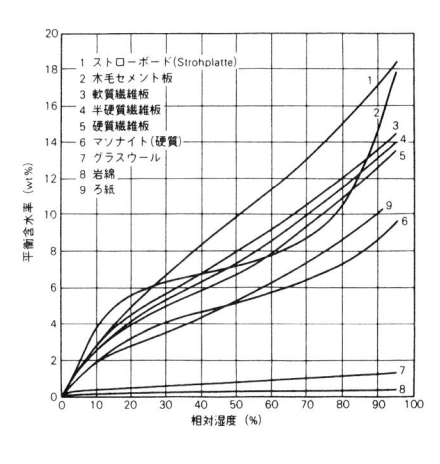

材料の湿気特性　熱環境

1 平衡含水率（25℃）*1

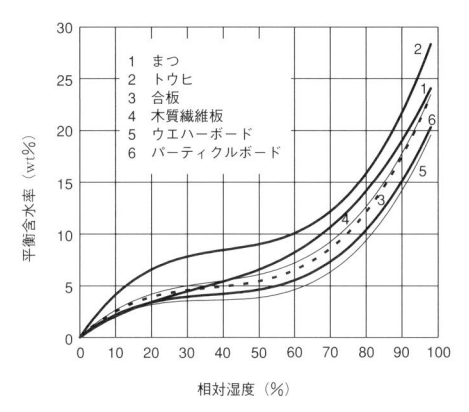

グラフ1（左）:
1 トレーチング（セメント1：トレーチング4）
2 セメント（ポルトランド 1 880 kg/m³, 水分 40%）
3 気泡コンクリート，735 kg/m³
4 鉱さいコンクリート
5 ガスコンクリート，760 kg/m³
6 軽量コンクリート，350 kg/m³
7 トレーチング（セメント1：砂2：トレーチング3）
8 気泡コンクリート，400 kg/m³
9 鉱さいコンクリート（高炉）
10 セメントブロック

グラフ2（中）:
1 けいそう（珪藻）土
2 石灰プラスター（セメント3：石灰7）
3 セメントモルタル（セメント1：砂3）
4 コンクリート（1：2.6：2.6）
5 せっこう
6 石灰プラスター（石灰1：砂3）
7 カオリン
8 石綿
9 れんが，1 200 kg/m³（放湿）
10 れんが，1 600 kg/m³（放湿）

グラフ3（右）:
1 ストローボード（Strohplatte）
2 木毛セメント板
3 軟質繊維板
4 半硬質繊維板
5 硬質繊維板
6 マソナイト（硬質）
7 グラスウール
8 岩綿
9 ろ紙

2 平衡含水率（木材）*2

1 まつ
2 トウヒ
3 合板
4 木質繊維板
5 ウエハーボード
6 パーティクルボード

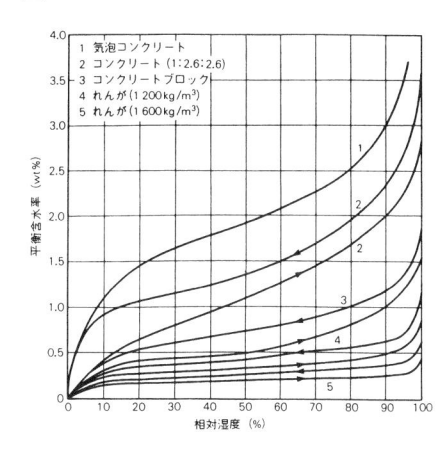

3 履歴現象（吸湿時と放湿時で平衡含水率が異なる）*1

1 気泡コンクリート
2 コンクリート（1：2.6：2.6）
3 コンクリートブロック
4 れんが（1 200 kg/m³）
5 れんが（1 600 kg/m³）

4 湿気伝導抵抗*1

材料	仕様	密度 (kg/m³)	厚さ (mm)	湿気伝導抵抗 (m²·s·Pa/kg)	平均湿度 (%)	測定者
フォームポリスチレンシート	防湿品	80～130	0.4	1.9×10⁹	22.5～89.1	※1
アスファルトフェルト	3 kg/m² 吹付け	〃	1.4	6.7×10⁹	〃	※1
アスファルトルーフィング	シリコンゴム系		0.7	2.3×10⁹	84	※1
〃	シリコン系		—	143×10⁹	84	※1
セロファン	チオコール系		—	10.05×10⁹	84	※1
防湿塗膜	ラワン並		—	29.7×10⁹	64	※2
コーキング剤	〃 完全耐水		2.03	6.22×10⁹	—	※2
〃	〃 高耐水		1.52	4.52×10⁹	—	※2
〃	木ずりアスファルトモルタル		1.45	8.69×10⁹	—	※2
木片セメント板	木ずりしっくい仕上げ	570	3.0	2.96×10⁹	64	※1
合板	2 mil	547		0.37×10⁹	84	※1
〃	4 mil	662		0.47×10⁹	84	※1
〃	0.35 mil	485	20.2	0.80×10⁹	84	※1
木造大壁外装			19.0	8.18×10⁹	70	※1
〃 内装			15.0		70	※1
コンクリートブロック				27.5×10⁹	72	※1
ポリエチレン				109×10⁹		※3
〃				218×10⁹		※3
アルミはく				348×10⁹		※3

※1 斎藤ほか：日本建築学会論文報告集，No.57(1957)；No.59(1958)；No.60(1958)；No.89(1963)．
※2 宮野ほか：日本建築学会東海支部研究報告(1968.6)，(1971.6)．
※3 ASHRAE: Handbook of Fundamental (1972).

5 湿気伝導率*1

材料名	仕様	平均湿度 (%)	比重量 (kg/m³)	湿気伝導率 (10⁻⁹ s)	測定者
鉄筋コンクリート壁	調合1：2：4, w/c 70%	72	2 220	0.0029	※2, ※3
コンクリート	調合1：2：4, —			0.0044	※12
〃		高湿	2 300	0.0069	※11
〃		中湿	〃	0.0056	
〃		低湿	〃	0.0048	
モルタル	調合1：1, w/c 50%	84	2 120	0.0016	※2
〃	1：2, 〃	〃	2 020	0.0033	
〃	1：3, w/c 60%	〃	1 870	0.0069	
〃	1：4, 65	〃	1 710	0.013	
〃	1：5, 85	〃	1 660	0.016	
軽量コンクリート		43	671	0.038	※11
気泡コンクリート		28～89	555	0.038～0.052	※10
〃			570	0.069	
〃		20	517	0.060	※9
〃		40	〃	0.065	
〃		60	〃	0.069	
〃		80	〃	0.073	
石灰プラスター		中湿	—	0.0019	※11
せっこうプラスター		72	1 600	0.0028	※13
〃		高湿		0.040	※11
〃		中湿		0.033	
〃		低湿		0.027	
しっくい	貝灰使用, こて塗, 上塗	84	890	0.050	※2
〃	〃 中塗	〃	1 334	0.029	
〃	〃 下塗	〃	850	0.040	
あかまつ	板目, まさ目, ほぼ同じ	20	460	0.0011	※5
〃		40		0.0028	
〃		60		0.0066	
〃		80		0.016	
〃		90		0.024	
〃	木口（湿度によってほとんど変わらず）			0.13	
まつ		—	—	0.0021	※14
すぎ	心材, 板目およびまさ目	20	約400	0.0052	※6
〃		40		0.0015	
〃		60		0.0065	
〃		80		0.017	
〃		90		約0.16	
〃	木口				
ぺいひ	心材, まさ目	84	413	0.0090	※2
〃	〃 板目	〃	407	0.0073	
ラワン	心材, まさ目	84	465	0.0027	※2
パーティクルボード		84	約650	0.0050	※6
〃		65	682	0.0033	※8
軟質木質繊維板		84	270	0.040	※2
〃		65	92	0.0088	※8
半硬質繊維板		84	839	0.0060	※2
プラスターボード	耐火板	53	820～1 108	0.0060	※2
〃	せっこう：木くず=92～91：8～9, 厚さ9mm	65	960	0.025	※8
〃	厚さ9mm	20	963	0.027	※9
〃		40	〃	0.031	
〃		60	〃	0.035	
〃		80	〃	0.040	
石綿板	石綿・セメント板	高湿	1 800	0.00033	※11
〃		中湿		0.00029	
〃		低湿		0.00027	
〃	大平板, 厚さ6mm			0.00096	※1
〃	フレキシブルボード, 厚さ3mm	53		0.0025	※4
〃	〃 4mm セメント：岩綿 6：4	〃		0.0031	
〃	〃 6mm	〃		0.0042	
発泡スチレン	押出発泡ポリスチレン, 一般品	—	20	0.0052	※7
〃		—	30	0.0035	
〃		—	40	0.0027	
〃	フォームポリスチレン（2次発泡）	65	19.4	0.0048	※8
ウレタンフォーム	硬質ポリウレタン, 現場発泡		40	0.0052	※7
〃			80	0.0027	
〃	成形品, 厚さ25mm		24.9	0.0031	※8
岩綿	岩綿板, 厚さ25mm	80	86	0.154	※9
〃	充てん（厚さ100mmの金網わくに充てん）	53	100	0.146	※4
〃			200	0.138	
〃			400	0.123	

1) 1 g/m·h·mmHg=2.08351×10⁻⁶ kg/m·s·Pa, kg/m·s·Pa=s

※1 宮部 宏：材料の湿気的性能, 内田老鶴圃(1944).
※2 斎藤平蔵, 関根正明, 宮路栄二：日本建築学会論文報告集, No.57(1957.7).
※3 斎藤平蔵, 関根正明, 桑原重徳：同上, No.59(1958.6).
※4 渡辺 要, 斎藤平蔵：同上, No.60(1958.10).
※5 斎藤平蔵：同上, No.63(1959.10).
※6 斎藤平蔵：同上, No.61(1960.9).
※7 斎藤平蔵：同上, No.89(1963.9).
※8 宮野秋彦, 稲葉一八：日本建築学会東海支部研究報告(1971.6).
※9 宮野秋彦, 稲葉一八：日本建築学会大会梗概集(1975.10).
※10 斎藤平蔵：建築気候, 共立出版.
※11 K. Seifert: Wasser Dampf Diffusion im Bauwesen, Bauverlag (1974).
※12 F. Stone, ※14 より作成.
※13 H. Edenholm: Meddelanden Från Statens Forskningskommitté för Lantmannabyggnader No.5, 53 (1945).
※14 Bäckström, Emblik: Kältetechnik G. Braun (1965).

*1 日本建築学会：建築設計資料集成1 環境, pp.176～177, 丸善, 1978.
*2 日本建築学会：建築材料の熱・空気・湿気物性値, 2001.

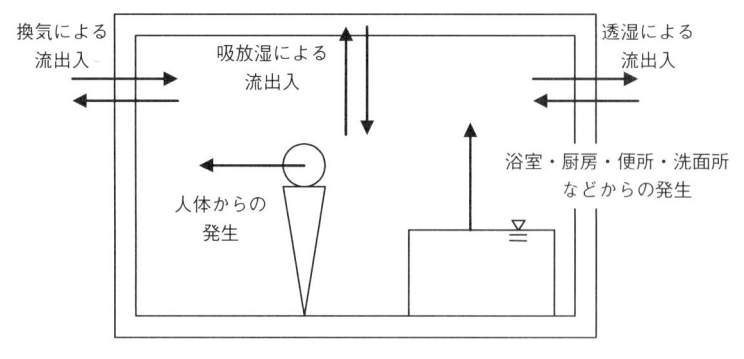

熱環境　結露とその防止

1　住宅内での水蒸気の発生と移動

2　住宅内水蒸気発生量

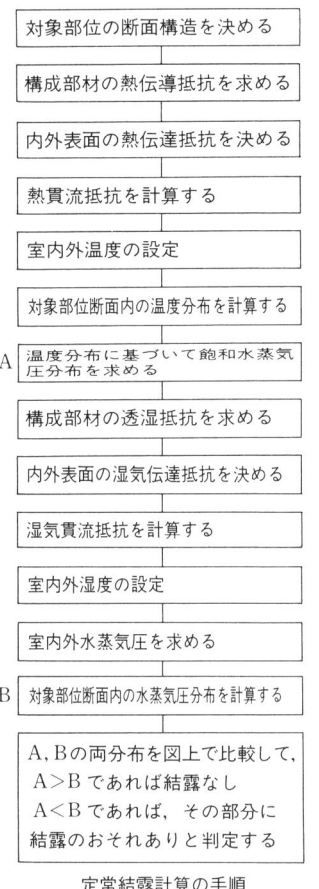

名　称		水蒸気発生量(g/h)	備　考
人体	就　寝　時	20	いずれも気温20℃の時の値
	安　静　時	31	
	軽作業時｝倚座	44	
	中作業時	82	
	起　立　時	75	
	歩　行　時	194	
器具	な　　べ	500〜700	ふたあり
	や　か　ん	50〜100	ふたあり
	都市ガス燃焼器具	160	
	プロパン　〃	140	
	灯油　〃	110	
	木炭・れん炭	40	
その他	そ　の　他	500〜1000	
	浴　　槽	500〜1500	入浴中, 0.5m²1m²につき
	洗　い　場		

定常結露計算の手順：
- 対象部位の断面構造を決める
- 構成部材の熱伝導抵抗を求める
- 内外表面の熱伝達抵抗を決める
- 熱貫流抵抗を計算する
- 室内外温度の設定
- 対象部位断面内の温度分布を計算する
- A　温度分布に基づいて飽和水蒸気圧分布を求める
- 構成部材の透湿抵抗を求める
- 内外表面の湿気伝達抵抗を決める
- 湿気貫流抵抗を計算する
- 室内外湿度の設定
- 室内外水蒸気圧を求める
- B　対象部位断面内の水蒸気圧分布を計算する
- A,Bの両分布を図上で比較して、A>Bであれば結露なし　A<Bであれば、その部分に結露のおそれありと判定する

3　定常結露計算の例

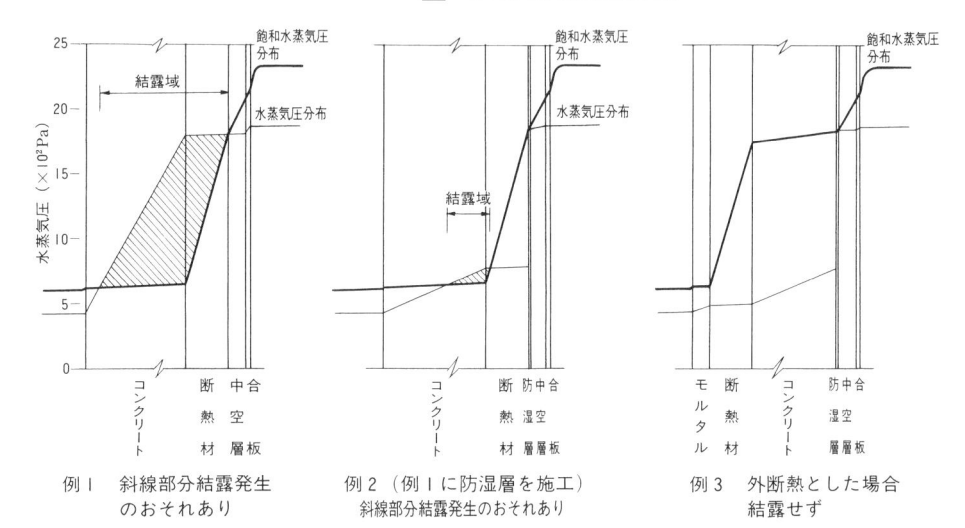

例1　斜線部分結露発生のおそれあり（コンクリート・断熱材・中空層・合板）

例2　（例1に防湿層を施工）斜線部分結露発生のおそれあり（コンクリート・断熱材・防湿・中空層・合板）

例3　外断熱とした場合結露せず（モルタル・断熱材・コンクリート・防湿・中空層・合板）

項　目	内表面	外表面	計
熱伝達抵抗 (m²·K/W)	0.11	0.026	0.136
湿気伝達抵抗 (m²·h·Pa/kg)	10 670	2 670	13 340

項　目	厚さ (m)	熱伝導抵抗 (m²K/W)	透湿抵抗 (×10⁴m²·h·Pa/kg)
モルタル	0.02	0.017	1.9
コンクリート	0.10	0.06	9.3
コンクリート	0.12	0.07	11.2
鉱物繊維断熱材	0.05	1.31	0.08
合成樹脂防湿材	0.0009	≒0	338
中　空　層	0.02	0.18	0.027
合　　板	0.005	0.034	0.45

項　目	室内	屋外	内外の差
温　度（℃）	20	0	20
相対湿度（%）	80	70	10
飽和水蒸気圧(Pa)	2 337	611	1 727
水蒸気圧（Pa）	1 869	488	1 441

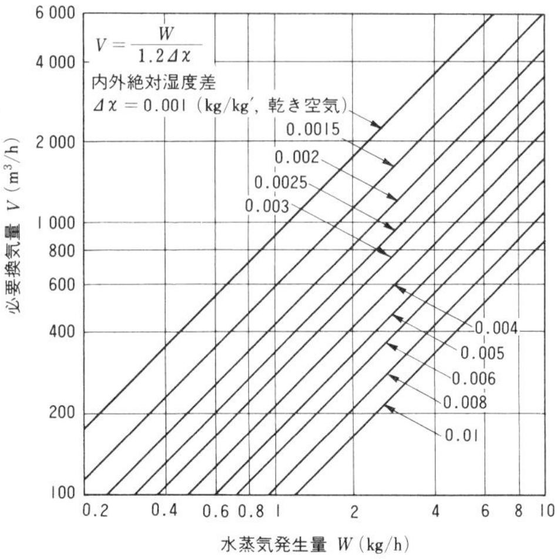

4　水蒸気に対する必要換気量

$$V = \frac{W}{1.2\Delta x}$$

内外絶対湿度差　$\Delta x = 0.001$ (kg/kg', 乾き空気)

5　表面結露と内部結露

	定義	発生場所	結露判定の方法	結露の防止策
表面結露	材料の表面で生じる結露	金属・ガラスなどの非透湿面	表面温度に対する飽和水蒸気圧より室内の水蒸気圧が高いとき結露すると判定	(1)材料に接する空気の水蒸気圧を低くする。(2)材料表面の温度を高くする
内部結露	材料の内部で生じる結露	透湿性材料（金属・ガラスなど以外）	飽和水蒸気圧と水蒸気圧を各点で比較し、後者の方が高いとき、その点で結露のおそれありと判定（3の手順）	(1)材料に接する空気の水蒸気圧を低くする。(2)断熱材を入れるなどして高湿側の材料温度を高くする。(3)断熱材の高温側に透湿抵抗の大きい防湿シートを貼付するなどして、断熱材内およびその低温側の水蒸気圧を低くする。(4)通気層を設け、内部の水分を屋外へ排出する

> 水分収支式
> $$(\Phi_0 \gamma' + \kappa)\frac{\partial X}{\partial t} - \nu \frac{\partial T}{\partial t} = \frac{\partial}{\partial x}\left(\lambda_x \frac{\partial X}{\partial x}\right)$$
>
> 熱収支式
> $$-r\kappa \frac{\partial X}{\partial t} + (c\rho + r\nu)\frac{\partial T}{\partial t} = \frac{\partial}{\partial x}\left(\lambda \frac{\partial T}{\partial x}\right)$$
>
> ここで，平衡含水率の関係式を $w = F_X(T, X)$ とすると，湿気容量 κ, ν は， $\kappa = \rho_w \dfrac{\partial F_X}{\partial X}$ $\nu = -\rho_w \dfrac{\partial F_X}{\partial T}$
>
> Φ_0：絶乾時の材料の空隙率 (-)，γ'：乾燥空気の密度 (kg/m³)，w：容積基準含水率 (m³/m³)，X：絶対湿度 (kg/kg')，T：温度 (K)，t：時間 (s)，x：空間座標 (m)，λ：熱伝導率 (W/(m·K))，λ_x：湿気伝導率 (kg/(m·s·(kg/kg')))，r：相変化熱 (J/kg)，c：比熱 (J/(kg·K))，ρ：材料の密度 (kg/m³)，ρ_w：水の密度 (kg/m³)，κ：湿気容量（単位体積の材料の絶対湿度を単位変化させるのに要する水分量）(kg/(m³·kg/kg'))，ν：湿気容量（単位体積の材料の温度が単位変化したときに変化する水分量）(kg/(m³·K))

1 熱水分同時移動方程式（蒸気拡散支配領域） [*1]

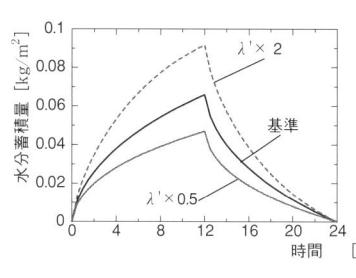

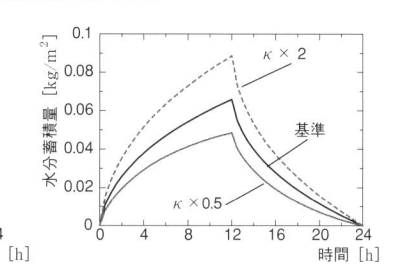

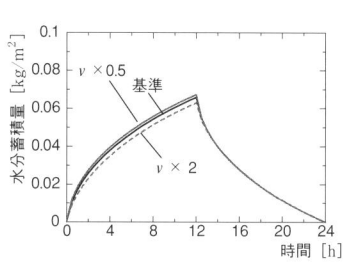

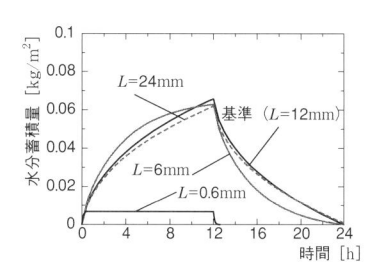

計算条件：
調湿材料：軟質繊維板（標準厚さ $L=12$ mm）
境界条件：室空気温度20℃一定
　　　　　室空気相対湿度80%（12時間）の後60%（12時間），以後それを繰り返す
　　　　　外気側表面温度20℃一定，断湿
なお，計算は周期的定常状態になるまで行った。

計算結果：
湿気伝導率，κ が大きくなると調湿効果が大きくなる。一方，ν はこのような温度変化の小さい条件下では影響が小さい。材料厚さが6〜24mmで大きな差はなく，この条件のような1日ぐらいの周期現象では6mm程度でも充分といえる。また，壁紙程度の厚さの0.6mmでは，応答性がかなり速くなるものの，水分の吸放湿効果は小さくなる。

2 調湿材料の吸放湿特性の計算例（湿気伝導率・湿気容量 κ および ν・材料厚さが結果に及ぼす影響） [*2]

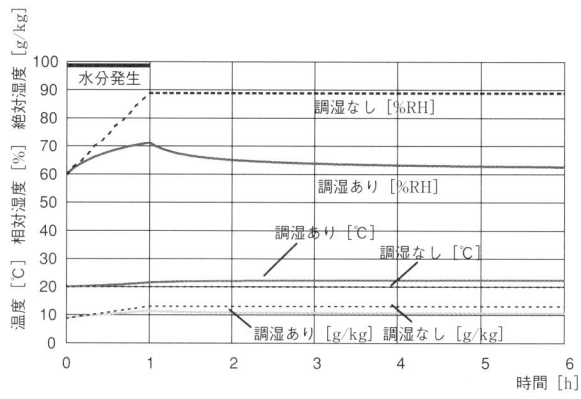

計算条件：
空間：幅3.6m，奥行3.6m，高さ3m
調湿材貼付面積：12.96m²（3.6m×3.6m）
調湿材料：軟質繊維板（厚さ12mm）
初期条件：温度20℃，相対湿度60%（室，材料内すべて）
境界条件：外気側表面　完全断熱，断湿
室内条件：(1) 水分発生　+200g/h（計算開始から1h）
　　　　　(2) 熱発生　+100W（計算開始から1h）

計算結果：
(1) 水分発生の間，「調湿あり」，「調湿なし」ともに相対湿度は上昇する。水分発生が停止した後，「調湿あり」では，相対湿度が低下し60%に近づいていくが，「調湿なし」では90%近くに達する。絶対湿度は，「調湿あり」の方が低くなっている。室温は，「調湿あり」の方が2℃程度高くなっている。これは吸湿による凝縮熱発生の影響である。
(2) 熱発生の間，「調湿あり」，「調湿なし」ともに相対湿度は低下する。熱発生が停止した後，「調湿あり」では，初期の相対湿度60%に近づいていくが，「調湿なし」では50%程度までに低下する。絶対湿度は，「調湿あり」の場合に増加する。これは，熱発生により温度が上昇する結果，飽和水蒸気圧が上昇するため，相対湿度が低下するが，材料の温度上昇に伴って，材料内絶対湿度が上昇し，材料内の水分が室内に移動するためである。室温は，材料からの水分蒸発に伴う潜熱の影響で，「調湿なし」の場合よりやや低下する。

(1) 水分発生がある場合の室内温湿度変動

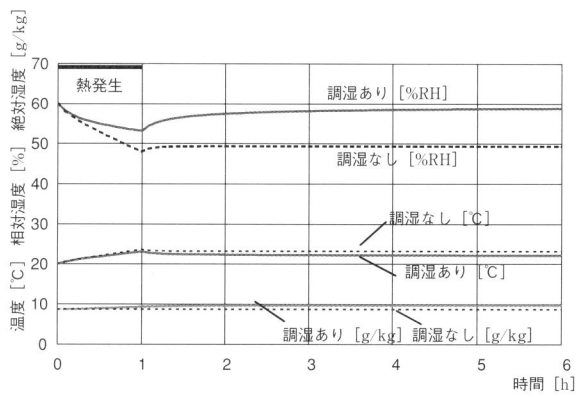

(2) 熱発生がある場合の室内温湿度変動

3 室の調湿効果の計算例（調湿材のある場合とない場合の比較，調湿材として軟質繊維板を用いる場合） [*2]

[*1] 新建築学大系編集委員会：新建築学大系10・環境物理，第3章，彰国社，1984.
[*2] 小椋大輔：多孔質材料の調湿メカニズム，建築技術，第660号，pp.132〜135，2005.

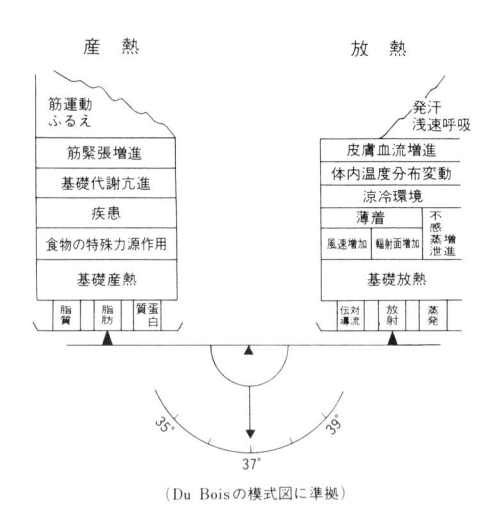

熱環境　　人体放熱と温熱環境

1 人体における熱収支[*1]

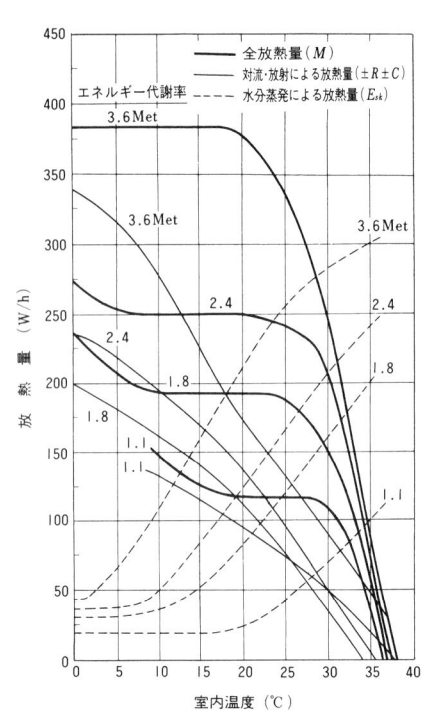

$$M = \pm C \pm R + E_{sk} \pm C_{res} + E_{res} + W \pm S$$

M：産熱（エネルギー代謝量）
C：対流による放熱
R：放射による放熱
E_{sk}：皮膚面からの蒸発による放熱
C_{res}：呼吸気道からの対流による放熱
E_{res}：同上蒸発による放熱

2 人体からの放熱量[*2]

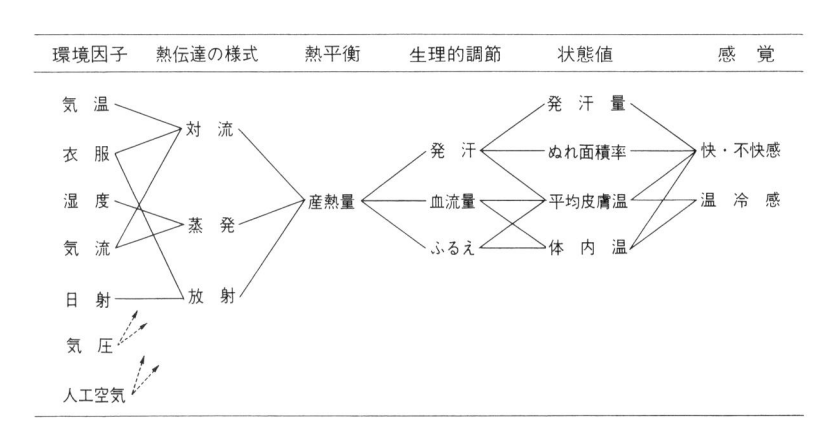

3 環境因子—熱平衡—生理的状態値—感覚の関連[*3]

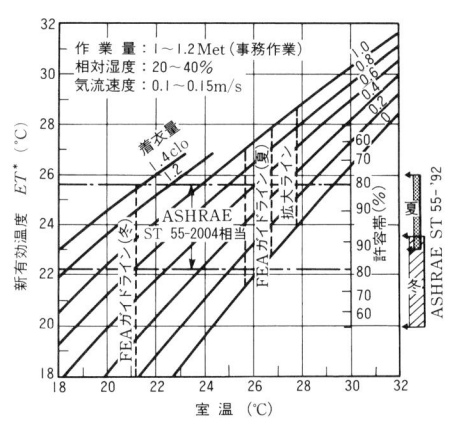

4 室温と着衣量[*4]

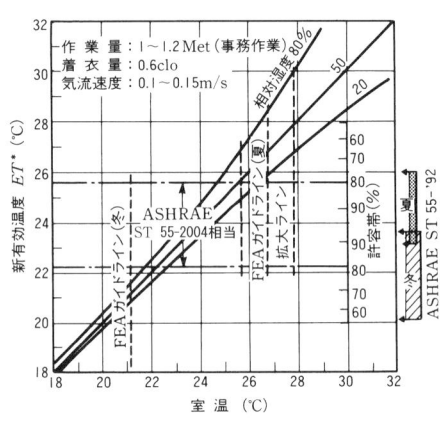

5 相対湿度の影響[*4]

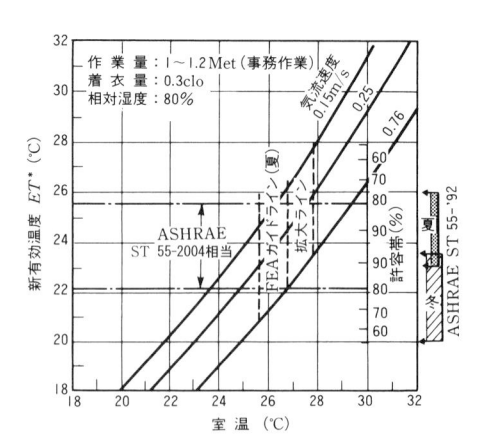

6 気流速度の影響[*4]

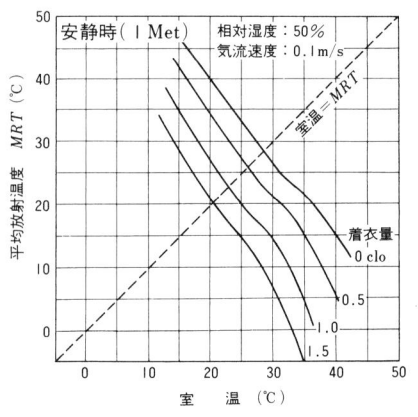

7 放射熱の影響[*4]

[*1] 生理学大系Ⅳ-1, p.597, 医学書院, 1970.
[*2] 日本建築学会編：建築設計資料集成1, 環境, p.106, 丸善, 1978.
[*3] 西　安信：IBEC, No.34, p.26, 住宅・建築エネルギー機構, 1986.
[*4] 日本建築学会編：建築設計資料集成1, 環境, p.108, 丸善, 1978.

温熱環境と室内での熱および湿気発生　熱環境

R：放射熱は角関係，温度と放射率の大小で変化する
C：対流熱は風速・温度の大小で変化する
E：水分蒸発熱量は温度・風速の大小で変化する
K：伝導熱は接している材料の熱伝導率と温度の大小で変化する
　過渡的には体温が変化することはあるが37.5℃（直腸温）程度で
　熱収支がバランスする

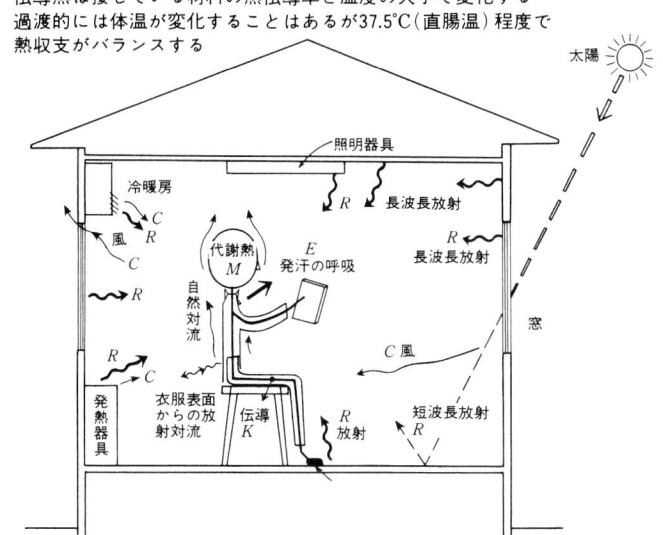

熱収支がバランスしていることは温熱感覚が中性であることの必要条件である。放射温度と気温が3℃あるとき，上下，左右の温度差が大きくなったとき，ドラフトなどの局部気流があるとき，床温が高すぎると低すぎるとき，不快な感覚があるとされている。
気温と放射が等しい18℃以上の環境では，足元暖房を行うと発汗が促進され直腸温が逆に低下し健康を損なう例もあり，単に全体的なバランスのみならず部分的な熱収支についても研究が進められている。

1　温熱環境

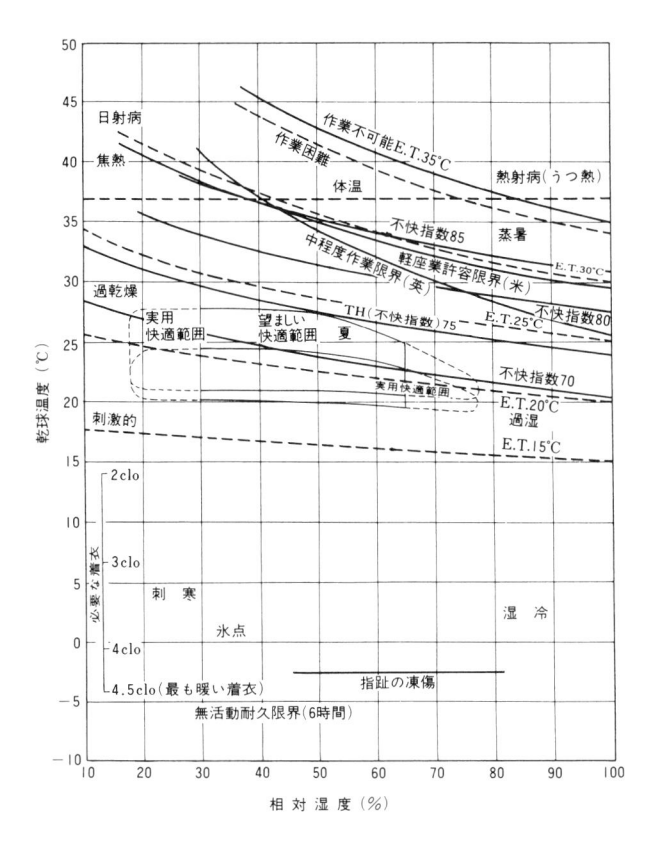

2　大気状態の快適範囲および危険範囲[*1]

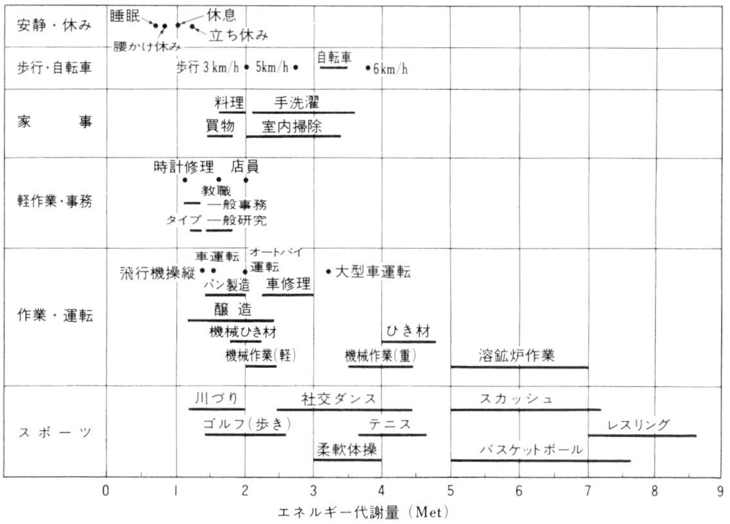

3　作業内容別エネルギー代謝量[*2]

4　調理器具・行動からの水分発生量[*3]

器具	摘要	水分発生量（g/h）
なべ 22cm径	盛んに沸騰，ふたなし	1400～1500
〃	一般，ふたあり	500～700
やかん 中型	盛んに沸騰，ふたなし	1300～1400
〃	一般，ふたあり	50
電気オーブントースター	—	0.3
ヘアドライヤー	ブロア形	180
〃	ヘルメット形	150
コーヒー沸し（1/2gal）	電気	100
〃	ガス	160
グリル類	電気	400～1400
〃	ガス	400～1700

作業状態	適用建物	エネルギー代謝量（Met）	放熱量（W/m²） 室内温度20℃ 顕熱	潜熱	室内温度22℃ 顕熱	潜熱	室内温度24℃ 顕熱	潜熱	室内温度26℃ 顕熱	潜熱	室内温度28℃ 顕熱	潜熱	水分蒸発量（g/h） 室内温度（℃） 20	22	24	26	28
椅座（安静時）	劇場，小・中学校	1.0	69	21	65	26	59	31	53	38	44	46	31	38	46	56	66
椅座（軽作業時）	高等学校	1.1	75	30	68	35	62	42	54	50	45	58	44	51	62	74	85
事務作業	事務所・ホテル	1.2	77	40	71	46	63	54	54	62	45	71	59	68	80	91	104
立居	銀行・デパート	1.4	79	51	72	57	66	64	55	74	45	84	75	84	94	109	123
椅座（中作業時）	レストラン	1.2	86	56	80	62	71	71	60	82	48	95	82	91	104	121	140
椅座（中作業時）	工場	2.0	101	94	89	105	76	118	62	133	48	147	138	154	173	196	216
ダンス（中程度）	ダンスホール	2.2	110	110	97	122	84	137	68	152	56	165	162	180	201	223	243
歩行（4.8km/h）	工場	2.5	125	132	113	147	88	162	83	176	68	191	194	216	238	259	281
重作業	工場・ボーリング	3.7	164	211	150	225	136	240	124	252	116	262	310	331	353	370	385

日本人とアメリカ人の男子の標準体表面積の割合1.6：1.8（m²）で換算した。女子は0.85倍，子供は0.75倍する

5　人体からの作業内容別放熱量・水分蒸発量[*4]

[*1] 中山昭雄編：温熱生理学，理工学社，1981．
[*2] 日本建築学会編：建築設計資料集成1，環境，p.106，丸善，1978．
[*3] 日本建築学会編：建築設計資料集成1，環境，p.180，丸善，1978より作成．
[*4] 同上，p.106 [5]，p.173 [5] より作成．

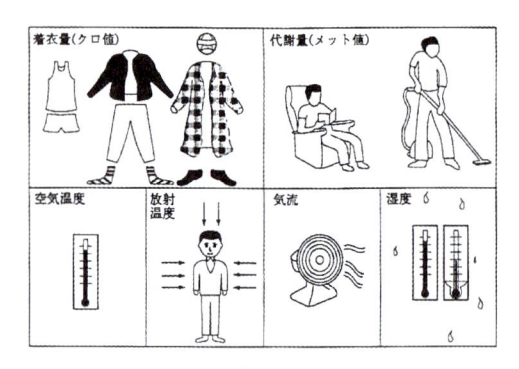

熱環境　温熱環境要素・新有効温度・PMW

1 温熱環境6要素[*1]

2 様々な衣類組合せクロ値[*2]

着衣組合せ	I_{cl} [clo]
パンティ・Tシャツ・ショートパンツ・薄地ソックス・サンダル	0.30
ショーツ・半袖シャツ・薄地ズボン・薄地ソックス・靴	0.50
ショーツ・シャツ・薄地ズボン・ソックス・靴	0.60
肌着・シャツ・ズボン・ソックス・靴	0.70
肌着・セーター・ズボン・長ソックス	0.75
パンティ・シャツ・ズボン・ジャケット・ソックス・靴	1.00
パンティ・ストッキング・シャツ・スカート・ベスト・ジャケット	1.00
半袖半ズボン下つなぎ肌着・シャツ・ズボン・ベスト・ジャケット・コート・ソックス・靴	1.50

(注)立位時のサーマルマネキンで測定。$I_{cl}=0.155 m^2・℃/W$

3 様々な活動の代謝量[*2]

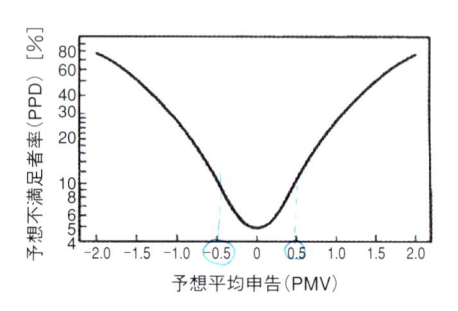

活　動	met
休息時	
寝床時	0.7
安静時	0.8
椅座静位	1.0
起立時	1.2
歩行時	
3.2km/h	2.0
4.8km/h	2.6
6.4km/h	3.8
事務作業時	
読書・椅座静位	1.0
タイプ・ワープロ	1.1
ファイル整理・椅座	1.2
ファイル整理・立位	1.4
歩き回る	1.7
物を運ぶ・持ち上げる	2.1
運転時・飛行時	
自動車運転	1.0〜2.0
通常飛行	1.2
その他の作業	
調理	1.6〜2.0
掃除	2.0〜3.4
縫物	1.8
その他の活動	
ダンス	2.4〜4.4
テニス・シングル	3.6〜4.0
バスケットボール	5.0〜7.6

(注)1met=$58.2 W/m^2$

6 予想平均申告（PMV）と予想不満足者率（PPD）の関係[*2]

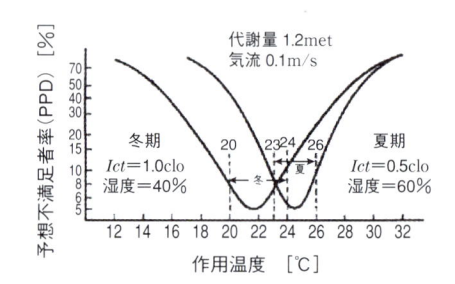

7 オフィスにおける快適作用温度範囲と予想不満足者率の関係[*2]

4 新有効温度（ET*）とPMV

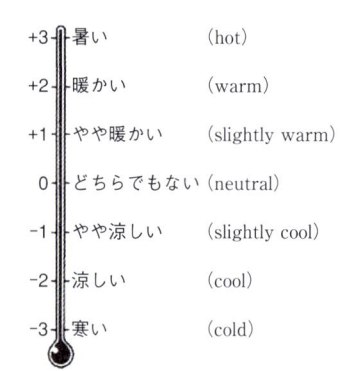

新有効温度(ET*)	Gaggeらによる理論に基づく体感温度である。被験者実験による旧有効温度と区別するために新有効温度と呼ばれる。人体のぬれ率と平均皮膚温に基づく。標準状態におけるET*を標準新有効温度（SET*）と呼ぶ
PMV	熱的中立から少し外れた場合の温冷感を予測する方法として、Fangerが提案した理論。温熱環境の6要素から、温冷感を予測する手法。ISO-7730として計算法は国際規格化されている

5 PMVのスケール（ASHRAE温冷感申告）

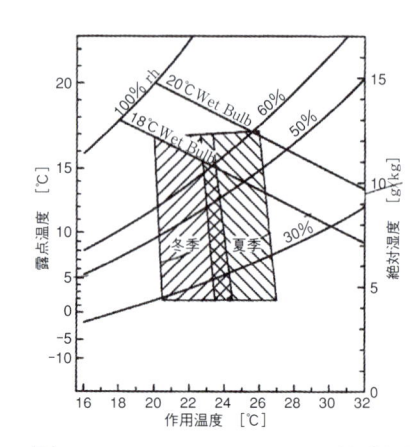

- +3　暑い　　　　　(hot)
- +2　暖かい　　　　(warm)
- +1　やや暖かい　　(slightly warm)
- 0　どちらでもない (neutral)
- -1　やや涼しい　　(slightly cool)
- -2　涼しい　　　　(cool)
- -3　寒い　　　　　(cold)

8 ASHRAE 55-2004による快適温湿度範囲[*3]

(注)湿度の下限は露点温度2℃とした。

[*1] 田辺新一：住宅における温熱快適性の評価, 住宅総合研究財団研究年報, No.23, 1996.
[*2] 空気調和・衛生工学会：空気調和・衛生工学便覧, 第14版, 第1巻, p.330, 333, 336, 2010.
[*3] ASHRAE：Standard-55 Thermal Environmental Conditions for Human Occupancy, 2004.

温熱環境設計基準　　**熱環境**

場　所	温　度	相対湿度	熱放射（放射・実効放射温度）	気　流	備　考
一般的建築物（事務所，店舗，百貨店，集会場，図書館，博物館，美術館，遊技場，旅館，各種学校など）	・17～28℃ ・居室における温度を外気の温度より低くする場合は，その差を著しくしないこと	40～70%	—	0.5m/s以下	「建築物における衛生的環境の確保に関する法律・同施行令」2006年（通称：「建築物衛生法」）
学　校	・冬：10℃以上が望ましい（10℃以下が継続する場合には採暖できるようにする。18～20℃が最も望ましい） ・夏：30℃以下が望ましい（25～26℃が最も望ましい）	30～80%であることが望ましい	黒球温度と乾球温度の差は5℃未満であることが望ましい	0.5m/s以下が望ましい	「学校環境衛生の基準」1964年
ホテル，旅館など	17～28℃の範囲に保持し，冷房する場合，外気との温度差は，7℃以内とすること	30～70%を常に保つこと	—	0.5m/s以下であり，扇風機による影響がない場合は，0.3m/s以下とすることが望ましい	「旅館業における衛生等管理要領」1984年
事務所	・17～28℃ ・10℃以下の場合，暖房する等適当な温度調節の措置を講じなければならない ・室を冷房する場合は，外気温より著しく低くしてはならない	40～70%	—	0.5m/s以下	「労働安全衛生法・事務所衛生基準規則」1972年

1　建築物における温熱環境に関する基準など（住宅を除く）

	回帰式	中立温度[℃]
日本人　夏季	TSV＝－8.882＋0.339 SET*	26.2
日本人　冬季	TSV＝－6.883＋0.271 SET*	25.4
米国人	TSV＝－8.010＋0.290 SET*	25.8
デンマーク人	TSV＝－7.420＋0.310 SET*	25.6
シンガポール人	TSV＝－9.388＋0.367 SET*	25.6

2　様々な国の被験者による標準新有効温度（SET*）と温冷感申告（TSV）の関係

一般成人

	居間・食堂（団らん・食事）[℃]	寝室（睡眠）[℃]	台所（家事）[℃]	廊下（移動）[℃]	風呂・脱衣所（着替え）[℃]	便所[℃]	備　考　着衣量[clo]
冬季	21±3	18±3	18±3	18±3	24±2	22±2	1.4～0.7
中間期	24±3	22±3	22±3	22±3	26±2	24±2	0.7～0.5
夏季	27±2	26±2	26±2	26±2	28±2	27±2	0.5～0.2

（注）寝具（冬：ふとん＋毛布～ふとん，夏：夏掛けふとん＋タオル～なし），家事の代謝量：3met

高齢者

	居間・食堂（団らん・食事）[℃]	寝室（睡眠）[℃]	台所（家事）[℃]	廊下（移動）[℃]	風呂・脱衣所（着替え）[℃]	便所[℃]	備　考　着衣量[clo]
冬季	23±2	20±2	22±2	22±2	25±2	24±2	1.4～0.7
中間期	24±2	22±2	22±2	22±2	26±2	24±2	0.7～0.5
夏季	25±2	25±2	26±2	26±2	28±2	27±2	0.5～0.2

（注）寝具（冬：ふとん＋毛布～ふとん，夏：夏掛けふとん＋タオル～なし），家事の代謝量：2met

身体障碍者（脊髄損傷者等）

	居間・食堂（団らん・食事）[℃]	寝室（睡眠）[℃]	台所（家事）[℃]	廊下（移動）[℃]	風呂・脱衣所（着替え）[℃]	便所[℃]	備　考　着衣量[clo]
冬季	23±2	20±2	22±2	22±2	25±2	24±2	1.4～0.7
中間期	24±2	22±2	22±2	22±2	26±2	24±2	0.7～0.5
夏季	25±2	25±2	25±2	25±2	27±2	25±2	0.5～0.2

（注）表中の数値は黒球温度[℃]であり，床上1.2mで測定することとする。湿度は冬季30～50%，中間期40～70%，夏季60～80%とした。また，特別大きな放射熱，気流，温度分布はないものとした

3　住宅熱環境評価基準値（高齢者生活環境研究会提案値：1991）[*2]

[*1]　空気調和・衛生工学会編：空気調和・衛生工学便覧，第13版，p.446，2002
[*2]　川島美勝編著：高齢者の住宅熱環境，理工学社，1994.

94　空気環境　　空気環境の概要

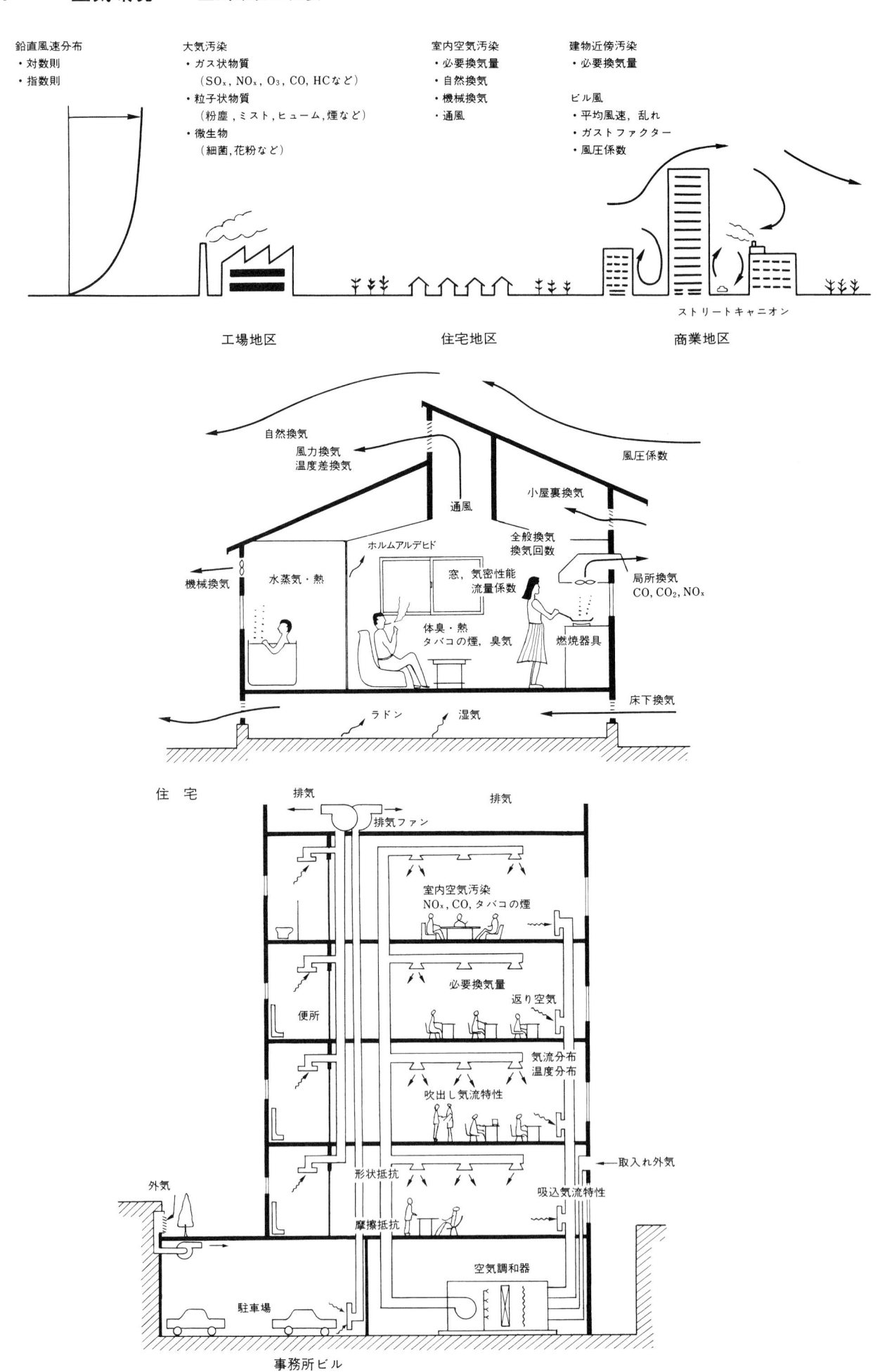

鉛直風速分布
・対数則
・指数則

大気汚染
・ガス状物質
　（SO_x, NO_x, O_3, CO, HCなど）
・粒子状物質
　（粉塵，ミスト，ヒューム，煙など）
・微生物
　（細菌，花粉など）

室内空気汚染
・必要換気量
・自然換気
・機械換気
・通風

建物近傍汚染
・必要換気量

ビル風
・平均風速，乱れ
・ガストファクター
・風圧係数

ストリートキャニオン

工場地区　　　　住宅地区　　　　商業地区

自然換気
風力換気
温度差換気
風圧係数
通風
小屋裏換気
機械換気
水蒸気・熱
ホルムアルデヒド
窓，気密性能
流量係数
全般換気
換気回数
局所換気
CO, CO_2, NO_x
体臭・熱
タバコの煙，臭気
燃焼器具
ラドン　　湿気
床下換気

住宅

排気　　排気ファン
室内空気汚染
NO_x, CO, タバコの煙
必要換気量
返り空気
便所
気流分布
温度分布
吹出し気流特性
取入れ外気
形状抵抗
吸込気流特性
外気
摩擦抵抗
空気調和器
駐車場

事務所ビル

1　空気環境の概要

空気質と人体影響（1）　空気環境　95

1　乾燥大気の体積比[*1]（二酸化炭素は現在では0.035％に増加している）

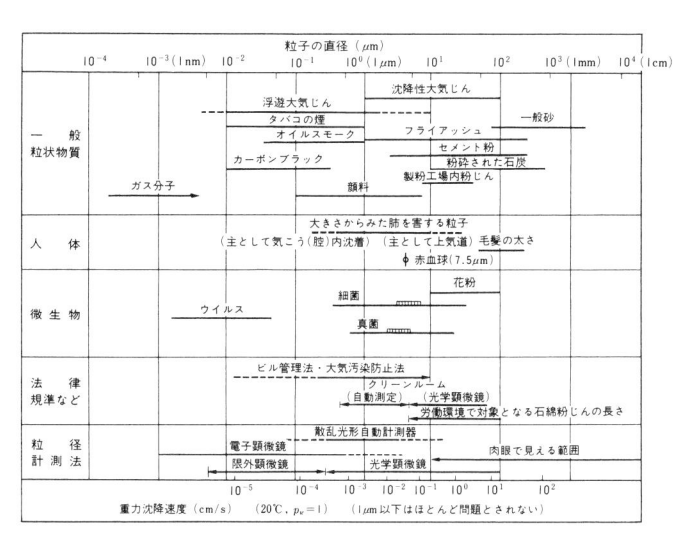

- アルゴン　0.933%
- 二酸化炭素　0.030
- 水素　0.01
- 窒素　78.03%
- 酸素　20.99%
- その他：ネオン、ヘリウム、クリプトン、キセノン

2　粒子の大きさ[*2]

3　一酸化炭素（CO）の健康影響[*3,4,5]

濃度(ppm)	暴露時間	影響
5	20min	高次神経系の反射作用の変化
30	8h以上	視覚・精神機能障害
200	2〜4h	前頭部頭重、軽度の頭痛
500	2〜4h	激しい頭痛、悪心・脱力感・視力障害・虚脱感
1000	2〜3h	脈はくこう進、けいれんを伴う失神
2000	1〜2h	死亡

一酸化炭素による中毒のじょ限度は、濃度・曝露時間・作業強度・呼吸強度・個人の体質の差などで、それを設定することは難しいが、Hendersonによれば、
　　濃度(ppm)×時間(h) < 600
であるといわれる。

4　二酸化炭素濃度の健康影響[*5]

濃度(%)	影響
0.1	呼吸器・循環器・大脳などの機能に影響がみられる（Eliseeva説）
4	耳鳴り・頭痛・血圧上昇などの徴候が現れる（Lehmann説）
8〜10	意識混濁・けいれんなどを起こし呼吸が止まる（Lehmann説）
20	中枢障害を起こし生命が危険となる（Lehmann説）

5　窒素酸化物の健康影響[*6]

濃度(ppm)	影響	参考
0.5	においを感じるようになるが被害は出ない	一酸化窒素(NO)は、二酸化窒素(NO_2)に比べ十分な研究がなされているとはいえないが、血液中のヘモグロビンと結びついて一酸化ヘモグロビンを形成することにより、呼吸器に有害作用を及ぼすことが知られている。Antoniniらによれば、一酸化窒素のヘモグロビンに対する親和力は、一酸化炭素のそれの1400倍であるという。人体に障害を起こさない限界濃度は、50ppmであるという説がある。
20	わずかではあるが刺激を感じるようになる	
20〜50	眼などの粘膜に刺激を感じるようになる	
150	強い局部刺激を感じるようになる	
500以上	1回の吸入で、短時間に致死する	

6　酸素濃度低下の人体影響[*5,7]

濃度(%)	分圧(kPa)	影響
16〜12	16〜12	脈はく・呼吸数の増加、精神集中に努力がいる、細かい筋動作がうまくいかない、頭痛がする
14〜9	14〜9	判断力が鈍る、発揚状態、不安定な精神状態、刺激などを感じない、めい酔状態、当時の記憶なし、体温上昇、チアノーゼ
10〜6	10〜6	意識不明・中枢神経障害・けいれん・チアノーゼ
6以下	6以下	こん睡→呼吸緩徐→呼吸停止→6〜8min後心臓停止

7　空気汚染の指標としての二酸化炭素濃度[*8]

濃度(%)	意味
0.07	多数継続在室する場合のじょ限度（Pettenkopfer説、燃焼器具を使用しない場合）
0.10	一般の場合のじょ限度（Pettenkopfer説、燃焼器具を使用しない場合）
0.15	換気計算に使用されるじょ限度（Rietchel説、燃焼器具を使用しない場合）
0.2〜0.5	相当不良と認められる（燃焼器具を併用する場合）
0.5以上	最も不良と認められる（燃焼器具を併用する場合）
備考	本表は、二酸化炭素そのものの有害じょ限度を示すものではなく、空気の物理・化学的性状が、二酸化炭素の増加に比例して悪化すると仮定したときのじょ限度を示すものである。

8　粉じんの人体影響[*5]

濃度(mg/m^3)	影響	備考
0.025〜0.05	バックグラウンド濃度	$0.1mg/m^3$以上になると死亡率が増加する
0.075〜0.1	多くの人に満足される濃度	
0.1〜0.14	視程減少	
0.15〜0.2	多くの人に「汚い」と思われる濃度	
0.2以上	多くの人に「全く汚い」と思われる濃度	

9　短期間曝露後のホルムアルデヒド人体影響[*9]

影響	ホルムアルデヒド濃度(ppm)	
	推定中央値	報告値
におい検知閾値	0.08	0.05〜1
目への刺激閾値	0.40	0.08〜1.6
のどの炎症閾値	0.50	0.08〜2.6
鼻・目への刺激	2.60	2〜3
催涙（30分間なら耐えられる）	4.6	4〜5
強度の催涙（1時間続く）	15	10〜21
生命の危険、浮腫、炎症、肺炎	31	31〜50
死亡	104	50〜104

[*1] 芝亀吉右：物理常数表、岩波書店、1944.
[*2] 日本建築学会編：建築設計資料集成1、環境、p.136、丸善、1978.
[*3] 東京都公害局編：公害防止管理者ハンドブック、1973より作成.
[*4] 生活環境審議会編：一酸化炭素による大気汚染の測定と人への影響、大気汚染研究、Vol.7, No.4, 1972より作成.
[*5] 日本建築学会編：建築設計資料集成1、環境、p.140、丸善、1978.
[*6] 織田肇・野上浩志ほか：一酸化窒素長期動物暴露実験、大気汚染研究、Vol.11, No.3, 1973.
[*7] 東京労働基準局：建築工事の酸素欠乏、集文社、1973.
[*8] 佐藤鑑：新訂建築学大系22、室内環境計画、彰国社、1976.
[*9] ECA (European Corroborative Action, 1997): "Indoor Air Quality and Its Impact on Man"

96　空気環境　　空気質と人体影響（2）／空気質の評価法

（空気質と人体影響）

記述	略記	沸点範囲※
超揮発性有機化合物 Very Volatile (Gaseous) Organic Compounds	VVOC	<0℃～50-100℃
揮発性有機化合物 Volatile Organic Compounds	VOC 240-260℃	50-100℃～
半揮発性有機化合物 Senmivo Volatile Organic Compounds	SVOC 380-400℃	240-260℃～
粒子状物質 Particulate Organic Matters	POM	>380℃

※：極性化合物の場合，沸点範囲は高い側をとる。

10　VOCの分類[10]

TVOC濃度(mg/m³)	反応	曝露範囲
<0.20	無影響	快適範囲
0.20～3.0	刺激／不快感があり得る	多要因曝露範囲
3.0～25.0	刺激／不快感 頭痛があり得る	不快感範囲
>25.0	頭痛に加えて神経毒性	毒性範囲

11　TVOCの健康影響[11]

TVOCとは，複数の有機化合物の統計をいう。総揮発性有機化合物と訳される

[10]　WHO, Indoor air quality : Organic pollutants, EURO Reports and Studies 111, 1987.
[11]　Molhave, L. et. al. : Volatile Organic Compounds Indoor Air Quality and Health, Proceedings of Indoor Air '93, Vol. 5, pp. 13～16, 1990.

（空気質の評価法）

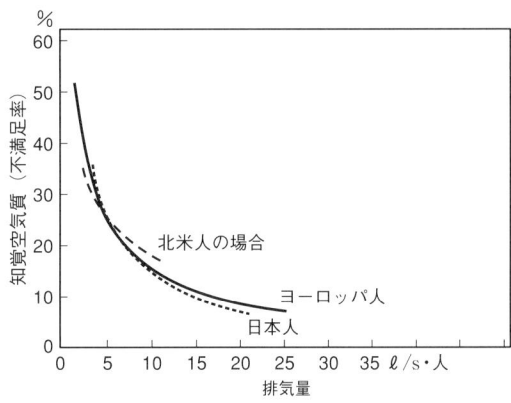

1　知覚空気質の評価[1]

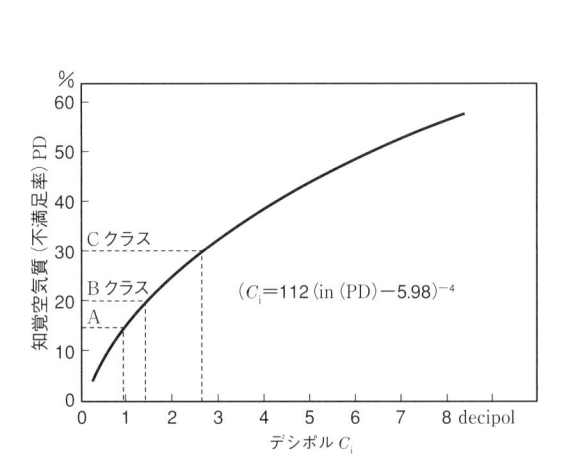

2　プロダクティビティ[2]

3　オルフとデシポル[1]

$(C_i = 112(\ln(PD) - 5.98)^{-4}$

1decipol=0.1pol, 1pol=1olf/1 ℓ/s
1olfは，標準的な人，一人が発生させる臭気の発生強度

	一般住民	アスベスト労働者
非喫煙者	1とする	5倍
喫 煙 者	10倍	50倍

4　肺がんに関するアスベストの曝露と喫煙の関係[3]

[1]　John D. Spengler, John F. McCarthy, Jonathan M. Samet : Indoor Air Quality Handbook, McGraw-Hill, p.22.5, 2000.
[2]　内田匠子・金子昌孝・村上周三・伊藤一秀・亀田健一・深尾　仁・樋渡　潔：学習環境におけるプロダクティビティ向上に関する研究（その12）現地実測ならびに実験室実験の学習効果に関する整合性の検討，空気調和・衛生工学会学術講演論文集，pp.2205～2208, 2008.
[3]　日本環境衛生センター：石綿・ゼオライトのすべて，環境庁大気保全局企画課監修，1987.

空気環境の基準　　空気環境

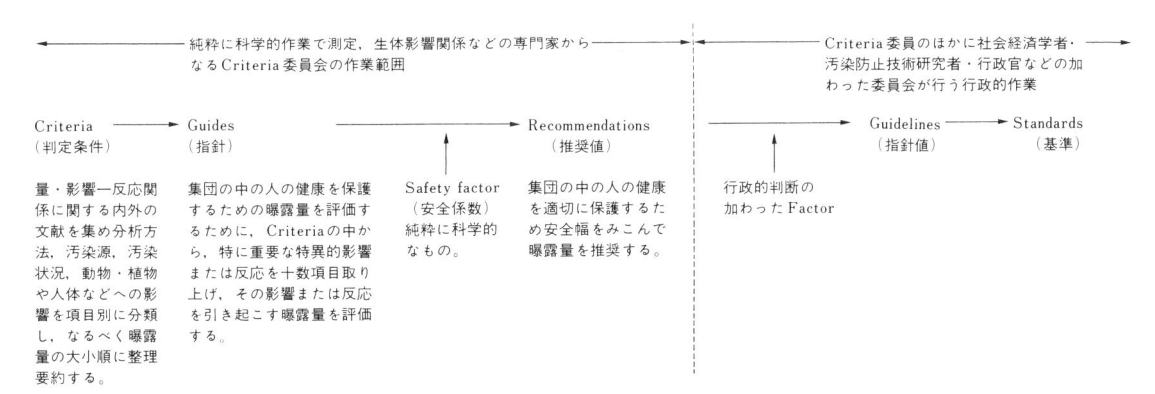

```
←――純粋に科学的作業で測定、生体影響関係などの専門家から――→ ←― Criteria委員のほかに社会経済学者・――→
      なるCriteria委員会の作業範囲                              汚染防止技術研究者・行政官などの加
                                                              わった委員会が行う行政的作業

Criteria    →  Guides      →              Recommendations  →  Guidelines  →  Standards
(判定条件)     (指針)                       (推奨値)            (指針値)       (基準)
```

		Safety factor		行政的判断の
量・影響―反応関係に関する内外の文献を集め分析方法、汚染源、汚染状況、動物・植物や人体などへの影響を項目別に分類し、なるべく曝露量の大小順に整理要約する。	集団の中の人の健康を保護するための曝露量を評価するために、Criteriaの中から、特に重要な特異的影響または反応を十数項目取り上げ、その影響または反応を引き起こす曝露量を評価する。	(安全係数) 純粋に科学的なもの。	集団の中の人の健康を適切に保護するため安全幅をみこんで曝露量を推奨する。	加わったFactor

1　環境基準の考え方*1

環境基準の考え方による分類	
対象とする環境による分類	大気（屋外一般生活環境） 居室（屋内一般生活環境） 産業労働環境（屋外・屋内とも）
使われ方による分類	一級（目標値・最適値・推奨値） 二級（中間値・暫定値） 三級（許容最低限度）
人間への影響による分類 （ILO・WHOによる）	A（安全な曝露の範囲） B（可逆性のある一時的な影響） C（可逆性のある疾病） D（不可逆性の疾病または死亡）
基準値のとり方による分類	平均値（時間荷重平均濃度） 天井値（上限界の濃度）
規制方式による分類	濃度規制方式 量規制方式
規制基準による分類	排出基準 燃料使用基準 粉じん発生施設の構造などの基準 自動車排出ガスの許容限度
規制の時による分類	常時規制 事故時規制 緊急時規制
汚染物質の形態による分類	気体 浮遊粒状物質 臭気

2　環境基準の分類*2

物質名	化学式	許容濃度			
		日本産業衛生学会勧告値（1993）		アメリカ ACGIH（1977）時間荷重平均値	
		(ppm)	(mg/m³)	(ppm)	(mg/m³)
アンモニア	NH₃	25	17	25	18
一酸化炭素	CO	50	57	50	5
塩素	Cl₂	1	2.9	1	3
オゾン	O₃	0.1	0.2	0.1	0.2
ガソリン		100	300	成分、添加剤の分析を要す	
クロロホルム	CHCl₃	50	240	(25)	(120)
シアン化水素（皮）	HCN	(皮) 10	11	(皮) 10	11
水銀、水銀化合物	Hg	―	0.05	―	0.05
鉛	Pb	―	0.1	―	0.15
二酸化硫黄	SO₂	5	13	5（天井値）	13（天井値）
二酸化炭素	CO₂	5 000	9 000	5 000	9 000
二酸化窒素	NO₂	5	9	5	9
ベリリウム	Be		0.002		0.002
ベンゼン	C₆H₆	10	32	(皮) 10	30
硫化水素	H₂S	10	15	10	15

表中（皮）は、皮膚を通して侵入するもの。

5　労働環境における有害物質の許容濃度基準の例*4

3　建築物衛生管理基準*3　重要

基準項目	建築物環境衛生管理基準（1971年制定、2003年改定）
浮遊粉じんの量	空気1m³につき0.15mg以下
一酸化炭素の含有率	10ppm（厚生省令で定める特例ではその数値）以下
二酸化炭素の含有率	1000ppm（0.1％）以下
ホルムアルデヒドの量	空気1m³につき0.1mg以下
温度	1. 17℃以上28℃以下 2. 居室内温度を外気温度より低くする場合には、その差を著しくしないこと
相対湿度	40％以上70％以下
気流	0.5m/s以下

1) 建築基準法においても同様に定められている。
2) 事務所衛生基準規則においては、中央管理式空調設備を有する場合は吹出し口のところで表の値、それ以外の場合には一酸化炭素は50ppm以下、二酸化炭素は5000ppm以下、10℃以下の場合は暖房することなどが定められている。

物質	環境上の条件（測定法）
二酸化硫黄	1時間値の1日平均値が0.04ppm以下であり、かつ、1時間値が0.1ppm以下であること（溶液導電率法）
一酸化炭素	1時間値の1日平均値が10ppm以下であり、かつ、1時間値の8時間平均値が20ppm以下であること（非分散形赤外分析計を用いる方法）
浮遊粒子状物質	1時間値の1日平均値が0.10mg/m³以下であり、かつ、1時間値が、0.20mg/m³以下であること（ろ過捕集による重量濃度測定方法またはこの方法によって測定された重量濃度と直線的関係を有する量が得られる光散乱法）
二酸化窒素	1時間値の1日平均値0.04～0.06ppm以下であること（ザルツマン試薬を用いる吸光光度法）
光化学オキシダント	1時間値が0.06ppm以下であること（中性よう化カリウム溶液を用いる吸光光度法または導電法）

1. 浮遊粒子状物質とは、大気中に浮遊する粒子状物質であって、その粒径が10μm以下のものをいう（重量濃度測定値と光散乱法測定値の比はF値といわれる）[1]。
2. 光化学オキシダントとは、オゾン、パーオキシアセチルナイトレート、その他の光化学反応により生成される酸化性物質（中性よう化カリウム溶液からよう素を遊離するものに限り、二酸化窒素を除く）をいう。

1) F値換算済の値を浮遊粒子状物質濃度といい、浮遊粉じん濃度（光散乱法）と区別することが多い。

4　大気汚染に係る環境基準*2

粉じんの種類		許容濃度（mg/m³）
第一種粉じん：遊離ケイ酸30％以上の粉じん、滑石・ろう（蠟）石・アルミニウム・アルミナ、ケイソウ土・硫化鉱		2
第二種粉じん：遊離ケイ酸30％未満の鉱物性粉じん、酸化鉄・黒鉛・カーボンブラック・活性炭・石炭		5
第三種粉じん：その他の粉じん		10
石綿粉じん	時間重み平均 5μ以上	2繊維/cm³（0.12mg/m³）
	天井値 5μ以上	10繊維/cm³

6　労働環境の粉じん許容濃度基準*5

*1　香川 順：クライテリアから環境基準設定に関する総説、空気調和・衛生工学、Vol.53, No.1, 1979.
*2　日本建築学会編：建築設計資料集成1, 環境, p.148, 丸善, 1978.
原典：Oke, T.R., Boundary Layer Climates, Methuen, London, 1978.
*3　厚生労働省：建築物衛生法関連政省令改正の概要、厚生労働省ホームページ、http://www.mhlw.go.jp/topics/2002/12/tp1218-2a.html, 2004.
*4　日本産業衛生学会勧告、1993および日本建築学会：建築学便覧、計画、p.1013より抜粋。
*5　日本産業衛生学会勧告、1978.

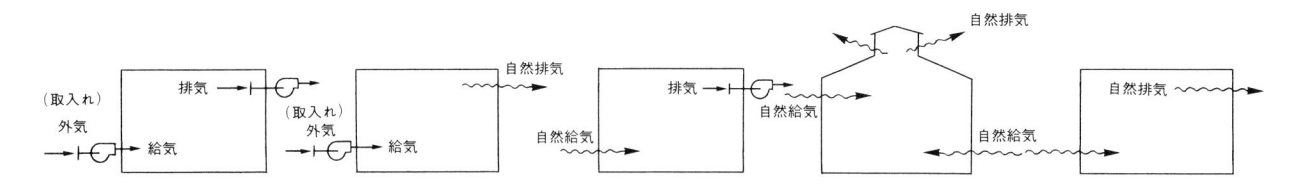

空気環境　　室内汚染濃度と換気システム

第1種換気
空調設備を含む場合が多い
換気量は任意に選べ、一定となる
室内圧は任意にできる
大換気量を必要とする所に適する

第2種換気
室内圧が正圧となる
清浄室に適する
換気量は任意，一定

第3種換気
室内圧が負圧となる
汚染室・便所などに適する
換気量は任意、一定

第4種換気
排気のための補助機構（ベンチレータ・モニターなど）が設けられたもの
工場などに多い
換気量は外部風などに影響され，不定である

給気・排気とも自然にまかせる
換気量は不定
すき間のみでは換気回数は1回/h程度

[1] 換気方式の分類[*1]

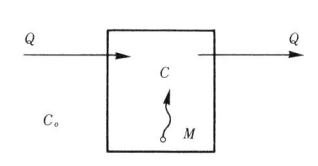

C, C_o：室内および外気汚染質濃度（mg/m³）
Q：換気量（m³/h）
M：汚染質発生量（mg/h）
V：室容積（m³）
t：時間

汚染質の流出入バランスより
$$C_o \cdot Q \cdot dt + M \cdot dt - C \cdot Q \cdot dt = V \cdot dC$$
となり，微分方程式
$$\frac{V}{Q}\frac{dC}{dt} = C_o - C + \frac{M}{Q}$$
が得られる

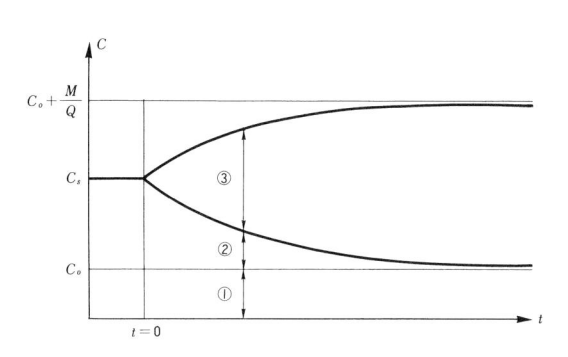

Q, C_o, Mは一定で，初期濃度 $C = C_s (t=0)$として，これを解くと

$$C = C_o + (C_s - C_o) e^{-\frac{Q}{V}t} + \frac{M}{Q}\left(1 - e^{-\frac{Q}{V}t}\right)$$

①外気　②初期濃度減衰　③発生による増加

定常状態（$t \to \infty$）で　$C = C_o + \frac{M}{Q}$

[2] 単室の濃度変動（瞬時一様拡散を仮定し，吸着を無視する）

置換換気方式

部屋の床面近くから非常に低速で新鮮外気を取り入れ，上部より汚染された室内空気を排出することにより，居住域の空気を清浄に保つ。外気量が少なくても，効率的な換気が可能になり省エネルギーに繋がる
北欧で数多く採用されている

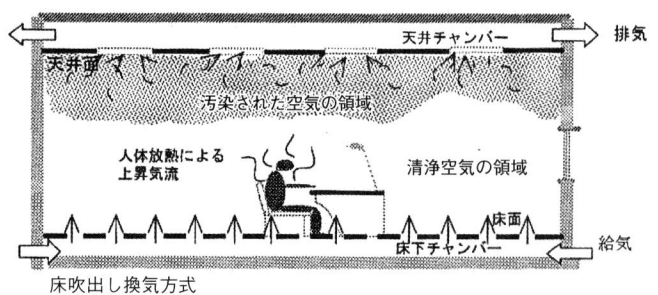

床吹出し換気方式

床下チャンバーから新鮮外気を取り入れ，天井面より汚染された室内空気を排出することにより，居住域の空気を清浄に保つ

[3] 効率の良い換気方式の例

[*1] 日本建築学会編：設計計画パンフレット18，換気設計，p.10，彰国社，1965．

発生源	汚染物質の例
人　体	体臭，CO_2，アンモニア，水蒸気，ふけ，細菌
タバコ煙	粉塵（タール，ニコチン，その他）CO，CO_2，アンモニア，NO，NO_2　炭化水素類，各種の発がん物質
人の活動	砂塵，繊維，カビ，細菌
燃焼機器	CO_2, CO, NO, NO_2, SO_2，炭化水素，煙粒子，燃焼核
事務機器	アンモニア，オゾン，溶剤類
殺虫剤類	噴射剤（フッ化炭化水素），殺虫剤，殺菌剤，殺鼠剤，防ばい剤
建　物	ホルムアルデヒド，アスベスト繊維，ガラス繊維，ラドンおよびその変換物質，接着剤，溶剤，カビ，浮遊細菌，ダニ
メンテナンス	溶剤，洗剤，砂塵，臭菌

1 室内で発生する汚染物質

活動状況	粒　径 (μm)	発じん量 (10個/min)
静　止	0.5以上	10
〃	1　〃	20〜70
〃	5　〃	2〜7
歩　行(3.6km/h)	0.5以上	500
〃　(4.0km/h)	1　〃	90〜400
〃　(　〃　)	5　〃	4〜40
歩　行(8.0km/h)	0.5以上	1 000
〃	1　〃	250〜700
〃	5　〃	15〜60
軽　作　業	0.5以上	50〜100
起立・着席作業	0.5以上	250
跳　躍	0.5以上	1 500〜3 000
備　考	\multicolumn{2}{l}{人体からの発塵量を重量濃度で示したデータは比較的少ないが，本間の実測によれば，事務室内での1人あたりの発塵量は，10mg/h程度であるという}

成分ガス	窒　素 N_2	酸　素 O_2	二酸化炭素 CO_2
(%)	79.1〜80.0	14.5〜18.5	3.5〜5.0

2 呼気の組成

作業状態	適用建物	エネルギー代謝率 (Met)	O_2消費量 ($m^3/h\cdot$人)	CO_2呼気量 ($m^3/h\cdot$人)
椅　座（安静時）	劇場，小・中学校	1.0	0.0160	0.0152
椅　座（軽作業時）	高等学校	1.1	0.0176	0.0167
事務作業一般	事務所・ホテル	1.2	0.0192	0.0182
事務作業（タイプ）	事務所	1.3	0.0208	0.0198
立　居（料理）	住宅	1.8	0.0288	0.0274
立　居（商品販売）	デパート	2.0	0.0320	0.0304
椅　座（中作業）	工場（電気器具）	2.2	0.0352	0.0334
歩　行（4.8km/h）	工場	2.5	0.0400	0.0380
重　作　業	工場・ボーリング	3.7	0.0592	0.0562

1（Met）≒58.14 W/m^2，日本人男子の標準体表面積は1.6 m^2，O_2消費量を0.172l/w，呼気量＝（CO_2発生量）/（O_2消費量）＝0.95として算出

3 人体からのCO_2発生量とエネルギー代謝率

浮遊粉塵	一酸化炭素	二酸化炭素	一酸化窒素	二酸化窒素	喫煙条件
10.3〜33.4mg/本（人口喫煙）9.4〜16.2mg/本（自然燃焼）	38.4〜68.1 cm^3/本		0.49〜0.74 cm^3/本	0.04〜0.10 cm^3/本	43mm喫煙
7.7〜12.6mg/本	38〜72 cm^3/本		一酸化窒素× 0.32〜1.08 cm^3/本		43mm喫煙 30分間に約10本喫煙
19.1mg/本	58 cm^3/本	2.2 cm^3/本			42mm喫煙 喫煙時間 6分30秒

5 喫煙による汚染発生量

器具・形式		燃料消費速度 (kg/h)	(Nm³/h)	窒素酸化物発生量（NO_2）[1] (cm^3/h)	($kg/10^3$ GJ)[2]
石油ストーブ	対流型	0.192	—	303.2	71.2
〃	反射型	0.183	—	51.0	12.4
都市ガス使用					
ガスストーブ	赤外線式	—	0.536	9.01	2.1
ガスこんろ		—	0.783	190	28.2
瞬間湯沸器		—	1.95	557	30.8
LPG使用					
ガスストーブ	赤外線式	—	0.130	10.6	1.9
ガスこんろ		—	0.0883	185.8	43.2

1) 一酸化窒素（NO）は二酸化窒素（NO_2）に換算。
2) 灯油，都市ガス，LPGの発熱量をそれぞれ，46 047 KJ/kg，18 837 KJ/Nm³，99 628 KJ/Nm³として計算。

6 燃焼器具の窒素酸化物発生量

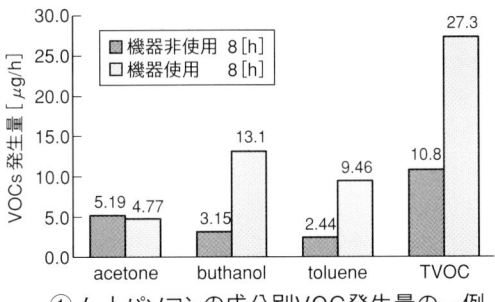

4 石油ストーブの燃焼特性

① ノートパソコンの成分別VOC発生量の一例

	機器非使用 8[h]	機器使用 8[h]
acetone	5.19	4.77
buthanol	3.15	13.1
toluene	2.44	9.46
TVOC	10.8	27.3

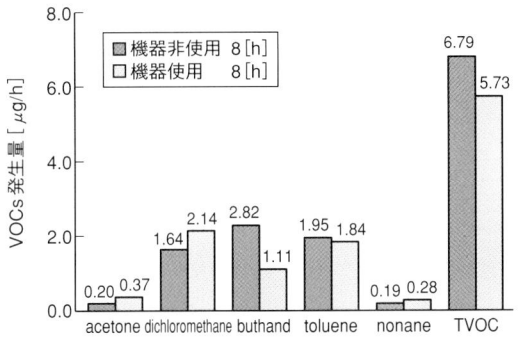

② 電子辞書の成分別VOC発生量の一例

	機器非使用 8[h]	機器使用 8[h]
acetone	0.20	0.37
dichloromethane	1.64	2.14
buthanol	2.82	1.11
toluene	1.95	1.84
nonane	0.19	0.28
TVOC	6.79	5.73

7 OA機器からの汚染発生量[*1]

*1 野崎淳夫・横山英智・佐々木俊：家庭製品における発生科学物質の実体に関する研究（その1），平成18年度室内環境学会総会講演集，第9巻，第2号，p.167，2008.

空気環境　必要換気量

						〔備　考〕
建築基準法	在室者に対する有効換気量	中央式空調設備	在室人員×30 m³/h		CO₂濃度1 000ppm規定から換算	令129条の2の2	1）理論廃ガス量は③より算出 2）付室・施設室の換気回数は②による 3）排気フード（Ⅱ型）は次の要件を満たすものである 　①排気フードの高さ（火源または火を使用する設備もしくは器具に設けられた排気のための開口部の中心から排気フードの下端までの高さをいう、以下同じ）は、1m以下とすること 　②排気フードは、火源または火を使用する設備もしくは器具に設けられた排気のための開口部（以下「火源等」という）およびその周囲（火源等から排気フードの高さの2分の1以内の水平距離にある部分をいう）を覆うことができるものとすること。ただし、火源等に面して下地および仕上げを不燃材料とした壁その他これに類するものがある場合には、当該部分についてはこの限りでない 　③排気フードは、その下部に5cm以上の垂下り部分を有し、かつ、その集気部分は、水平面に対し10℃以上の傾斜を有するものとすること 4）換気回数0.5回/hのとき、第二種ホルムアルデヒド発散材料の使用面積は、その室床面積の約35%以下に制限される
		機械換気設備	在室人員×20 m³/h	在室人員密度実状 人/m²	居室の場合	0.1人/m²以上	法28条の2 令20条の2 令20条の3 令129条の2の2 告示1826
					特殊建築物	0.33人/m²以上	
	燃焼排気に対する所要排気量	開放形器具	理論廃ガス量¹⁾×40				法28条の3 令20条の4 告示1826
		排気フードⅠ型付き 理論廃ガス量×30			排気フードⅡ型付き³⁾ 理論廃ガス量×20		
		排気筒直結　理論廃ガス量×2					
	居室における化学物質の発散に対して	・クロルピリホスを添加した建築材料の使用禁止 ・常時換気の義務 ・換気回数（0.7回/h以上、0.5回/h以上）により、ホルムアルデヒド発散建築材料を使用制限⁴⁾					法28条の2 令20条の4 令20条の5
ビル管理法	在室者に対する有効換気量	中央式空調設備	在室人員×30 m³/h		CO₂濃度1000ppm規定から換算		法4条 令2条
空気調和・衛生工学会換気規格（HASS102）	居室	在室者に対して　　30m³/h人 タバコ　　　　　20m³/h　（喫煙量1時間1本につき） 体臭　　　　　　30m³/h人（気積3.5m³以下のとき）					
		開放形燃焼器具を有する場合　　理論廃ガス量×40 燃焼排気直接排出する場合　　　理論廃ガス量×2					
	付室・施設室²⁾	②を参照					

① 日本における必要換気量規定*¹, ²

(1) 付室

室　名	換気回数〔排気量/室容積(回/h)〕	
便所	5～10	
浴室（窓なし）	4～6	
湯沸し室	燃焼器具　使用時	30～40
	同　　　非使用時	6～10
台所	燃焼器具　使用時	15～30
	同　　　非使用時	3～5
書庫・納戸・倉庫	4～6	

(2) 施設室

	換気回数
機械室・オイルタンク室 高圧ガス・冷凍機室 ボンベ室	4～6
水槽室・分電盤室	3～4
変電室 エレベーター機械室	8～15
バッテリー室	10～15
便所（使用頻度大）	10～15
厨房　営業用（大）	40～60
営業用（小）	30～40
配膳室	6～8
屋内駐車場	10～

② 付室・施設室の必要換気量*²

燃料の種類		理論廃ガス量
燃料の名称	発熱量	
(1) 都市ガス		0.93m³/kW・h
(2) LPガス	50.2MJ/kg	0.93m³/kW・h
(3) 灯油	43.1MJ/kg	12.1m³/kg

③ 燃料別の理論廃ガス量（建設省告示平成12年2465号）

燃料の名称		発熱量（MJ/m³）
都市ガス（ガスグループ）	13A	42～63
	12A	38～42
	6A	24～29
	5C	19～21
L1	7C	19～20
	6C	19～20
	6B	21
L2	5B	19
	5A	19～21
	5AN	18～19
L3	4C	15
	4B	15
	4A	15～19
LPG		102
灯油		43.1MJ/kg

④ 都市ガスの発熱量*³

*1 日本建築学会編：建築学便覧1, 第2版, 計画, p.1030, 丸善, 1980.
*2 空気調和・衛生工学会編：空気調和・衛生工学会規格, 換気規格（案）・同解説（案）, 1984.
*3 日本建築設備安全センター編：換気設備技術基準・同解説.

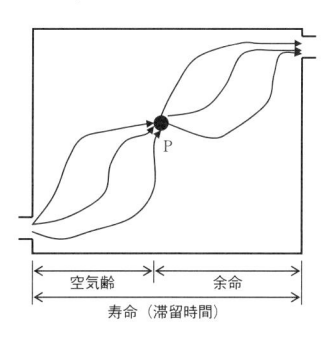

換気効率　　空気環境

a) 空気齢の概念

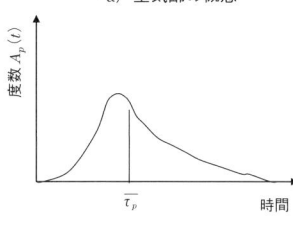

b) 度数分布の例

局所空気齢は，給気口から供給された空気が，室内の任意点Pに移動するのにかかる平均時間として定義される。室内に供給された空気は様々なルートを通って点Pに到達するため，時刻$t=0$に室内に入った空気の一塊から点Pに到達する空気分子の度数分布は図のようになる。局所空気齢は点Pにおける平均空気齢であり，度数分布曲線の縦軸まわりの1次モーメント（すなわち度数分布で重み付けした到達時間の平均値）から求めることができる。度数分布を$A_p(t)$とすれば，局所空気齢$\overline{\tau_p}$は，次式で表される。

$$\overline{\tau_p} = \frac{\int t \cdot A_p(t) dt}{\int A_p(t) dt}$$

1　空気齢の概念と度数分布

用語	対訳	記号	定義
空気齢	Age of air	τ_p	空気が給気口から室内の任意の地点pに移動するのにかかる時間
局所空気齢	Local mean age of air	$\overline{\tau_p}$	空気が給気口から室内の任意の地点pに移動するのにかかる平均時間
名目換気時間	Nominal time constant	τ_n	室容積を換気量で割ったもの。換気回数の逆数
室平均空気齢	Room mean age of air	$\langle\overline{\tau}\rangle$	室内のすべての点に対する空気の局所空気齢の平均値
室空気交換時間	Air change time	$\overline{\tau_r}$	室内の空気が完全に入れ替わるのに要する時間　$\overline{\tau_r}=2\langle\overline{\tau}\rangle$ の関係がある
空気交換効率	Air change efficiency	ε^a	名目換気時間と空気交換時間との比率　$\varepsilon^a=\frac{\tau_n}{\overline{\tau_r}}=\frac{\tau_n}{2\langle\overline{\tau}\rangle}$ で表される。従来は室空気交換効率
換気性能係数	Coefficient of air change performance	η	名目換気時間と室平均空気齢の比率　$\eta=\frac{\tau_n}{\langle\overline{\tau}\rangle}$ で表される
局所空気交換指数	Local air change index	$\varepsilon_p{}^a$	名目換気時間と局所空気齢との比率　$\varepsilon_p{}^a=\frac{\tau_n}{\overline{\tau_p}}$ で表される。従来は局所空気交換効率
排気濃度	Contaminant concentration in the exhaust air	C_e	排気口における汚染質濃度
室平均濃度	Mean contaminant concentration in the room	$\langle C \rangle$	汚染質の室平均濃度
汚染質除去効率	Contaminant removal effectiveness	ε^c	汚染質がいかに迅速に部屋から除去されるかを示す指標　排気濃度を室平均濃度で割った値　$\varepsilon^c=\frac{C_e}{\langle C \rangle}$ で表される
局所清浄度指数	Local air change index	$\varepsilon_p{}^c$	室内のある点における空気が如何に迅速に入れ替わるかを示す指標。排気における汚染質濃度を点pにおける汚染質濃度で割った値　$\varepsilon_p{}^c=\frac{C_e}{C_p}$ で表される

2　換気効率に関する用語

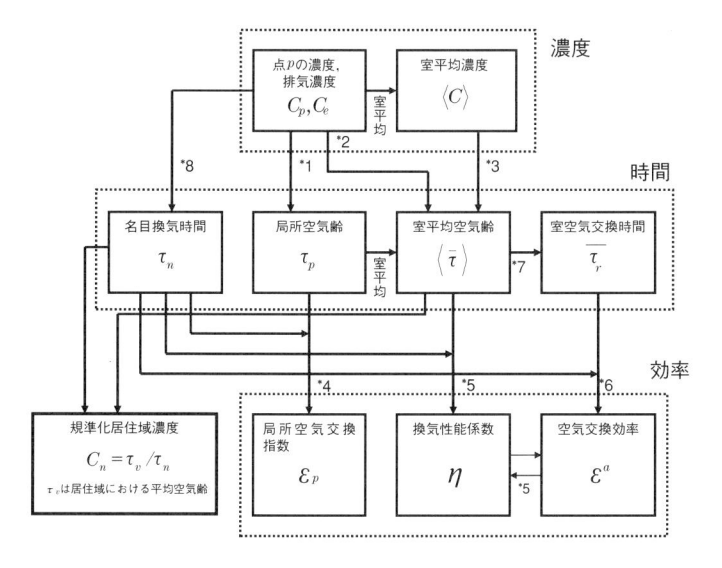

3　空気齢を基にした換気効率の体系 *1

各指標間の関係式

*1　$\overline{\tau_p} = \int_0^\infty (1-\frac{C_p(t)}{C_s})dt$

*2　$\langle\overline{\tau}\rangle = \frac{V}{Q}\int_0^\infty t(1-\frac{C_e(t)}{C_s})dt$

*3　$\langle\overline{\tau}\rangle = \int_0^\infty (1-\frac{<C(t)>}{C_s})dt$

*4　$\varepsilon_p = \frac{\tau_n}{\tau_p}$

*5　$\eta = \frac{\tau_n}{\langle\overline{\tau}\rangle} = 2\varepsilon^a$

*6　$\varepsilon^a = \frac{\eta}{2} = \frac{\tau_n}{2\langle\overline{\tau}\rangle} = \frac{\tau_n}{\overline{\tau_r}}$

*7　$\overline{\tau_r} = 2\langle\overline{\tau}\rangle$

*8　$\tau_n = \frac{V}{Q} = \frac{1}{n} = \int_0^\infty \frac{C_e(t)}{C(0)}dt$

ここに，V：室容積，Q：導入空気量，$C(0)$：初期濃度，C_s：供給空気の濃度，n：換気回数

（注）*1～*3はstep up法による式

*1　松本　博：空気齢および汚染質齢を基にした換気効率の体系化について，日本建築学会東海支部研究報告集，第40号，pp.545～548, 2001.

空気環境　臭いの評価と制御

1　臭いの成分（室内に発生する臭気）*1

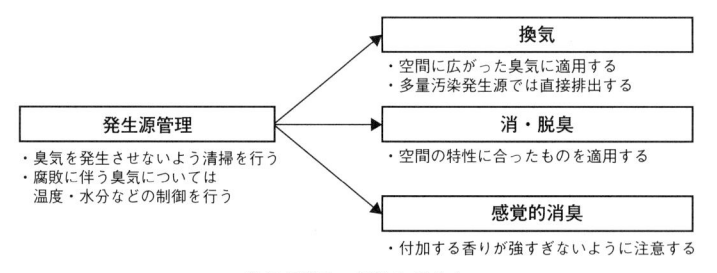

	場所	発生源	主要な臭気
住宅	居間・寝室	人間	体臭
		喫煙	タバコ臭
		建材	建材臭
		冷暖房機	排ガス臭 カビ臭
		ペット	糞尿臭 体臭
	便所	便器 床	排泄物臭
	台所・食堂	調理 生ごみ 食器棚 シンク下 冷蔵庫	調理臭 生ごみ臭 食品臭 カビ臭 食品臭
	浴室	排水口 壁・天井材	排水口臭 カビ臭
	玄関	下駄箱 人間	履物臭 体臭
事務所 学校	事務室 教室	喫煙	タバコ臭
		建材	建材臭
		冷暖房機	排ガス臭 カビ臭
高齢者 施設 病院	病室 居室 談話室	人間 排泄物 医薬品	体臭 排泄物臭 医薬品臭
	便所	便器 床	排泄物臭
	汚物処理室	排泄物 薬品	排泄物臭 薬品臭

2　臭気強度*2

指数	示性語	影響
0	無臭	まったく感じない
0.5	最小限界	極めて微弱で訓練された者により，かぎ出し得る
1	明確	正常人にはかぎ出し得るが，不快ではない
2	普通	愉快ではないが，不快でもない。室内での許容強さ
3	強い	不快である，空気は嫌悪される
4	猛烈	猛烈であり，不快である
5	絶え得ず	吐き気を催す

3　臭気の測定法

測定法の種類	測定法の概要
嗅覚に基づく測定法	臭気濃度（無臭になるまでの希釈倍率） 臭気強度・不快度 非容認率
機器測定に基づく方法	GC-MSなどによる臭気の代表成分濃度の測定 臭いセンサーによる測定 粉塵，二酸化炭素などの代替指標物質の濃度の測定

4　臭気の制御法*3

発生源管理
・臭気を発生させないよう清掃を行う
・腐敗に伴う臭気については温度・水分などの制御を行う

→ 換気
・空間に広がった臭気に適用する
・多量汚染発生源では直接排出する

→ 消・脱臭
・空間の特性に合ったものを適用する

→ 感覚的消臭
・付加する香りが強すぎないように注意する

臭気対策の一般的な考え方

---

*1 日本建築学会編：室内の臭気に関する対策・維持管理規準・同解説，p.17, 2005.
*2 日本建築学会編：建築設計資料集成1，環境，pp.140〜141，丸善，1978.
*3 日本建築学会編：室内の臭気に関する対策・維持管理規準・同解説，p.36, 2005.

空気浄化　空気環境

種別	目的	問題となる汚染物質	対象	被害・悪影響	対策
発生源対策	広域大気汚染防止，近隣空気汚染防止，有価物回収	一酸化炭素・窒素酸化物・硫黄酸化物・粉塵・オゾン・オキシダント・炭化水素，その他の有害物質	一般住民の連続被曝	長期・短期被曝による慢性・急性の生理学的・疫学的影響	排出制限・浄化設備による排出濃度低下・拡散希釈
労働衛生対策	職業病・傷害防止，労働傷害防止	生産過程に発生・遭遇する各種有害物質	労働者の労働時間中被曝	慢性・急性の職業病	フード・マスクその他の被曝防止装置，換気・除塵装置
一般建築衛生対策	快適性の保持・環境衛生レベル保持・疾病防止・汚れ防止	一酸化炭素・二酸化炭素・粉塵・臭気・空中微生物・硫黄酸化物・窒素酸化物・タバコ煙・砂塵・酸欠	一般住民の連続被曝物・建物の仕上げ	生活妨害，慢性・急性の生理学的・心理学的・疫学的影響物，仕上げの汚染	空気浄化設計，汚染発生・侵入の防止，換気装置の利用
病院など医療施設対策	感染防止（バイオクリーン施設・一般施設），汚染防止，薬塵傷害防止	各種病原性微生物 各種汚染物質 薬塵	患者・職員 被検査物など職員	感染 アレルギーなど	汚染管理システム フード・マスクなどの使用
工業施設浄化対策	工業製品の汚染防止（無生物粒子） 工業製品の汚染防止（生物粒子）	各種粒状物質・各種汚染物質 各種汚染物質・生物粒子	工業製品 工業製品（食品・医薬品）	性能・信頼性低下 性能・信頼性・保存性低下	クリーンルームシステム・汚染管理システム バイオクリーンシステム
燃焼廃棄対策	中毒事故防止・疾病防止	一酸化炭素・酸素低下・二酸化炭素・炭化水素・窒素酸化物・粉塵	一般住民・作業物・各種施設	死亡に至る中毒事故から長期被曝による慢性的影響まで	開放形器具の廃止，排気筒・排気・換気など

1　空気浄化対策の種類・目的・問題点[*1]

市街地	100,000,000～　500,000,000
郊外・農村部	10,000,000～　50,000,000
一般室内	100,000,000～1,000,000,000
クラス5	3,520
クラス6	35,200

（個／m³，粒径0.5μm以上）

2　一般環境における粒子濃度

名称	粒子径	補集率
粗塵用エアフィルター	5μm以上	50～90%程度
中性能エアフィルター	1μm以上	95%以下程度
HEPAフィルター	0.3μm	99.97～99.999%
ULPAエアフィルター	0.15μm	99.9995%以上

3　エアフィルターの性能[*2]

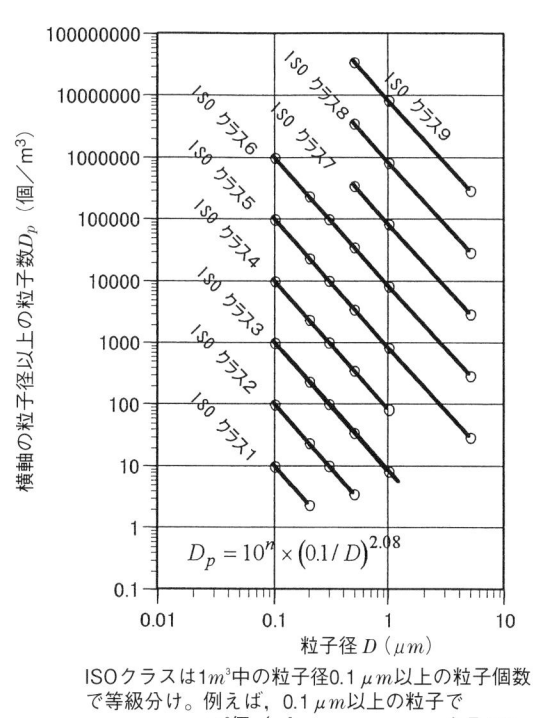

	産業・用途	清浄度クラス(ISO)
工業用	半導体工業 　結晶精製・拡散エッチングなど 　表面処理・金属蒸着・研磨など 光学 　目盛り彫刻・レンズ張合せなど 　フィルム製造・乾燥など 時計・精密機械 　電子時計部品組立など 　ミニチュアベアリングなど 　組立て検査 電子計算機・電子機械 　磁気ドラム・テープ 　ブラウン管 　プリント板・小型リレー	 7～3 7～4 6～4 7～6 6～4 6～4 8～4 6～4 6～4 7～4
バイオロジカル	薬品・医学・病院 　製薬 　無菌手術室 　一般手術室・回復室・ICU 　無菌室・細菌実験 　薬剤室・一般病室 　遺伝子組換実験 食品 　牛乳・酒・乳酸菌飲料 　スライスパック・ハム・植種など 　食肉加工	 8～4 5～4 8～6 5～4 8～4 5～3 5～4 6～4 8～5

4　クリーンルームと要求される清浄度範囲[*3]

$$D_p = 10^n \times (0.1/D)^{2.08}$$

ISOクラスは1m³中の粒子径0.1μm以上の粒子個数で等級分け。例えば，0.1μm以上の粒子で 10^3個／m³　--------クラス3

5　クリーンルームの清浄度クラスn（粒子径Dと粒子数D_p）[*4]

[*1]　日本建築学会編：建築設計資料集成1，環境，p.164，丸善，1978．
[*2]　クリーンテクノロジー編集委員会編：初心者のためのクリーンルーム入門，p.22，日本工業出版，2005．
[*3]　徳弘：クリーンルームに関する最近の動向，建築設備，Vol.18，No.4，1986．
[*4]　ISO 14644-1

空気環境　燃焼機器の給排気

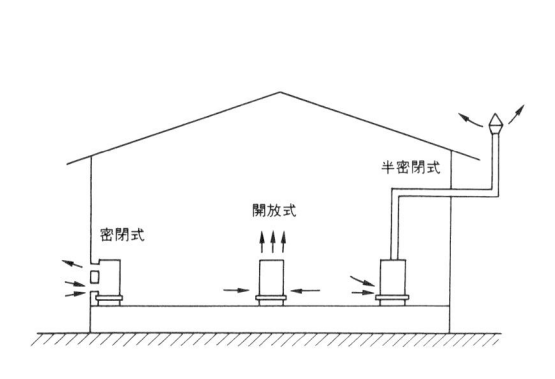

[1] 燃焼器具の種類*1

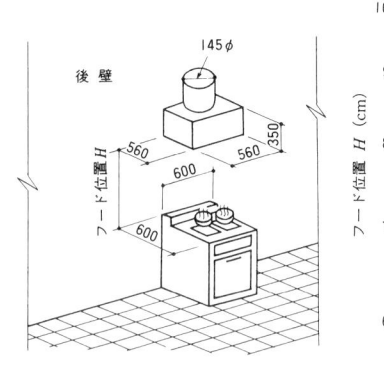

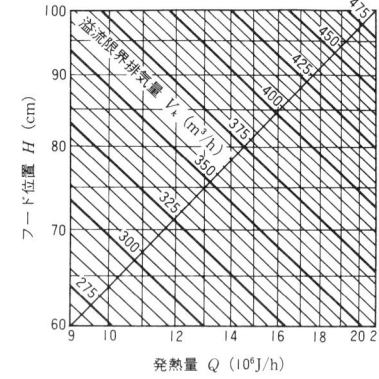

[2] レンジフード（都市ガス）溢流限界排気量*1, 2

給排気方式	開放式燃焼機器	半密閉式燃焼機器	密閉式燃焼機器
住戸内でガス・灯油などを熱源とする燃焼機器はその種類と設置する場所に応じた適切な給排気方式をとらなければならない。設置場所と排気方法は次のような場合がある 1. 外壁：直接外気に排気できる場合 2. 外廊下：外廊下に排気する場合 3. 横引ダクト：排気ファンで横引ダクトを通して強制的に排気する場合 4. たてシャフト：共用の排気用・給排気用のたてシャフトを通して排気する場合	室内より燃焼用の空気を取り、排気はそのまま室内に出す機器で調理用のガスレンジなどがある。給気口を適切な位置に設ける必要があるフードを設け、換気扇・レンジフードファンおよびダクトファンで室外に排気する。貫通ダクト方式は風圧による影響が少なく、個別の使用が可能である。たてシャフトによる排気は屋上に集合排気ファンを設け、各戸にも押込用のファンを設け、連動させるのが一般的である。逆流・騒音・保守・管理などに十分な注意を払う必要がある	燃焼用空気を室内より取り、煙突で排気する機器で風呂がま・大型湯沸器・暖房用機器などがある。自然ドラフトを利用する方法と、送風機を用いて強制的に排気する方法とがある。煙突および給気口を正しく設ける	燃焼用空気を直接外気より取り入れ、直接外気へ排気する機器で風呂がま・大型湯沸器・暖房用機器などがある。自然ドラフトを利用して給排気を行うBF型とファンで強制的に給排気を行うFF型とがある。たてシャフトのUダクト、SEダクト方式はBF型専用である
1. 外壁	換気扇方式	単独排気筒方式	BF-外壁方式　FF-外壁方式
2. 外廊下	排気ファン方式	CF-チャンバー方式	BF-チャンバー方式
3. 横引ダクト	貫通ダクト方式	強制排気方式	FF方式
4. たてシャフト	負圧方式　併用方式	ブランチドフルー方式	Uダクト方式　SEダクト方式

(BF：Balanced Flue, FF：Forced Flue, CF：Chimney draught Flue)

[3] 住宅の燃焼機器の給排気方式*3, 4

*1　日本建築設備安全センター編：新訂　換気設備技術基準・同解説，p.89, 1983.
*2　住宅部品開発センター：レンジフードの廃気捕集特性に関する実験的研究（浅野賢二），p.46, 1977.
*3　日本建築学会編：建築設計資料集成6，建築-生活，p.54, 丸善, 1979.
*4　日本瓦斯協会：ガス機器の正しい設置について，1978.

空気の流れと圧力損失　　空気環境　105

物　性	記号	単　位	0 ℃	20 ℃	40 ℃
密　度	ρ	kg/m³	1.2932	1.2049	1.1279
粘性係数	μ	kg/ms	1.710×10^{-5}	1.809×10^{-5}	1.904×10^{-5}
動粘性係数	$\nu = \mu/\rho$	m²/s	1.322×10^{-5}	1.509×10^{-5}	1.689×10^{-5}
定圧比熱	C_p	KJ/kgK	1.005	1.005	1.009
熱伝導率	λ	W/mK	0.0241	0.0257	0.0272
温度伝導率	$a = \lambda/C_p\rho$	m²/s	1.854×10^{-5}	2.122×10^{-5}	2.390×10^{-5}
プラントル数	$P_r = \nu/a$	—	0.713	0.711	0.707

1　空気の物性値[*1]（1気圧乾燥空気）

温度	密度	温度	密度	温度	密度	温度	密度	温度	密度
-10	1.3424	0	1.2932	10	1.2476	20	1.2049	30	1.1650
-9	1.3373	1	1.2884	11	1.2431	21	1.2008	31	1.1613
-8	1.3323	2	1.2838	12	1.2387	22	1.1976	32	1.1574
-7	1.3272	3	1.2791	13	1.2347	23	1.1927	33	1.1537
-6	1.3223	4	1.2748	14	1.2301	24	1.1880	34	1.1497
-5	1.3173	5	1.2699	15	1.2258	25	1.1847	35	1.1462
-4	1.3124	6	1.2654	16	1.2216	26	1.1807	36	1.1424
-3	1.3076	7	1.2611	17	1.2173	27	1.1768	37	1.1388
-2	1.3027	8	1.2564	18	1.2131	28	1.1728	38	1.1352
-1	1.2979	9	1.2519	19	1.2090	29	1.1689	39	1.1315

$$\rho = 1.2932 \frac{273.15}{273.15+\theta} \cdot \frac{F}{9.807 \times 10^4} \left(1 - 0.3783\frac{f}{F}\right)$$

ρ：密度[kg/m³]，θ：温度[℃]，F：気圧[Pa]，f：水蒸気圧[Pa]

2　空気の密度[*1]（1気圧乾燥空気）

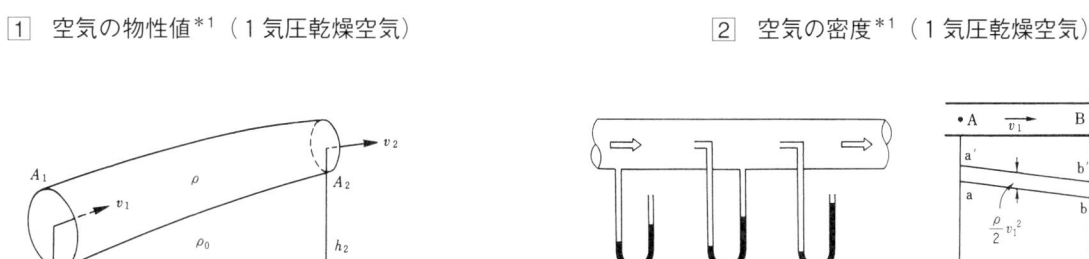

$$p_1 + \frac{\rho}{2}v_1^2 + (\rho - \rho_0)gh_1 = p_2 + \frac{\rho}{2}v_2^2 + (\rho - \rho_0)gh_2 + p_r$$
$$\rho v_1 A_1 = \rho v_2 A_2$$

3　流管流れの基礎式

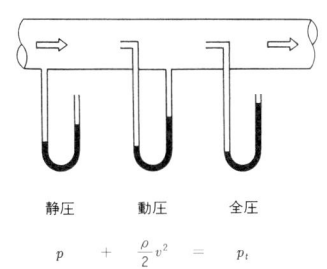

$$p + \frac{\rho}{2}v^2 = p_t$$

4　静圧・動圧・全圧

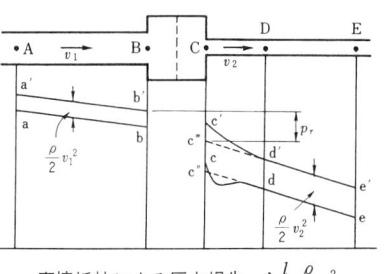

摩擦抵抗による圧力損失　$\lambda \dfrac{l}{d} \dfrac{\rho}{2} v^2$

形状抵抗による圧力損失　$\zeta \dfrac{\rho}{2} v^2$

5　摩擦抵抗と形状抵抗[*2]

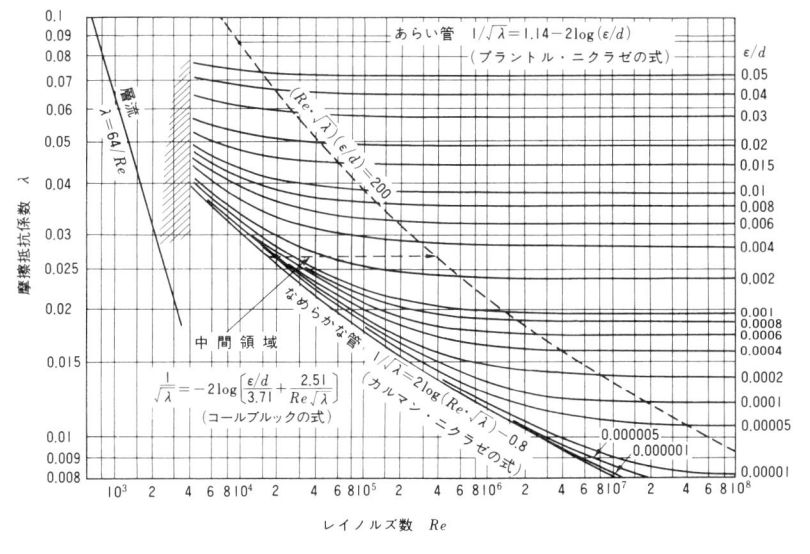

6　摩擦抵抗係数 λ（Moody線図）[*3]

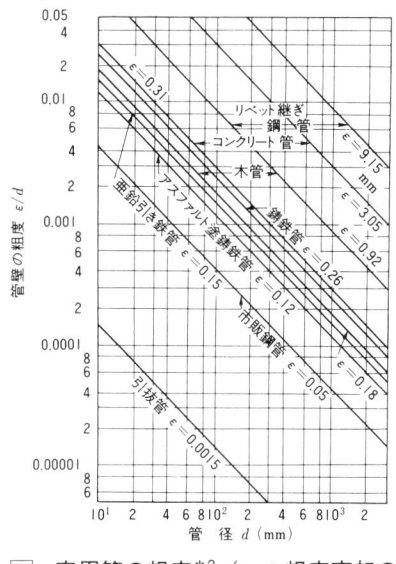

7　実用管の粗度[*3]（ε：粗度突起の平均値）

管入口	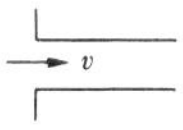 $v \rightarrow$	$\zeta = 0.5$
管入口（ベルマウス付き）	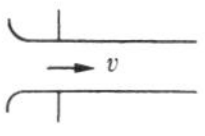 $\rightarrow v$	$\zeta = 0.3$
管出口	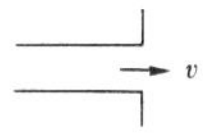 $\rightarrow v$	$\zeta = 1.0$

急拡大	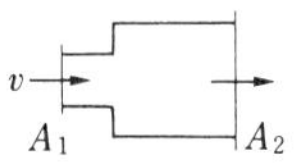	A_2/A_1	10	5	2.5	1.66	1.25
		ζ	0.81	0.64	0.36	0.16	0.04
急縮小	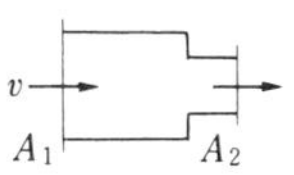	A_2/A_1	0.2	0.4	0.6	0.8	
		ζ	8.0	1.56	0.45	0.093	
円形断面丸まがり	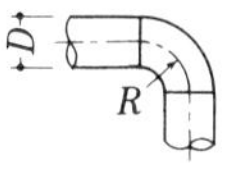	R/D	0.5	0.75	1.0	1.5	2.0
		ζ	0.9	0.45	0.33	0.24	0.19

8　形状抵抗係数の例[*4]（計算式 $p_r = \zeta \dfrac{\rho}{2} v^2$）

[*1] 東京天文台編：理科年表　昭和60年版，pp.物23〜物60，丸善，1985．
[*2] 石原政雄：建築換気設計，p.99，朝倉書店　1969．
[*3] 日本機械学会編：機械工学便覧改訂第6版，pp.8〜12，1977．
[*4] 空気調和・衛生工学会編：衛生工学便覧Ⅱ，pp.Ⅱ-223〜Ⅱ-229，1981，より抜粋

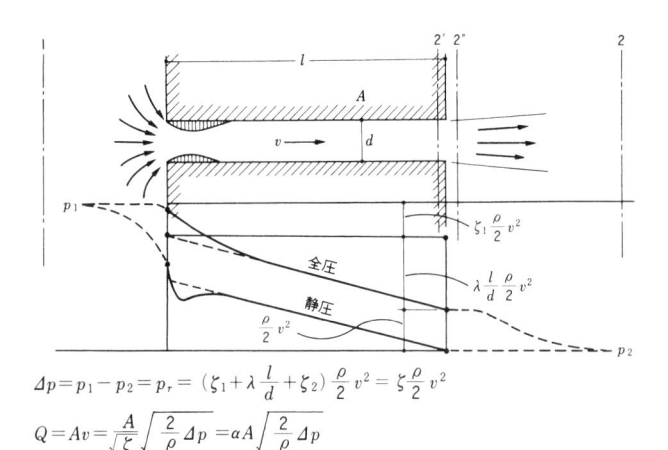

空気環境　開口部特性と換気

$$\Delta p = p_1 - p_2 = p_r = (\zeta_1 + \lambda \frac{l}{d} + \zeta_2)\frac{\rho}{2}v^2 = \zeta\frac{\rho}{2}v^2$$

$$Q = Av = \frac{A}{\sqrt{\zeta}}\sqrt{\frac{2}{\rho}\Delta p} = \alpha A\sqrt{\frac{2}{\rho}\Delta p}$$

1 圧力差と流量[*1]

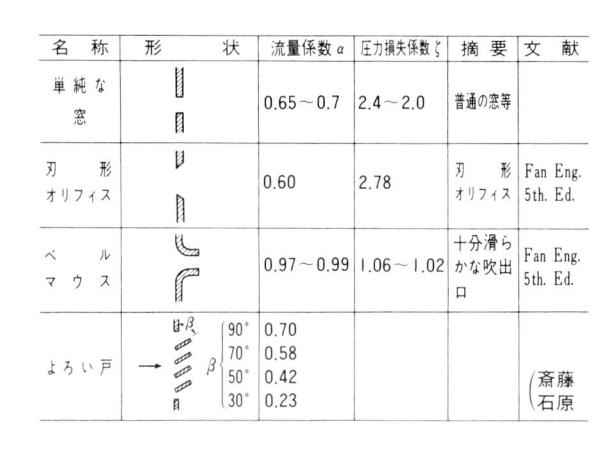

2 開口の圧力損失係数・流量係数[*2]

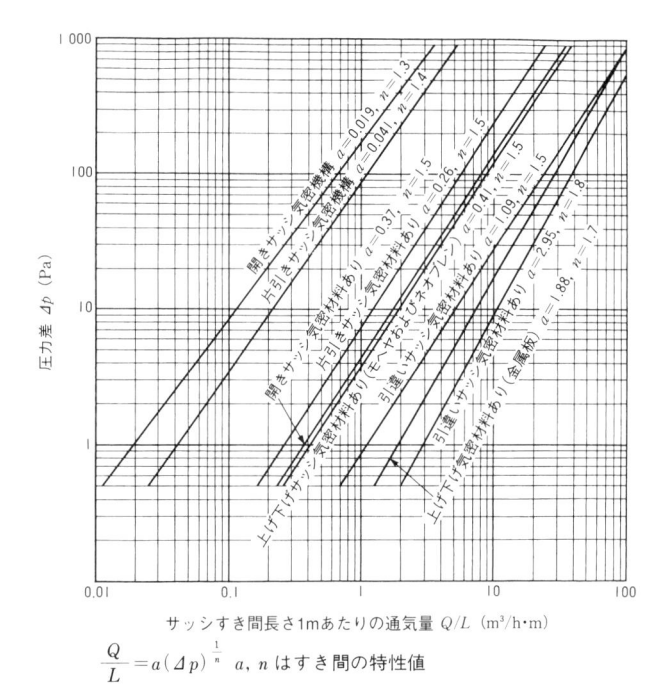

名称	形状	流量係数 α	圧力損失係数 ζ	摘要	文献
単純な窓		0.65〜0.7	2.4〜2.0	普通の窓等	
刃形オリフィス		0.60	2.78	刃形オリフィス	Fan Eng. 5th. Ed.
ベルマウス		0.97〜0.99	1.06〜1.02	十分滑らかな吹出口	Fan Eng. 5th. Ed.
よろい戸	β 90°／70°／50°／30°	0.70／0.58／0.42／0.23			(斎藤／石原)

$\frac{Q}{L} = a(\Delta p)^{\frac{1}{n}}$　a, n はすき間の特性値

3 金属製サッシの通気特性[*2]

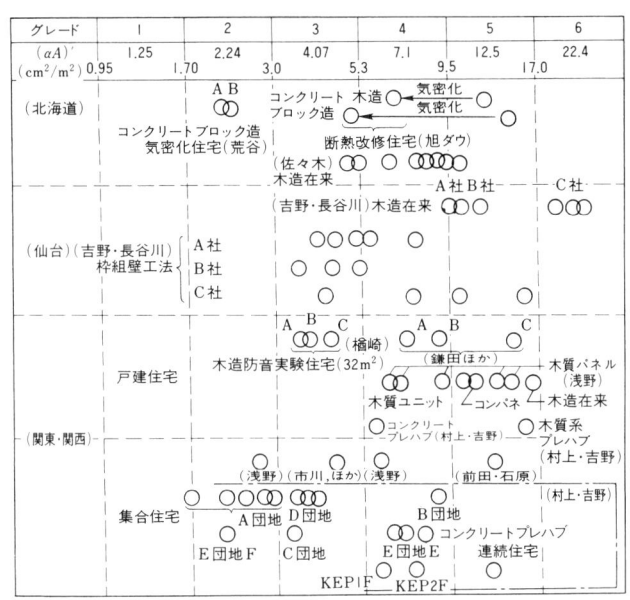

4 住宅の機密性能グレードと測定例[*3]

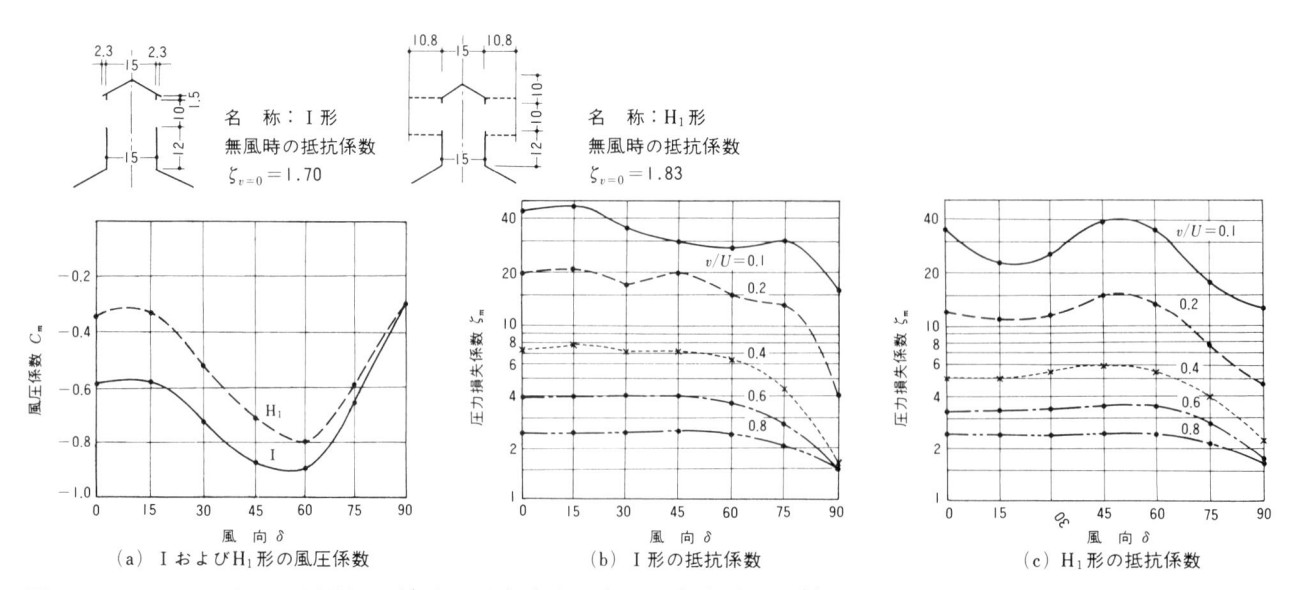

$(\alpha A)'$: 延床面積(m²)あたりの相当開口面積(cm²)
ただし、内外圧力差 9.8 Pa の場合

名称：I形　無風時の抵抗係数　$\zeta_{v=0} = 1.70$
名称：H_1形　無風時の抵抗係数　$\zeta_{v=0} = 1.83$

(a) I および H_1 形の風圧係数
(b) I 形の抵抗係数
(c) H_1 形の抵抗係数

5 モニターの風圧係数と抵抗係数[*4] （U：大気自由風速，v：代表断面風速）

[*1] 石原正雄：建築換気設計, p.104, 朝倉書店, 1969.
[*2] 日本建築学会編：設計計画パンフレット18, 換気設計, p.58, 62, 彰国社, 1976.
[*3] 吉野 博：住宅の機密性と漏気量の現状, 空気清浄, 第23巻第2号, p.31より抜粋.
[*4] 藤田千利・関根 毅：屋根モニタによる換気におよぼす外部気流の影響, 空気調和・衛生工学, Vol.36, No. 5, 1962.

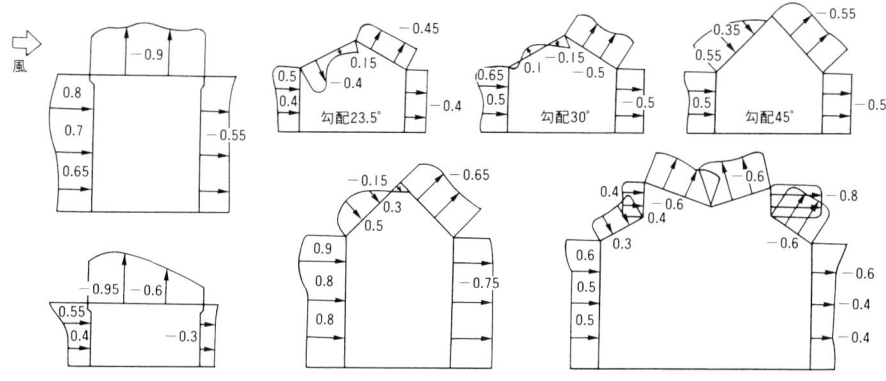

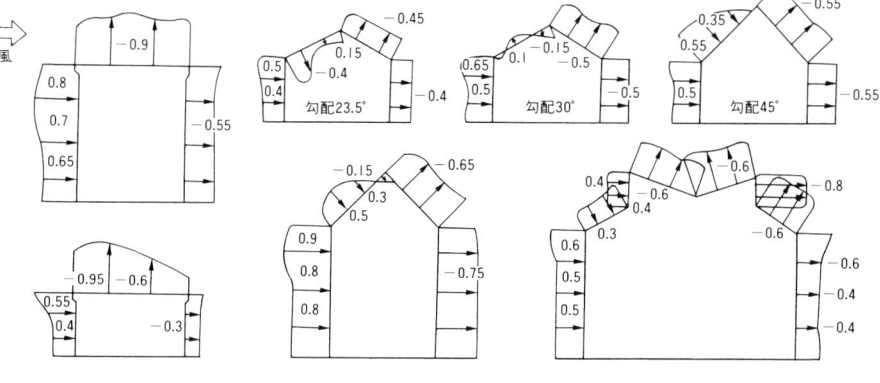

風圧係数と圧力差の発生　空気環境

① 独立建物の風圧係数[*1]

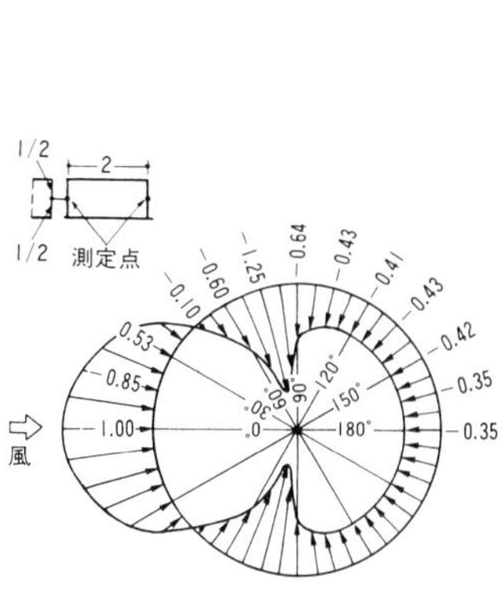

② 円形建物の風圧係数[*4]

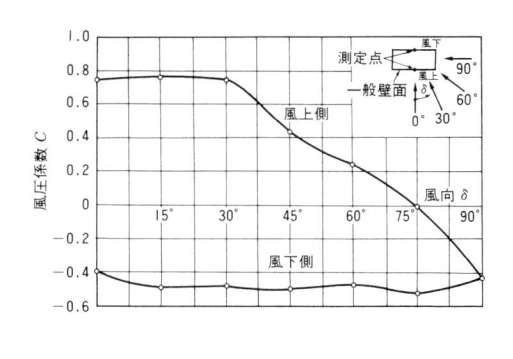

③ 風向による一般壁面風圧係数[*1]

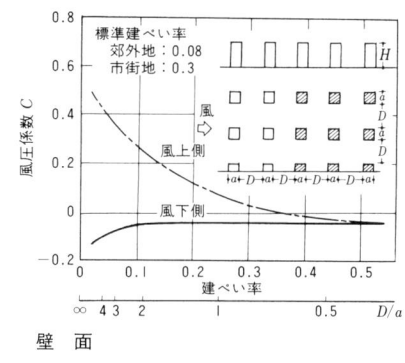

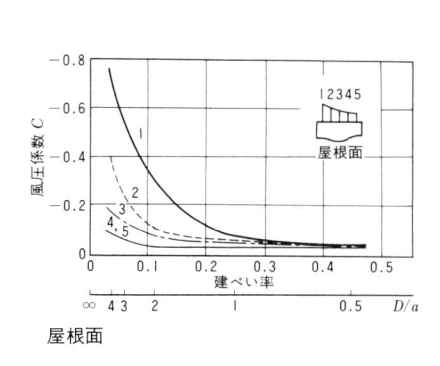

④ 建ぺい率と風圧係数[*1]

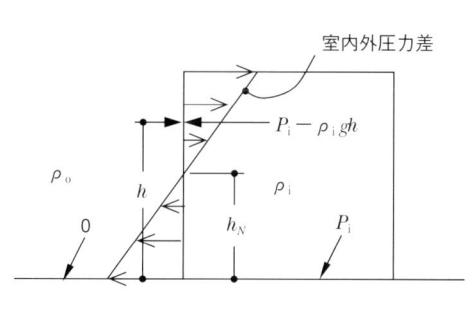

⑤ 温度差による室内外の圧力差[*2]

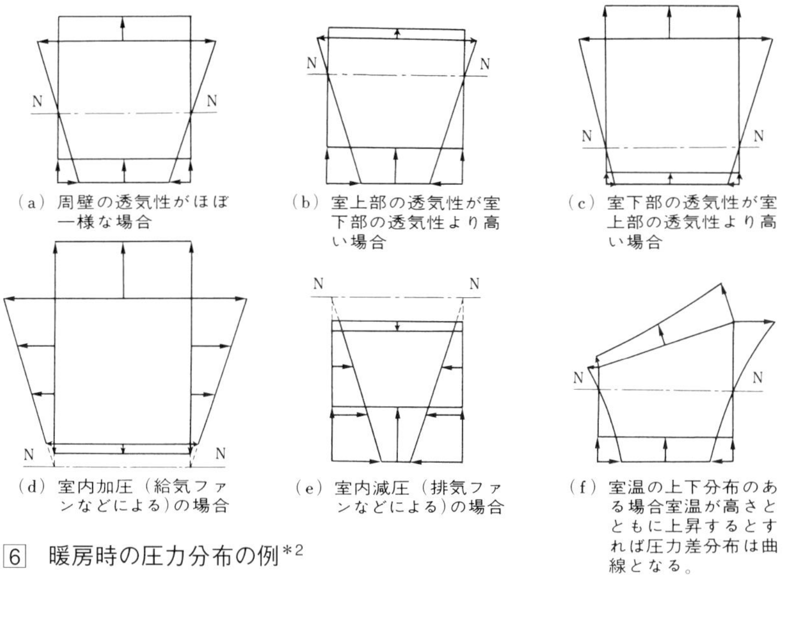

$P_w = P_i + (\rho_o - \rho_i)gh$：室内から室外への圧力差

$h_N = -\dfrac{P_i}{(\rho_o - \rho_i)g}$：中性帯高さ

⑥ 暖房時の圧力分布の例[*2]

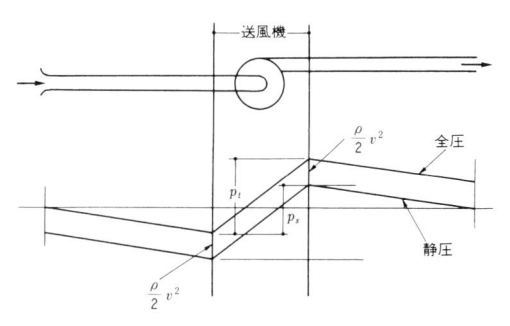

(a) 周壁の透気性がほぼ一様な場合
(b) 室上部の透気性が室下部の透気性より高い場合
(c) 室下部の透気性が室上部の透気性より高い場合
(d) 室内加圧（給気ファンなどによる）の場合
(e) 室内減圧（排気ファンなどによる）の場合
(f) 室温の上下分布のある場合室温が高さとともに上昇するとすれば圧力差分布は曲線となる。

⑦ 送風機による圧力差[*3]（p_t：送風機全圧，p_s：送風機静圧）

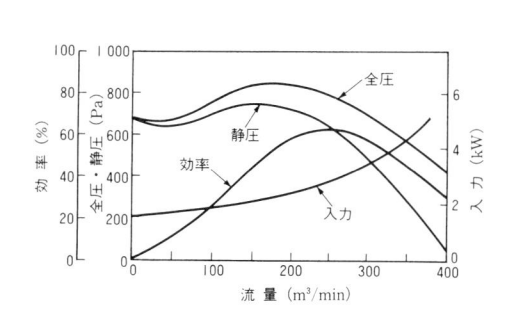

⑧ 送風機の特性[*3]

*1 日本建築学会編：設計計画パンフレット18，換気設計，pp.50～51，彰国社，1976．
*2 日本建築学会編：建築学便覧I計画，p.1046，丸善，1980，
　 原典：Oke, T.R., Boundary Layer Climates, Methuen, London, 1978．
*3 石原正雄：建築換気設計，p.126，朝倉書店，1969．
*4 藤田千利・関根 毅：建築物壁面開口部による換気におよぼす外部気流の影響，空気調和・衛生工学，Vol.36, No.4, 1962．

空気環境　単室の換気量

αA：有効開口面積，h：開口中心高さ，p_i：室内圧，p_w：風圧 $\left(=C\dfrac{\rho}{2}V^2\right)$
Δp：室内から室外への圧力差，Q：室外への流量，$\pm:\Delta p$ が正のとき $+$ 負のとき $-$

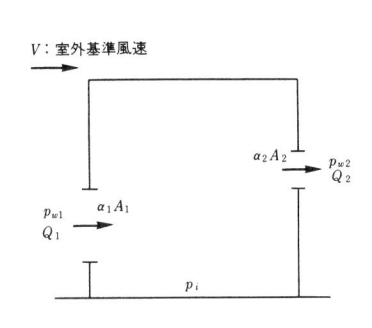

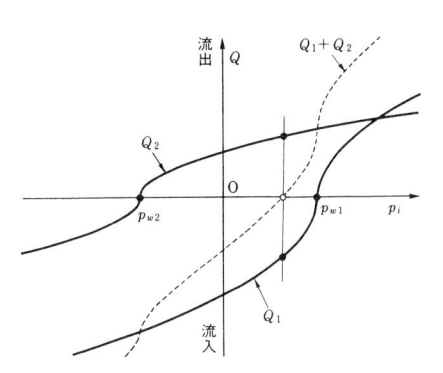

1　風力換気（等温2開口）

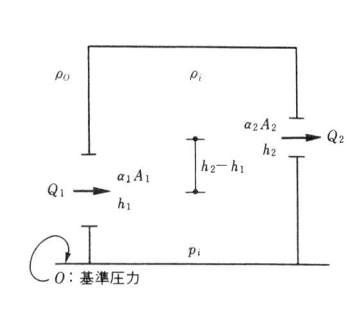

V：室外基準風速

$\Delta p_1 = p_i - p_{w1}$
$\Delta p_2 = p_i - p_{w2}$
$Q_1 = \pm \alpha_1 A_1 \sqrt{\dfrac{2}{\rho}|\Delta p_1|}$
$Q_2 = \pm \alpha_2 A_2 \sqrt{\dfrac{2}{\rho}|\Delta p_2|}$
$Q_1 + Q_2 = 0$
$\therefore -Q_1 = Q_2 = \overline{\alpha A}\sqrt{|C_1-C_2|}\cdot V$
$\overline{\alpha A} \equiv \sqrt{1\Big/\left\{\dfrac{1}{(\alpha_1 A_1)^2}+\dfrac{1}{(\alpha_2 A_2)^2}\right\}}$
（有効開口面積の直列合成）

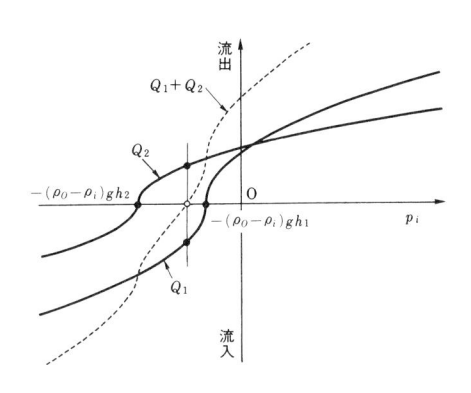

2　温度差換気（無風2開口）

O：基準圧力

$\Delta p_1 = p_i + (\rho_O - \rho_i)g h_1$
$\Delta p_2 = p_i + (\rho_O - \rho_i)g h_2$
$Q_1 \doteqdot \pm \alpha_1 A_1 \sqrt{\dfrac{2}{\rho}|\Delta p_1|}$
$Q_2 \doteqdot \pm \alpha_2 A_2 \sqrt{\dfrac{2}{\rho}|\Delta p_2|}$
$Q_1 + Q_2 = 0$
$\therefore -Q_1 \doteqdot Q_2 \doteqdot \overline{\alpha A}\sqrt{\dfrac{2}{\rho}(\rho_O-\rho_i)(h_2-h_1)}$

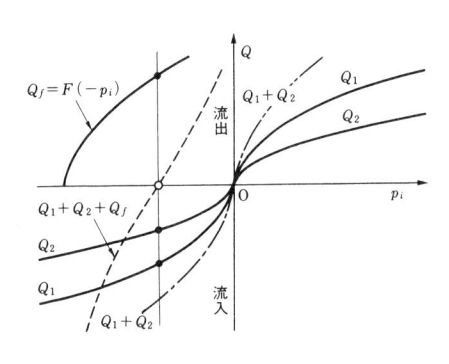

3　機械換気（無風，等温）

$Q_f = F(p_f)$ ファン特性

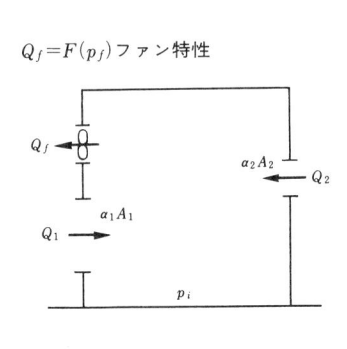

$Q_1 = \pm \alpha_1 A_1 \sqrt{\dfrac{2}{\rho}|p_i|}$
$Q_2 = \pm \alpha_2 A_2 \sqrt{\dfrac{2}{\rho}|p_i|}$
$Q_f = F(-p_i)$
$Q_1 + Q_2 + Q_f = 0$
となる p_i を右図のように図解または数値計算で求める。
$Q_f = -Q_1 - Q_2 = \widetilde{\alpha A}\sqrt{\dfrac{2}{\rho}|p_i|}$
$\widetilde{\alpha A} \equiv \alpha_1 A_1 + \alpha_2 A_2$
（有効開口面積の並列合成）

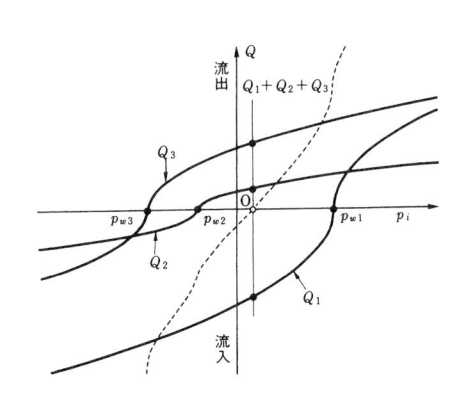

4　風力換気（等温3開口）

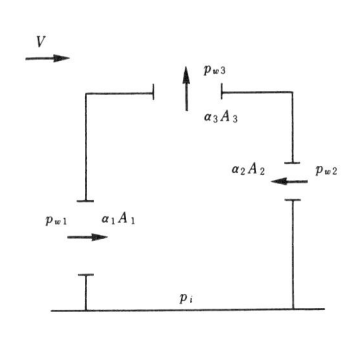

$Q_1 = \pm \alpha_1 A_1 \sqrt{\dfrac{2}{\rho}|p_i - p_{w1}|}$
$Q_2 = \pm \alpha_2 A_2 \sqrt{\dfrac{2}{\rho}|p_i - p_{w2}|}$
$Q_3 = \pm \alpha_3 A_3 \sqrt{\dfrac{2}{\rho}|p_i - p_{w3}|}$
$Q_1 + Q_2 + Q_3 = 0$
となる p_i を右図のように図解または数値計算で求める。

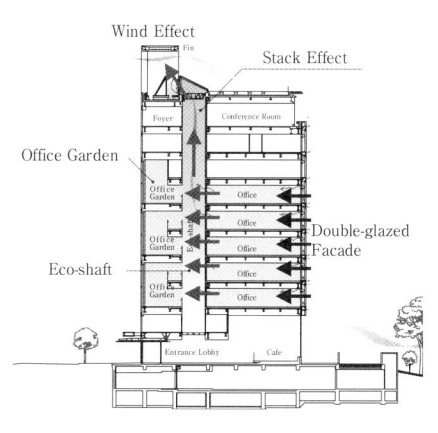

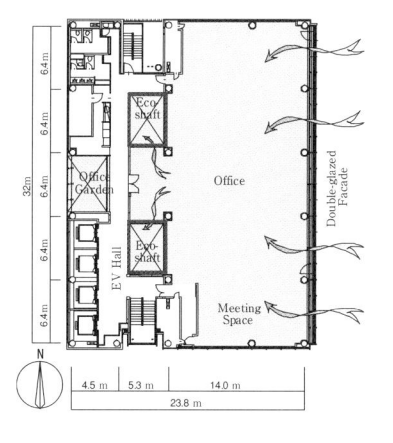

自然換気・通風　空気環境

1　業務事務所ビルの通風経路*1

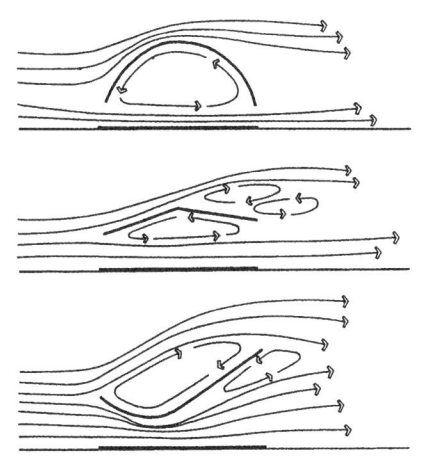

2　建物形状と輪道*2

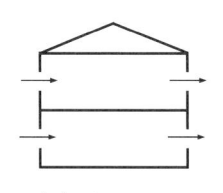

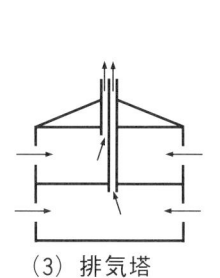

(1) 壁面開口
(2) ウインドキャッチャー
(3) 排気塔
(4) 越屋根

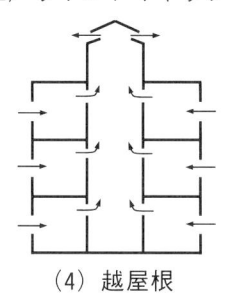

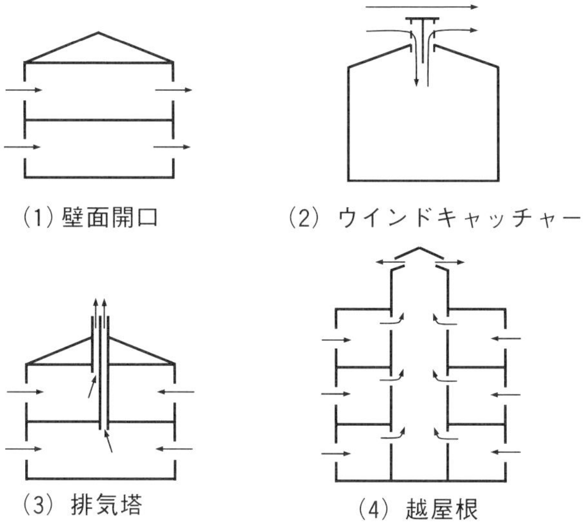

3　通風と煙突効果の利用形態

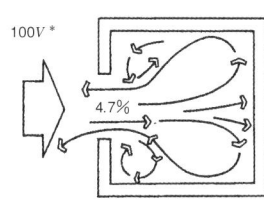

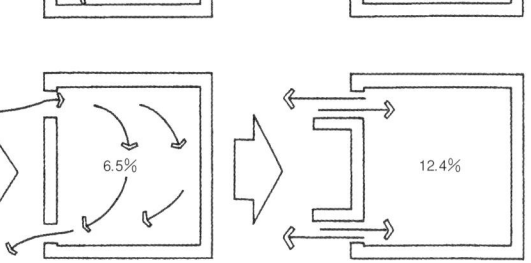

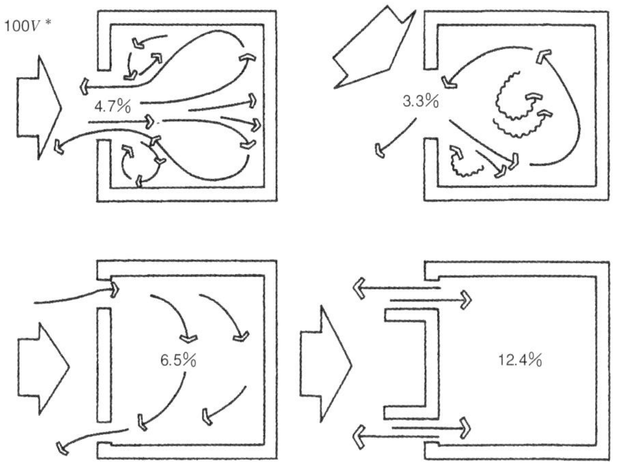

(注) *：Vは外部風速で、%はVに対する室内平均風速の割合を示す

4　開口位置と輪道*2

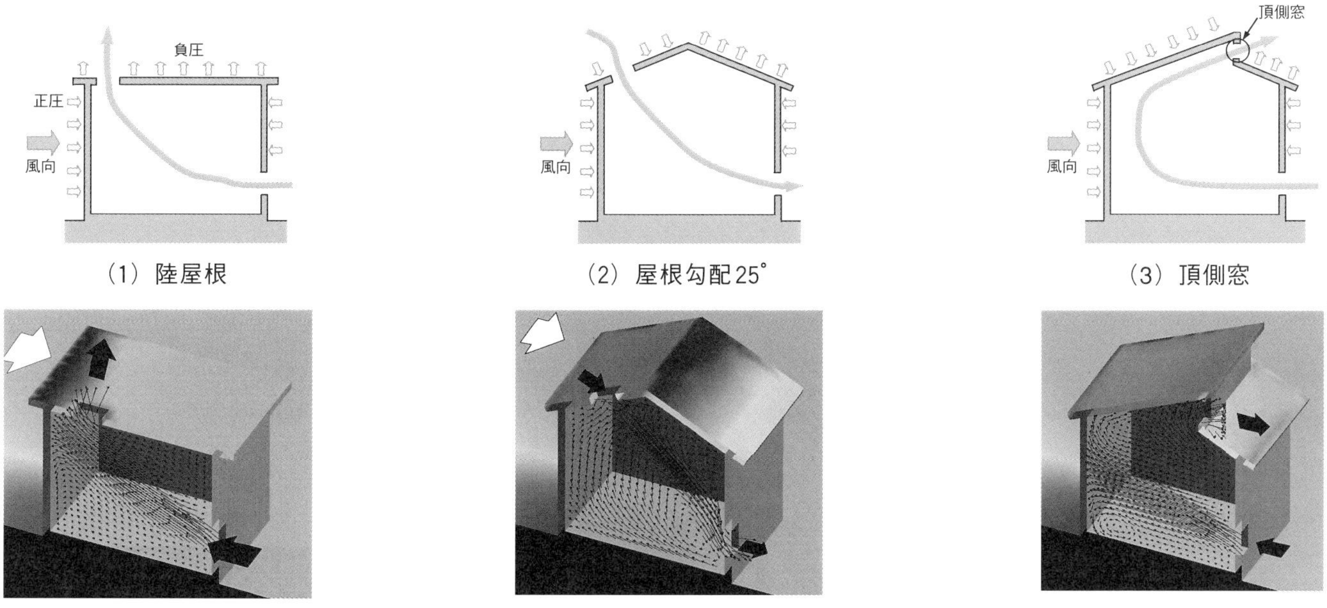

(1) 陸屋根
(2) 屋根勾配25°
(3) 頂側窓

5　屋根面を利用した自然風取込み手法*3

*1　Yuichi Takemasa, H. Hiraoka, M. Katoh, K. Miura, S. Kasai, T. Oya : Natural ventilation with dynamic facades - International Journal of Ventilation Vol.8, No.3, p.293, 2009.
*2　Melaragno, M.G.: Wind in Architectural and Environmental Design, Van Nostrand Reinhold, pp.322〜351, 1982.
*3　国土交通省国土技術政策総合研究所・建築研究所監修：自立循環型住宅への設計ガイドライン，建築環境・省エネルギー機構，p.43, 2005.

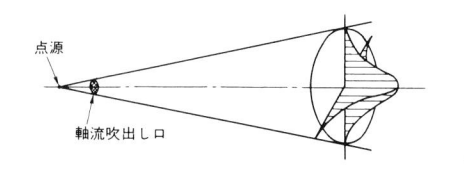

110　空気環境　吹出し気流

1 軸対称噴流（点源・軸流吹出し口）

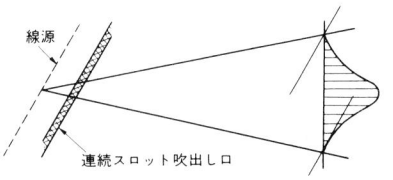

2 平面噴流（線源・連続スロット吹出し口）

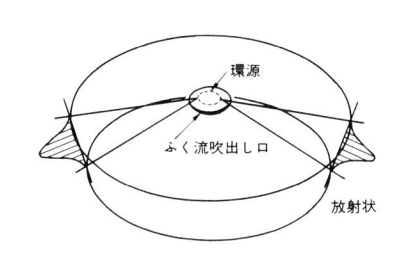

3 放射噴流（環源・ふく流吹出し口・放射状）

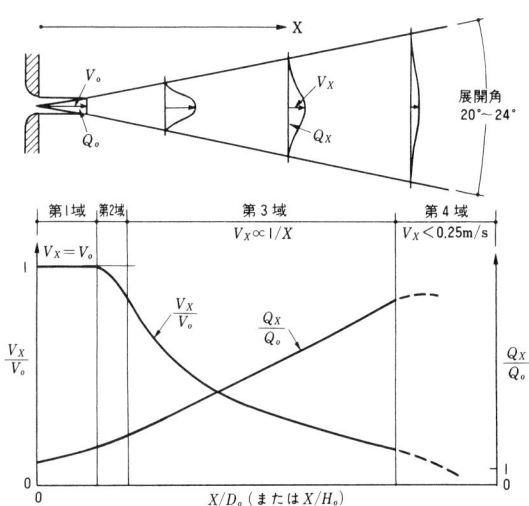

4 軸対称噴流の中心風速と断面風量の変化

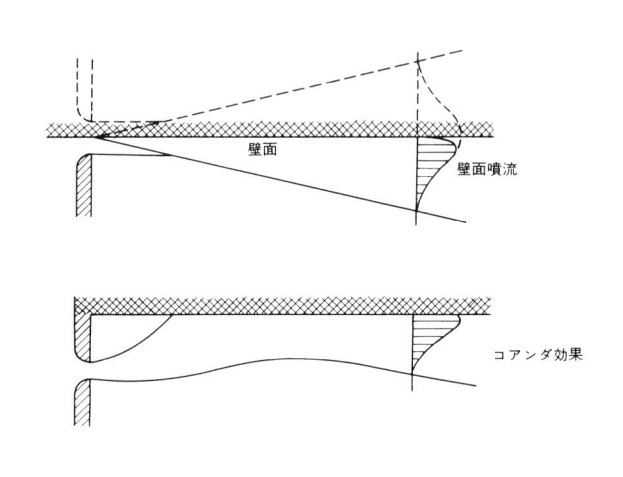

第1域／第2域／第3域 $V_X \propto 1/X$／第4域 $V_X < 0.25$ m/s

5 壁面噴流と壁面への付着（コアンダ効果）

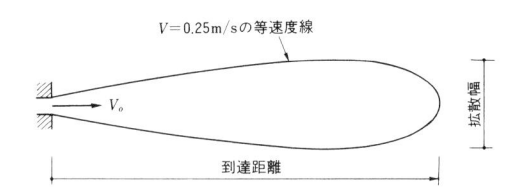

展開角 20°〜24°

6 到達距離の拡散幅（$V = 0.25$ m/s の等速度線）

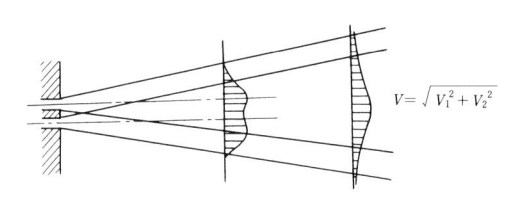

7 噴流の重なり　$V = \sqrt{V_1^2 + V_2^2}$

8 鉛直方向の非等温噴流[*1]

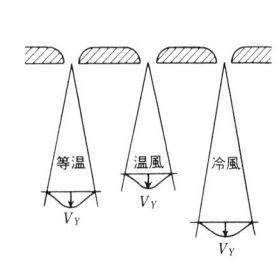

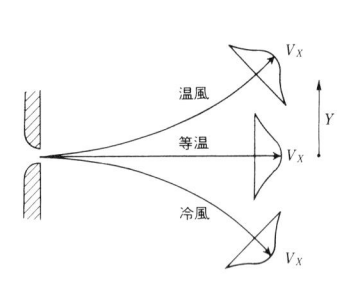

軸対称噴流

$$\frac{V_Y}{V_o} = K\frac{D_o}{Y}\left\{1 \pm 1.9\frac{Ar}{K}\left(\frac{Y}{D_o}\right)^2\right\}^{1/3}$$

$$\frac{\Delta t_Y}{\Delta t_o} = 0.83 K\frac{D_o}{Y}\left\{1 \pm 1.9\frac{Ar}{K}\left(\frac{Y}{D_o}\right)^2\right\}^{-1/3}$$

9 水平方向の非等温噴流[*1]

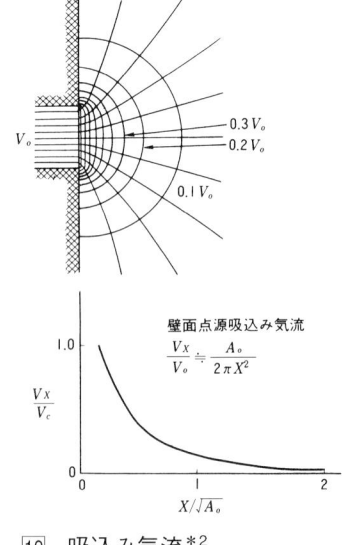

軸対称噴流

$$\frac{V_X}{V_o} = K\frac{D_o}{X}$$

$$\frac{\Delta t_X}{\Delta t_o} = 0.83 K\frac{D_o}{X}$$

$$\frac{Y}{D_o} = \pm 0.42\frac{Ar}{K}\left(\frac{X}{D_o}\right)^3$$

10 吸込み気流[*2]

壁面点源吸込み気流　$\dfrac{V_X}{V_o} \fallingdotseq \dfrac{A_o}{2\pi X^2}$

X：水平方向距離　　H_o：吹出し口有効幅　　Q_o：吹出し口風量　　Δt_o：吹出し口温度差
Y：鉛直方向距離　　V_o：吹出し口風速　　Q_X：断面風量　　Δt_X：中心軸温度差
D_o：吹出し口有効直径　　V_X：中心軸風速　　K：吹出し口定数　　Ar：吹出し口アルキメデス数
$Ar = g\beta\Delta t_o D_o / V_o^2$　g：重力加速度　β：気体熱膨張率 $\fallingdotseq 1/300$ [1/℃]

[*1] Koestel, Alfred：ASHRAE Transaction Vol.61, Vol.63.　　[*2] 石原正雄：建築換気設計，p.227，朝倉書店，1969．

室内空気分布　空気環境　111

$Ar = 8.6 \times 10^{-3}$　　　　$Ar = 6.4 \times 10^{-2}$　　　　$Ar = 7.9 \times 10^{-1}$

1　アルキメデス数による流れのパターンの変化[*1]

2　吸込み口位置による濃度分布の変化[*2]

C/C_o □ 0～0.5　▨ 0.5～1　▨ 1～1.5　▨ 1.5～2　▨ 2～4　▤ 4～
C_o：一様拡散を仮定したときの濃度　C：ある点の時間平均濃度

暖房　　　　　　　　　　　　　　　　　　　　　　　　　　　　　
冷房

側壁上部水平吹出し　　　　天井水平吹出し　　　　天井下向き吹出し

3　各種の吹出し方式による気流分布[*3]（白抜き部分：一次空気域，▨：噴流域，〰〰：滞流域，ほかは静穏気流域）

暖房
冷房

天井ファンコイルユニット水平吹出し　　　天井ディフューザー水平吹出し　　　パン形吹出しロー暖房下向き吹出し
　　　冷房水平吹出し

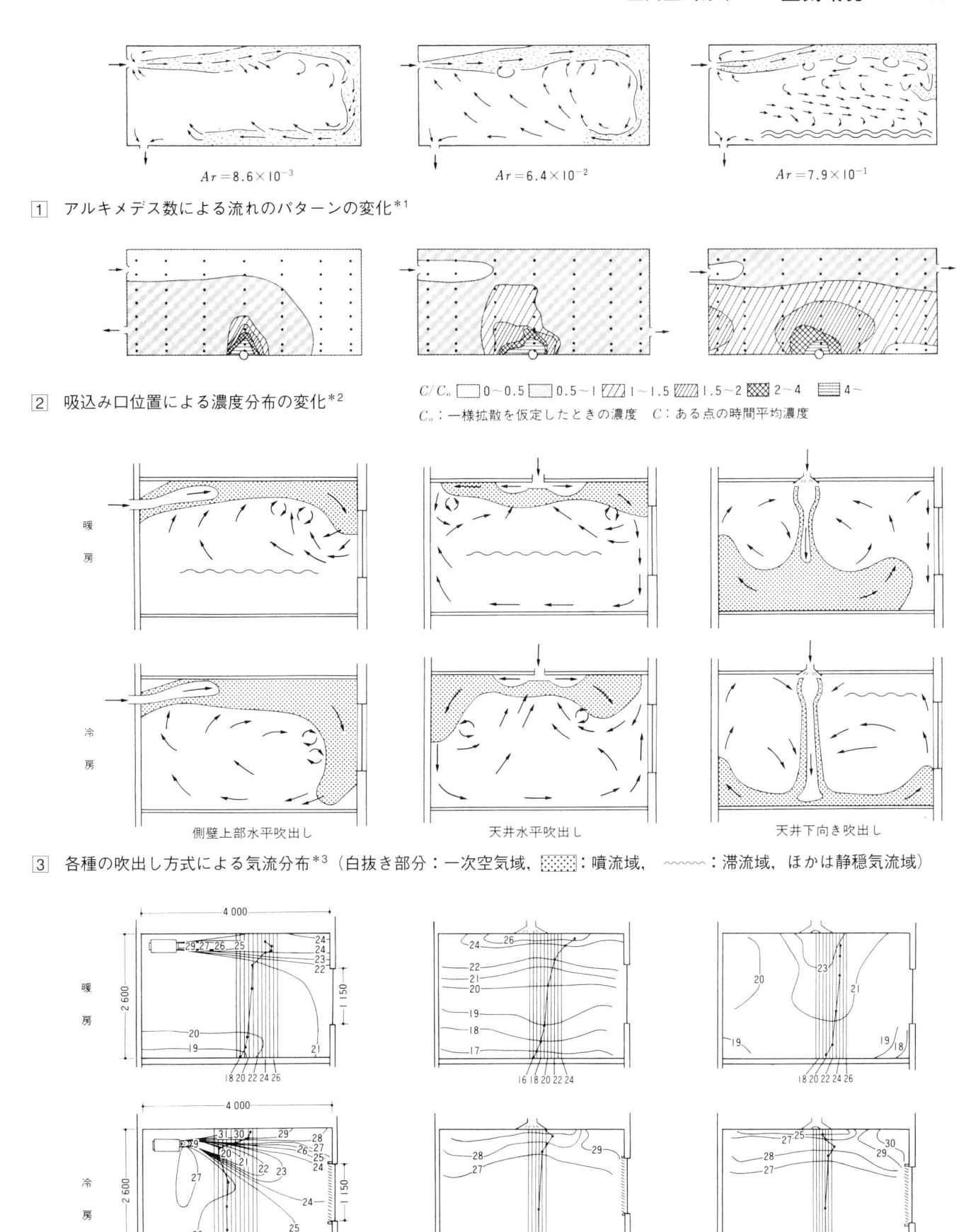

4　各種暖冷房方式による温度分布[*4]（室容積$4.5 \times 4 \times 2.6 = 46.8 m^3$，窓面積$4.15 \times 1.2 = 4.98 m^2$，送風量$600 m^3/h$）

[*1] 勝田・村上・小林・戸河里：温風暖房時の室内気流の可視化，流れのシンポジウム，第2回，東京大学宇宙航空研究所，1974.
[*2] 田中俊彦・村上周三：室内における物質の拡散と濃度変動の機構に関する研究，昭和54年度日本建築学会関東支部研究報告集，pp.33～36, 1979.
[*3] ASHRAE : ASHRAE Handbook ; Fundamentals, pp.32.2～32.4, 1985
[*4] 鈴木亮二：労働衛生工学，第6号，pp.25～36, 1966.

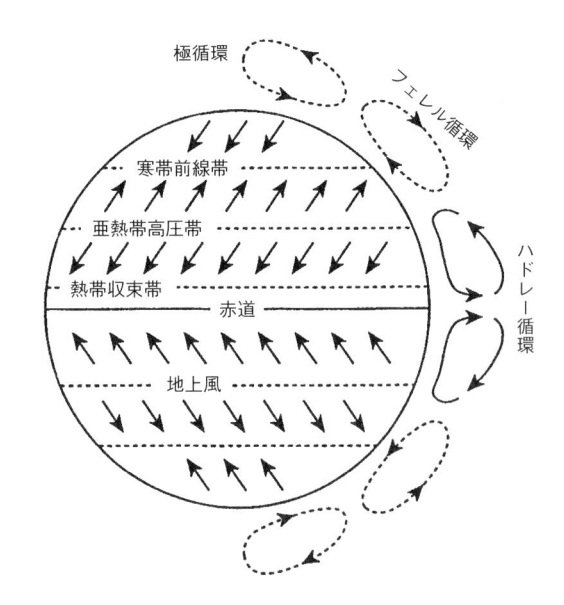

112　空気環境　自然風

1　大気大循環の概念図[*1]

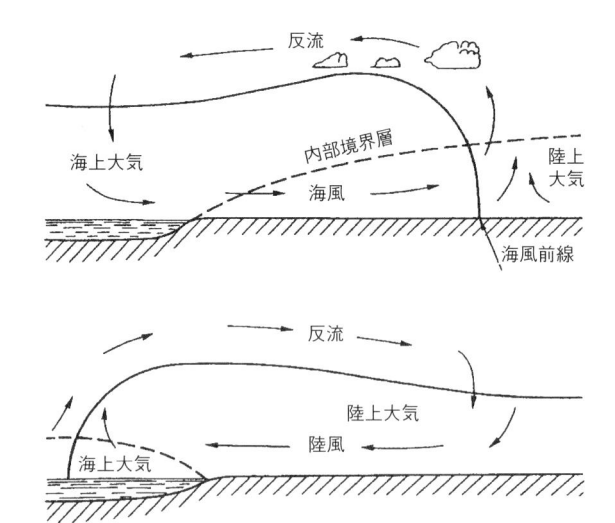

2　海風と陸風の模式的断面図[*2]

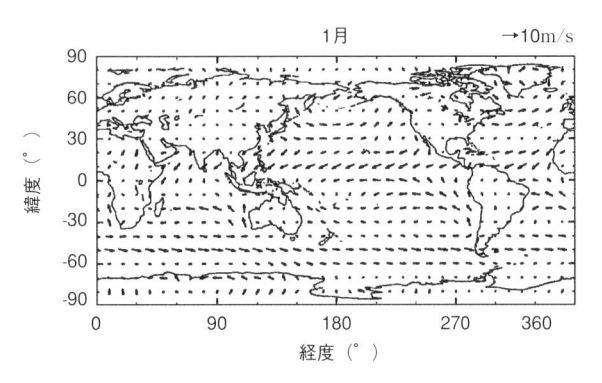

3　1月の月平均した地上風の経度緯度分布[*3]

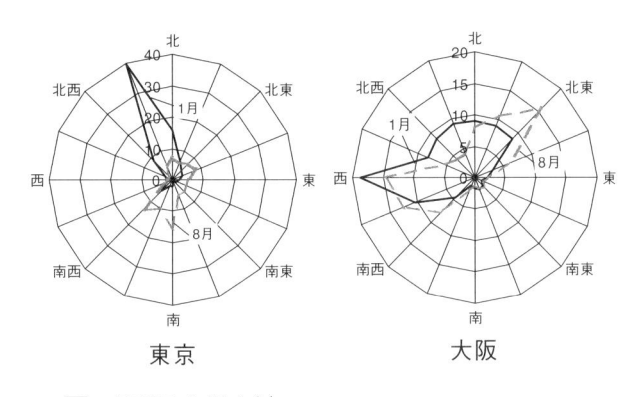

4　月別風向頻度[*4]

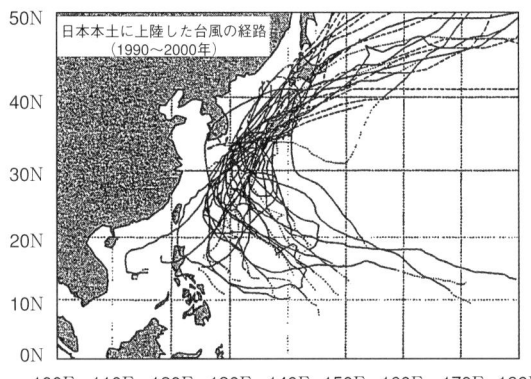

5　日本本土に上陸した台風の経路[*5]

6　風速の最大記録[*6]

地名	最大風速				最大瞬間風速			
	m/s	風向	年	月・日	m/s	風向	年	月・日
那覇	49.5	ENE	1949	3.19	73.6	S	1956	9.8
福岡	32.5	N	1951	10.14	49.3	S	1987	8.31
大阪	33.3	SSE	1961	9.16	50.6	SSE	1961	9.16
東京	31.0	S	1938	9.1	36.7	S	1938	9.1
仙台	24.0	WNW	1997	3.11	41.2	WNW	1997	3.11
札幌	28.8	NNW	1912	3.19	50.2	SW	2004	9.8

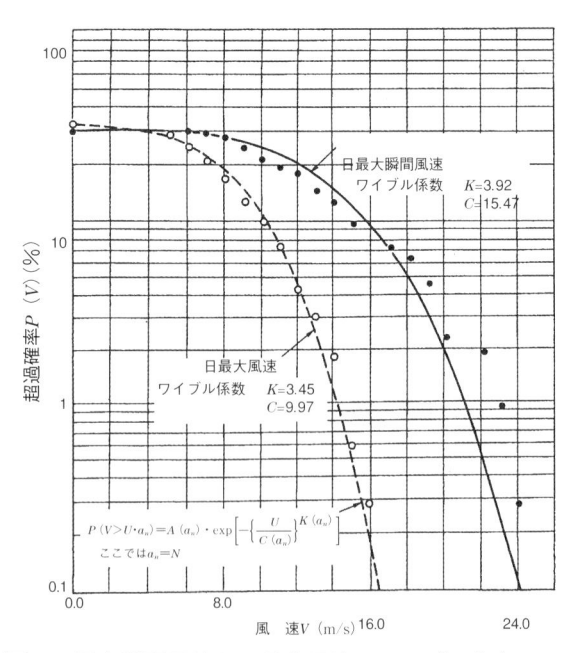

7　日最大瞬間風速と日最大風速のワイブル分布による近似（風向Nの場合）[*7]

$$P(V > U \cdot a_n) = A(a_n) \cdot \exp\left[-\left\{\frac{U}{C(a_n)}\right\}^{K(a_n)}\right]$$

ここでは $a_n = N$

風の頻度分布をワイブル分布を用いて超過確率の形で表示したもの。例えば、図から日最大風速（10分間平均風速の日最大値）が、10m/sを超える確率は10％となる。測定場所は東京都中央区月島の地上58mである。

[*1] 田中　博：偏西風の気象学, p.3, 成山堂書店, 2007.
[*2] 岩保勘三郎・浅井富雄編：大気科学講座, 第1巻, p.186, 東京大学出版会, 1981, 原典：Oke, T.R., Boundary Layer Climates, Methuen, London, 1978.
[*3] 日本風工学会編：風工学ハンドブック, p.2, 朝倉書店, 2007.
[*4] 気象庁編：地点別月別平均値, 東京管区気象台, 大阪管区気象台, 1971〜2000年の30年間における各年の風向別百分率の累年平均値
[*5] 日本風工学会編：風工学ハンドブック, p.5, 朝倉書店, 2007.
[*6] 国立天文台編集：理科年表, 平成21年, p.気20, 丸善, 2008
[*7] 村上周三：都市の風害問題と確率, 建築雑誌, Vol.97, No.1194, p.33, 1982.

市街地気流　空気環境　113

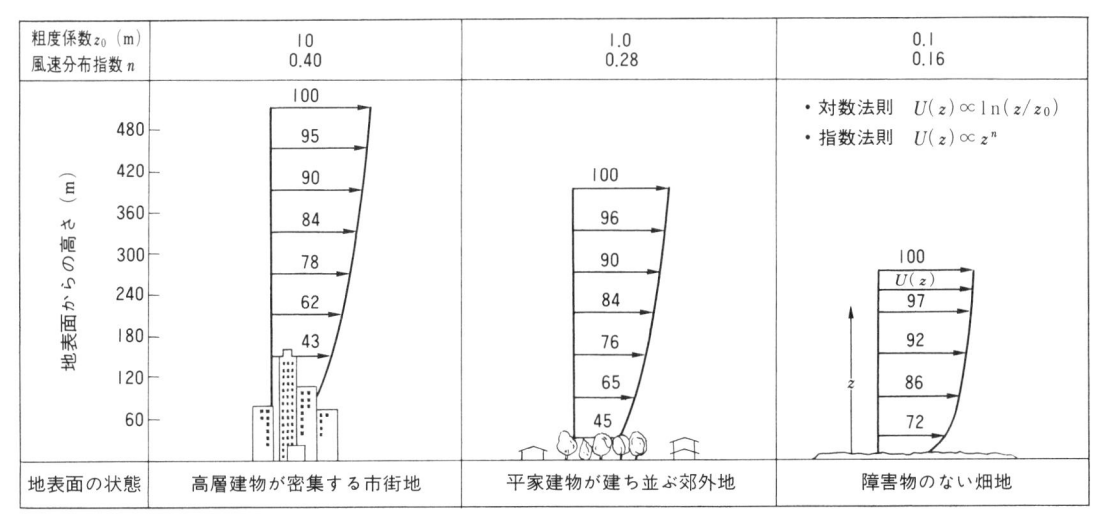

粗度係数 z_0 (m)	10	1.0	0.1
風速分布指数 n	0.40	0.28	0.16

- 対数法則　$U(z) \propto \ln(z/z_0)$
- 指数法則　$U(z) \propto z^n$

| 地表面の状態 | 高層建物が密集する市街地 | 平家建物が建ち並ぶ郊外地 | 障害物のない畑地 |

[1] 地表面の状態と風速分布[*1, *5]

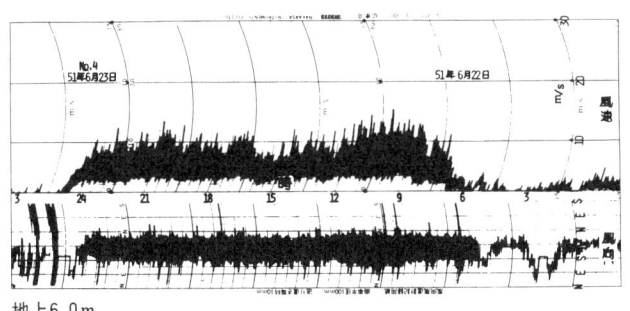

地上 6.0 m

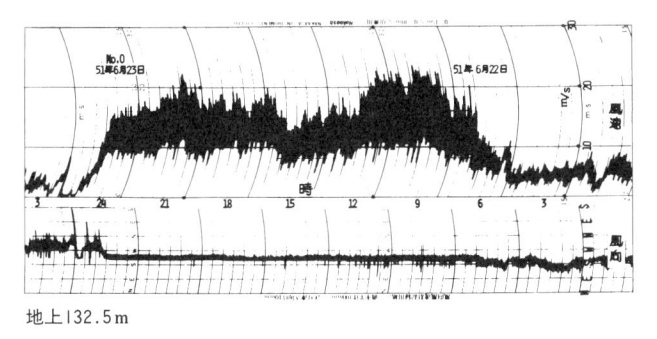

地上 132.5 m

[2] 市街地における風向風速の観測[*2]

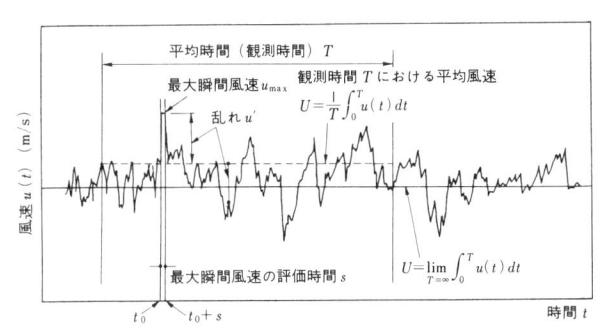

$$U = \frac{1}{T}\int_0^T u(t)\,dt$$

$$U = \lim_{T\to\infty}\frac{1}{T}\int_0^T u(t)\,dt$$

[3] 平均風速，瞬間風速と評価時間，観測時間[*3]

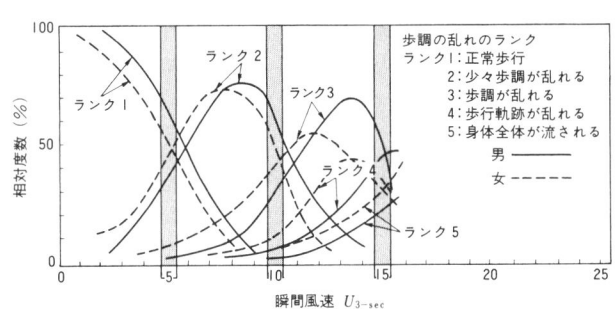

歩調の乱れのランク
ランク1：正常歩行
2：少々歩調が乱れる
3：歩調が乱れる
4：歩行軌跡が乱れる
5：身体全体が流される
男 ———
女 − − −

[4] 風による歩行者の影響[*3]

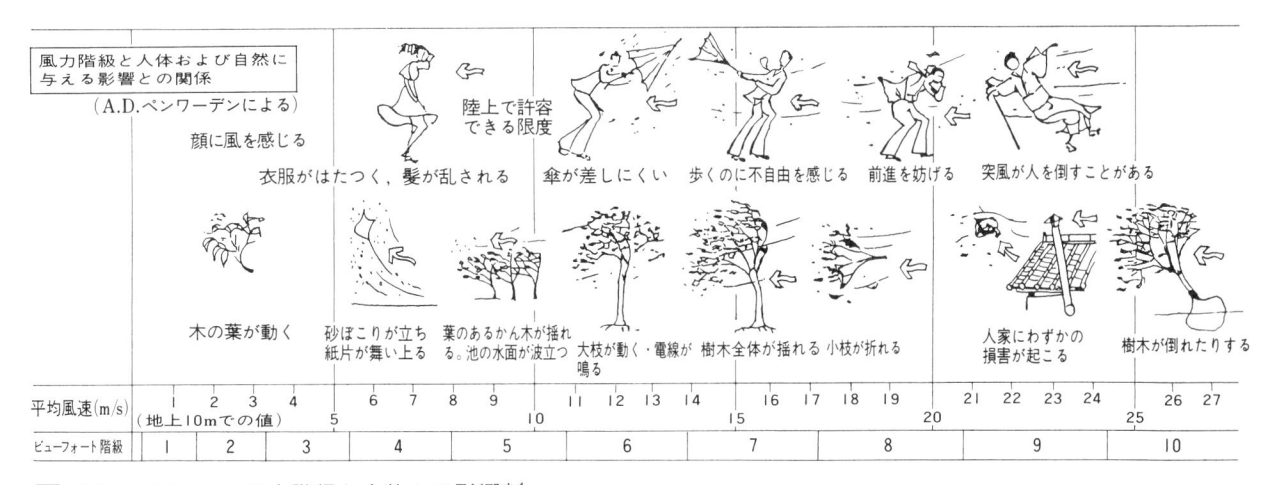

風力階級と人体および自然に与える影響との関係（A.D.ペンワーデンによる）

顔に風を感じる／衣服がはたつく，髪が乱される／傘が差しにくい／歩くのに不自由を感じる／前進を妨げる／突風が人を倒すことがある

木の葉が動く／砂ぼこりが立ち紙片が舞い上る／葉のあるかん木が揺れる。池の水面が波立つ／大枝が動く・電線が鳴る／樹木全体が揺れる 小枝が折れる／人家にわずかの損害が起こる／樹木が倒れたりする

平均風速 (m/s)（地上10mでの値）
ビューフォート階級

[5] ビューフォート風力階級と人体への影響[*4]

*1 Davenport, A. G. : Wind Loads on Structures, Technical paper. No.88, 1960.
*2 Murakami, S., Uehara, K. and Komine, H. : Amplification of wind speed at ground level, due to construction of high-rise building in urban area, Journal of Industrial Aerodynamics, 4, pp.343〜370, 1979.（三田の実測，3杯型風速の計の出力）
*3 新建築学大系編集委員会編：新建築学大系 No.8, p.183, p.137（村上周三），彰国社，1984.
*4 風工学研究所：これだけは知っておきたいビル風の知識，p.30，鹿島出版会，1984.
*5 日本建築学会編：建築設計資料集成1, 環境，p.145，丸善，1978.

空気環境　建物周辺気流

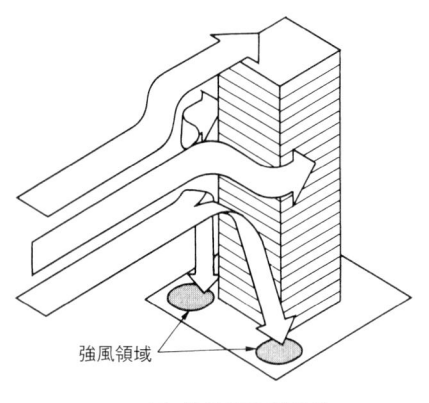

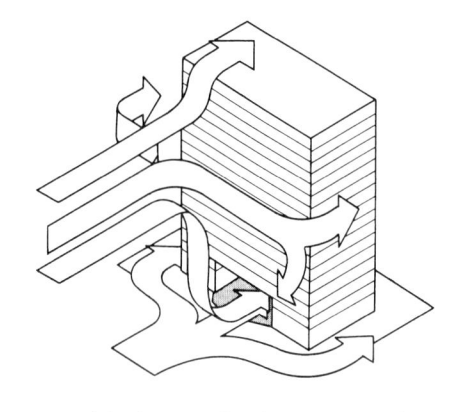

(1) 縦長の高層建物[*1]　　(2) ピロティを持つ横長の高層建物[*1]　　(3) 低層建物[*2]

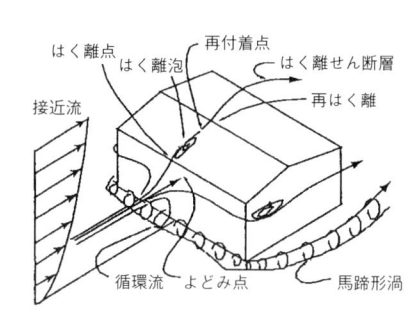

1 建物周辺の気流パターン

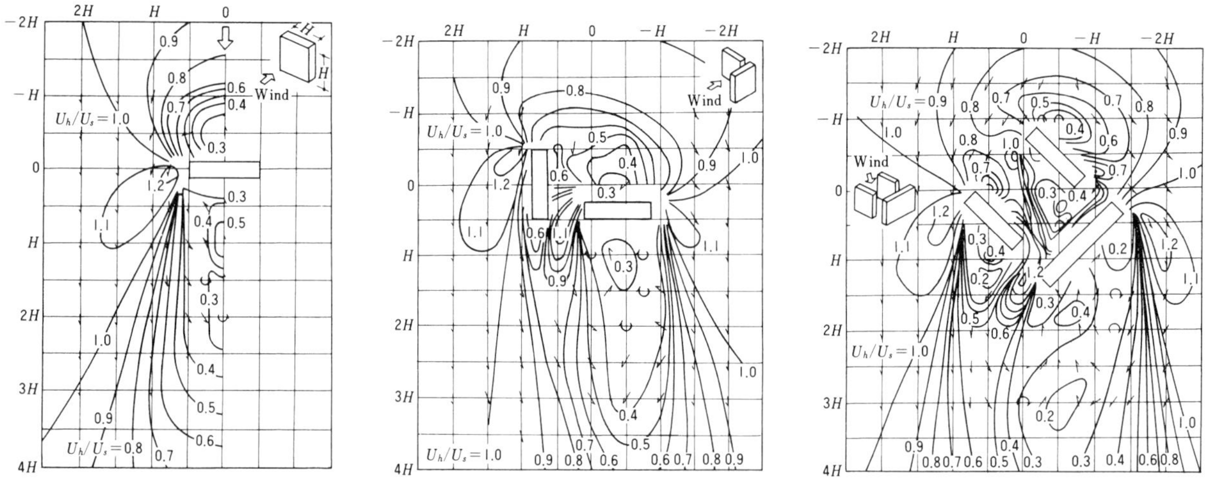

(1) 単独配置　　(2) L型配置　　(3) コの字型配置

- U_h：高さ h の風速
- U_s：模型がないときの U_h を測定したのと同じ位置の風速
- h：測定高さ (cm), $h=1$
- H：建物高さ (cm), $H=10$
- U_h/U_s：風速増加率

2 建物周辺の気流パターン[*3]

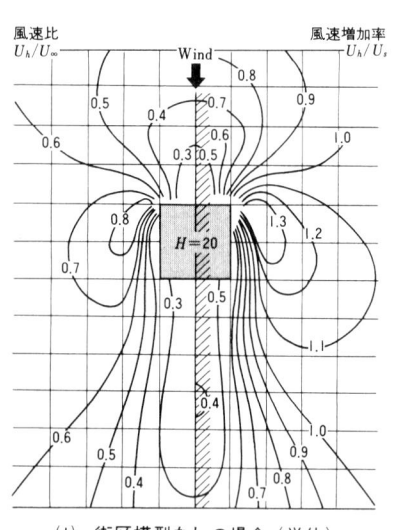

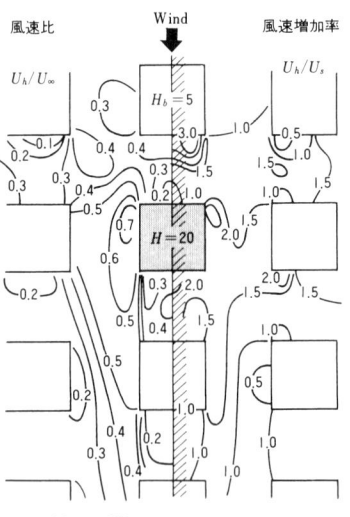

(1) 街区模型なしの場合（単体）　　(2) 周囲に街区模型がある場合

- U_h：高さ h での風速（ここに, $h=1$ cm）
- U_∞：上空の風速
- U_s：[(1)の場合] 建物を取除いたときの, U_h を測定したのと同じ位置における風速
  [(2)の場合] 高層建物高さが周辺低層部と同じ場合に, U_h を測定したのと同じ位置における風速
- H：高層建物高さ (cm), $H=20$
- H_b：低層建物高さ (cm), $H_b=5$
- 街路幅は10 (cm)

3 周囲の低層街区模型の有無による建物周辺風速分布の変化[*3]

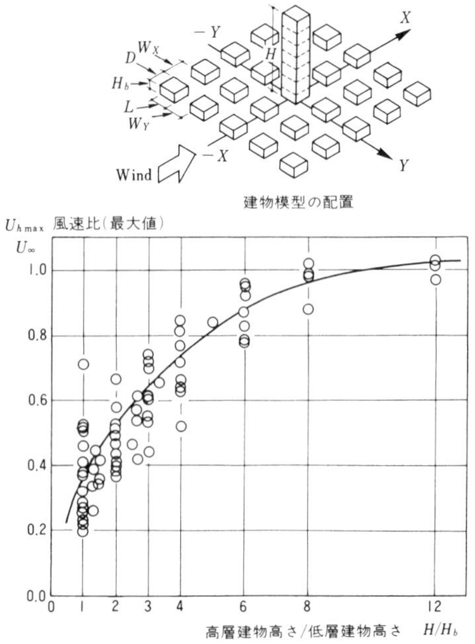

4 高層建物高さと周辺の風速比[*3]

横軸：高層建物高さ／低層建物高さ　H/H_b

[*1] Cermak, J.E. : Progressive Architecture "Technics; Structuring tall buildings", Reinhold Publishing Company, 1980.
[*2] 日本風工学会編：風工学ハンドブック, p.69, 朝倉書店, 2007.
[*3] 新建築学大系編集委員会編：新建築学体系 No.8, pp.190〜204（村上周三）, 彰国社, 1984.

建物近傍汚染　空気環境　115

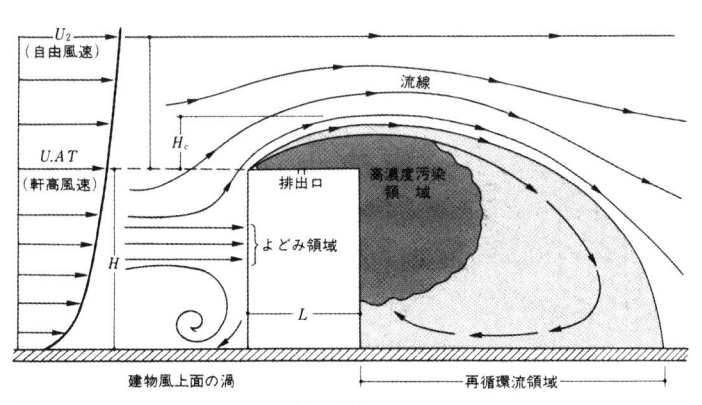

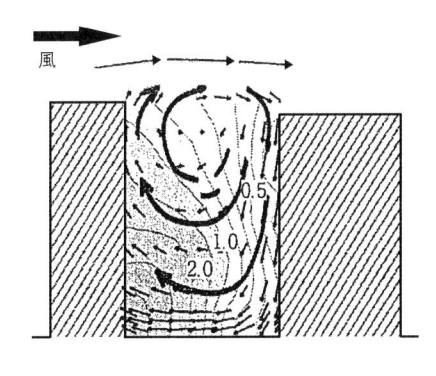

1　単独建物周りでの汚染拡散[*1]

2　ストリートキャニオン内部の流れと濃度分布[*2]

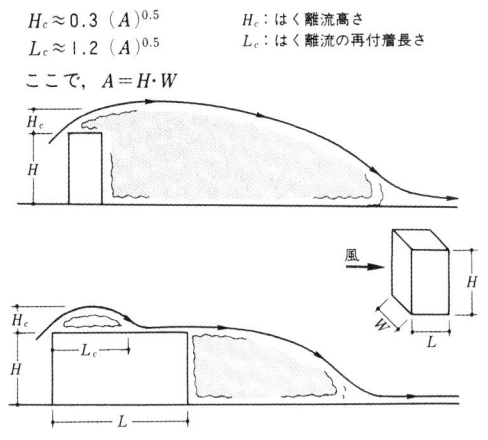

$H_c \approx 0.3(A)^{0.5}$　H_c：はく離流高さ
$L_c \approx 1.2(A)^{0.5}$　L_c：はく離流の再付着長さ
ここで，$A = H \cdot W$

3　建物屋根面の渦領域[*1]

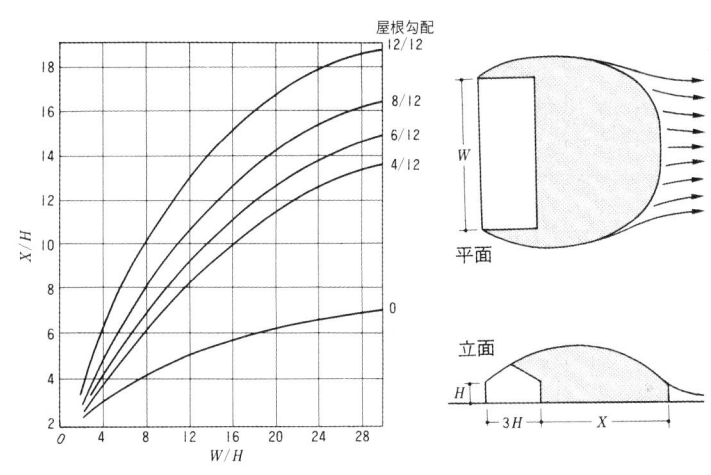

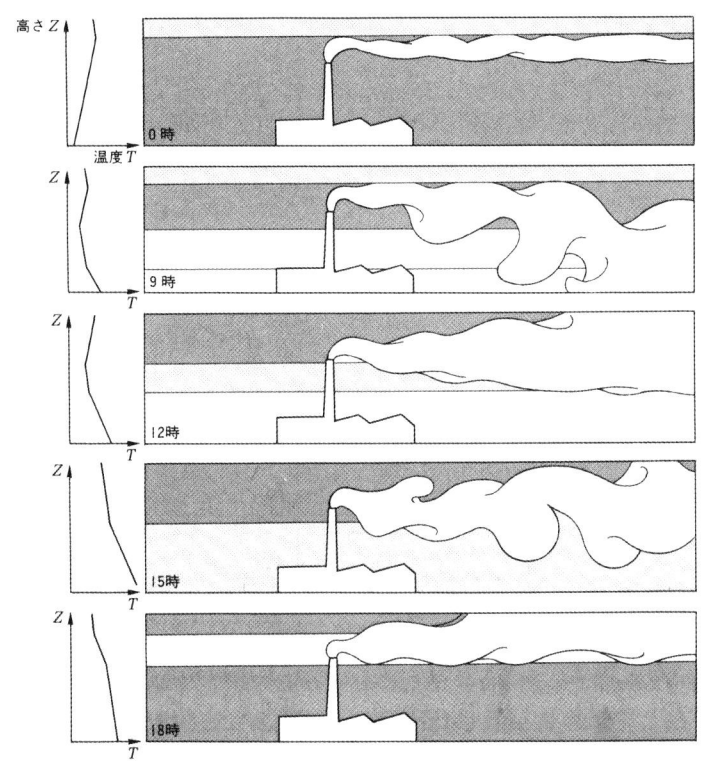

4　建物風下の渦領域[*1]

5　大気安定度の影響[*3]

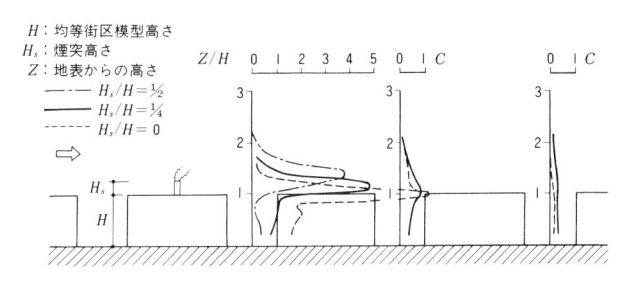

6　煙突高さの影響[*4]

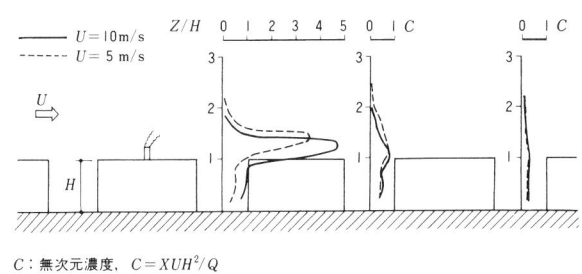

H：均等街区模型高さ
H_s：煙突高さ
Z：地表からの高さ
― $H_s/H = 1/2$
― $H_s/H = 1/4$
--- $H_s/H = 0$

7　外部風速の影響[*4]

C：無次元濃度，$C = XUH^2/Q$
X：測定濃度
Q：汚染ガス量

[*1]　ASHRAE：ASHRAE Handbook；Fundamental, 1981.
[*2]　上原　清：国立環境研究所研究報告R-178-2003「交差点周辺の大気汚染濃度分布に関する風洞実験」，2003.9.
[*3]　J. E. Cermak：Taming the Winds, Science Year, p.203, 1978.
[*4]　村上・勝田・大場：街区内における高温排ガスの拡散に関する風洞実験，日本建築学会大会学術講演梗概集，p.194, 1976.

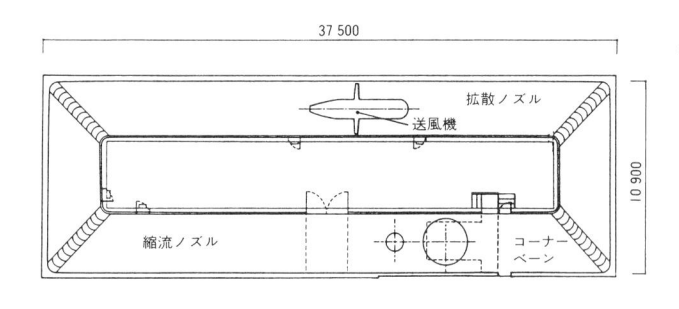

116　空気環境　空気分布の予測法

(1) 風洞模型実験（風工学研究所提供）

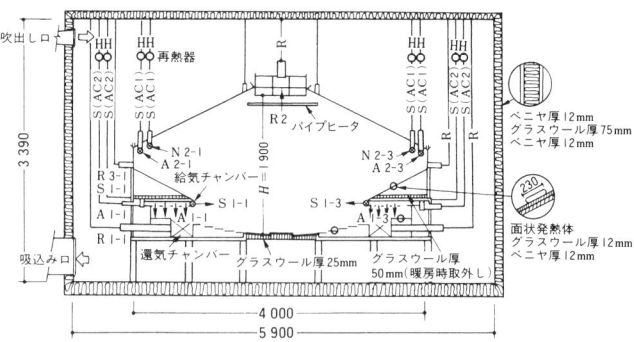

風洞模型

(2) 室内模型実験*1

模型内観

1　模型実験

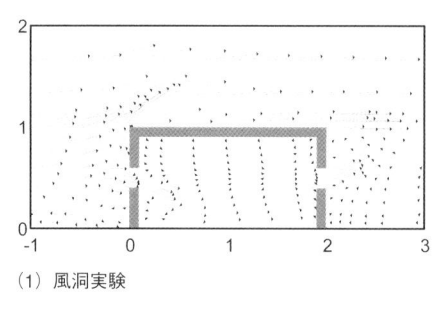

(1) 風洞実験

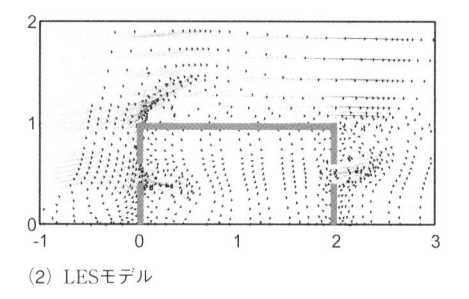

(2) LESモデル

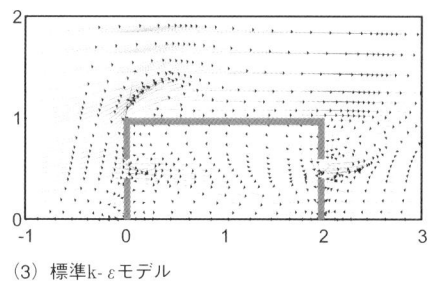

(3) 標準k-εモデル

2　通風の数値シミュレーション*2

---

(1) 連続方程式　$\dfrac{\partial u}{\partial x} + \dfrac{\partial v}{\partial y} + \dfrac{\partial w}{\partial z} = 0$

(2) ナビア・ストークスの運動方程式

$$\dfrac{\partial u}{\partial t} + u\dfrac{\partial u}{\partial x} + v\dfrac{\partial u}{\partial y} + w\dfrac{\partial u}{\partial z} = -\dfrac{1}{\rho}\dfrac{\partial P}{\partial x} + \nu\left(\dfrac{\partial^2 u}{\partial x^2} + \dfrac{\partial^2 u}{\partial y^2} + \dfrac{\partial^2 u}{\partial z^2}\right) + X$$

$$\dfrac{\partial v}{\partial t} + u\dfrac{\partial v}{\partial x} + v\dfrac{\partial v}{\partial y} + w\dfrac{\partial v}{\partial z} = -\dfrac{1}{\rho}\dfrac{\partial P}{\partial y} + \nu\left(\dfrac{\partial^2 v}{\partial x^2} + \dfrac{\partial^2 v}{\partial y^2} + \dfrac{\partial^2 v}{\partial z^2}\right) + Y$$

$$\dfrac{\partial w}{\partial t} + u\dfrac{\partial w}{\partial x} + v\dfrac{\partial w}{\partial y} + w\dfrac{\partial w}{\partial z} = -\dfrac{1}{\rho}\dfrac{\partial P}{\partial z} + \nu\left(\dfrac{\partial^2 w}{\partial x^2} + \dfrac{\partial^2 w}{\partial y^2} + \dfrac{\partial^2 w}{\partial z^2}\right) + Z$$

(3) 温度輸送方程式　$\dfrac{\partial \theta}{\partial t} + u\dfrac{\partial \theta}{\partial x} + v\dfrac{\partial \theta}{\partial y} + w\dfrac{\partial \theta}{\partial z} = a\left(\dfrac{\partial^2 \theta}{\partial x^2} + \dfrac{\partial^2 \theta}{\partial y^2} + \dfrac{\partial^2 \theta}{\partial z^2}\right) + S_\theta$

(4) 濃度輸送方程式　$\dfrac{\partial C}{\partial t} + u\dfrac{\partial C}{\partial x} + v\dfrac{\partial C}{\partial y} + w\dfrac{\partial C}{\partial z} = D\left(\dfrac{\partial^2 C}{\partial x^2} + \dfrac{\partial^2 C}{\partial y^2} + \dfrac{\partial^2 C}{\partial z^2}\right) + S_C$

x, y, z：座標軸　t：時間　u, v, w：速度　P：圧力　θ：温度　C：濃度
X, Y, Z：外力　S_θ：熱発生　S_C：汚染質発生　ρ：密度　ν：動粘性係数
a：温度拡散係数　D：濃度拡散係数

3　非圧縮性粘性流体の基礎方程式

- レイノルズ数
  $Re = $ 慣性力/粘性力 $= UL/\nu$
- アルキメデス数
  $Ar = $ 浮力/慣性力 $= g\beta\theta L/U^2 \; (= Gr/Re^2)$
- グラスホフ数
  $Gr = $ 浮力・慣性力/(粘性力)$^2 = g\beta\theta L^3/\nu^2$
- ペクレ数
  $Pe = $ 蓄積された熱量/伝導熱量 $= UL/a \; (= Re \cdot Pr)$
- プラントル数
  $Pr = \dfrac{\text{粘性力}}{\text{慣性力}} \cdot \dfrac{\text{蓄積された熱量}}{\text{伝導熱量}} = \nu/a \; (= Pe/Re)$
- シュミット数
  $Sc = \nu/D \; (= $ 物質移動に対する Pe 数 $/ Re$ 数 $)$

U：代表速度　L：代表長さ　θ：代表温度差
g：重力加速度　β：体積膨張率

4　模型実験で考慮すべき無次元数の例

---

*1 岡本・早川・田中・戸河里・佐藤：新国技館の大空間空調と雨水利用，空気調和・衛生工学，Vol.59, No.6, p.32, 1985.
*2 T. Kurabuchi, M. Ohba, T. Endo, Y. Akamine, F. Nakayama : Local dynamic similarity model of cross-ventilation, Part 1 theoretical framework, International Journal of Ventilation, Vol.2, No 4, p.373, 2004.

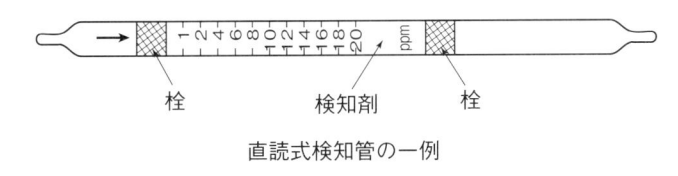

空気質の測定法　空気環境　117

1 検知管[*1]

直読式検知管の一例

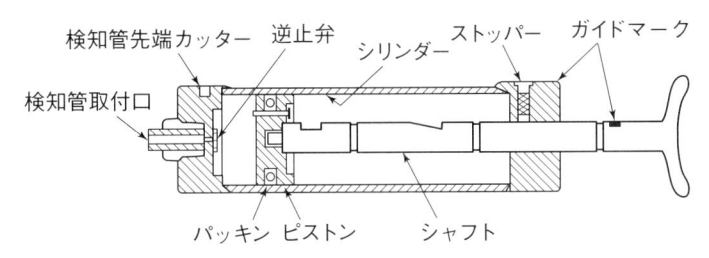

栓　検知剤　栓

手動式ガス採取器の一例

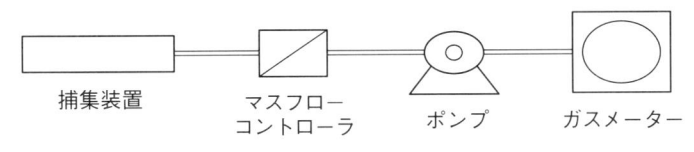

検知管先端カッター　逆止弁　ストッパー　ガイドマーク
検知管取付口　シリンダー
パッキン　ピストン　シャフト

電動式ガス捕集装置の一例

捕集装置　マスフローコントローラ　ポンプ　ガスメーター

2 粉塵計[*1]

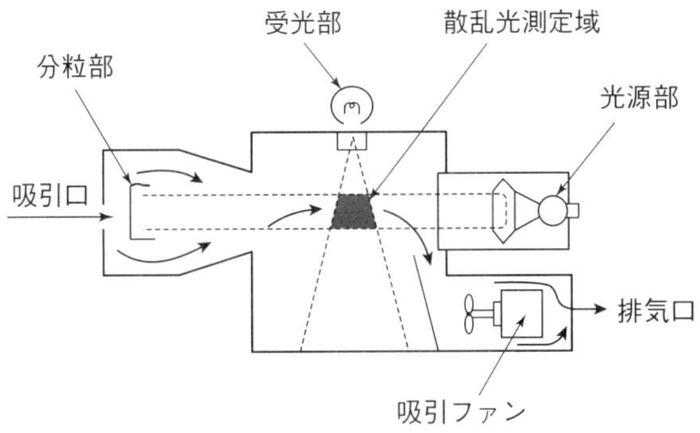

デジタル粉塵計の構成例

分粒部　受光部　散乱光測定域　光源部
吸引口　排気口　吸引ファン

3 ガスクロ[*2]

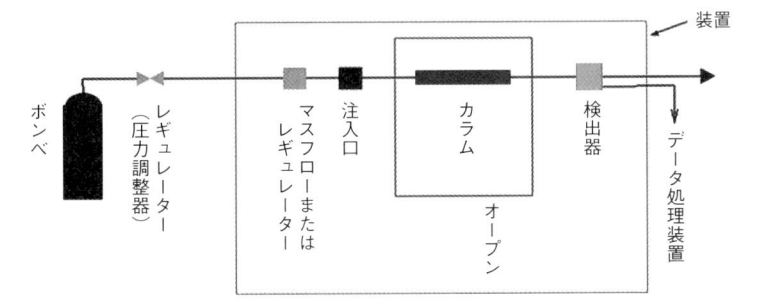

装置
ボンベ　レギュレーター（圧力調整器）　マスフローまたはレギュレーター　注入口　カラム　オーブン　検出器　データ処理装置

4 GC/MS[*3]

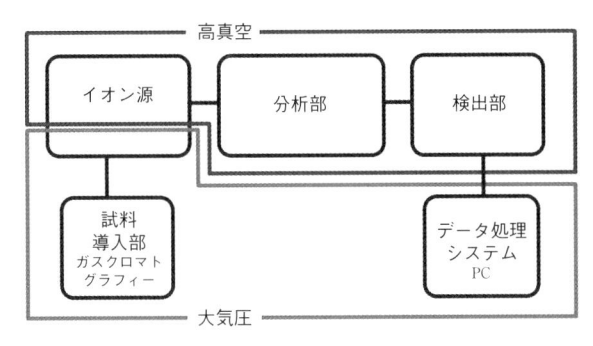

高真空
イオン源　分析部　検出部
試料導入部 ガスクロマトグラフィー　データ処理システム PC
大気圧

5 光音響法[*4]

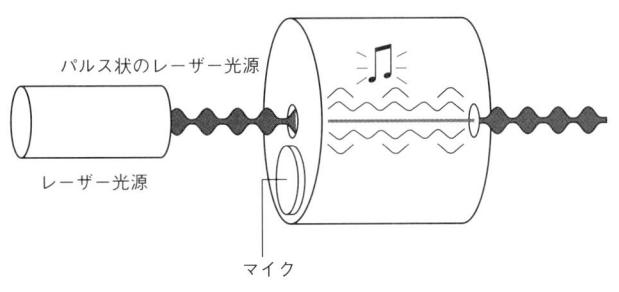

パルス状のレーザー光源
レーザー光源　マイク

光音響法の原理

被験空気をチャンバーに導き，レーザー光線を当てると，光は，被験空気中の特定成分に吸収されて特定の振動数で振動するが，その振動をマイクロフォンで捕える。

6 VOCsに関する主要JIS規格[*5]

規格	内容	制定日
JIS A 1902-1	建築材料の揮発性有機化合物（VOC），ホルムアルデヒド及び他のカルボニル系化合物放散量測定におけるサンプル採取，試験片作製及び試験条件—第1部：ボード類，壁紙及び床材	平成18年12月20日制定
JIS A 1902-2	建築材料の揮発性有機化合物（VOC），ホルムアルデヒド及び他のカルボニル化合物放散量測定におけるサンプル採取，試験片作製及び試験条件—第2部：接着剤	平成18年12月20日制定
JIS A 1902-3	建築材料の揮発性有機化合物（VOC），ホルムアルデヒド及び他のカルボニル化合物放散量測定におけるサンプル採取，試験片作製及び試験条件—第3部：塗料及び建築仕上塗材	平成18年12月20日制定
JIS A 1902-4	建築材料の揮発性有機化合物（VOC），ホルムアルデヒド及び他のカルボニル化合物等の放散速度測定におけるサンプル採取，試験片作製及び試験条件—第4部：断熱材	平成18年12月20日制定
JIS A 1911	建築材料などからのホルムアルデヒド放散測定方法—大形チャンバー法	平成18年12月20日制定
JIS A 1905-1	小形チャンバー法による室内空気汚染濃度低減材の低減性能試験法—第1部：一定ホルムアルデヒド濃度供給法による吸着速度測定	平成19年2月1日制定
JIS A 1905-2	小形チャンバー法による室内空気汚染濃度低減材の低減性能試験法—第2部：ホルムアルデヒド放散建材を用いた吸着速度測定	平成19年2月1日制定
JIS A 1965	室内及び放散試験チャンバー内空気中揮発性有機化合物のTenaxTA吸着剤を用いたポンプサンプリング，加熱離脱及びMS/FIDを用いたガスクロマトグラフィーによる定量	平成19年2月1日制定
JIS A 1903	建築材料からの揮発性有機化合物（VOC）のフラックス発生量測定法—パッシブ法	平成20年2月20日制定
JIS A 1904	建築材料の準揮発性有機化合物（SVOC）の放散測定方法—マイクロチャンバー法	平成20年2月20日制定
JIS A 1906	小形チャンバー法による室内空気汚染濃度低減材の低減性能試験法—一定揮発性有機化合物（VOC），ホルムアルデヒドを除く他のカルボニル化合物濃度供給法による吸着速度測定	平成20年2月20日制定
JIS A 1912	建築材料などからの揮発性有機化合物（VOC），ホルムアルデヒドを除く他のカルボニル化合物放散測定方法—大形チャンバー法	平成20年2月20日制定

*1 日本空気清浄協会編：室内空気清浄便覧，オーム社，2000.
*2 東京電気産業（株）：「ガスクロマトグラフィーとは」ガスクロマトグラフィー入門編，GC-MS基礎講座，2007.
http://www.tokyo-densan.co.jp/product/bunseki/gc/gc_basic.htm
*3 旭川医科大学実験実習機器センター：「質量分析計」，質量分析計の部屋．
http://cent-scorpio.asahikawa-med.ac.jp/akutsu/mass/mass_spectrometer/，2009.
*4 オムニセンス社：「TGA-300光音響式アンモニア計測定原理」，オムニセンスジャパン社ホームページ，http://www.omnisens.co.jp/Omnisens/TGA/Principle.html，2000.
*5 日本建築学会編：総揮発性有機化合物による室内空気汚染防止に関する濃度等規準・同解説，pp.1～47，2010.

118　水環境　　水環境の要素

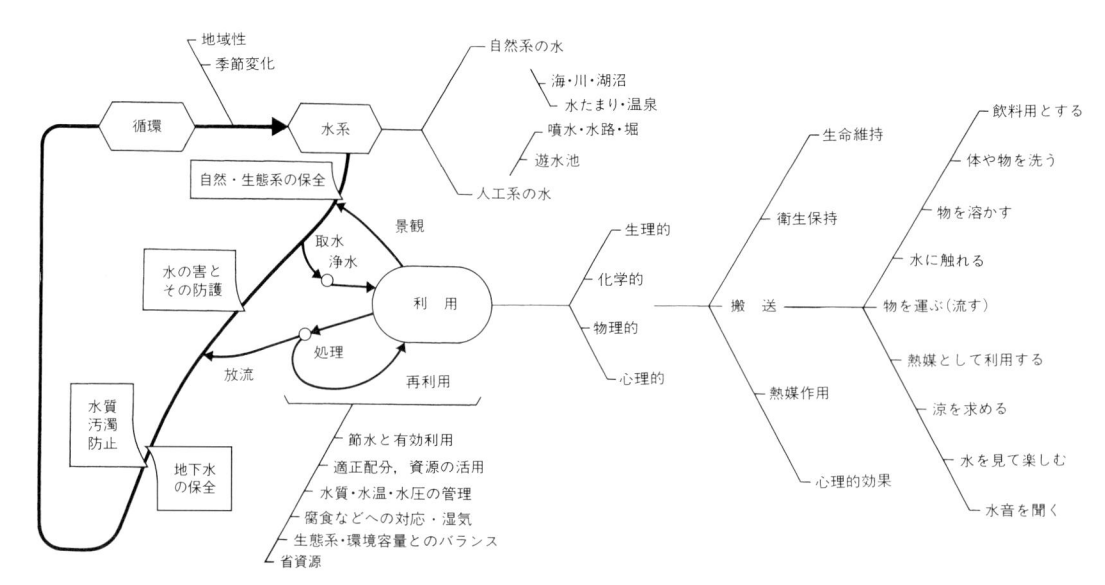

[1] 水環境計画の要素*1

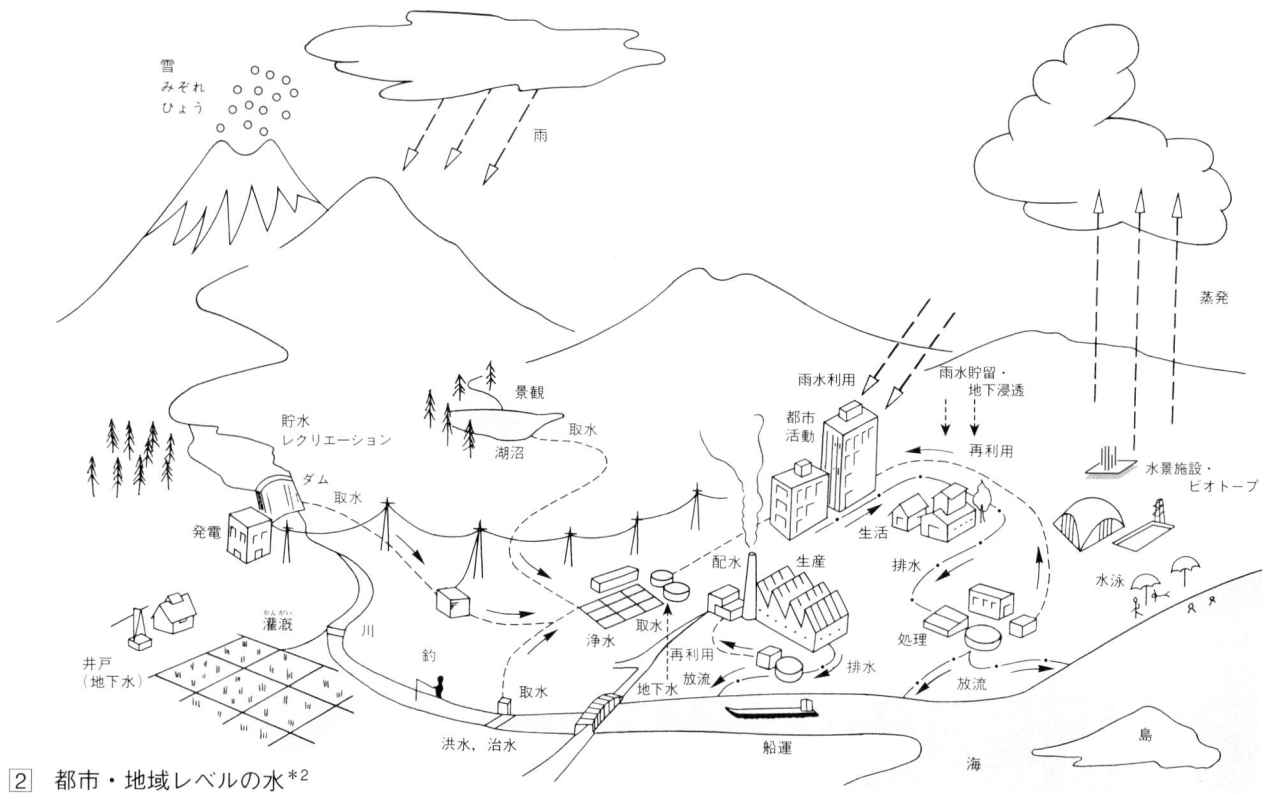

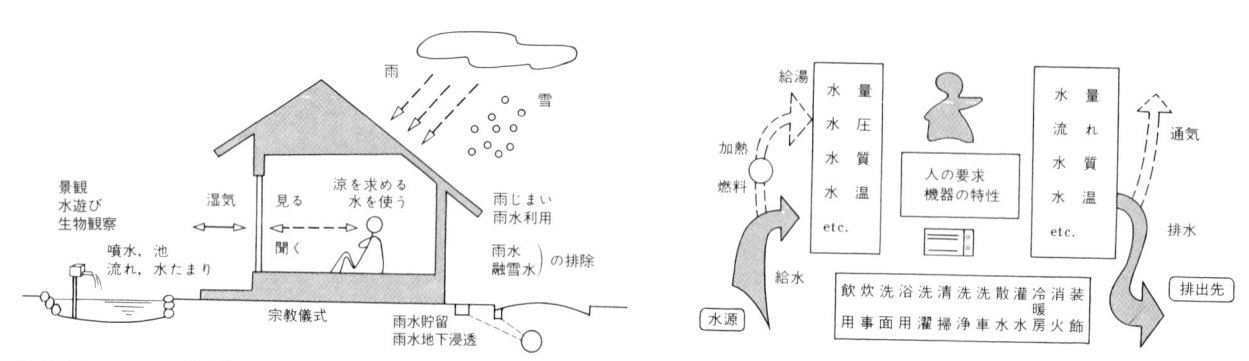

[2] 都市・地域レベルの水*2

[3] 建築レベルの水*2

[4] 設備レベルの水*2

*1　紀谷文樹：建築と水環境計画の課題, 建築雑誌, Vol.98, No.1208, p.4, 1983. を改訂
*2　日本建築学会編：設計計画パンフレット29, 建築と水のレイアウト, p.4, 彰国社, 1984. に一部加筆

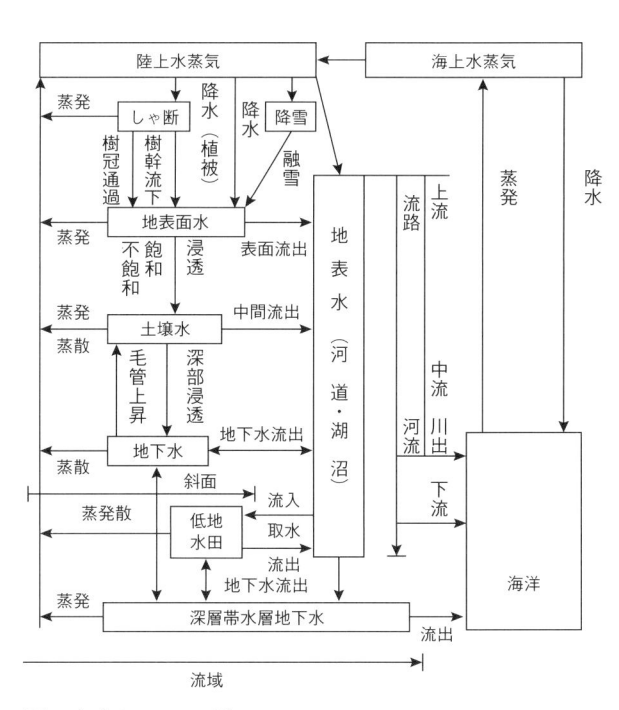

河川と水源　水環境　119

1　水文システム*1

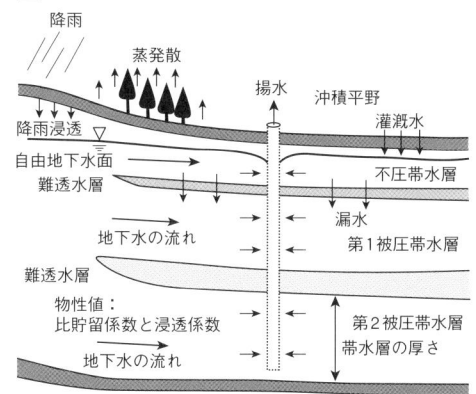

2　地下水の流れの生起場*1

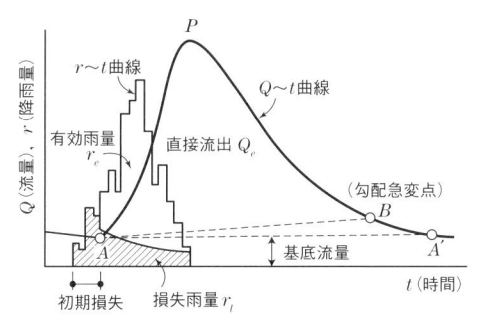

3　洪水流量ハイドログラフ*1

4　流出係数の例*2

工種別	流出係数
屋　　根	0.85〜0.95
道　　路	0.80〜0.90
その他不透面	0.75〜0.85
水　　面	1.00
間　　地	0.10〜0.30
芝，樹木の多い公園	0.05〜0.25
勾配の緩い山地	0.20〜0.40
勾配の急な山地	0.40〜0.60

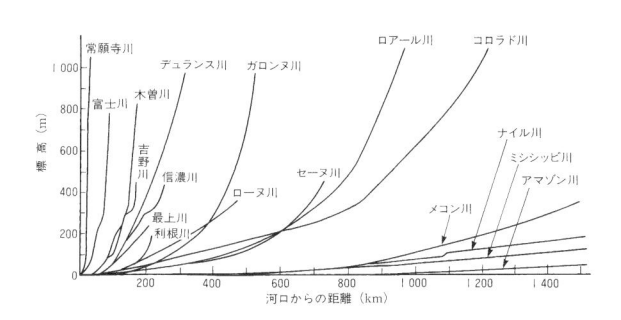

5　河川延長と勾配*3

6　河川の長さと河況係数*2

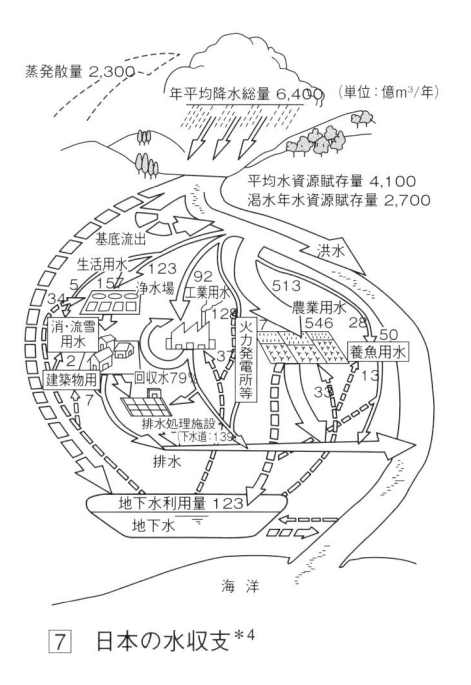

	河川	長さ[km]	河況係数
日本	吉野川	194	290
	高梁川	111	180
	利根川	322	100
	筑後川	143	100
	木曽川	227	60
	北上川	249	45
	信濃川	367	40
	石狩川	268	30
	淀川	75	30
外国	ミシシッピ川	3 779	8
	ドナウ川	2 850	4
	テムズ川	338	3

7　日本の水収支*4

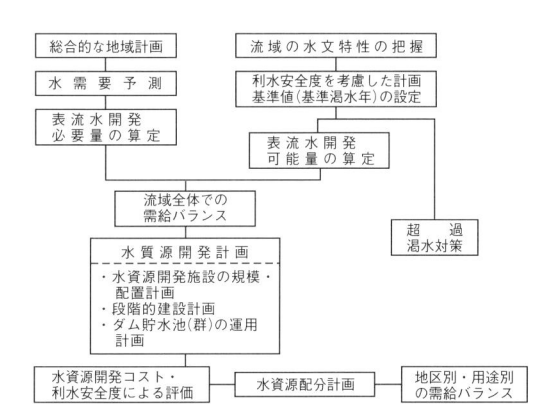

8　水資源システムの計画・管理システム*1

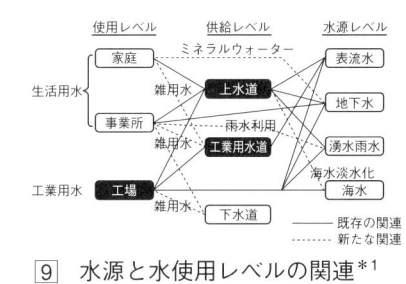

9　水源と水使用レベルの関連*1

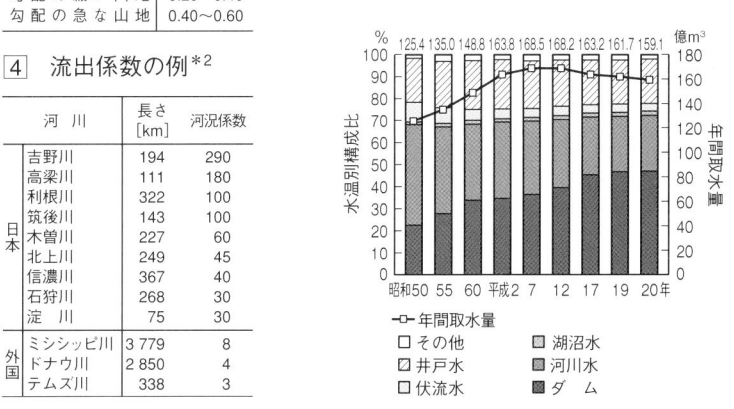

10　水道水源別年間取水量の推移*5

*1 水文・水資源学会編：水文・水資源ハンドブック，p.48，76，88，357，365，朝倉書店，1998．
*2 建築設備学教科書研究会編：建築設備学教科書　新訂版，p.115，148，彰国社，2002．
*3 国土庁長官官房水資源部編：平成5年版　日本の水資源，p.421，1993．
*4 国土交通省土地・水資源局水資源部編：平成20年版　日本の水資源，p.195，2010．
*5 日本水道協会資料，協会ホームページより作成，2010．

水環境　水の害

水の害

水はその相により，また，相変化により建築に様々な害をもたらす。雨漏りは最も多い建築に対する水の害である。寒地建築では，雪害や凍害の問題がある。

すがもり：小屋裏の暖気により融けた雪が冷却され氷堤を形成する。そのためその上の融雪水が停滞し，小屋裏に漏れ出る現象。積雪の落下を早め，軒先の冷却を防ぎ，小屋裏は冷却するなどの対策がある。

凍上：地盤に含まれた水分が凍結し，霜柱層を形成する。これが地盤を隆起し，建築物の基礎を押し上げる。対策として，基礎を凍結深度以下にする。基礎周辺の排水を促す。粘土質の地盤では，凍上しにくい砂，砂利などに変えるなどの方法がある。

1　水の相による害[1]

へ より	水	氷（雪）	蒸気
水	圧力浸透・白化水あと汚れ・かび・さび・局部電解・毛細管浸透・洪水	凍上・霜柱・つらら・凍結融解破壊・可動部凍結水管破裂・浴槽破壊・床凍結の滑り	防水層ふくれ・塗装膜剥離
氷雪	吹込み雪の水もれすがもり融雪浸水	雪圧による圧壊・雪吹込み・軒なだれ・なだれ・落雪・落氷雪おろし時の事故	
蒸気	結露・汚れ・湿性かび・さび・透湿性悪化	ジャックフロスト（氷華）塗膜粉化	湿性かび発生・白蟻害・さび

2　建物部位別にみた水の種類と防水工法[2]

部位	水の種類	水の形	適用工法
屋根	雨・雪・ひょう・あられ等	水滴・飛まつ・流水・落下固体・蒸留水	葺き屋根防水屋根
地上外壁	雨	水滴・飛まつ・流水	外装・二重壁・シーリング
地下外壁	地下水	水圧の高い静水	防水層・二重壁
内壁	生活水・清掃水	水滴・飛まつ・流水	防水層・シーリング
バルコニー等	雨・雪・生活水	水滴・飛まつ・流水・滞留水	防水層
屋内床	清掃水・生活水	水滴・飛まつ・流水・蒸留水	防水層
地下最下層床	地下水	水圧の高い静水	防水層

3　最大1時間降水量に関する日本の観測史上の順位[3]

順位	都道府県	観測所	観測値[mm]	年月日
1	千葉県	香取	153	1999年10月27日
1	長崎県	長浦岳	153	1982年7月23日
3	沖縄県	多良間	152	1988年4月28日
4	高知県	清水*	150.0	1944年10月17日
5	高知県	室戸岬*	149.0	2006年11月26日
6	福岡県	前原	147	1991年9月14日
7	愛知県	岡崎	146.5	2008年8月29日
8	和歌山県	潮岬*	145.0	1972年11月14日
9	千葉県	銚子*	140.0	1947年8月28日
10	宮崎県	宮崎*	139.5	1995年9月30日

観測所の*は気象官署，無印はアメダス

4　日降水量に関する日本の観測史上の順位[3]

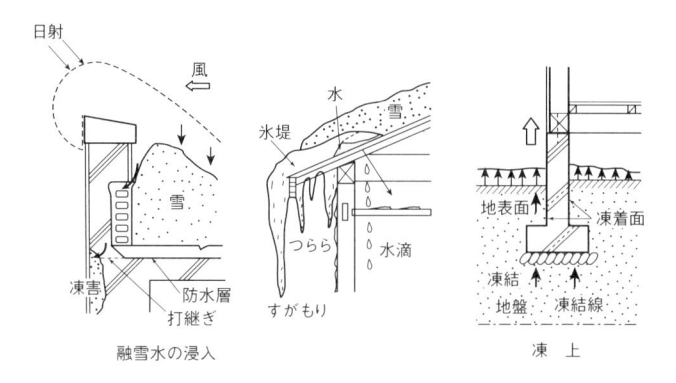

順位	都道府県	観測所	観測値[mm]	年月日
1	奈良県	日出岳	844	1982年8月1日
2	三重県	尾鷲*	806.0	1968年9月26日
3	香川県	内海	790	1976年9月11日
4	沖縄県	与那国島*	765.0	2008年9月13日
5	愛媛県	成就社	757	2005年9月6日
6	高知県	繁藤	735	1998年9月24日
7	宮崎県	えびの	715	1996年7月18日
8	高知県	本川	713	2005年9月6日
9	和歌山県	色川	672	2001年8月21日
10	高知県	池川	644	2005年9月6日

観測所の*は気象官署，無印はアメダス

5　主要都市における降水量の最大記録と積雪の最深記録[3]

都市名	日降水量(mm)	年月日	日最大1時間降水量(mm)	年月日	日最大10分間降水量(mm)	年月日	月最深積雪(cm)	年月日
札幌	207.0	1981/8/23	50.2	1913/8/28	19.4	1953/8/14	169	1939/2/13
秋田	186.8	1937/8/31	72.4	1964/8/13	27.0	1964/8/13	117	1974/2/10
仙台	328.5	1948/9/16	94.3	1948/9/16	30.0	1950/7/19	41	1936/2/9
新潟	265.0	1998/8/4	97.0	1998/8/4	24.0	1967/8/28	120	1961/1/18
東京	371.9	1958/9/26	88.7	1939/7/31	35.0	1966/6/7	46	1883/2/8
静岡	368.0	2004/6/30	113.0	2003/7/4	29.0	2003/7/4	10	1945/2/25
長野	124.5	2004/10/20	63.0	1933/8/11	26.5	1947/8/11	80	1946/12/11
金沢	234.4	1964/7/18	77.3	1950/9/18	29.0	1953/8/24	181	1963/1/27
名古屋	428.0	2000/9/11	97.0	2000/9/11	29.0	1988/9/20	49	1945/12/19
京都	288.6	1959/8/13	88.0	1980/8/26	26.0	1980/8/26	41	1954/1/26
大阪	250.7	1957/6/26	77.5	1979/6/26	24.5	1997/8/5	18	1907/2/11
奈良	182.3	1959/8/13	79.0	2000/5/13	24.7	1959/8/6	21	1990/2/1
高松	210.5	2004/10/20	68.5	1998/9/22	23.0	1947/7/15	19	1984/1/31
高知	628.5	1998/9/24	129.5	1998/9/24	28.5	1998/9/24	10	1987/1/13
松江	263.6	1964/7/18	77.9	1944/8/25	25.6	1958/8/1	100	1971/2/4
広島	229.5	1983/9/28	79.2	1926/9/11	26.0	1987/8/13	31	1893/1/5
福岡	307.8	1953/6/25	96.5	1997/7/28	23.5	2007/7/12	30	1917/12/30
鹿児島	324.0	1995/8/11	104.5	1995/8/11	33.0	1998/10/7	29	1959/1/17
那覇	468.9	1959/10/16	110.5	1998/7/17	29.5	1979/6/11	—	

6　凍害を受けやすい部位と原因[4]

部位		凍害の原因
突出部	軒先・ベランダ・かさ石	冷却大・水切り不良・材質不良
壁面	隅角部	冷却大・温度ひび割れ
	多湿室の外部	結露水の凍結
	開口部まわり	結露水の凍結・水切り不良
	パラペットまわり	パラペットの構造不適・防水押え層の膨張・かさ石の材質不良
床面	防水押え層	材質不良・施工時期の対策不良
	仕上材	材質不良

7　水の害の例[4]

融雪水の浸入　　すがもり　　凍上

8　北海道内諸市の凍結深度設定値[5]

凍結深度（cm）	市名
50	函館（50〜70）・小樽・伊達（50〜70）
60	札幌・室蘭・苫小牧（60〜80）・江別・千歳・恵庭・北広島・石狩（60〜80）・北斗・夕張・岩見沢（50〜60）・美唄・三笠・滝川・留萌・登別
70	芦別・赤平・砂川・深川・士別（70〜80）・富良野
80	旭川・名寄・稚内・網走・紋別
90	歌志内
100	釧路（90〜100）・帯広・北見（90〜120）・根室（100〜110）

近年，最大10分降水量，最大1時間降水量が増大する傾向にあり，地下への浸水被害や河等への急速な水位上昇による被害が生じている。

---

[1] 人間環境とディテール，4，水，ディテール44号，特集1，彰国社，1975.
[2] 紀谷文樹：建物をめぐる水の話，井上書院，p.45, 1986.
[3] 気象庁：過去の気象データ（http://www.data.jma.go.jp/obd/stats/etrn/）より作成（2009.2現在）
[4] 日本建築学会編：建築設計資料集成1，環境，p.190，丸善，1978.
[5] 北海道：市町村の標準的な凍結深度（http://www.pref.hokkaido.lg.jp/kn/ksd/kijun/touketsushindo.htm）より作成

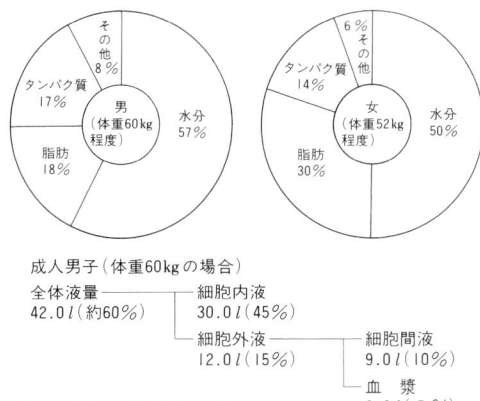

生理・心理面からみた水　水環境

生理・心理面からみた水

　人体のうち水分の占める割合は，成人男子55〜65％，成人女子45〜55％，幼児55〜70％程度である。人体における水の働きは，栄養素の吸収，老廃物の排泄や消化液等の分泌，恒常性調節等のための溶媒として働くとともに，それらや酸素の運搬の役目をしている。また，体温調節のためにも役立っている。人体の血液，組織液に溶けている主な元素は海水に似ているが，細胞内部の水は全く異なる。日常生活においては，成人で一日に2.0〜1.5l程度，生命維持のためには1.3〜1.5l程度の水が必要である。

　運動時に水分補給をした場合は，しない場合に比べ体温上昇が少ない。水の含有成分により人体への効用が異なる。また，湯温によっても影響が異なる。

1 人体の成分比率[*1]

成人男子（体重60kgの場合）
- 全体液量 42.0l（約60％）
  - 細胞内液 30.0l（45％）
  - 細胞外液 12.0l（15％）
    - 細胞間液 9.0l（10％）
    - 血漿 3.0l（5％）

男（体重60kg程度）：水分57％，タンパク質17％，脂肪18％，その他8％
女（体重52kg程度）：水分50％，タンパク質14％，脂肪30％，その他6％

2 海水と人体に含まれる水の成分（質量の比率％）[*2]

	塩素	ナトリウム	炭酸水素イオン	リン酸水素イオン	硫酸イオン	カリウム	カルシウム	マグネシウム
海水	58.2	32.4	—	—	※2.7	1.2	1.2	3.9
組織液	42.3	34.2	19.2	1.0	1.0	1.6	0.5	0.2
血液	46.6	36.3	18.3	1.1	0.5	1.7	1.1	0.4
細胞内部の水	—	2.5	4.8	41.5	0.4	48.3	—	2.5

※硫黄を示す

3 人体の水収支[*1]

摂取
飲用	1 000〜1 500ml
食物	700〜1 000
燃焼水	300
計	2 000〜2 500

排出
尿	1 200〜1 500ml
糞便	100
不感蒸泄　肺	300〜 400
皮膚	400〜 600
計	2 000〜2 500

4 水分の欠乏率と脱水症状[*1]

水分欠乏率(%)（体重に対する概略値）	脱水症状
1%	のどのかわき
2%	強いかわき，ぼんやりする，重苦しい，食欲減退，血液濃縮
4%	動きのにぶり，皮膚の紅潮化，いらいらする，疲労および嗜眠，感情鈍麻，吐気，感情の不安定
6%	手・足のふるえ，熱性抑うつ症，混迷，頭痛，熱性こんぱい，体温上昇，脈拍・呼吸の上昇
8%	呼吸困難，めまい，チアノーゼ，言語不明瞭，疲労増加，精神錯乱
10〜12%	筋けいれん，ロンバルグ症状（閉眼で平衡失調），失神，舌の腫脹，せんもうおよび興奮状態，循環不全，血液濃縮および血液の減少，腎機能不全
15〜17%	皮膚がしなびてくる，のみこみ困難，目の前が暗くなる，目がくぼむ，排尿痛，聴力損失，皮膚の感覚鈍化，舌がしなびる，眼瞼硬直
18%	皮膚のひび割れ，尿生成の停止
20%以上	死亡

5 療養泉の一般的適応症[*3]

神経痛，筋肉痛，関節痛，五十肩，運動まひ，関節のこわばり，うちみ，くじき，慢性消化器病，痔疾，冷え症，病後回復期，疲労回復，健康増進

泉質別適応症

	泉質	浴用	飲用
塩類泉	塩化物泉	きりきず，やけど，慢性皮膚病，虚弱児童，慢性婦人病	慢性消化器病，慢性便秘
	炭酸水素塩泉	きりきず，やけど，慢性皮膚病	慢性消化器病，糖尿病，痛風，肝臓病
	硫酸塩泉　鉄-硫酸塩泉およびアルミニウム-硫酸塩泉を除く	動脈硬化症，きりきず，やけど，慢性皮膚病	慢性胆嚢炎，胆石症，慢性便秘，肥満症，糖尿病，痛風
	二酸化炭素泉	高血圧症，動脈硬化症，きりきず，やけど	慢性消化器病，慢性便秘
特殊成分を含む療養泉	含鉄泉	月経障害	貧血
	含銅-鉄泉	含鉄泉に準じる。	含鉄泉に準じる。
	硫黄泉	慢性皮膚病，慢性婦人病，きりきず，糖尿病（硫化水素型）高血圧症，動脈硬化症，その他は上記に準じる。	糖尿病，痛風，便秘
	酸性泉	慢性皮膚病	慢性消化器病
	含アルミニウム泉	酸性泉に準じる。	酸性泉に準じる。

6 水による感染[*3]

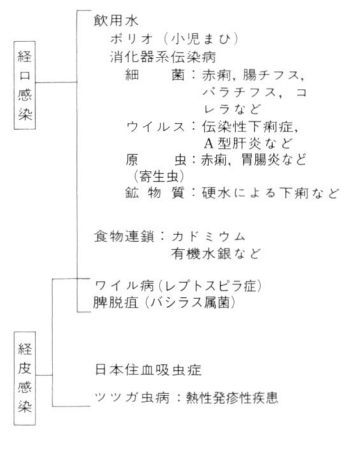

経口感染
- 飲用水
  - ポリオ（小児まひ）
  - 消化器系伝染病
  - 細菌：赤痢，腸チフス，パラチフス，コレラなど
  - ウイルス：伝染性下痢症，A型肝炎など
  - 原虫：赤痢，胃腸炎など（寄生虫）
  - 鉱物質：硬水による下痢など
- 食物連鎖：カドミウム，有機水銀など
- ワイル病（レプトスピラ症）
- 脾脱疽（バシラス属菌）

経皮感染
- 日本住血吸虫症
- ツツガ虫病：熱性発疹性疾患

水系感染による疾患の媒体による分類
- 細菌：腸チフス，パラチフス，赤痢，コレラ
- ウイルス：ポリオ，伝染性下痢病，A型肝炎，エンテロウイルス感染症
- 寄生虫：アメーバ性赤痢，メジナ虫症，日本住血吸虫症，ツツガ虫病，クリプトスポリジウム症

7 水のイメージ[*4]

分類	イメージ
1. 触覚的な水の物性のイメージ	湿潤，潤い，冷たさ，涼しさ，柔らかさなど
2. 流動に基づくイメージ	流れ，流すもの，なでるもの，襲うもの，揺すもの，引き込むものなど
3. 水平面に基づくイメージ	水平な面，広がる面など
4. 水かさや重さに関する物性に基づくイメージ	満々たる水かさ，底知れぬ深さ，沈めるもの，浮かべるもの，漂わせるものなど
5. 光にかんする水の物性に基づくイメージ	澄みわたるもの，透明なもの，色や形を際だたせるもの，反映・反射するものなど
6. 溶解する物性に基づくイメージ	雪・氷を溶かすものなど
7. 連続一体な水の物性に基づくイメージ	空間を限定するもの，空間を分離するもの，空間をまとめるもの，空間を連結するものなど

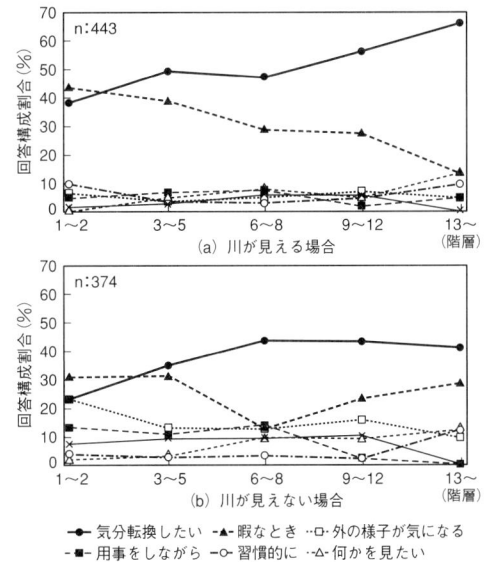

8 水辺眺望景観が心理面に及ぼす影響[*5]

窓から外を眺めるときの動機・心理状態

(a) 川が見える場合 （n:443）
(b) 川が見えない場合 （n:374）

凡例：●気分転換したい　▲暇なとき　□外の様子が気になる　■用事をしながら　◇習慣的に　○何かを見たい　×その他

[*1] 日本建築学会編：建築環境工学用教材（環境編），p.88，1995.
[*2] ニュートンプレス編：水－生命を育む物質，ニュートン，p.32，33より作成，2005.10.
[*3] 田中正敏：人体の健康と水質，第2回水環境シンポジウム，p.16，17より作成（一部加筆），日本建築学会，1985.
[*4] 日本建築学会編：設計計画パンフレット29，建築と水のレイアウト，p.18より作成
[*5] 村川三郎・西名大作・横田幹朗：リバーフロント住宅の眺望景観が住居性に及ぼす影響，日本建築学会計画系論文集，No.456，p.48，1994.

水環境　水環境の基準

1 水道水の水質基準 *1

	水質項目	基準値		水質項目	基準値
1	一般細菌	100	27	総トリハロメタン	0.1
2	大腸菌	ND	28	トリクロロ酢酸	0.2
3	カドミウム及びその化合物	0.01	29	ブロモジクロロメタン	0.03
4	水銀及びその化合物	0.0005	30	ブロモホルム	0.09
5	セレン及びその化合物	0.01	31	ホルムアルデヒド	0.08
6	鉛及びその化合物	0.01	32	亜鉛及びその化合物	1.0
7	ヒ素及びその化合物	0.01	33	アルミニウム及びその化合物	0.2
8	六価クロム化合物	0.05	34	鉄及びその化合物	0.3
9	シアン化物イオン及び塩化シアン	0.01	35	銅及びその化合物	1.0
10	硝酸態窒素及び亜硝酸態窒素	10	36	ナトリウム及びその化合物	200
11	フッ素及びその化合物	0.8	37	マンガン及びその化合物	0.05
12	ホウ素及びその化合物	1.0	38	塩化物イオン	200
13	四塩化炭素	0.002	39	カルシウム、マグネシウム（硬度）	300
14	1,4-ジオキサン	0.05	40	蒸発残留物	500
15	1,1-ジクロロエチレン	0.02	41	陰イオン界面活性剤	0.2
16	シス-1,2-ジクロロエチレン	0.04	42	ジェオスミン	0.00001
17	ジクロロメタン	0.02	43	メチルイソボルネオール	0.00001
18	テトラクロロエチレン	0.01	44	非イオン界面活性剤	0.02
19	トリクロロエチレン	0.03	45	フェノール類	0.005
20	ベンゼン	0.01	46	TOC	5
21	塩素酸	0.6	47	pH値（－）	5.8～8.6
22	クロロ酢酸	0.02	48	味	異常でないこと
23	クロロホルム	0.06	49	臭気	異常でないこと
24	ジクロロ酢酸	0.04	50	色度（度）	5
25	ジブロモクロロメタン	0.1	51	濁度（度）	2
26	臭素酸	0.01			

（注）基準値 mg/L 以下、一般細菌 CFU/mL 以下、ND：不検出

2 プール，浴槽水の水質基準 *2

水質項目	基準値 遊泳用プール	基準値 公衆浴場浴槽水
pH（－）	5.8～8.6	－(5.8～8.6)
濁度（度）	2以下	5以下
過マンガン酸カリウム消費量（mg/L）	12以下	25(10)以下
大腸菌（CFU/mL）	ND	1(ND)以下
一般細菌（CFU/mL）	200以下	－
遊離残留塩素（mg/L）	0.4～1.0	0.2～0.4（－）
二酸化塩素（mg/L）	0.1～0.4	
亜塩素酸（mg/L）	1.2以下	
総トリハロメタン（mg/L）	0.2以下	
レジオネラ属菌（CFU/100mL）	ND	ND(ND)

（注）ND：不検出、公衆浴場は（ ）は原湯、原水、プールのレジオネラ検査は気泡浴槽がある場合、浴槽水は大腸菌群が水質項目

3 雑用水の水質基準 *3

使用用途	残留塩素（mg/L）	外観	臭気	pH（－）	※大腸菌（CFU/mL）	濁度（度）
散水、修景、清掃用	遊離塩素：0.1以上（1回/7日）	ほとんど無色透明であること	異常でないこと	5.8～8.6（1回/7日）	検出されないこと（1回/2ヶ月）	2以下（1回/2ヶ月）
水洗トイレ用						測定不要
その他雑用水						測定不要

4 人の健康の保護に関する環境基準 *4～6

項目	基準値	項目	基準値
カドミウム（mg/L）	0.01	1,1,1-トリクロロエタン	1
全シアン（mg/L）	ND	1,1,2-トリクロロエタン	0.006
有機リン	ND	トリクロロエチレン	0.03
鉛（mg/L）	0.01		
六価クロム（mg/L）	0.05	テトラクロロエチレン	0.01
ヒ素（mg/L）	0.01	1,3-ジクロロプロペン	0.002
総水銀（mg/L）	0.005	チウラム	0.006
アルキル水銀（mg/L）	ND	シマジン	0.003
PCB（mg/L）	ND	チオベンカルブ	0.02
ジクロロメタン（mg/L）	0.02	ベンゼン	0.01
四塩化炭素（mg/L）	0.002	セレン	0.01
1,2-ジクロロエタン（mg/L）	0.004	硝酸性窒素及び亜硝酸性窒素	10
1,1-ジクロロエチレン（mg/L）	0.02	フッ素	0.8
シス-1,2-ジクロロエチレン（mg/L）	0.04	ホウ素	1

（注）基準値：以下、ND：不検出
（備考）基準値：年間平均値、ただし、全シアンは最高値。ND：定量限界を下回ることをいう。海域：フッ素、ホウ素は適用しない。NO_2-NおよびNO_3-Nは換算係数を乗じた和とする

5 水質汚濁に係る環境基準（水生生物の保全に係る水質環境基準）*4,*5

	類型	水生生物の生息状況の適応性	全亜鉛基準値
河川、湖沼	生物A	イワナ、サケ、マス等比較的低温域を好む水生生物及びこれらの餌生物が生息する水域	0.03mg/L以下
	生物特A	生物Aの水域のうち、生物Aの欄に掲げる水生生物の産卵場又は幼稚仔の生育場として特に保全が必要な水域	0.03mg/L以下
	生物B	コイ、フナ等比較的高温域を好む水生生物及びこれらの餌生物が生息する水域	0.03mg/L以下
	生物特B	生物Bの水域のうち、生物Bの欄に掲げる水生生物の産卵場又は幼稚仔の生育場として特に保全が必要な水域	0.03mg/L以下
海域	生物A	水生生物の生息する水域	0.02mg/L以下
	生物特A	生物Aの水域のうち、水生生物の産卵場又は幼稚仔の生育場として特に保全が必要な水域	0.01mg/L以下

6 水質汚濁に係る環境基準（生活環境の保全に係る環境基準）*4,*5

	類型	利用目的の適応性	pH（－）	BOD（mg/L）	SS（mg/L）	DO（mg/L）	大腸菌群数（MPN/100mL）
河川	AA	水道1級、自然環境保全及びA以下の欄に掲げるもの	6.5～8.5	1以下	25以下	7.5以上	50以下
	A	水道2級、水産1級	6.5～8.5	2以下	25以下	7.5以上	1 000以下
	B	水道3級、水産2級	6.5～8.5	3以下	25以下	5以上	5 000以下
	C	水産3級	6.5～8.5	5以下	50以下	5以上	－
	D	工業用水2級	6.0～8.5	8以下	100以下	2以上	－
	E	工業用水3級、環境保全	6.0～8.5	10以下	ごみの浮遊が認められないこと		
湖沼	AA	水道1級、水産1級、自然環境保全及びA以外の欄に掲げるもの	6.5～8.5	1以下（COD）	1以下	7.5以上	50以下
	A	水道2、3級、水産2級、水浴及びB以下の欄に掲げるもの	6.5～8.5	3以下（COD）	5以下	7.5以上	1 000以下
	B	水産3級、工業用水1級、農業用水及びCの欄に掲げるもの	6.5～8.5	5以下（COD）	15以下	5以上	－
	C	工業用水2級、環境保全	6.0～8.5	8以下（COD）	ごみの浮遊が認められないこと	2以上	

海域	類型	利用目的の適応性	pH（－）	COD（mg/L）	n-ヘキサン抽出物質（mg/L）	DO（mg/L）	大腸菌群数（MPN/100mL）
	A	水産1級、水浴、自然環境保全及びB以下の欄に掲げるもの	7.8～8.3	2以下	検出されないこと	7.5以上	1 000以下
	B	水産2級、工業用水及びCの欄に掲げるもの	7.8～8.3	3以下	検出されないこと	5以上	－
	C	環境保全	7.0～8.3	8以下	－	2以上	

（注）利用目的は各類型以下で利用できる。湖沼、海域：CODが水質項目

*1 水道法、厚生労働省令第101号
*2 公衆浴場における衛生等管理要領、遊泳用プールの衛生基準
*3 建築物における衛生的環境の確保に関する法律
*4 環境基本法、法律第91号、第16条
*5 環境省告示第123号
*6 要監視項目の追加、環水企発 040331003、環水企発 040331005

水質汚染の現状　　水環境　　123

環境基本法	循環型社会形成推進基本法
水質汚濁防止法	食品循環資源の再生利用等の促進に関する法律
下水道法	ダイオキシン類対策特別措置法
廃棄物の処理及び清掃に関する法律	大気汚染防止法
浄化槽法	土壌汚染対策法
化学物質の審査及び製造等の規制に関する法律	河川法
	農薬取締法
自然公園法	海洋汚染及び海上災害の防止に関する法律
湖沼水質保全特別措置法	瀬戸内海環境保全特別措置法
森林法	自然環境保全法
水産資源保護法	農用地の土壌汚染防止等に関する法律
と畜場法	建築物における衛生的環境の確保に関する法律

1　水環境保全に関連する法律の一例[*1]

項　目	河川	湖沼	海域
化学的酸素要求量（COD）	×	○	○
生物化学的酸素要求量（BOD）	○	×	×
水素イオン濃度（pH）	○	○	○
浮遊物質（SS）	○	○	×
溶存酸素（DO）	○	○	○
大腸菌群	○	○	○
全窒素	×	○	○
全りん	×	○	○
n－ヘキサン抽出物質	×	×	○
全亜鉛	○	○	○

2　公共用水域における水質汚濁評価項目[*2]

河川

類型	水域数 17年度	水域数 16年度	達成水域数 17年度	達成水域数 16年度	達成水域率（%）17年度	達成水域率（%）16年度
AA	357	355	323	314	90.5	88.5
A	1 220	1 214	1 085	1 127	88.9	92.8
B	548	548	457	475	83.4	86.7
C	295	293	246	247	83.4	84.3
D	83	86	70	75	84.3	87.2
E	51	56	46	53	90.2	94.6
合計	2 554	2 552	2 227	2 291	87.2	89.8

湖沼

類型	水域数 17年度	水域数 16年度	達成水域数 17年度	達成水域数 16年度	達成水域率（%）17年度	達成水域率（%）16年度
AA	33	33	6	6	18.2	18.2
A	124	119	83	78	66.9	65.5
B	17	17	4	2	23.5	11.8
合計	174	169	93	86	53.4	50.9

海域

類型	水域数 17年度	水域数 16年度	達成水域数 17年度	達成水域数 16年度	達成水域率（%）17年度	達成水域率（%）16年度
A	261	262	154	156	59.0	59.5
B	211	211	176	172	83.4	81.5
C	119	119	119	119	100	100
合計	591	592	449	447	76.0	75.5

全体

類型	水域数 17年度	水域数 16年度	達成水域数 17年度	達成水域数 16年度	達成水域率（%）17年度	達成水域率（%）16年度
合計	3 319	3 313	2 769	2 824	83.4	85.2

年度：平成

3　環境基準の達成状況（BODまたはCOD）[*3]

項　目	調査数	超過数	超過率（%）	基準値（mg/L）
カドミウム	3 092	0	0	0.01
全シアン	2 830	0	0	ND
鉛	3 374	15	0.4	0.01
六価クロム	3 286	0	0	0.05
ヒ素	3 457	61	1.8	0.01
総水銀	3 120	3	0.1	0.0005
アルキル水銀	1 008	0	0	ND
PCB	1 883	0	0	ND
ジクロロメタン	3 381	0	0	0.02
四塩化炭素	3 554	3	0.1	0.002
1,2－ジクロロエタン	3 136	0	0	0.004
1,1－ジクロロエチレン	3 584	1	0.0	0.02
シス－1,2－ジクロロエチレン	3 593	7	0.2	0.04
1,1,1－トリクロロエタン	3 739	0	0	1
1,1,2－トリクロロエタン	3 127	0	0	0.006
トリクロロエチレン	3 968	11	0.3	0.03
テトラクロロエチレン	3 961	6	0.2	0.01
1,3－ジクロロプロペン	2 886	0	0	0.002
チウラム	2 322	0	0	0.006
シマジン	2 402	0	0	0.003
チオベンカルブ	2 319	0	0	0.02
ベンゼン	3 389	2	0.1	0.01
セレン	2 599	1	0.0	0.01
硝酸性窒素及び亜硝酸性窒素	4 122	174	4.2	10.000
フッ素	3 703	30	0.8	0.8
ホウ素	3 342	5	0.1	1
全体（井戸実数）	4 691	297	6.3	

（注）基準値mg/L以下

4　平成17年度地下水質測定結果（概況調査）[*4]

項目	調査数	超過数	項目	調査数	超過数
カドミウム	4 520	0 (0)	1,1,1－トリクロロエタン	3 677	0 (0)
全シアン	4 107	0 (0)	1,1,2－トリクロロエタン	3 648	0 (0)
鉛	4 627	9 (6)	トリクロロエチレン	3 771	0 (0)
六価クロム	4 264	0 (0)	テトラクロロエチレン	3 770	0 (0)
ヒ素	4 576	3 (20)	1,3－ジクロロプロペン	3 680	0 (0)
総水銀	4 394	0 (0)	チウラム	3 592	0 (0)
アルキル水銀	1 307	0 (0)	シマジン	3 608	0 (0)
PCB	2 454	0 (0)	チオベンカルブ	3 609	0 (0)
ジクロロメタン	3 644	1 (1)	ベンゼン	3 588	0 (0)
四塩化炭素	3 650	0 (0)	セレン	3 632	0 (0)
1,2－ジクロロエタン	3 638	2 (1)	硝酸性窒素及び亜硝酸性窒素	4 304	3 (4)
1,1－ジクロロエチレン	3 634	0 (0)	フッ素	2 926	4 (11)
シス－1,2－ジクロロエチレン	3 636	0 (0)	ホウ素	2 804	0 (0)
合計（実地点数）	5 600 (5 703)			49 (42)	
環境基準達成率（%）			99.1% (99.3)		

5　健康項目の環境基準達成状況（平成17年度）[*5]

（注）1．（ ）は平成16年度の数値
2．フッ素及びホウ素の測定地点数には海域の測定地点の他，河川又は湖沼の測定地点のうち，海水の影響により環境基準を超えた地点は含まれていない
3．合計欄の超過点数は，実数であり，同一地点において複数項目の環境基準を超えた場合に超過地点数を1として集計した

出典：環境省「平成17年度公共水域水質測定結果」

[*1]　環境法令研究会編：環境六法　平成17年版　中央法規出版, 2005.
[*2]　金原　粲監修：環境科学, p.79, 実教出版, 2006.
[*3]　環境省編：循環型社会白書, 環境, 平成19年版, p.148, ぎょうせい, 2007.
[*4]　環境省編：循環型社会白書, 環境, 平成19年版, p.148, ぎょうせい, 2007.
[*5]　同上, p.147.

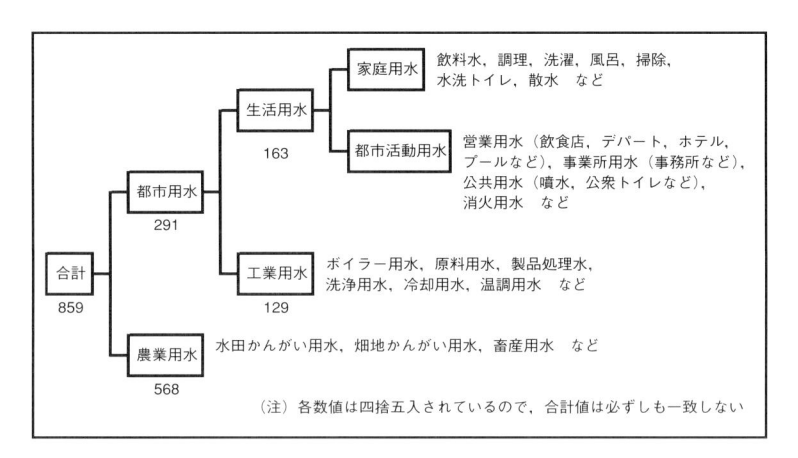

水環境　水質汚染対策

1 水の用途と使用量（単位：億m³）*1

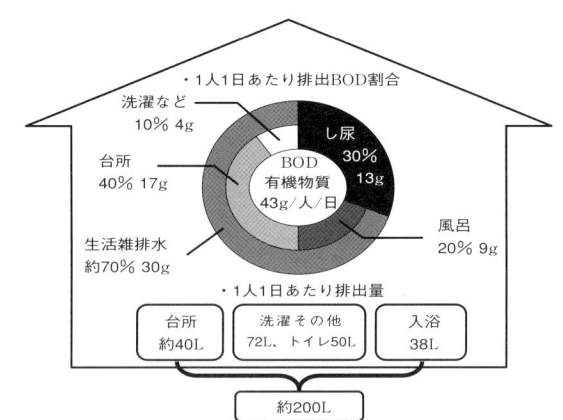

2 生活排水中の生物化学的酸素要求量（BOD）の割合 *2

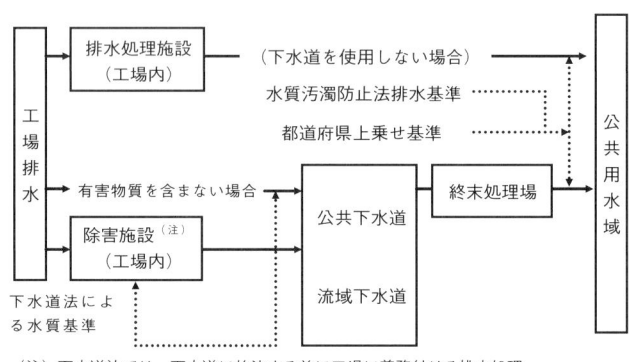

3 工場排水を下水道に放流する場合の法的取扱い *3

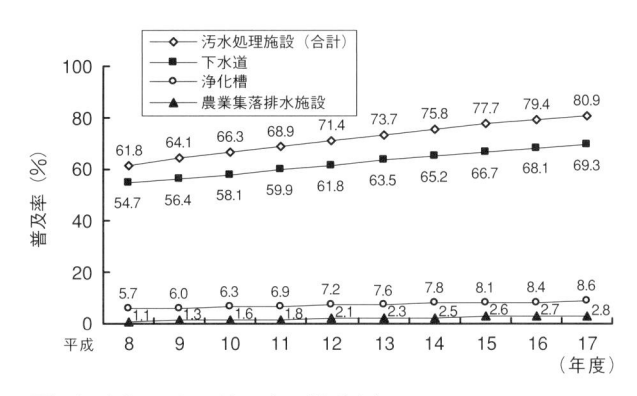

4 汚水処理人口普及率の推移 *4

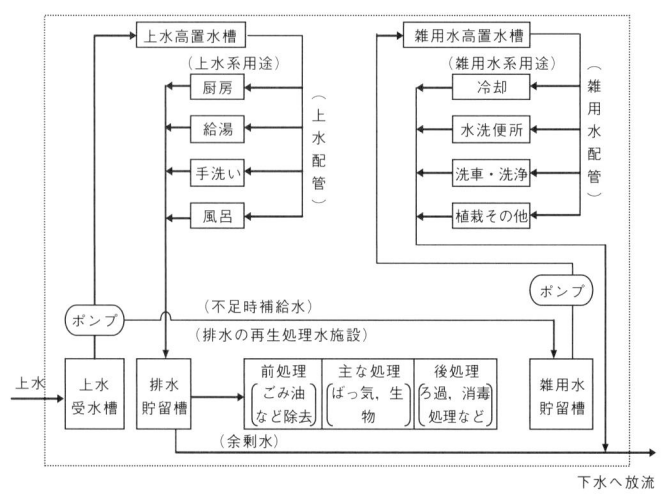

5 雑用水利用システムの一例 *5

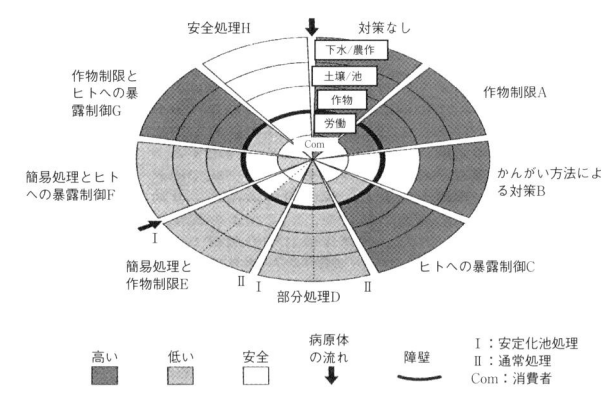

6 下水の再利用による健康リスクを低減するための異なる制御対策の効果を示す一般モデル
（Blumen-thal et al.1989を改変；WHO1989） *6

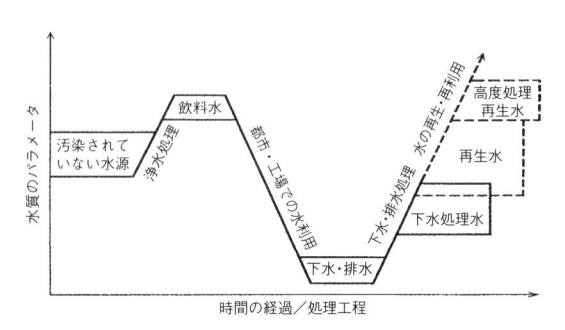

7 水利用による水質の変化と再生水の位置付け（再生水の水質と公衆衛生の考慮） *7

*1　金原　粲監修：環境科学，p.87，実教出版，2006.
*2　環境省資料より
*3　環境保全対策研究会編：二訂水質汚濁対策の基礎知識，p.54，産業環境管理協会，1998.
*4　環境省編：循環型社会白書，環境　平成19年版　p151，ぎょうせい，2007.
*5　高橋　裕・河田恵昭編：岩波講座地球環境学7，水循環と流域環境，p.219，岩波書店，1998.
*6　金子光美・平田　強監訳：水系感染症リスクのアセスメントとマネジメント，p.30，技報堂出版，2003.
*7　高橋　裕・河田恵昭編：岩波講座地球環境学7，水循環と流域環境，p.221，岩波書店，1998.

水環境保全　水環境

環境基盤		海岸形態（岩礁海岸・砂礫海岸・泥浜海岸） 気圏（気象，大気質，光，音，臭い） 水圏（水象，水質，海底地形，底質） 地圏（地象，地質，地形，地下水，地表水）
環境カテゴリー	生態	生態系（物質・エネルギー循環） プランクトン，ベントス，魚類，ほ乳類，海草，海浜陸上植物
	防災	侵食 洪水，土石流，暴風，高潮・高波，地震，津波
	利用	交通（港湾，漁港，空港） エネルギー基地（発電所，エネルギー備蓄基地） 資源（石油，鉱物資源，波，潮汐，潮流，温度エネルギー） 水産業（漁業，養殖業），農業（農地） 工業（工場），商業（オフィス），都市（住宅） レクリエーション（海水浴，潮干狩，釣り，散歩，観光見物など） 空間（廃棄物，建設残土・浚渫砂処理）
総合環境		ランドスケープ（景観）

1 沿岸域環境の構成[*1]

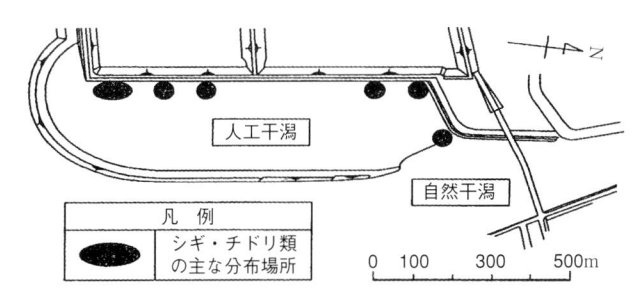

2 沿岸域（干潟）の環境－ミティゲーションと環境修復　広島港五日市地区における人工干潟の造成例[*2]

ミティゲーション（環境緩和）とは，アメリカにおいて制度化されている環境管理手法の一種である。自然が与える環境資源に人間が手を加えて利用しようとする際に，できるだけ環境に対する悪影響を回避し，最小化し，それでも残る分については，それに見合う環境創造を行うことによって代償しようという考え方である[*3]

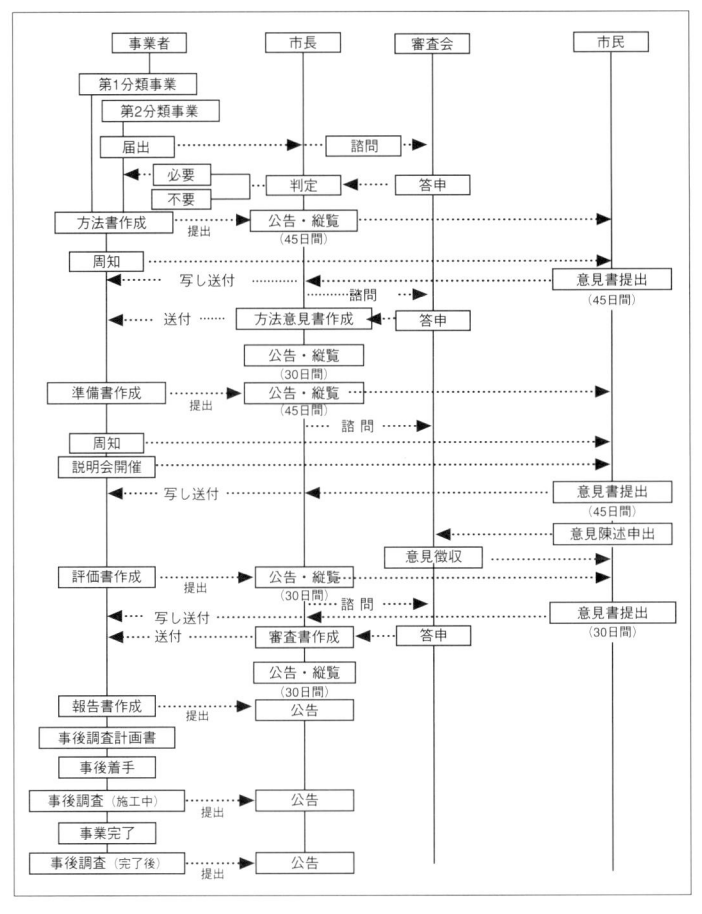

4 環境アセスメントおよび開発事業等に係わる環境面からの調整等，環境アセスメント手続きの流れ（横浜市）[*4]

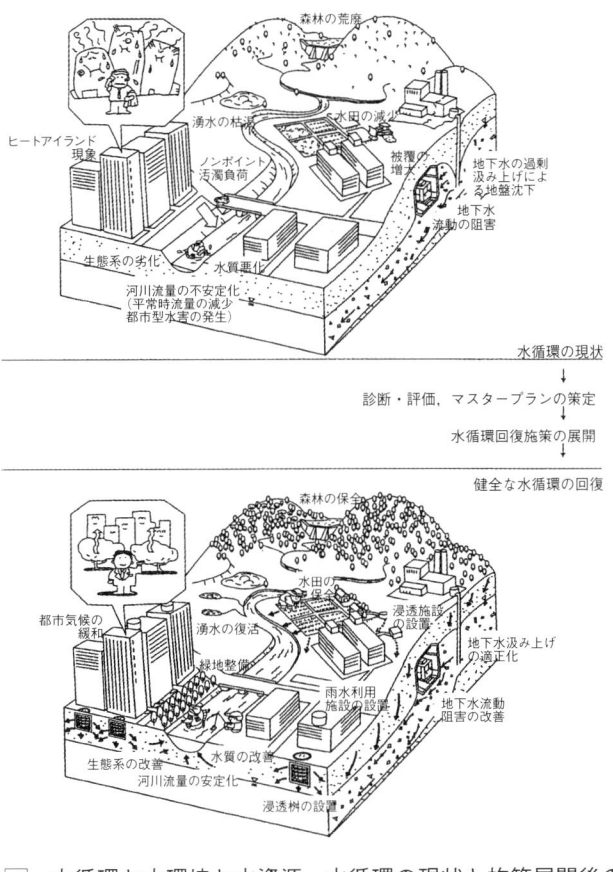

3 水循環と水環境と水資源，水循環の現状と施策展開後の対比イメージ図（環境庁水質保全局,1997）[*5]

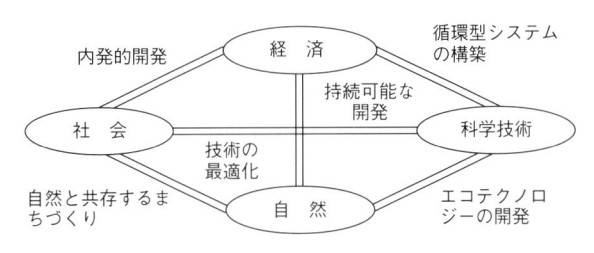

5 21世紀型科学技術と持続可能な社会の展望[*6]

[*1] 高橋　裕・河田恵昭編：岩波講座地球環境学7，水循環と流域環境，p.256，岩波書店，1998．
[*2] 羽原浩史ほか：ミチゲーションを目的に造成した人工干潟の機能評価，海岸工学論文集，43，1161〜1165，1996．
[*3] 高橋　裕・河田恵昭編：岩波講座地球環境学7，水循環と流域環境，p.241，岩波書店，1998．
[*4] 横浜市環境保全局事業推進課編：横浜市環境白書　平成14年版，p.17
[*5] 高橋　裕・河田恵昭編：岩波講座地球環境学7，水循環と流域環境，p.267，岩波書店，1998．
[*6] 高橋　裕・武内和彦編：岩波講座地球環境学9，地球システムを支える21世紀型科学技術，p.63，岩波書店，1998．

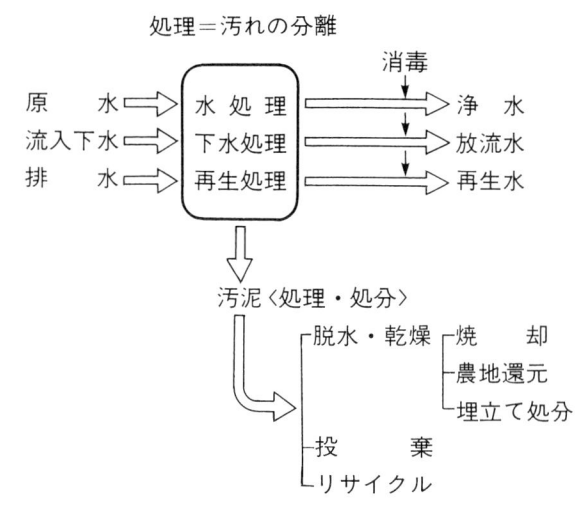

126　水環境　　水処理と汚水処理

1　処理の原理 *1

処理＝汚れの分離

原　水 ⇒ ┐
流入下水 ⇒ │水処理／下水処理／再生処理│ ⇒ 浄水／放流水／再生水（消毒）
排　水 ⇒ ┘
　↓
汚泥〈処理・処分〉
- 脱水・乾燥 ─ 焼却／農地還元／埋立て処分
- 投棄
- リサイクル

2　水処理の単位操作

物理化学的処理	①凝集分離　②凝集・沈殿　③浮上分離　④沪過　⑤pH調整　⑥膜分離　⑦除鉄・除マンガン　⑧イオン交換　⑨電気透析　⑩活性炭吸着　⑪塩素処理　⑫オゾン処理　⑬紫外線処理
生物学的処理	①活性汚泥処理　②散水沪床　③接触ばっ気処理　④回転板接触処理　⑤好気性沪床　⑥嫌気性沪床
生物学的脱窒素・脱リン	①生物学的脱窒素　②生物学的脱リン
汚泥処理	①汚泥の減量化　②汚泥濃縮　③汚泥脱水

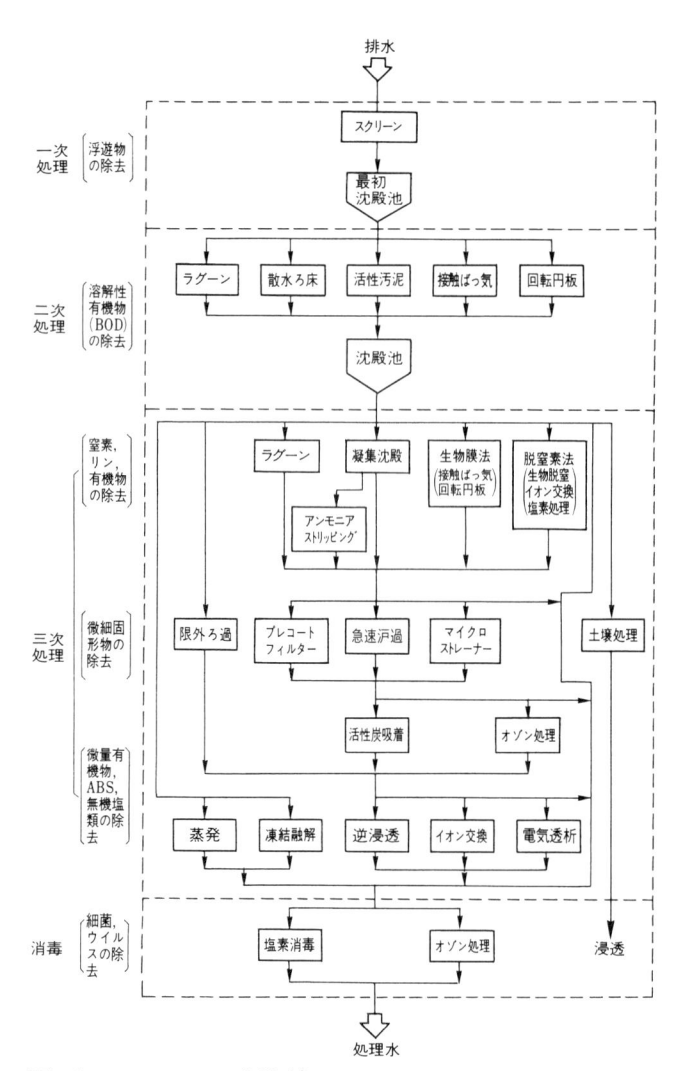

3　処理のレベルと方法 *2

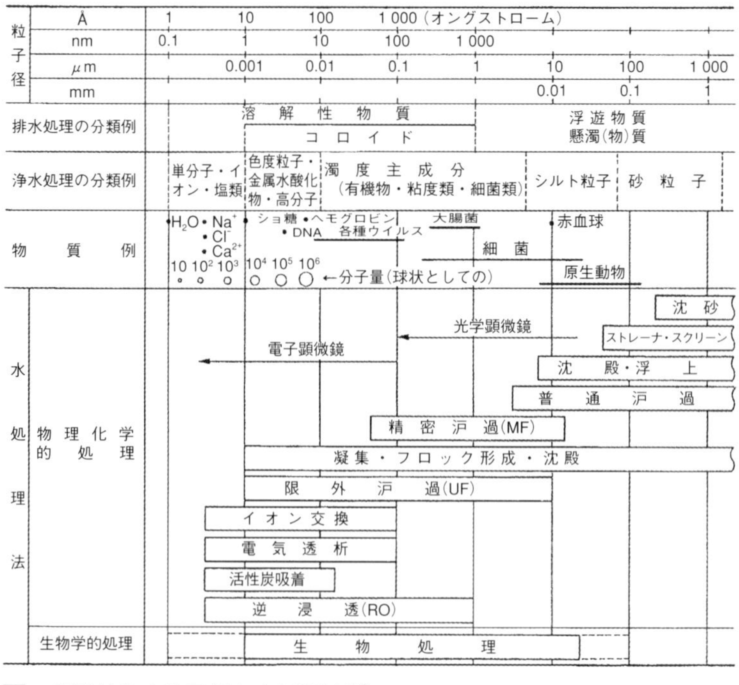

一次処理〔浮遊物の除去〕：スクリーン → 最初沈殿池

二次処理〔溶解性有機物（BOD）の除去〕：ラグーン／散水ろ床／活性汚泥／接触ばっ気／回転円板 → 沈殿池

三次処理
- 〔窒素，リン，有機物の除去〕：ラグーン／凝集沈殿／生物膜法（接触ばっ気，回転円板）／脱窒素法（生物脱窒，イオン交換，塩素処理）／アンモニアストリッピング
- 〔微細固形物の除去〕：限外ろ過／プレコートフィルター／急速沪過／マイクロストレーナー／土壌処理
- 〔微量有機物，ABS，無機塩類の除去〕：活性炭吸着／オゾン処理／蒸発／凍結融解／逆浸透／イオン交換／電気透析

消毒〔細菌，ウイルスの除去〕：塩素消毒／オゾン処理 → 処理水／浸透

4　分離対象の粒子径と水処理法 *3

粒子径				
Å	1　10　100　1 000（オングストローム）			
nm	0.1　1　10　100　1 000			
μm	0.001　0.01　0.1　1　10　100　1 000			
mm	0.01　0.1　1			

排水処理の分類例：溶解性物質／コロイド／浮遊物質／懸濁（物）質

浄水処理の分類例：単分子・イオン・塩類／色度粒子・金属水酸化物・高分子／濁度主成分（有機物・粘度類・細菌類）／シルト粒子／砂粒子

物質例：H_2O・Na^+・Cl^-・Ca^{2+}／ショ糖・ヘモグロビン・DNA／各種ウイルス／大腸菌／赤血球／細菌／原生動物　$10\ 10^2\ 10^3\ 10^4\ 10^5\ 10^6$ ←分子量（球状としての）

水処理法
- 物理化学的処理：電子顕微鏡／光学顕微鏡／沈砂／ストレーナ・スクリーン／沈殿・浮上／普通沪過／精密沪過（MF）／凝集・フロック形成・沈殿／限外沪過（UF）／イオン交換／電気透析／活性炭吸着／逆浸透（RO）
- 生物学的処理：生物処理

---

*1　日本建築学会編：建築環境工学用教材　環境編，p.96，1984.
*2　日本建築学会編：設計計画パンフレット29　建築と水のレイアウト，p.54，彰国社，1984.
*3　空気調和・衛生工学会編：空気調和・衛生工学会便覧　第13版　第4巻，p.52，2001.

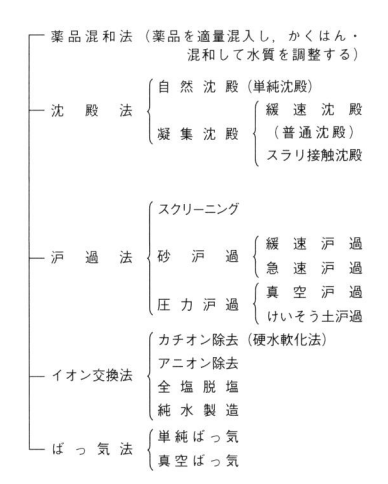

目的別の処理方法　水環境

1 上水の処理方法[*1]

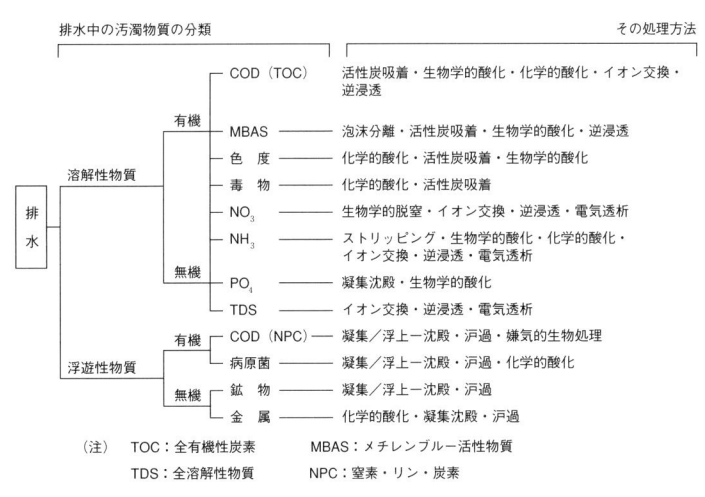

- 薬品混和法（薬品を適量混入し、かくはん・混和して水質を調整する）
- 沈殿法
  - 自然沈殿（単純沈殿）
  - 凝集沈殿
    - 緩速沈殿
    - 普通沈殿
    - スラリ接触沈殿
- 沪過法
  - スクリーニング
  - 砂沪過
    - 緩速沪過
    - 急速沪過
  - 圧力沪過
    - 真空沪過
    - けいそう土沪過
- イオン交換法
  - カチオン除去（硬水軟化法）
  - アニオン除去
  - 全塩脱塩
  - 純水製造
- ばっ気法
  - 単純ばっ気
  - 真空ばっ気

2 排水の汚濁物質と処理方法

排水中の汚濁物質の分類／その処理方法

- 排水
  - 溶解性物質
    - 有機
      - COD（TOC）──活性炭吸着・生物学的酸化・化学的酸化・イオン交換・逆浸透
      - MBAS──泡沫分離・活性炭吸着・生物学的酸化・逆浸透
      - 色度──化学的酸化・活性炭吸着・生物学的酸化
      - 毒物──化学的酸化・活性炭吸着
    - 無機
      - NO_3──生物学的脱窒・イオン交換・逆浸透・電気透析
      - NH_3──ストリッピング・生物学的酸化・化学的酸化・イオン交換・逆浸透・電気透析
      - PO_4──凝集沈殿・生物学的酸化
      - TDS──イオン交換・逆浸透・電気透析
  - 浮遊性物質
    - 有機
      - COD（NPC）──凝集／浮上一沈殿・沪過・嫌気的生物処理
      - 病原菌──凝集／浮上一沈殿・沪過・化学的酸化
    - 無機
      - 鉱物──凝集／浮上一沈殿・沪過
      - 金属──化学的酸化・凝集沈殿・沪過

（注）TOC：全有機性炭素　MBAS：メチレンブルー活性物質　TDS：全溶解性物質　NPC：窒素・リン・炭素

3 三次処理の各種処理法と主たる除去対象物質・指標[*2]

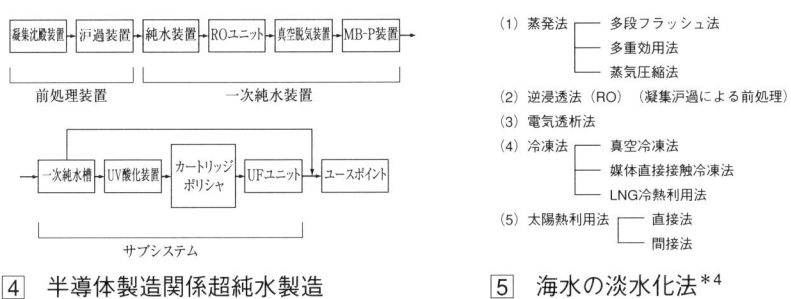

区分	処理法	処理法の概要・特徴	BOD	COD	SS	N	P	色度	臭気	ウイルス
生物学的処理	生物学的酸化	接触ばっ気・回転板接触・散水沪板などの生物膜法により、残存する有機性汚濁物質を酸化分解する。微細な粒状沪材による接触酸化法もある	○	○	○					
	生物沪過	生物膜法と沪過との組合せで酸化とSSの捕捉を同時に行う。沪材径としては、数ミリ程度のもの、もしくは10〜15mm程度のものがよく用いられる	○	○	○					
	生物学的硝化脱窒	NH_3-Nを硝化菌の働きでNO_2-NからNO_3-Nまで酸化（硝化）した後、嫌気的条件下で脱窒菌の働きで還元してN_2ガスとして除去する				○				
物理化学的処理	凝集沈殿	凝集剤を注入することにより沈殿しにくいSSやコロイド状の粒子を沈降しやすいフロックにして除去する。水溶性のリンを不溶性のリン酸化合物として除去する			○		○			
	急速ろ過	砂やアンスラサイトを沪過材としてSSを除去する。SS性のBODやCODも同時に除去される	○	○	○					
	オゾン酸化	オゾンの化学的な酸化力を利用して、COD・色度・臭気・細菌・ウイルスなどを除去する。排水再利用のための処理によく用いられる		○				○	○	○
	活性炭吸着	活性炭の吸着能を利用する除去法。溶解性の残存BODをはじめ、COD・色度・臭気の除去によく用いられる	○	○				○	○	
	晶析脱リン	消石灰$Ca(OH)_2$を添加してpH調整した後、粒状の晶析材に接触させると、水中のリンは晶析材と同質のカルシウムハイドロキシアパタイト$Ca_5(OH)(PO_4)_3$となる					○			

4 半導体製造関係超純水製造システムの一例[*3]

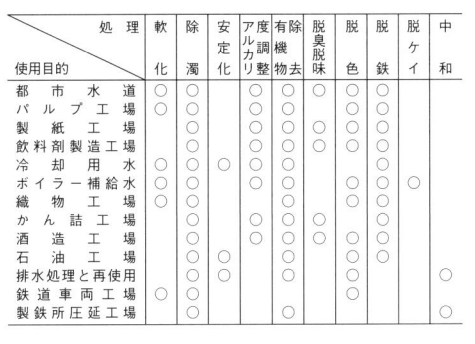

前処理装置：凝集沈殿装置─沪過装置
一次純水装置：純水装置─ROユニット─真空脱気装置─MB-P装置
サブシステム：一次純水槽─UV酸化装置─カートリッジポリシャ─UFユニット─ユースポイント

5 海水の淡水化法[*4]

(1) 蒸発法
　　─多段フラッシュ法
　　─多重効用法
　　─蒸気圧縮法
(2) 逆浸透法（RO）（凝集沪過による前処理）
(3) 電気透析法
(4) 冷凍法
　　─媒体直接接触冷凍法
　　─LNG冷熱利用法
(5) 太陽熱利用法
　　─直接法
　　─間接法

6 工業用水の用途別の処理方法[*1]

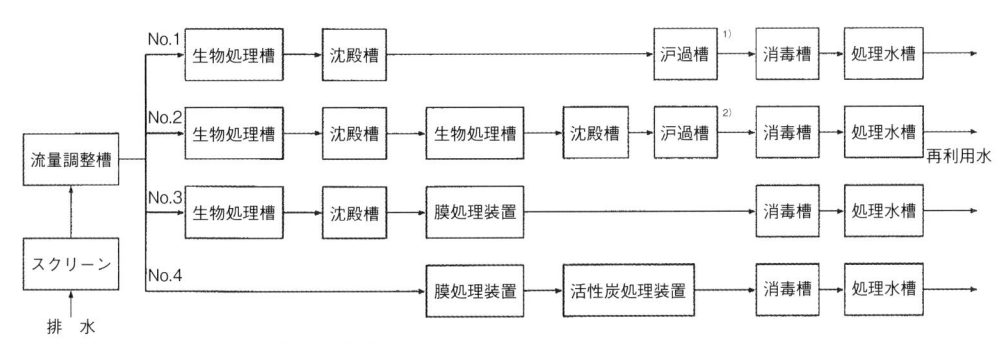

使用目的＼処理	軟化	除濁	安定化	アルカリ度調整	有機物除去	脱臭脱味	脱色	脱鉄	脱ケイ	中和
都市水道	○	○	○		○	○	○	○		
パルプ工場	○	○						○		
製紙工場	○	○						○		
飲料剤製造工場	○	○			○	○	○	○		
冷却用水	○	○	○							
ボイラー補給水	○	○	○	○				○	○	
織物工場	○	○						○		
かん詰工場	○	○				○		○		
酒造工場	○	○			○	○		○		
石油工場	○	○								
排水処理と再使用		○			○	○	○			○
鉄道車両工場	○	○								
製鉄所圧延工場	○	○								○

7 排水再利用システムの標準処理フロー[*5]

流量調整槽／スクリーン─排水
- No.1：生物処理槽─沈殿槽─沪過槽─消毒槽─処理水槽─（1）
- No.2：生物処理槽─沈殿槽─生物処理槽─沈殿槽─沪過槽─消毒槽─処理水槽─（2）再利用水
- No.3：生物処理槽─沈殿槽─膜処理装置─消毒槽─処理水槽
- No.4：膜処理装置─活性炭処理装置─消毒槽─処理水槽

（注）1) 色度・臭気　2) 色度の除去に活性炭素吸着やオゾン処理が必要となる場合がある

[*1] 空気調和・衛生工学会編：空気調和・衛生工学会便覧　第10版　第3巻, p.35, 36, 232, 1981.
[*2] 空気調和・衛生工学会編：給排水・衛生設備実務の知識, 改訂3版, p.185, オーム社, 1986.
[*3] 空気調和・衛生工学会編：空気調和・衛生工学会便覧　第13版　第4巻, p.58, 2001.
[*4] 日本建築学会編：建築環境工学用教材　環境編, p.97, 日本建築学会, 1984.
[*5] 空気調和・衛生工学会編：空気調和・衛生工学会便覧　第13版　第4巻, p.76, 2001.

湿り空気 h-x 線図

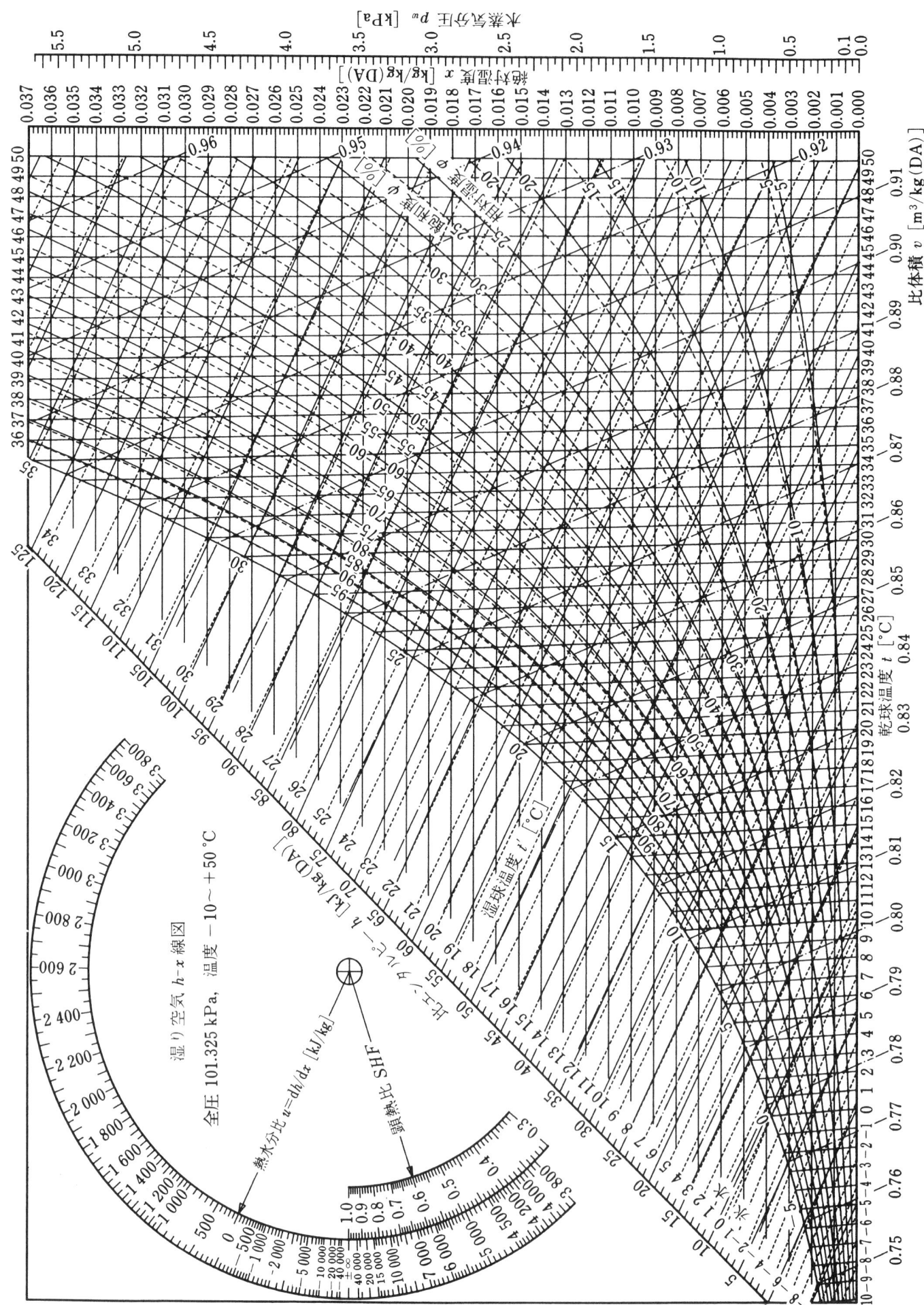

建築環境工学用教材 環境編

1988年10月 1 日	第 1 版第 1 刷
1995年 2 月25日	第 3 版第 1 刷
2011年 3 月15日	第 4 版第 1 刷

編集著作人　社団法人　日本建築学会
印　刷　所　株式会社　東 京 印 刷
発　行　所　社団法人　日本建築学会
　　　　　　108-8414 東京都港区芝 5 - 26 - 20
　　　　　　電　話・(０３) ３４５６-２０５１
　　　　　　F A X・(０３) ３４５６-２０５８
　　　　　　http://www.aij.or.jp/
発　売　所　丸善出版株式会社
　　　　　　140-0002 東京都品川区東品川 4 丁目13番14号
　　　　　　グラスキューブ品川
Ⓒ 日本建築学会 2011　　電　話・(０３) ３４５６-２０５１

ISBN978-4-8189-2223-5 C3352